U0337100

烹饪是什么

用现代科学揭示烹饪的真相

烹饪是什么

用现代科学揭示烹饪的真相

[西] 斗牛犬基金会（elBullifoundation）
[西] 普里瓦达基金会（Fundació Privada） 著 王晨 译

中国 · 武汉

烹饪是什么？本书是回答与此关联的知识的汇总。回答这个问题的方式有数百种，因为烹饪是一个庞大且复杂的主题。本书是一项主张、一种避免教条的呼吁，也是一套在思考烹饪对象和方法时拓宽我们的理解和决策技能的方案。它是一项邀请，一种基于研究的看法，这种看法对目前持有的观念——我们现在或者一直视之为理所当然——提出质疑，好让读者对烹饪是什么做出自己的判断。

Le Cuisinier
MODERNE

序

这是一切的开始：智论（Sapiens），即应用于高档餐饮部门的智论方法学，以及“斗牛犬百科”（Bullipedia）。起点是一个简单的问题：“烹饪是什么？”

该项目始于2012年，当时的思路是回答这个问题能让我们更好地理解自己的料理美食，为我们提供更深入的认识，从而指引我们发展出一种不同的创造形式。奥里奥尔·卡斯特罗（Oriol Castro）、爱德华·札德洛区（Eduard Xatruch）、马特·卡萨尼亚斯（Mateu Casañas）和何塞·玛丽亚·平托（José María Pinto）在这场冒险的启动中发挥了作用，其中包括对我们打算研究的主题进行首次回顾以及搜集关于该主题的所有写作。尽管有关烹饪或料理的出版物有很多，但其中没有任何一份对我们的这个看似简单的问题给出直接回应。

我们发现，要想理解烹饪和料理的含义，我们需要同时理解烹饪这一行为的起源及其结果，以及随后的演变。只有以这种方式，我们才能解码料理的DNA，理解它的基因，以便在高档餐厅中将它作为日常生活的一部分加以思考和对待。有些术语迫使我们不停地再次思考一切——烹饪、准备、成品、创造、再生产、服务、预加工、进食、饮用、品尝、体验。这些与对历史观点的实质性考察相结合，让我们能够形成理想的框架。同时，在理想的框架中，又囊括了我们相互关联的知识与视野。然后，我们开始撰写这本关于料理起源及其演变的书。

在欧金尼·德·迭戈（Eugeni de Diego）的帮助下，我们更进了一步。来自不同学科的专业人士加入该项目，并利用我们缺乏的经验来强化它，这让我们能够找到许多问题的答案。后来，加里布埃尔·巴尔特拉（Gabriel Bartra）继欧金尼之后担任“斗牛犬百科”的内容总监，然后我们开始全面认识我们需要分析从而理解烹饪的元素，这其中包括其他观点，例如科学、艺术、创造和社会方面的观点。

然后，食物评论家克劳迪娅·冈萨雷斯（Claudia González）作为内容创作者加入该项目，直到项目结束。她凭借自己加入项目前的所有调查研究打造和完成这本书。这些调研提供了对“烹饪是什么”的全面理解，并得出本书提出的论点。

本书的内容为任何厨师或主厨开展工作奠定了基础，因为它涵盖的广泛概念和观念总体上回答了作为本书书名的问题。话虽如此，它也可以被视为《斗牛犬餐厅的秘密》（*Los secretos de El Bulli*）一书的延续，后者是对烹饪创造过程的思考。

我们要感谢多年以来在斗牛犬餐厅共事的同人，在他们的帮助下，我们才能对烹饪及其结果（料理）的意义提出疑问。

费朗·亚德里亚（Ferran Adrià）

PROCESO
CULINARIO
RACIONAL
INFINITAS
TECNOLOGIA
TECNICAS CULINARIAS PRIMARIAS
ELABORACIONES COMBINADAS
VAJILLA
SE SIRVE
CIVILIZACION
CULINARY ART
30gr.
CONOCIMIENTO
INFORMACION
AUDITORIA CREATIVA
VARIABLES PERSONALES
HISTORIA DE LA COCINA
MANOS
FUEGO
PALEOLITICO
-500.000
COCINEROS
PRODUCTOS
ELABORACION DEFINITIVA
LOCALIZACION
HOMO HEIDELBERGENSIS
NEANDERTALENSIS
HOMO SAPIENS

简介索引

前言

以下介绍智论这种方法学以及美食学百科“斗牛犬百科”，本书就是该百科的一部分。此外，它还结合背景具体说明了本书的目标受众、智论在本书中的应用、本书与高档餐饮部门的联系，以及本书致力于推进料理理论建设的意图。

第1章 49

让我们先从理解语汇语义开始

主要术语的定义。

通过对本书主题的介绍，我们先从一些重要概念的定义开始。这些概念对于理解本书提出的论点是不可或缺的，当然包括“烹饪”和“料理”，我们根据智论方法学给出这些概念的定义。

相关术语的定义。

我们继续定义衍生于主要术语中的术语，例如“食物”和“美食学”。此外，我们还介绍了“进食”和“饮用”之间的区别，以及利用“食物”和“饮品”进行制备的区别。

第2章 63

料理的诞生

烹饪是对自然的改良吗？自然本身无所谓变得更好或更坏，人类通过烹饪，根据自身的标准改良从自然中获取的东西，从而转化自然产品，让它们变得可食用或者更容易消化。

无须人类干预，自然也会“烹饪”。自然会“加工”——换句话说，自然会“烹饪”。因为有些自然过程会将自然产品的物质构成进行转化（成熟、干燥、发酵等）。

动物不会烹饪，烹饪是人类的特征。人类能够克服动物寻找食物时的本能——生存，而生存是动物觅食的唯一目的。因此，烹饪成了一种人类独有的行为，不与任何其他物种共有。

没有思维和意志，就不会有料理的起点。人类拥有思维和意志，这意味着他们意识到自己正在转化自然产品从而改良它们。

烹饪的第一个原因是让自然产品变得可食用，但是对于我们为什么烹饪，是否还存在其他的解释？作为人类，我们用思维和意志烹饪，而我们之所以如此，大抵是因为我们和动物不同，我们有这样做的能力。自石器时代以来，这一行为就让我们能够喂饱自己，但是后来它衍化出数千种不同的方式，产生了多重意义和动机。

我们可以怎样解释烹饪？烹饪是一种汇集不同特征的行为。这些特征根据烹饪者的优先考虑事项和决策变化，还受到他们所在的烹饪环境的影响。基于烹饪这一行为的时间、服务对象、地点和原因，烹饪的“方式”为我们提供了用于解释烹饪是什么的重要信息。只有通过理解烹饪过程，我们才能分析烹饪内容，并意识到烹饪导致不同的结果和诠释。

人类烹饪以喂饱自己，然而人类与动物有一点很大的区别是，人类烹饪还出于享乐主义，是为了享受而烹饪。除了滋养身躯和喂饱自己，人类还学会了使用自然产品、技术和工具，这已超越简单的生存需要，令料理成为享乐主义的一种媒介，一种享受愉悦味觉体验的方式。这两种烹饪目的的区别在本章得到了深入讨论。

当人类烹饪时，他们在做什么？他们这样做是为了什么？

制作、转化、结合、混合、准备、组合、转换：烹饪是所有这些！ 使用与“烹饪”拥有相同含义的其他动词，我们可以形容多少种行为？在分析其定义时，我们将会看到在我们做出一些行为时，就暗示着我们正在烹饪，例如转化、结合、组合或生产。

要想在烹饪方面创造出某种新的产品，你必须去烹饪产品！ 在这里，我们自问我们在什么情况下以烹饪的方式去创造，以及通过烹饪进行创造的可能性。考虑到在专业和业余厨房中的意图与可用资源的差异，我们思考在这两类厨房中进行创造时的选择。

创造性地烹饪是什么意思？料理的创新性需要涉及什么？ 来自某种转化过程的所有食物——我们称之为“制成品”(elaborations)——都是在某个时间点创造出来的。料理从一开始就富有创造性，但是如今这个概念有了另一种微妙的含义。我们观察到，如今有些厨师生产的料理可描述为具有创造性。这一属性与以下事实有关：对于制成品的烹饪过程或者装盘品尝，他们贡献了一些新的东西。此外，如果创造某种料理的人能够从他创造的价值中获得回报——换句话说就是赚钱，那么这种料理就是有创新性的。

在制作之前，我们先准备即将烹饪的产品。烹饪是否开始于这个预加工阶段？ 预加工是制作的上一个阶段，令后者得以进行。在这个步骤中，使用本节介绍的“预加工”技术对食材进行调整和准备，以便对它们实施其他类型的转化。

当我们烹饪已有的制成品时，我们是在对它进行再生产还是再创造？ 涉及烹饪的大多数情况下，制成品是被再生产的，这一判断来自之前的预加工和之后的装盘，这些步骤都是再生产烹饪过程的一部分。

制作过程以装盘结尾。边界问题再次出现……我们装盘时是否在烹饪？ 我们为装盘安排了一节内容。装盘可以是集体或单独进行的。作为制作过程的最后一部分，如果不需要额外转化的话，完成这个部分的制成品视为已装盘而且它已经准备好被品尝。

如果不打算在烹饪后立即使用制成品，这会改变它们被烹饪的方式吗？ 烹饪可能的用途之一是保存，其具体目标是确保制成品在烹饪后不立即食用的情况下不会迅速腐坏。这会用到令制成品能够短期、中期和长期保存的技术或工具。

我们到目前为止讨论过的东西都很难做到吗？烹饪复杂吗？ 一方面，取决于厨师选择使用的技术以及他们掌握的相关知识，烹饪可能是容易的或者困难的；另一方面，料理的复杂程度取决于制成品在能够品尝之前需要经历的中间阶段。

经过制作的所有东西都是烹饪过的，因为它经过了制作过程。那么对于“什么是生的”和“什么不是生的”这些问题，我们为什么会存在困惑？ 作为烹饪时经历的转化过程的结果，制成品可能是生的，不是生的，或者是半生的，只要它们经历了制作过程，它们就始终是“烹饪过的”。

每天都有数百万人烹饪：厨师并非千人一面

作为人类的厨师。厨师是人，因此拥有身体、心智和精神。在这里，我们将逐个探讨这三个要素在烹饪领域中的作用和相关性。

用身体烹饪，用心智烹饪，用精神烹饪。我们从物质方面考虑烹饪的选择，用身体实施烹饪的行为；在实施行为之前和行为过程中用头脑思考；当制作料理的动力来自比物质和心理现实更高的层次时，我们就要用精神烹饪了。

来自实践的烹饪理论。烹饪是一种行为，也就是说它非常注重实践。但是烹饪中存在令实践部分逐渐发展的理论（既是烹饪的理论，也是烹饪中形成的理论）。料理如果想要进步，理论至关重要。

所有烹饪者都是厨师吗？只有厨师才制作吗？无论是在家庭环境中还是餐厅，厨师都可以具有不同的特征。我们在这里提出一个想法，烹饪者并不止是行为主体或"厨师"，因为某些制作是在厨房之外由其他行为主体（服务顾客的一线员工、顾客或用餐者等）完成的。

职业厨师：烹饪作为职业选择。烹饪不仅是涉及过程并产生结果的行为，而且是一个创造职业生涯的专业领域。它首先是一项行为，然后是一种活动，随着时间的推移，它被视为一门行业和职业，并伴随涉及行业和职业的一切：为了换取报酬而投入到实践中的一系列理论知识。

感觉是烹饪的关键。感觉是一种能力，它在烹饪中必不可少，因为它让我们能够接受来自环境的刺激。从烹饪的角度看，它可以发展成一种才能，让厨师能够预期顾客或用餐者在吃他们烹饪的菜肴时会感受到什么。

谁烹饪了我们获取的所有那些现成的预制食品？我们有时会购买某些食物和饮料，它们是其他人在某种工业生产过程中烹饪得到的制成产品。如果在家或者餐厅用于制作过程，这种产品就成了中间制成品，如果直接装盘或者倒入杯中食用，无须进一步的转化，那它就仍然是制成品。

当进食者也烹饪时，我们是在谈论一名用餐者厨师吗？用餐者也可以烹饪，他们通过决策、应用技术、中间制成品的结合、装盘等方式影响制作过程。这向我们表明，再生产过程并不总是在厨房结束，而是常常持续到品尝之前的那一刻。

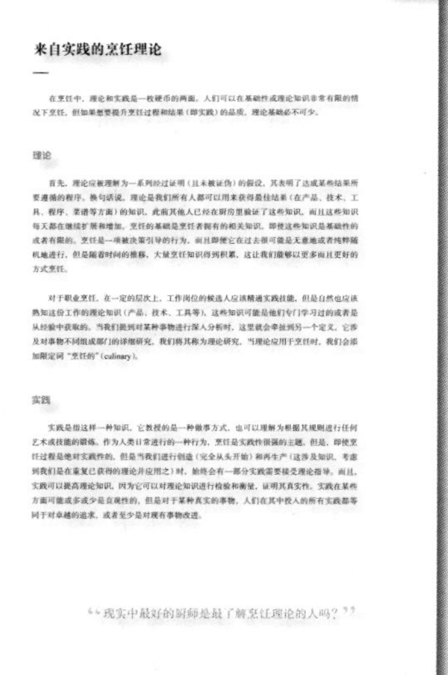

135

来自实践的烹饪理论

在烹饪中，理论和实践是一枚硬币的两面。人们可以在基础性或理论知识非常有限的情况下烹饪，但如果想要提升烹饪过程和结果（即实践）的品质，理论基础必不可少。

理论

首先，理论应被理解为一系列经过证明（且未被证伪）的假设，其表明了达成某些结果所要遵循的程序。换句话说，理论是我们所有人都可以用来获得最佳结果（在产品、技术、工具、程序、菜谱等方面）的知识，此前其他人已经在厨房里验证了这些知识，而且这些知识每天都在继续扩展和增加。烹饪的基础是烹饪者拥有的相关知识，即使这些知识是基础性的或者有限的。烹饪是一项被决策引导的行为，而且即便它在过去很可能是无意地或者纯粹随机地进行，但是随着时间的推移，大量烹饪知识得到积累，这让我们能够以更多而且更好的方式烹饪。

对于职业烹饪，在一定的层次上，工作岗位的候选人应该精通实践技能，但是自然也应该熟知这份工作的理论知识（产品、技术、工具等），这些知识可能是他们专门学习过的或者是从经验中获取的。当我们提到对某种事物进行深入分析时，这里就会牵扯到另一个定义，它涉及对事物不同组成部门的详细研究，我们将其称为理论研究，当理论应用于烹饪时，我们会添加限定词"烹饪的"（culinary）。

实践

实践是指这样一种知识，它教授的是一种做事方式，也可以理解为根据其规则进行任何艺术或技能的锻炼。作为人类日常进行的一种行为，烹饪是实践性很强的主题。但是，即使烹饪过程是绝对实践性的，但是当我们进行创造（完全从头开始）和再生产（这涉及知识，考虑到我们是在重复已获得的理论并应用之）时，始终会有一部分实践需要接受理论指导。而且，实践可以提高理论知识，因为它可以对理论知识进行检验和衡量，证明其真实性。实践在某些方面可能或多或少是直观性的，但是对于某种真实的事物，人们在其中投入的所有实践都等同于对卓越的追求，或者至少是对现有事物改进。

"现实中最好的厨师是最了解烹饪理论的人吗？"

科学系统的烹饪观

用技术烹饪、用方法烹饪和用科技烹饪。烹饪可以理解为厨师用来获得结果的一种技术、一种方法（因为它按照有序的过程获得特定结果）、一种科技（通过与技术的结合，可以开发出新的制作及生产过程和方法，尤其是在食品工业中）。

草莓果酱背后的烹饪技术、烹饪方法和烹饪科技。针对上面的解释，我们用一种具体的制成品——草莓果酱作为实例。

从科学的角度烹饪。客观、科学的观点为我们提供了关于食物产品和烹饪技术的宝贵信息，因为这些观点可以解释食物产品和烹饪技术的成分和反应。从这个角度来看，当无法确定将要实现的结果时，我们将烹饪视为一种假设；当这种假设可被证实时，将它视为一种理论；当我们能够确定结果将实现时，将它视为一种定律。

我们烹饪时发生的事可以用科学解释。我们来谈谈科学的烹饪观，它将烹饪解释为一种将物理、化学和生物反应结合起来的科学过程。

用科学的方法煎一只鸡蛋。通过思考煎一只鸡蛋时发生的所有反应，我们对上一节提出的理论举了实例，这表明我们可以用科学解释这一过程。

烹饪是对食物的实验，尽管烹饪并不是在做科学研究。虽然烹饪充满了可以从科学角度解释的反应和过程，但烹饪绝不等同于科学研究。

用科学思维烹饪，用科学方法烹饪。如果厨师以专家的科学知识作为指导，就可以说科学思维存在于他们的烹饪中。科学方法的顺序和烹饪方法的顺序之间也存在相似之处，它们都专注于产生结果。

将烹饪理解为一种过程。我们可以说烹饪是一种过程，因为在烹饪时，我们经历若干互相重叠的阶段，这些阶段包含不同的任务，为了完成这些任务，我们使用了烹饪资源，而且这些阶段组合起来，让我们能够获得成果。

高档餐厅中再生产过程的各个阶段。对制成品进行再生产并将其作为美食呈现的过程，这其中涉及一系列阶段（它们全都必不可少），这样才能让顾客在高档餐厅中品尝它们。

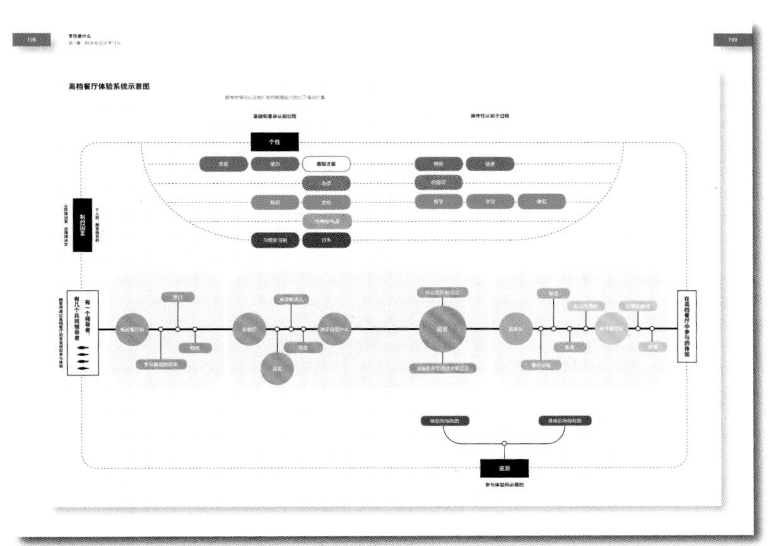

图形表现了烹饪：再生产过程的流程图。烹饪过程可以通过流程图表示。流程图会展示各阶段的顺序，并给出实现预期效果所必需的事实和操作。

资源是烹饪必不可少的：没有资源，就没有烹饪！为了让过程发挥作用，需要美食学或其他方面的资源。我们指的是用于烹饪的产品，包括但不限于食物以及用来转化食物所需的工具和技术。

系统和子系统：将料理关联到餐厅的复杂性。令再生产得以在餐厅发生的全过程的各个阶段，以及实施这一过程所必需的资源的环境，这些形成了一个系统——高档餐厅的再生产系统。

品尝系统：进食和饮用系统。为了能够品尝烹饪的结果，无论是在家还是在餐厅（对于后者，这是体验的一部分），我们还需要一系列相互关联的阶段，以及专门实现进食和饮用行为的资源。

烹饪资源详解

食物产品：烹饪公式的起点。对于用来烹饪的食物产品——可以简称“产品”，我们的理解是，它们是首要且不可或缺的资源，如果没有它们，其他任何资源都没有用武之地。烹饪公式以这些产品为起点。为了让这一点更易于理解，我们观察产品存在哪些类型，并为它们创建一个基本的分类系统。

一旦你能够想象如何烹饪某种产品，你需要什么工具烹饪？工具的发明和设计首先让人类能够观察和转化可用产品。从那以后，工具继续作为资源不断衍化；伴随着料理的衍化。它们已经变得不可或缺，而且数量和种类也在增加。

如果没有技术，任何产品或工具都毫无用处。技术是烹饪必不可少的资源。如果没有技术配合工具应用在产品上，最终使烹饪公式成为可能，则以上所有东西都毫无意义，也不能称为“烹饪”。如今存在成千上万种技术，就像制成品的种类一样多。我们在这里着重于将它们作为烹饪资源加深理解。

超越火与热，我们需要能源才能烹饪。烹饪方法有很多，无论我们使用哪一种，都需要能源。它有不同的来源，以不同的形态呈现。不要简单地认为能源就是热，热就是用来烹饪食物的，这是错误的。能源存在非常广泛的可能性。

烹饪中使用什么能源？我们专注于我们知道的所有可能的能源，并分析它们在烹饪中的存在。

什么形式的能量被用来烹饪？我们通过分析能量的表现形式（通常是通过转化）以及厨师如何使用它“制作”或生产，完成能量这一主题。

我们花在烹饪上的时间是必不可少的资源，但花在烹饪上多少时间决定了我们该如何烹饪。时间在烹饪中起着双重作用：它绝对是必不可少的指标，同时也是至关重要的资源。根据一天中的不同时间（指标），我们烹饪某种或另一种制成品，但我们也根据可用于烹饪的时间（资源），决定烹饪什么以及如何烹饪。

私人和公共领域的烹饪：两种伟大的烹饪场景之间的相似性和区别。将地点视为一种能够标记两种料理之间实质性差异的因素，这种思考方式使我们谈到两大主要领域——私人领域（料理的摇篮）和公共领域（包括高档餐饮部门）。

“厨房”一词是指我们烹饪的空间，而“炊具”指的是用来烹饪的工具。在目前所认为的资源框架内，厨房被视为家庭或餐厅内的一个空间，我们可以在这个空间里找到炊具，即用来烹饪的工具。

225

私人和公共领域的烹饪：两种伟大的烹饪场景之间的相似性和区别

虽然本书的目的是解释烹饪是什么，但我们需要指出的重点之一是区分发生在公共领域的烹饪和发生在私人领域的烹饪。为此目的，有必要阐明两者之间的基本区别，因为这两个彼此完全不同的料理领域始于彼此不同的资源（美食资源和非美食资源），而且两者在整个历史上都有自己的行为主体和时代。但是我们不能忽略这样一个事实，即它们具有相同的基础：两者都涉及为了营养的烹饪和为了享乐主义的烹饪，制造或再生产属于甜味和咸味世界的食物和饮料制成品。

知道某种特定的烹饪形式（及其结果）属于哪个领域还要求对相关领域有历史性的了解，因为私人领域中的烹饪导致了烹饪艺术的发展，它千百年来一直是上层阶级的专属，而且其起源和进化都要归功于这些精英人群在自己品尝的制成品中炫耀财富和权力的欲望。某些人能够体验到在私人领域进行品尝的乐趣，这造成的一个结果是，在将近十九个世纪后，烹饪艺术开始拥有价格，并（逐渐）变得可被“普罗大众”接触。这条历史路径显示了公共和私人料理之间的距离，以及它们在历史上进行了多少次交流。

如今，存在一种出现在家庭中的私人烹饪，其需求和执行者的差异极大，还存在一种公共烹饪，它在接待业中（尤其是公共餐饮业或食品服务部门）引入一系列不同的层次。至于高档餐饮部门，有两种面向公众的主要烹饪形式：一种对应为了营养的烹饪，其中可能包括享乐主义，但是使用其他水平的资源。它在传统上与劳动阶级相关联，被劳动阶级创造和消费，通常被称为“大众烹饪”。这种版本的烹饪已经以不同的格式进入餐厅，有些更传统，而另一些则更为精致；二是在公共领域发现的与烹饪艺术相关的烹饪，它继续在餐厅中以不同的形式进行再生产，并且以一系列不同的价格被消费。虽然我们谈论了两种主要的烹饪形式，但并不是说烹饪只有这两种形式。两者的混合还产生了其他变体，我们将在下一节讨论。

鉴于从公共和私人领域的角度来看，烹饪及其结果是由烹饪、进食或饮用的场所决定的，于是为了理解其特征而提出的基本问题是：被品尝的东西是在哪里烹饪的？

我们烹饪什么？我们如何烹饪？

在烹饪方面，我们已经研究了很多制约因素，但是还有很多别的因素。从基本知识（产品、技术、工具）开始，烹饪行为可以按照成千上万种方式发生，具体取决于不同的标准，我们可以从这些标准中选择，以便为厨师在被某种特定目标指引的情况下提供证据。这些将在下面的内容中探讨。

对烹饪类型的理解和分类是复杂的，但如果我们以正确的方式看待它们，这并非是不可能完成的任务。贯穿烹饪的全部历史，随着某些特点加入烹饪领域中，多样的烹饪类型随之衍化。虽然烹饪类型回答了如何烹饪的问题，但至关重要的一点是我们知道可以使用哪些标准来更好地整理它们并进行分类。这将让我们能够根据催生出它们的基本特征来分析它们。

烹饪类别和类型的一个例子，在这里采用的标准是“品尝制成品需要吃几口”。本节提供了一个在采用特定标准之后实现分类的实例。这让我们能够专心致志于烹饪在相关料理中产生的特征，这些特征可以分门别类，我们也能从中形成新知。

关于不同烹饪类型的思考。某些料理类型有自己的名字而且广为人知。一系列特定的特征被绑定在它们身上。这些特征已经渗透到集体想象中，并被广泛使用。在这一节，我们对料理本身直接提问，以表明即使我们以为自己知道“传统料理”是什么，我们也需要根据某些标准将它情境化，以便更好地理解是什么定义了每种料理类型。

我们建议使用几个主要标准来定义厨师或餐厅涉及的烹饪类型。就像在任何采访中一样，获取最佳信息的关键是向受访者提出最相关的问题。在这里，考虑到料理也就是受访者，我们提出了我们所认为的主要标准（问题），它将使我们能够尽可能清晰地识别出不同类型的料理。

如果我们使用同样的标准对不同的制成品进行情境化，那会怎样？我们刚刚将制成品作为拥有自身特征的单元来处理。现在我们尝试使用同样的基本标准将它们情境化，以分析料理的类型。

制成品在烹饪背景中流动，从一种烹饪类型跨越到另一种烹饪类型，穿越一开始定义它们的边界。当某种制成品的制作和消费背景发生变化时，它在一开始被创造出来时的特征会从许多方面改变，观察这一过程是有趣的。制成品的创造可以与特定烹饪类型关联，但是它们也可以改编为其他类型。我们提供三个非常重要的制成品实例，它们完美地反映了这种灵活性（或者缺乏灵活性）。

我们将制成品视为结果：它们的特征是什么？我们可以在什么基础上定义它们？我们怎么知道它们是小吃、菜肴还是鸡尾酒？制成品是一套发生过程，也是使用资源系统的结果，它常常从过程与资源的结合中获取和继承两者的特征。然而，作为结果的制成品本身也拥有自己的特征，所以在很多情况下我们可以概括它们的特征。

当美食供应的结构确定了烹饪的内容、量以及任何烹饪（点菜烹饪、套餐烹饪、自助餐烹饪等）时。制成品的既定结构（在点菜菜单中，在品味套餐中，在自助餐中）为厨师留下了决定烹饪什么的空间，为用餐者或顾客留下了决定品尝什么的空间。此外，美食供应的结构对与系统、过程、资源和作为结果的制成品相关联的特征产生重大影响，因为这些特征必须遵循这种结构。

按订单烹饪。这种形式的烹饪基于顾客的特定要求进行，即厨师事先知道自己需要准备多少制成品，以及顾客将在何时需要它们。

一家高档餐厅可以提供多少种烹饪类型？那么，如果存在一种或者一套特征可以代表该餐厅的理念，一家高档或美食餐厅可以被一种非常独特的餐饮类型定义。但是一家餐厅的料理可以有微妙的变化和不同种类的特征，正如我们通过应用不同的标准分析特定案例时所见。

厨师可以发展自己的风格并施加特定影响。如果风格相似的厨师联合起来，他们可以创造烹饪运动。当厨师以个性化和独特的方式创造和理解料理，并且能够在他们的烹饪结果中反映这一点时，一种烹饪风格就由此诞生了。烹饪运动源自所有相似风格的个体，这些个体有相同的哲学认知，并遵循相同的轨迹。另一方面，烹饪趋势、时尚和创新是以消费为形式体现的因素。它们会存在一段时间，并反映在烹饪过程和结果中。

制作咖啡的人和制作牛排的人一样吗？酿造葡萄酒或制作沙丁鱼的人呢？制作面包或者酿造啤酒的人呢？这些人都是厨师吗？作为制成品的食物和饮品在使用时的区别导致只制作食物或只制作饮品的职业人士的存在。这是制成品，但是在这一节中，我们根据它们是不是过渡形态、是否装盘或者是否被品尝来具体说明它们之间的区别。这让我们能够讨论构成，它与上述内容紧密相关。

我们烹饪装饰元素吗？我们吃它们吗？烹饪装饰方面的专家与甜味世界的联系非常紧密，但这种紧密性并不是专家所独有的。这些装饰可能是制成品的可食部分，或者只是装饰而已。

通过突出供品尝的制成品中的主要产品进行烹饪：基于产品的烹饪。这种概念名为“基于产品的料理”，指的是基于料理哲学的非常具体的两点：产品的制作程度（绝不能过度制作），以及在供品尝的制成品中一种产品相对于其他产品的突出程度（存在一种主要的决定性元素，也可能伴随其他元素）。

“自然”在烹饪中实际上意味着什么？以下是一些基本的说明。“自然料理”是在集体想象中拥有特定含义的又一个概念。根据定义，任何使用自然（非人造）产品的料理都是“自然的”。我们将在本节探讨这个极为复杂的问题，这让我们有机会开展一场什么是“自然”的辩论。

我们烹饪一切还是烹饪一些特定的东西？并非所有厨师都烹饪各种制成品或者使用他们喜欢的任何技术。当我们谈论烹饪时，专门化这个主题至关重要，因为它为许多厨师创造了高度差异化和特定的职业道路，所以对这些厨师，则要根据他们专门制作的制成品进行分类。

并非所有制成品都相同，它们也并不实现相同的功能。虽然我们可以概括地说烹饪的结果培养出大部分高度专门化的厨师的标准之一，而且在目前的高档餐饮界，专门化厨师已经变得至关重要。

味道是两大烹饪世界——甜味世界和咸味世界——的起因。显著的口味偏好（甜和咸）导致制成品分为两个区别明显的世界。这种分裂不仅区分了同一次品尝体验的不同时刻，而且还导致甜和咸的世界都出现了高度专门化的厨师。

服务紧随烹饪行为之后：服务人员、类型和时间。服务专业人员所做的工作在料理中至关重要。我们讨论了服务的类型以及它们在餐厅中的作用，我们还从历史的角度分析它们，因为它们一直在伴随料理发展和改变，直到如今成为高档餐饮不可或缺的方面。

考虑到我们前面所说的，烹饪可以具有不同的意义

烹饪的构建方式和语言一样。从最小的意义单位（产品、技术、工具）开始，发展成其他更高等级的单位（制成品），进而可以表达为一段辩论（菜单）：我们看到烹饪的构建方式就像语言一样。

用于理解烹饪和美食学的词典。在人类语言——我们在本节探讨了它的起源和衍化——的框架内，我们发现存在这样一部词典，一部专门针对烹饪领域（也可能是美食领域）的术语词典，它用于指定烹饪行为所涉及的每个具体或抽象的方面。

从语言到数学。从数学的角度，我们将代数视为一种编码料理的方式。在这里，我们还将烹饪这一概念视为一种烹饪公式，用来分析指南的构成结果。

作为一种算法的食谱。在这里，将食谱作为算法理解，从而解释烹饪，因为食谱集合了某种特定制成品所需要的产品、技术和工具的相关必要信息。

用于数字食谱的分类类别。在厨艺图书的广阔世界里，对于所用产品、技术和工具的分类并没有统一的共识，对于得到的每种制成品的命名方法也没有达成一致的意见。目前，考虑到数字世界带来的概念性变化，我们提出了将有助于在数字食谱的阐述中创造共识的一系列分类方案。

是否存在某种哲学支撑着厨师做出的决策？在介绍与料理相关的哲学时，我们暗示厨师的思维方式会转移到烹饪过程及其结果中。这会导致厨师做出或不做出特定决策，而且整体上它将为我们提供有关厨师个人的关键信息。

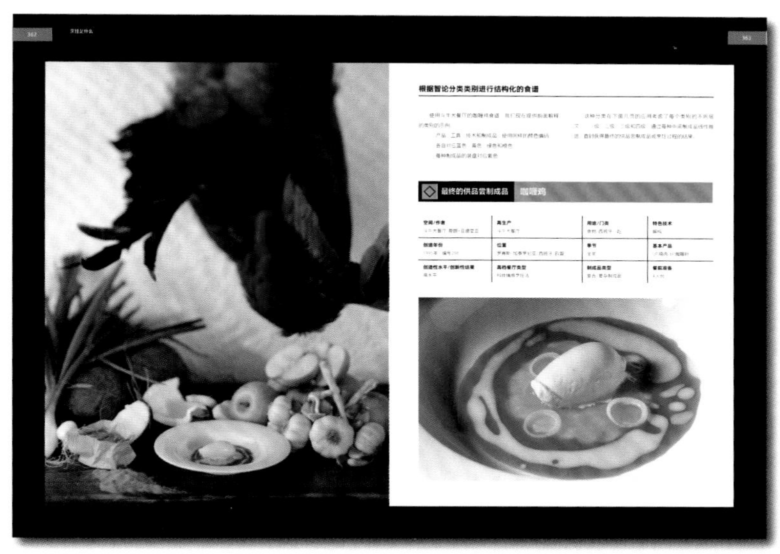

宗教信仰在烹饪中也有一席之地。宗教信仰在历史上一直是烹饪的主要制约因素之一，因为宗教信仰确立了某些限制和义务，而忠实的信徒（厨师和用餐者）会将它们转移到自己的烹饪习惯和自己消费的产品中。这可能涉及烹饪过程之外的因素，包括采购和品尝。

鉴于我们的烹饪方式和我们的消费方式相同，我们可以成为可持续厨师吗？可持续性在烹饪中意味着什么？烹饪涉及资源的管理，所以不可避免地涉及资源的消耗。现在，我们思考在烹饪方面是否可能存在一定程度的可持续性，以指导产品的购买、制作方式以及后续阶段（例如产生的垃圾的管理）的决策。

很容易想象为了营养而发展出的健康的烹饪方式，但是有没有可能创造一种同时为了健康和享乐主义的烹饪方式呢？我们从为了获取营养的料理和为了享乐的料理这两个角度来解释健康问题，料理始终且主要与前者关联，并且越来越多地尝试容纳后者。

作为在烹饪中考虑的一项因素，健康与医学和药剂学相关。从历史的角度看，某些制成品能够治愈或者帮助个人从特定病痛中恢复，这种观念导致我们思考了医学和药物在厨房中扮演的角色。

我们可以通过烹饪表达自己。厨师通过作为烹饪结果的制成品找到自我表达，正如作家或演员通过书籍或戏剧找到自我表达一样。传达什么信息以及能够从中找到什么哲学基础等相关决策是个人的选择。

烹饪的终极表达是爱！在烹饪可以表达的所有感受中，爱是最伟大的。烹饪者出于对他人的关爱烹饪，并将所有感受倾注到烹饪的过程和结果中，这是十足的慷慨姿态，其中包括非常强烈的情感连接。

就餐时与其他人社交常常是我们烹饪的原因。烹饪的目的之一是纯社交性的：有时候我们烹饪是为了与同伴一起进餐，或者我们吃别人烹饪的食物（在家或者在餐厅），从而将消费行为转变为另一种目的，超越吃饱或者获取营养的意图，并将重点放在可以创造重要纽带的社会关系上。

社会学和人类学帮助我们理解烹饪。社会学和人类学是专门研究人类的科学，无论是个体化的研究还是在社会框架内的研究。作为产生知识的学科，我们将它们视为烹饪这门学科的潜在指导，而且我们相信它们可以帮助解释料理在每个人以及社会生活中的意义。

当我们烹饪时，我们用食物进行设计。在这里，我们调整了设计的含义，从应用于对象改成应用于要被品尝的制成品。通过在细化过程中使用产品，进而制成品的设计在实践中被实现。但是制成品的设计想法很早以前就存在于烹饪它们的人们的头脑中，并且他们首先明确了食物设计的想法。

烹饪可以成为奇观的一部分。当烹饪伴随着赞扬或者品尝的仪式时，它可以成为一场表演或者融入一场表演。然后它会增添与娱乐相关的意义。

让我们展开一场辩论：我们能否将烹饪视为一种艺术形式，将厨师视为艺术家，将烹饪作品视为艺术作品？烹饪是不是艺术或者能否被视为艺术，这是长期存在的争论，也是我们在本节再次讨论的话题。我们在这里比较了厨师和艺术家，制成品和艺术品。艺术就像在烹饪，既存在创造性过程也存在再生产过程，因为可以从中找到非凡的技巧。在艺术中，也存在一个既具有多种特征又可以用来捕捉信息的结果，正如烹饪一样。

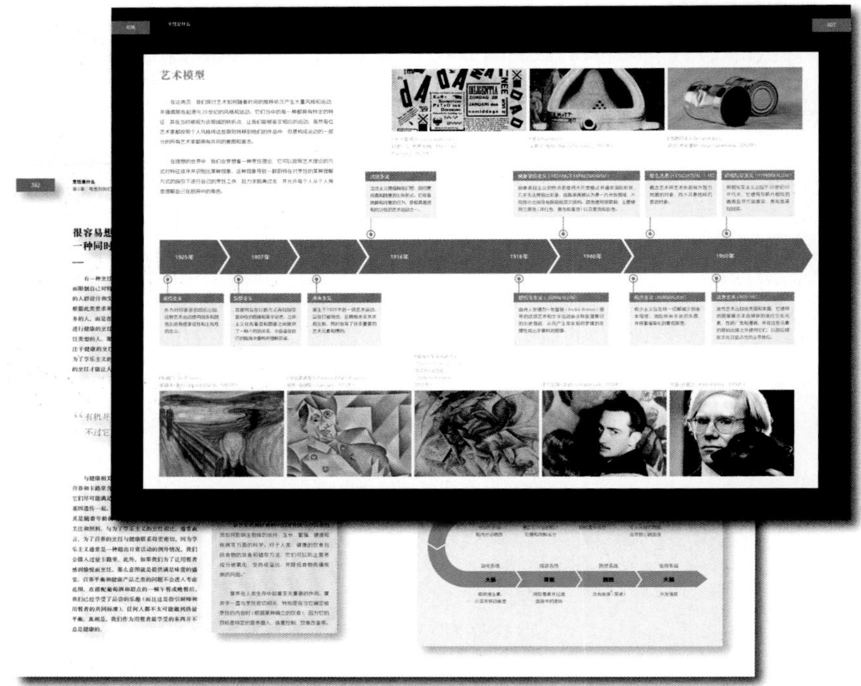

烹饪是一门具有学术性、具有大学水平和科学性的学科。虽然仍在建设和发展中，但烹饪已经是一门学术性学科，在世界各地的教育中心得到研究。而且由于它已经进入大学领域，因此它也是一门大学学科。我们提出的问题是，我们是否能将它视为一门科学性的学科，并基于知识的产生来证明我们的反应是正确的。

当我们烹饪以便与他人交流或分享知识时，烹饪还可以具有分享信息的目的。在烹饪的所有其他目的中，我们发现了交流的目的：我们的烹饪不是为了品尝制成品本身，而是为了教学、配合会议讲座或者任何其他与交流相关的目的。

烹饪是生产各种格式的文字和视听材料的驱动力。与上一个目的相关，我们观察到烹饪主题作为内容创造者在出版和影音产品领域占有重要地位。作为一项主题，料理出现在许多不同版本和格式的阅读和视听内容中。

烹饪是文化的发生器，是反映身份的镜子。自史前时代以来，烹饪就是人类日常生活的一部分。烹饪深深植根于我们理解环境的方式中以及我们与环境的关系中。相应地，它已经在各种层次上——当地的、地区的、国家的，等等——构成了我们文化的一部分。在世界上的每个地方，它都以某种方式成形，并拥有重大的象征和仪式意义。

我们过去有多少人？现在有多少人？将来又会有多少人？从人口统计学角度看烹饪。有关人口数量的人类统计学知识可以帮助我们更好地理解人类的烹饪现实。本节解释了上述这种观念，而且我们还思考了移民等因素的重要性。

地理位置的概念：如果我们改变自己在这颗星球上烹饪、进食和饮用的地点，会发生什么变化？历史上，料理特征得以发展的主要动因之一是料理在世界的位置。例如在很多方面，地点对于我们理解为什么要使用特定技术或特定产品进行烹饪至关重要。

地方性烹饪。当地的含义即“一个地方所固有的”，所以我们思考了发展出这样一种料理的可能性，这是一种深深根植于本土的料理。

东方烹饪、西方烹饪——两种伟大的美食文化。虽然本书侧重于西式高档餐厅的料理，但我们无法忽视区分东西方的地缘政治现实，并将其转移到烹饪艺术上。

政治学和烹饪：一个地区的政治制度如何能够对烹饪和品尝方式产生强烈影响。政治学与烹饪的联系不那么大，但它有助于解释烹饪的许多运作方式及其产生的结果。从这一视角，我们简要概述了烹饪这一行为，并认为它可能被限制或被巩固，并或多或少地受到特定政治制度和秩序的影响。

一个盘子或者一只玻璃杯中可以容纳多少个经济部门？我们对烹饪作为一种经济活动产生的影响进行了思考。为了成为现实，成为可能之物，烹饪依赖三个传统经济产业。它从第一产业农业、畜牧业和渔业获取未经过制作的产品；第二产业中的食品工业通过烹饪转化并分销制成品；而在第三产业即服务业中，我们可以在接待业（与旅游业相关）中找到各种形式的餐饮。

作为一种随着时间重复进行的行为，烹饪举足轻重

理解烹饪的历史意味着理解人类的历史，并从烹饪的角度叙述人类进化的历程。我们从不同角度讨论料理的历史。首先，我们思考在史前时代进行烹饪的人属（*Homo*）物种，以及西方和地中海地区的古代文明。此外，我们提供看待历史时间的三种不同方法：第一种侧重于世界历史的时期，这是该学科本身认可的；第二种是我们根据智论方法为高档餐厅建立的时期，适合料理本身；第三种是根据出现时间对它们进行评价（古代、现代等）。

- 人属物种。
- 西方和地中海的古代文明。
- 世界史的各个时代。
- 按照出现的时间顺序。
- 传统对比古典。
- 基于智论方法的高档餐厅的历史时期。

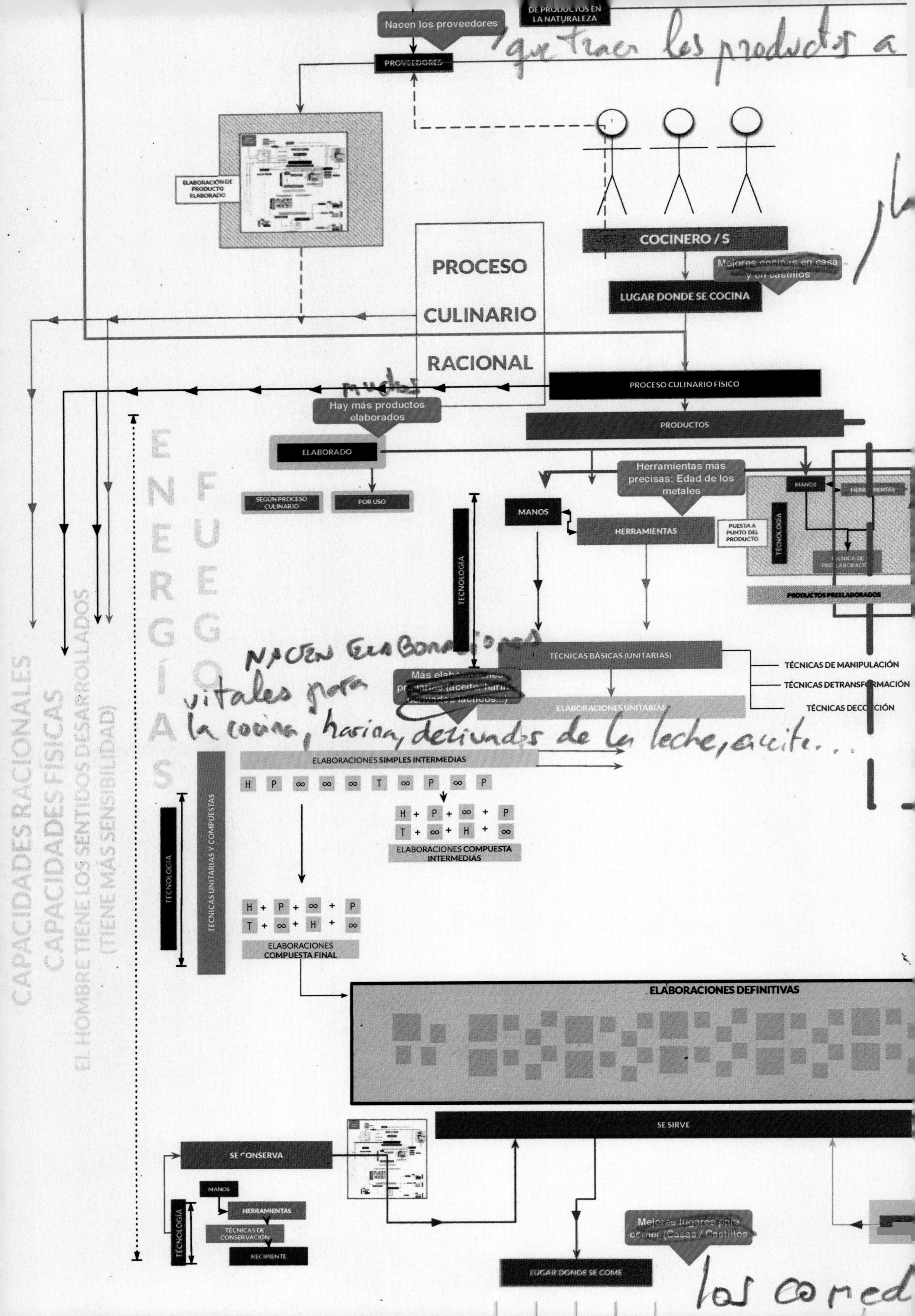
DE PRODUCTOS EN LA NATURALEZA
Nacen los proveedores
PROVEEDORES
ELABORACIÓN DE PRODUCTO ELABORADO
COCINERO / S
Mejores cocinas en casa y en castillos
LUGAR DONDE SE COCINA
PROCESO
CULINARIO
RACIONAL
PROCESO CULINARIO FÍSICO
Hay más productos elaborados
PRODUCTOS
ELABORADO
SEGÚN PROCESO CULINARIO
POR USO
Herramientas más precisas: Edad de los metales
MANOS
HERRAMIENTAS
PUESTA A PUNTO DEL PRODUCTO
TECNOLOGÍA
PRODUCTOS PREELABORADOS
ENERGÍAS
FUEGO
TECNOLOGÍA
TÉCNICAS BÁSICAS (UNITARIAS)
TÉCNICAS DE MANIPULACIÓN
TÉCNICAS DE TRANSFORMACIÓN
TÉCNICAS DE COCCIÓN
Más elaboraciones primarias (aceite, harina, derivados lácticos...)
ELABORACIONES UNITARIAS
ELABORACIONES SIMPLES INTERMEDIAS
H P ∞ ∞ ∞ T ∞ P ∞ P
H + P + ∞ + P
T + ∞ + H + ∞
ELABORACIONES COMPUESTA INTERMEDIAS
TÉCNICAS UNITARIAS Y COMPUESTAS
TECNOLOGÍA
H + P + ∞ + P
T + ∞ + H + ∞
ELABORACIONES COMPUESTA FINAL
CAPACIDADES RACIONALES
CAPACIDADES FÍSICAS
EL HOMBRE TIENE LOS SENTIDOS DESARROLLADOS
(TIENE MÁS SENSIBILIDAD)
ELABORACIONES DEFINITIVAS
SE SIRVE
SE CONSERVA
MANOS
HERRAMIENTAS
TÉCNICAS DE CONSERVACIÓN
RECIPIENTE
TECNOLOGÍA
Mejores lugares para comer (Casas / Castillos)
LUGAR DONDE SE COME

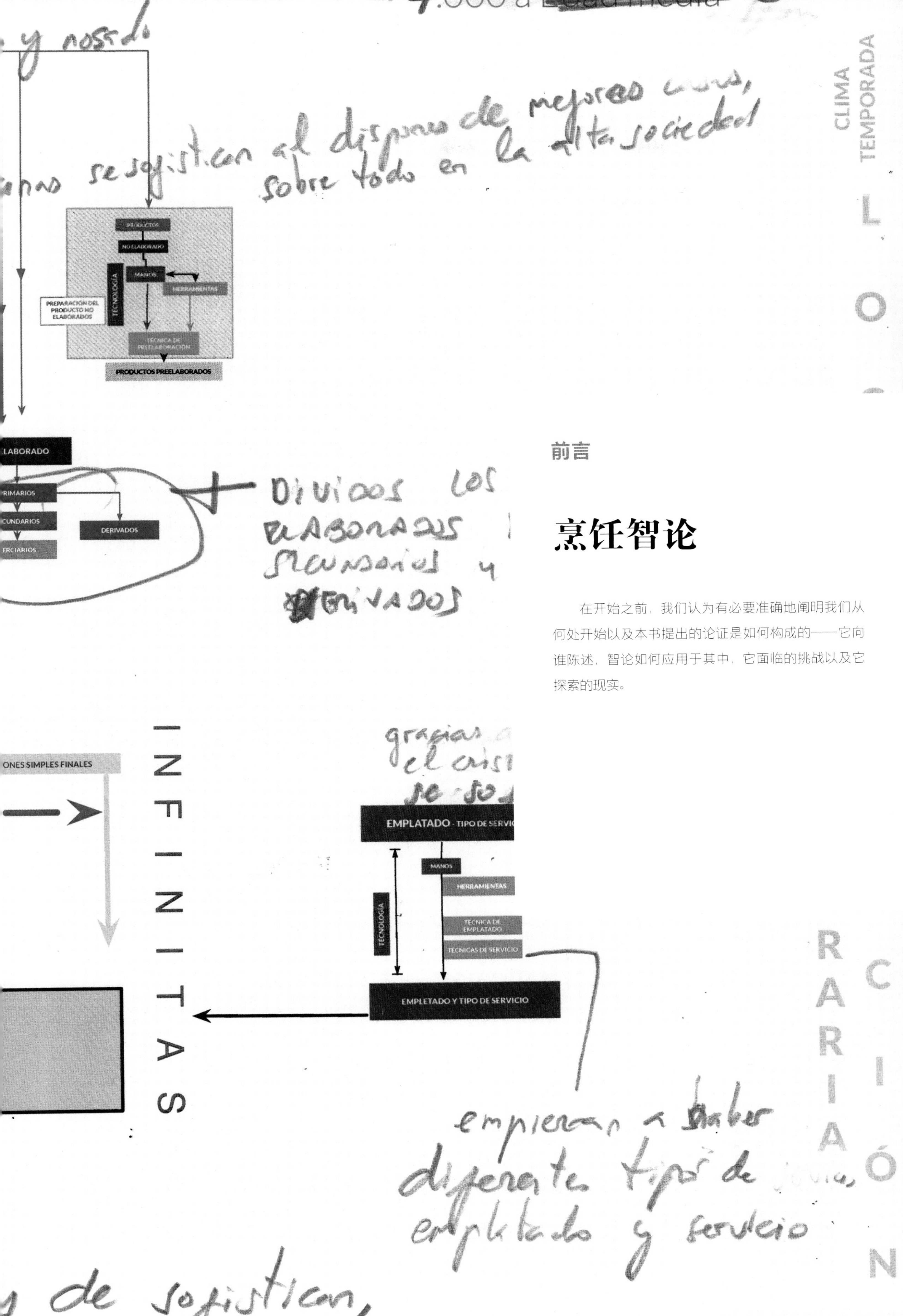

前言

烹饪智论

在开始之前，我们认为有必要准确地阐明我们从何处开始以及本书提出的论证是如何构成的——它向谁陈述，智论如何应用于其中，它面临的挑战以及它探索的现实。

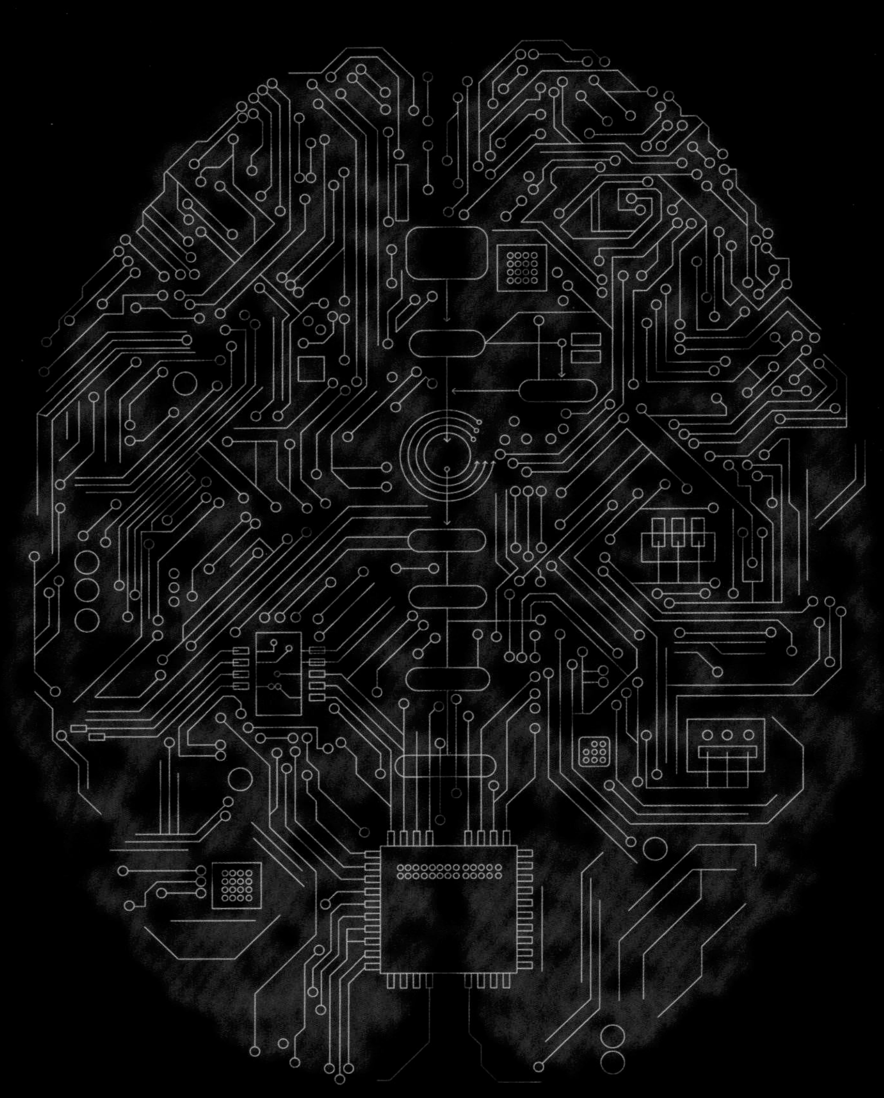

智论

连接知识

应用于西方社会高档餐饮部门的智论方法

智论是一种旨在连接知识的方法学。它的系统化过程让你能够理解使用它分析的任何研究主题，因为它涵盖了该主题的每个方面。这意味着智论可以应用于特定领域、学科或部门中的某种品牌、职业或活动。

“斗牛犬百科”将智论应用于高档餐饮部门，这是我们关注的焦点，这也是“斗牛犬百科”的核心概念。第一步需要以语义色彩的研究为指导，在绝对的黑与白之间和可觉察的任何“灰色地带”中质疑目前持有的观念。通过可以创造协同作用并提供对高档餐饮部门的整体视野的多学科方法，这一选择是有可能实现的。

因此，将该主题既作为整体也作为可分解为若干部分的事物进行审视，后者将会对整体有更好的理解。为此，我们开展了利用科学的准确性和基本原理的研究，并避免教条式的论述。智论方法学需要科学的观念和思维模式。它在利用法则、原理和公认理论的实证研究中取得了成果。

由于完整地分析美食学将会需要庞大的、不切实际的资源和时间，本书的研究对象局限于西方社会的高档餐饮部门。

作为一种理解模型，智论在分析其主题时使用系统化思维，这种思维会考虑不同体系的运作以及它们之间的相互作用和其产生的后果——一门学科在给定时期内得到的结果——带来的广泛多样的过程和资源。至于西方高档餐饮部门，我们所说的是一个已有大约240年历史的主题，而且如果要理解这个主题，我们需要在其历史背景中研究它。

智论选择必不可少的碎块知识并将它们连接起来，以便让我们能够理解它们并获得更有力和高效的结果，从而激发创造力。而在本书中，这样做还可以在高档餐饮部门获得创造力以便创新，并能增加对这种创新的理解。

“斗牛犬百科”

“斗牛犬百科”：高档餐饮部门的百科全书

“斗牛犬百科”是斗牛犬基金会（elBullifoundation）的主要项目之一。它的目标是汇编、创造和组织创建一部高档餐饮部门百科全书所必需的内容。

这些内容将通过多形式平台展示：图书、移动应用、展览和硕士学位课程。

“斗牛犬百科”以智论为基础。智论是一套用于汇编、选择和组织最少的必需知识以便理解任何学科的方法学。智论方法学致力于连接不同学科视角下搜集的知识，这正是“斗牛犬百科”的编辑人员来自多学科背景的原因。

该项目的主要目的是向高档餐饮部门的所有职业人士提供跨学科和实践知识：一线服务人员、厨房人员以及管理和行政人员。

“斗牛犬百科”还面向特定活动领域中需要更多技术信息的职业人士（创意人员、经理、侍酒师和酒保）运行专业项目，并为他们创造更多的特定内容。

各种呈现形式和所有研究都追求同一个目标：为高档餐饮部门生成和传播智论。

“斗牛犬百科”的各种形式

图书

浓缩本质

“斗牛犬百科”的标准形式是图书，因为它可以传播知识。但是这给内容的压缩、汇编和验证方面带来了巨大的挑战。创造一部涵盖每门学科基本信息的作品，这是一种概念化练习。

图书构成了大拼图的其中一部分，每一本书都有助于理解高档餐饮部门的一部分。印刷格式允许内容以实用主义的方式呈现，以创造出一种提出论点然后使用艺术美学将其呈现的熟悉方式。

“斗牛犬百科”包括一些拥有特定专门内容的独立图书，以及另外一些构成跨学科合集的图书，以提供对不同主题领域的更全面的理解。

应用程序

专门化

对于无法汇编成一本书的超大量信息，数字格式可以实现它的传播和连接（通过链接）。新技术让我们能够计划一整套与“斗牛犬百科”的内容相连的应用程序。这些应用正在进行多平台开发——智能手机和平板电脑等智能设备以及计算机，以便人们能轻松访问“斗牛犬百科”的信息并促进理解相关研究领域的各种功能。

对于“斗牛犬百科”制作的一些内容，它们的特点、体量和构想常常意味着只能通过数字平台（主要是网站和应用程序）查询。

硕士学位课程/慕课

通过教育分享

“斗牛犬百科”致力于在学术领域发挥重要作用，并巩固美食学作为一门研究学科的地位。

“斗牛犬百科”希望自身产生的知识将来用于本科课程以及硕士、博士学位课程中。它还向任何旨在通过知识实现美食学学科专业化的大学或学校提供知识和研究的来源。

考虑到美食学在学术环境中的重要性与日俱增，我们还在开发特定的大规模在线公开课程（Massive Open Online Courses，简称MOOCs，即慕课）。

展览

不一样的维度

展览是“斗牛犬百科”极具吸引力的形式之一。展览让参观者终于能够参与内容并进行互动。参观者将沿着一条旨在展示和解释内容并在此过程中促进理解和引发对话的交互性路径前进。

展览还是工作工具，让任何项目的进展和内容可视化，以便我们能监控和审查。

发散式搜索（SEAURCHING）

一种新的学习工具

发散式搜索是一种刺激学习的数字工具，一种展示信息的新模型，它可以收集和连接信息，以鼓励用户自学。

它着重于连接不同的概念，让用户能够在浏览该工具时以一种几乎无意识且出于直觉的方式获取知识。

智论在本书中的应用

首先，我们定义研究的对象，特别是烹饪这一行为以及结果（料理），并且我们将重点放在西方社会的高档餐饮部门。在这个前提下，智论分析了该主题的不同方面，从而为本书标题的核心问题提供答案。

1. 我们从语汇语义方面开始，其目的是通过对术语的理解将研究对象情境化。从一开始就很明显，词典对“烹饪”或“料理”给出的定义并不能涵盖或描述这些词汇代表的所有概念，因为存在许多本应得到探索的语义色彩未被提及，其中包括可以补充研究对象的概念，例如食物和饮品（烹饪的结果）或者美食学和享乐主义（存在于烹饪领域，是我们正在研究的烹饪行为导致的）。所有这些在高档餐饮部门都必不可少，因为它们的存在决定了烹饪并代表其结果。我们还分析了不被称为烹饪但暗示发生烹饪的行为。这让我们能够在持续相连的情境中讨论料理，从而让我们全面地理解它。语汇语义方面的问题贯穿本书，因为我们一直在这个过程中增加概念。我们有时会看到最初的术语拥有不止一种含义。我们还发现，有些确实存在且被使用的概念没有标准化的定义，或者其现存定义已经过时或者需要新的解释，因为随着时间的推移，定义已经有了新的变化。在这些情况下，我们对目前持有的观念提出质疑，或者提出我们应用智论时产生的定义。

2. 我们通过对界定性边界的分析，探讨如何对料理和烹饪行为进行对比。为此，我们思考了这样一个事实，自然和动物的某些转化过程会产生用于烹饪的产品。从这个角度看，我们开始理解为什么人类是唯一进行烹饪的生物，因为这一行为源于一种将我们和所有其他生物区分开的欲望——改良可利用产品的欲望。人类发明烹饪，是因为他们拥有去获取自己将要食用的食物并让这些变得更加可口的意志和思维。这个角度让我们能够分析并区分动物食用的未烹饪的食物和烹饪过的食物的边界，后者的明确意图是改良我们的饮食，而且我们将这种分析发挥到极致，以便更好地理解这种区别。

3. 我们研究与我们相关的现实的系统化方面的问题。这让我们能够为高档餐厅找到一套分类法和一系列分类类别。这些类别既适用于一般组织和运营体系，也适用于我们体验它们的方式。从这个角度出发，我们将烹饪视为一种创造系统（包括子系统）的行为，在这个系统中我们执行由若干阶段构成的过程（和子过程）。该系统依赖领导者，并且需要一系列资源。同时，该系统取决于可用资源（其中一些资源得到了详细的讨论，例如烹饪技术、时间或能量），并将产生一种或另一种结果。这种烹饪的结果是用餐者或顾客消费的饮食制成品，而且就像整个过程和系统一样，它们拥有的具体特征向我们提供了将它们再生产或制造出来的料理的相关信息。我们在这里不能过分简化，因为这些章节中的每一个都复杂到本身足以发展成一本书。

4. 分类角度将以上所有要素纳入考虑并对它们进行了分析，以找出能够决定相应系统、过程、资源、任务和制成品以及它们最终结果的性质和特征。智论方法学的角度与众不同之处在于，人类每次烹饪时发生的一系列制约因素（历史上出现过成千上万种）的特征是不同的。以这些制约因素作为标准，我们生成的分类可以让我们通过不同的类别和类型理解料理，每一种类别或类型都将向我们展示我们面对的复杂现实（完整意义上的“料理”和“烹饪”）的一部分（例如，某种类型的热菜）。在这里，我们将身处一场在两个方面之间开展的对话中：一个方面强调系统化，另一个方面主张还原主义和专门化。正如我们在解释该领域时所指出的那样，本书并不打算根据烹饪和食物的类型提出一套深思熟虑的分类系统，那将是另一个单独项目的基础。这种分类角度确实让我们有一点发现，即与人类千百年来研究过的所有学科都不同，烹饪没有被整理或划分，因此它从未被正式分类或编目，因为还没有人面对这项令人生畏的艰巨任务。

5. 接下来是处理情境化的章节：此节致力于观察其他学科如何与料理重叠，或者其他学科如何在烹饪行为中产生并相互作用。这让我们能够从相关角度解释烹饪过程发生时在不同层面上发生了什么。理解语言、数学或物理和化学在烹饪中的发生方式有助于我们将烹饪情境化，从而了解我们观察到的现实，并以其他知识来源的“眼睛”看待烹饪。

6. 到目前为止的所有方面已经让我们能够将烹饪理解为一种复杂的现实，并意识到烹饪的释义必须加入这本书里超越传统范围的观点。智论方法学旨在理解烹饪过程的整体方法如何导致下一个方面的引入，我们可以将它归类为解释性的方面。我们用情境化的方式分析了烹饪在社会中的作用和它对社会的影响，以及它和其他部门之间的对话与协同作用。为此，我们构建了若干隐喻，让我们能够将烹饪与其他现实、学科和领域（如艺术、人口统计学、地理学、娱乐业等）进行比较。

7. 最后，由于历史是业已发生的一切的后果，所以我们从这个学科的角度对烹饪进行情境化，并从中理解我们可以用它来叙述人类历史的一个版本。从这个角度来看，很显然，我们的研究对象是复杂且古老的，当下并不是唯一已知的时间，也不是我们唯一能够分析的时间。为了研究烹饪，至关重要的一点是我们应该参考它的过去——从前已经发生的一切，我们称为“历史”的事实组合。这些事实已经多次回答了那些带领我们走向后果（被理解为一种结果）的问题：在解释烹饪是什么的逻辑链中，这是又一个环节。

智论

一套通过系统化思维连接知识的方法学

在我们使用科学思维并应用这些原则的领域

质疑常见观念

非教条

秩序和更多秩序

数字环境

我们发展不同方面

我们设定一些目标

目标是什么?

为何目的?

为什么?

历史方面:
通过创造和创新来衍化

我们关注组织

具有一般组织结构
和运作方式的
实体和机构

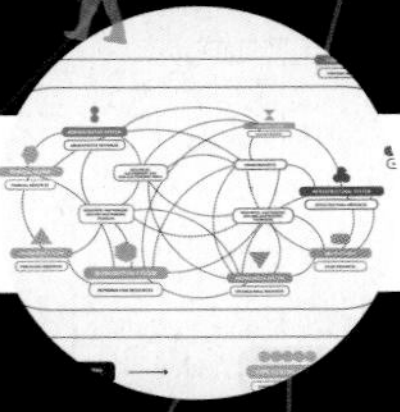

领导者

制约因素

以完成一项
结果、产品、项目

对比方面

分类方面:
分类类别

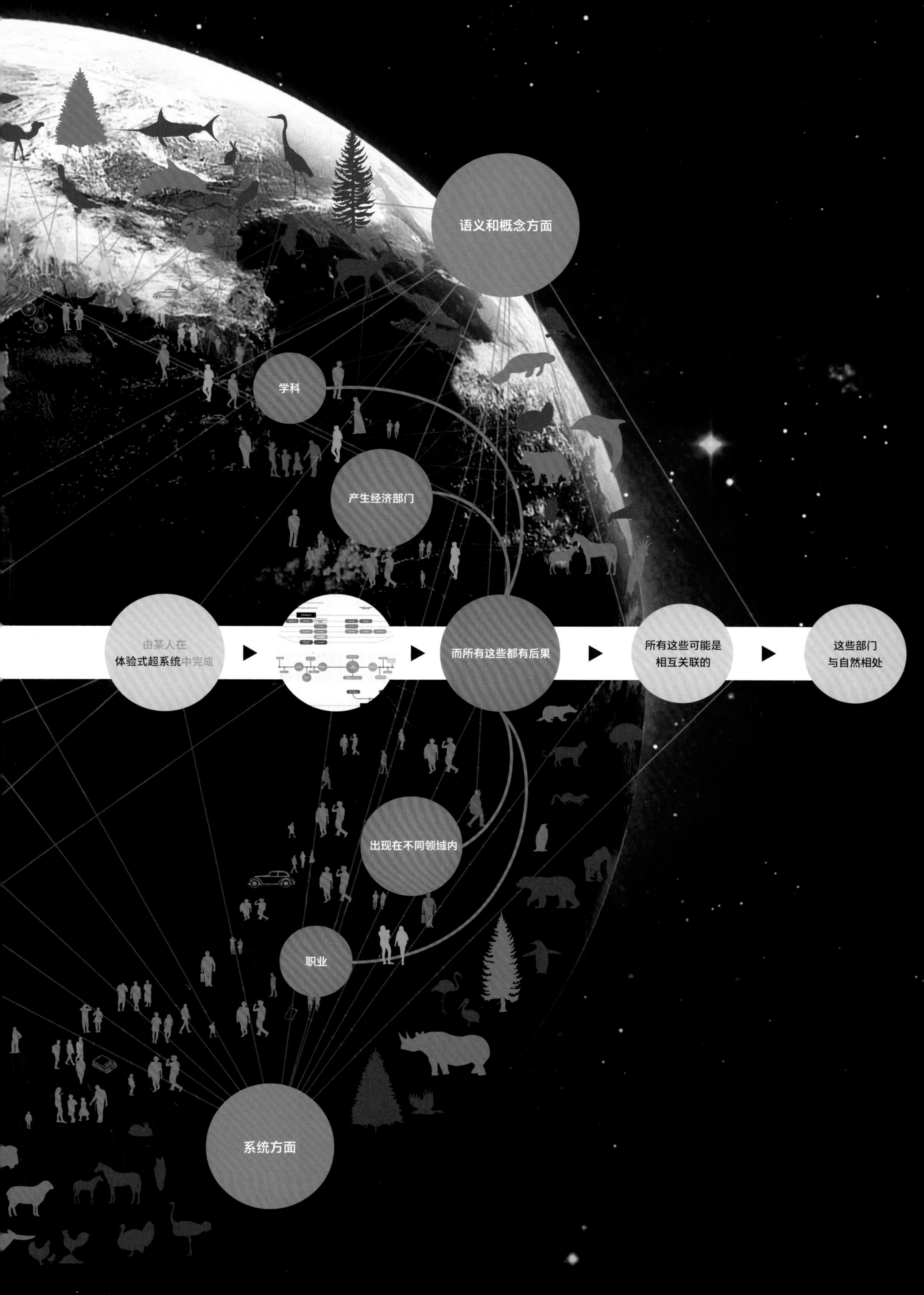

语义和概念方面
学科
产生经济部门
由某人在
体验式超系统中完成
而所有这些都有后果
所有这些可能是
相互关联的
这些部门
与自然相处
出现在不同领域内
职业
系统方面

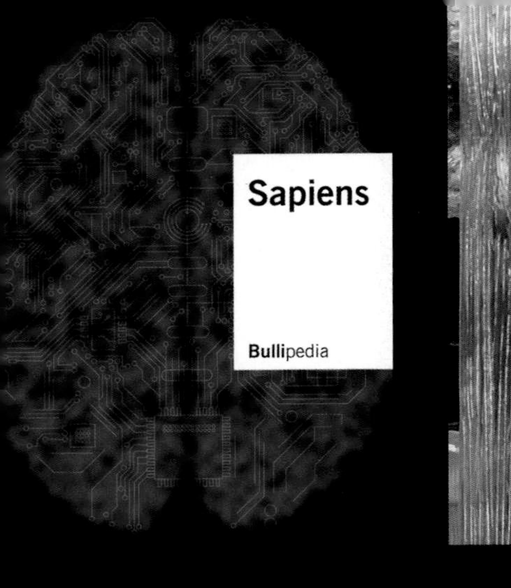
Sapiens
Bullipedia

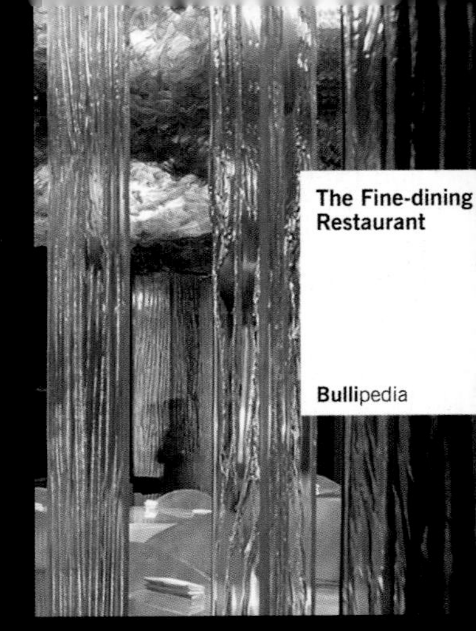
The Fine-dining Restaurant
Bullipedia

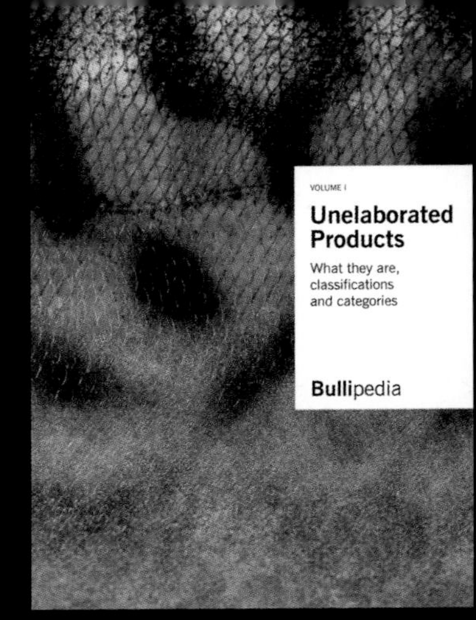
VOLUME I
Unelaborated Products
What they are, classifications and categories
Bullipedia

VOLUME II
Unelaborat
products
Taxonomy
Bullipedia

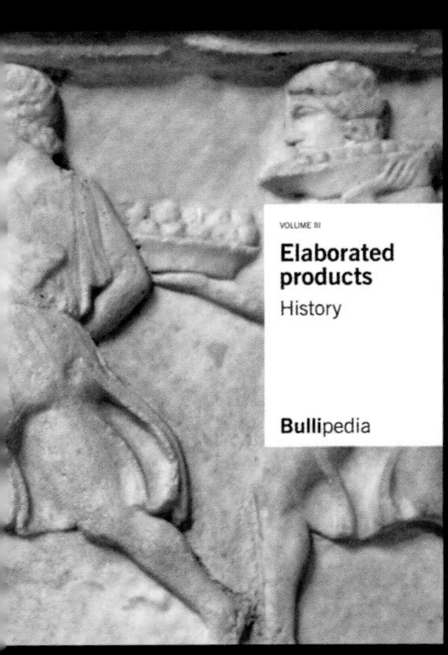
VOLUME III
Elaborated products
History
Bullipedia

The Sapiens of the Tomato
Bullipedia

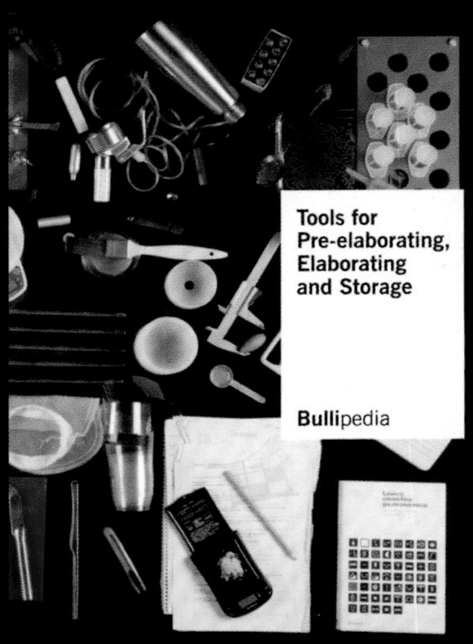
Tools for Pre-elaborating, Elaborating and Storage
Bullipedia

Tools for Plating, Serving and Tasting
Bullipedia

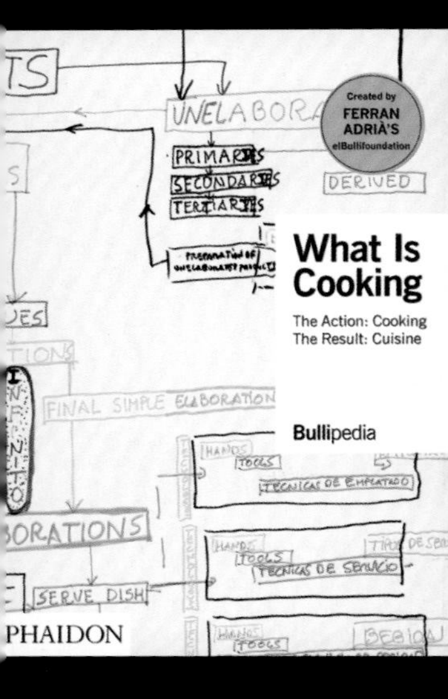
Created by FERRAN ADRIÀ'S elBullifoundation
What Is Cooking
The Action: Cooking
The Result: Cuisine
Bullipedia
PHAIDON

Created by FERRAN ADRIÀ'S elBullifoundation
Coffee Sapiens
Innovation through understanding
Bullipedia
PHAIDON

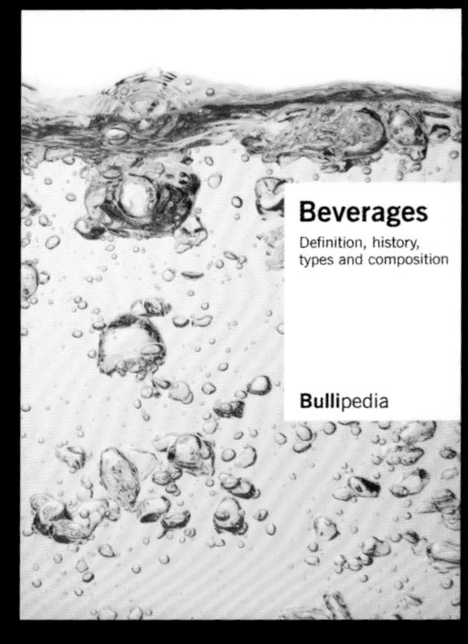
Beverages
Definition, history, types and composition
Bullipedia

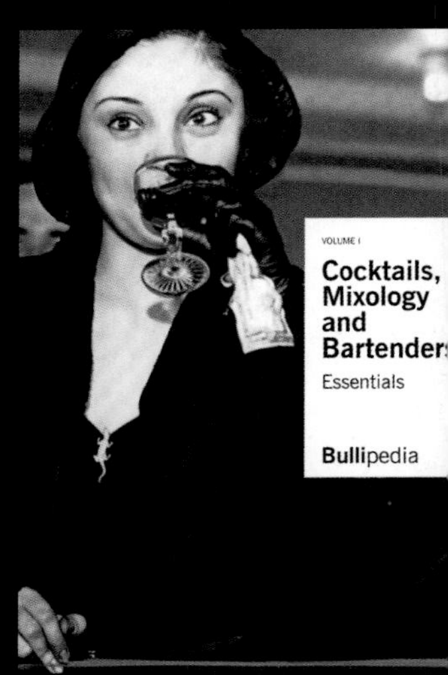
VOLUME I
Cocktails, Mixology and Bartender
Essentials
Bullipedia

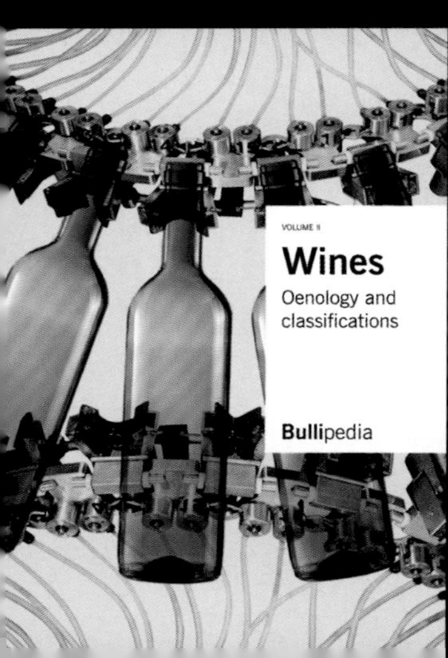
VOLUME II
Wines
Oenology and classifications
Bullipedia

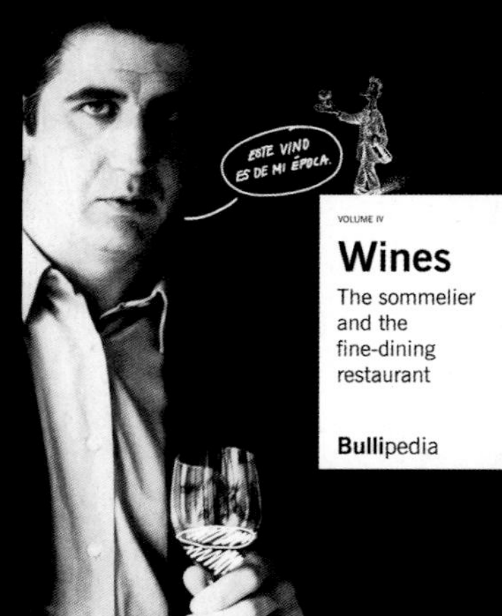
ESTE VINO ES DE MI ÉPOCA.
VOLUME IV
Wines
The sommelier and the fine-dining restaurant
Bullipedia

VOLUME III
Wines
The wine-tasting experience
Bullipedia

VOLUME V
Wines
From origin to
consequences
Bullipedia

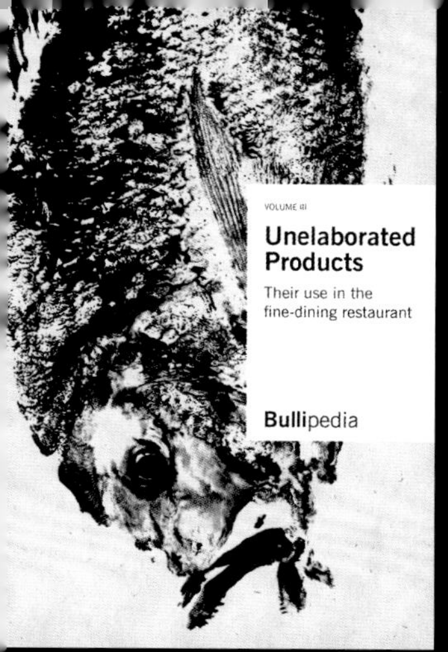
VOLUME III
Unelaborated Products
Their use in the fine-dining restaurant
Bullipedia

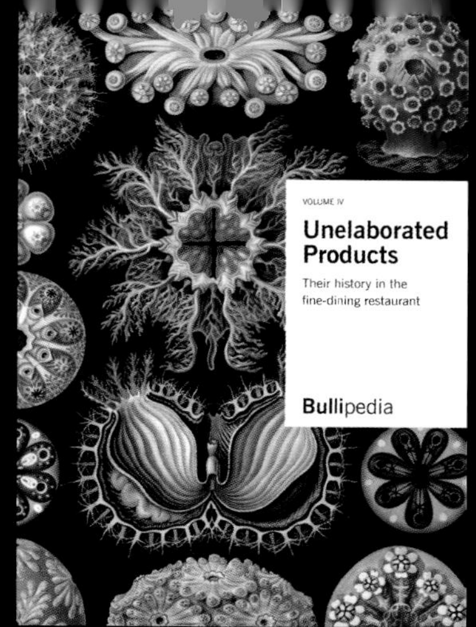
VOLUME IV
Unelaborated Products
Their history in the fine-dining restaurant
Bullipedia

VOLUME I
Elaborated Products
What they are, classifications, categories, classes and types
Bullipedia

VOLUME II
Elaborated Products
Their use in the fine-dining restaurant
Bullipedia

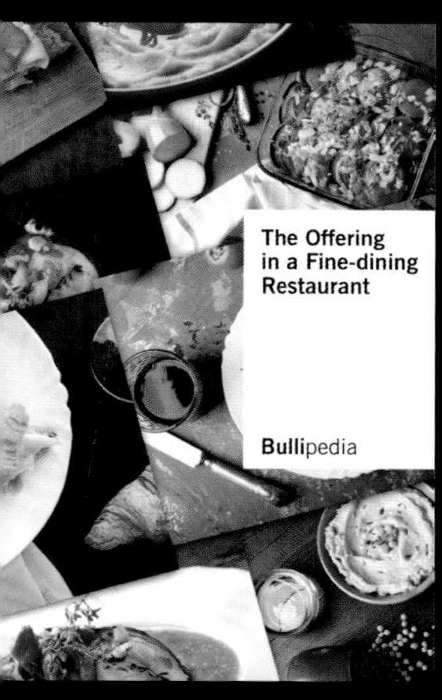
The Offering in a Fine-dining Restaurant
Bullipedia

The Fine-dining Experience
Bullipedia

The Dining Space and Food and Beverage Service
Bullipedia

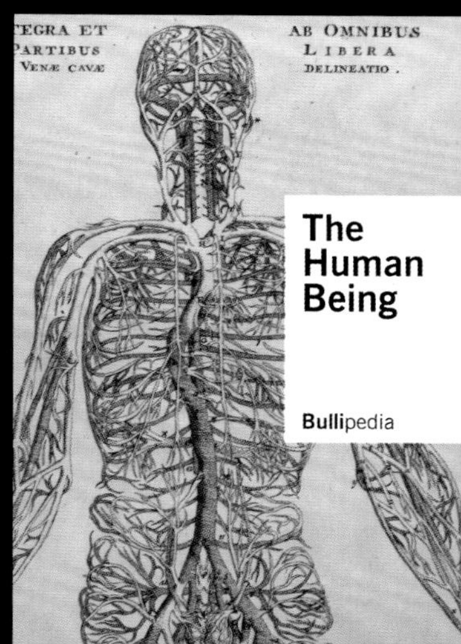
The Human Being
Bullipedia

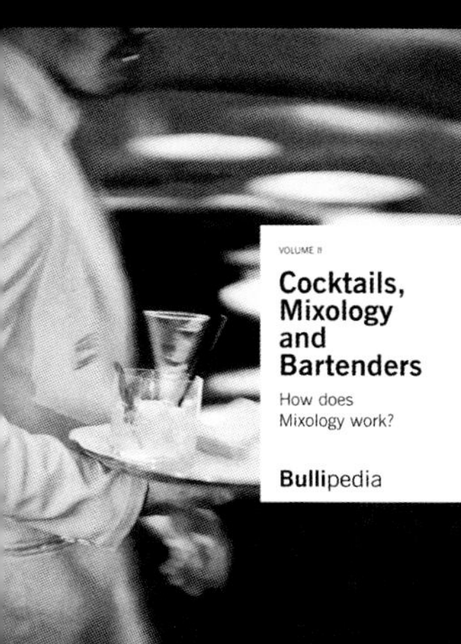
VOLUME II
Cocktails, Mixology and Bartenders
How does Mixology work?
Bullipedia

VOLUME III
Cocktails, Mixology and Bartenders
What do we use to make cocktails?
Bullipedia

VOLUME IV
Cocktails, Mixology and Bartenders
Elaborated liquid products for cocktails
Bullipedia

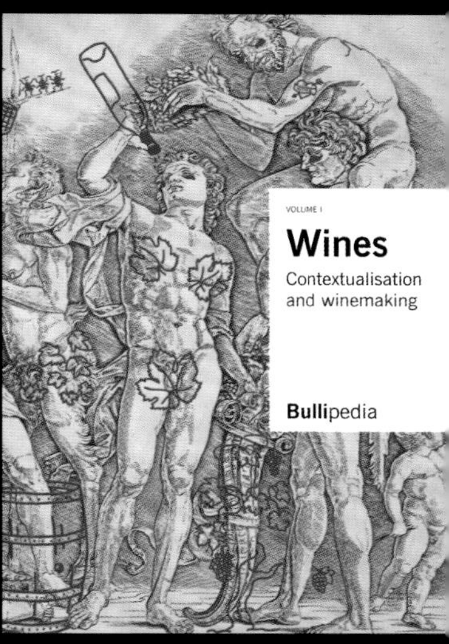
VOLUME I
Wines
Contextualisation and winemaking
Bullipedia

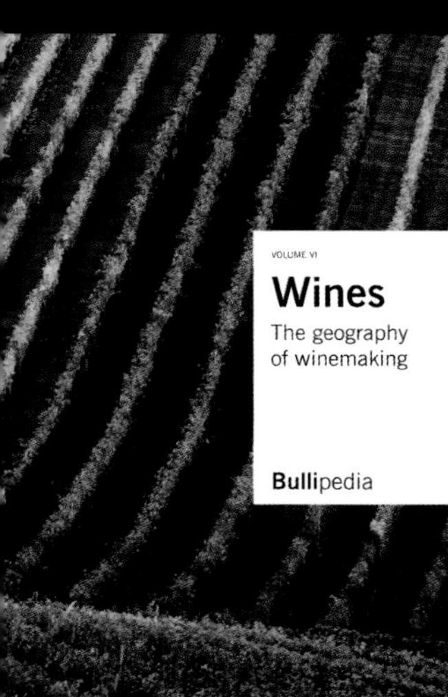
VOLUME VI
Wines
The geography of winemaking
Bullipedia

Nikkei
The dialogue between Japanesse and Peruvian cuisines
Bullipedia

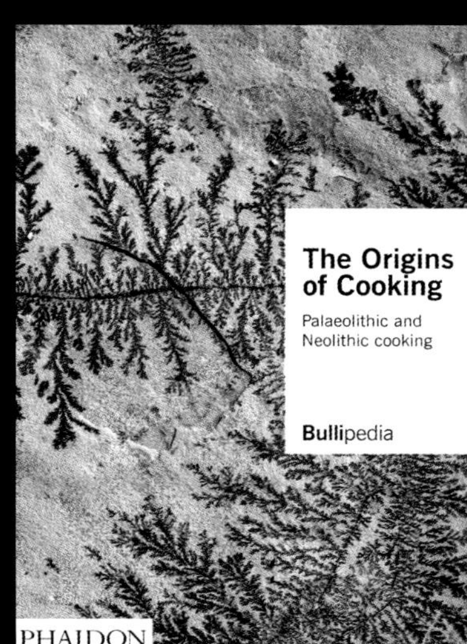
The Origins of Cooking
Palaeolithic and Neolithic cooking
Bullipedia

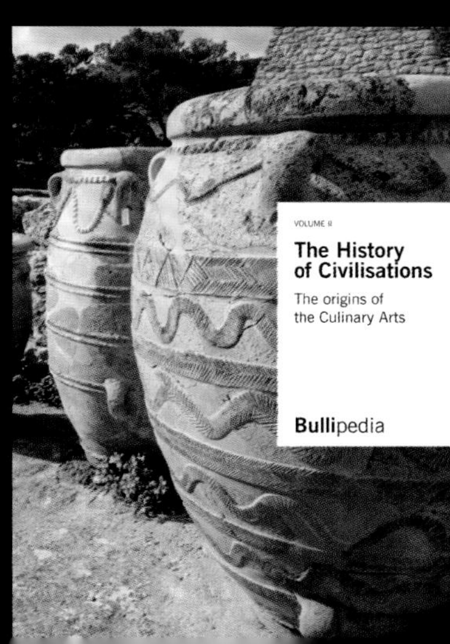
VOLUME II
The History of Civilisations
The origins of the Culinary Arts
Bullipedia

PHAIDON

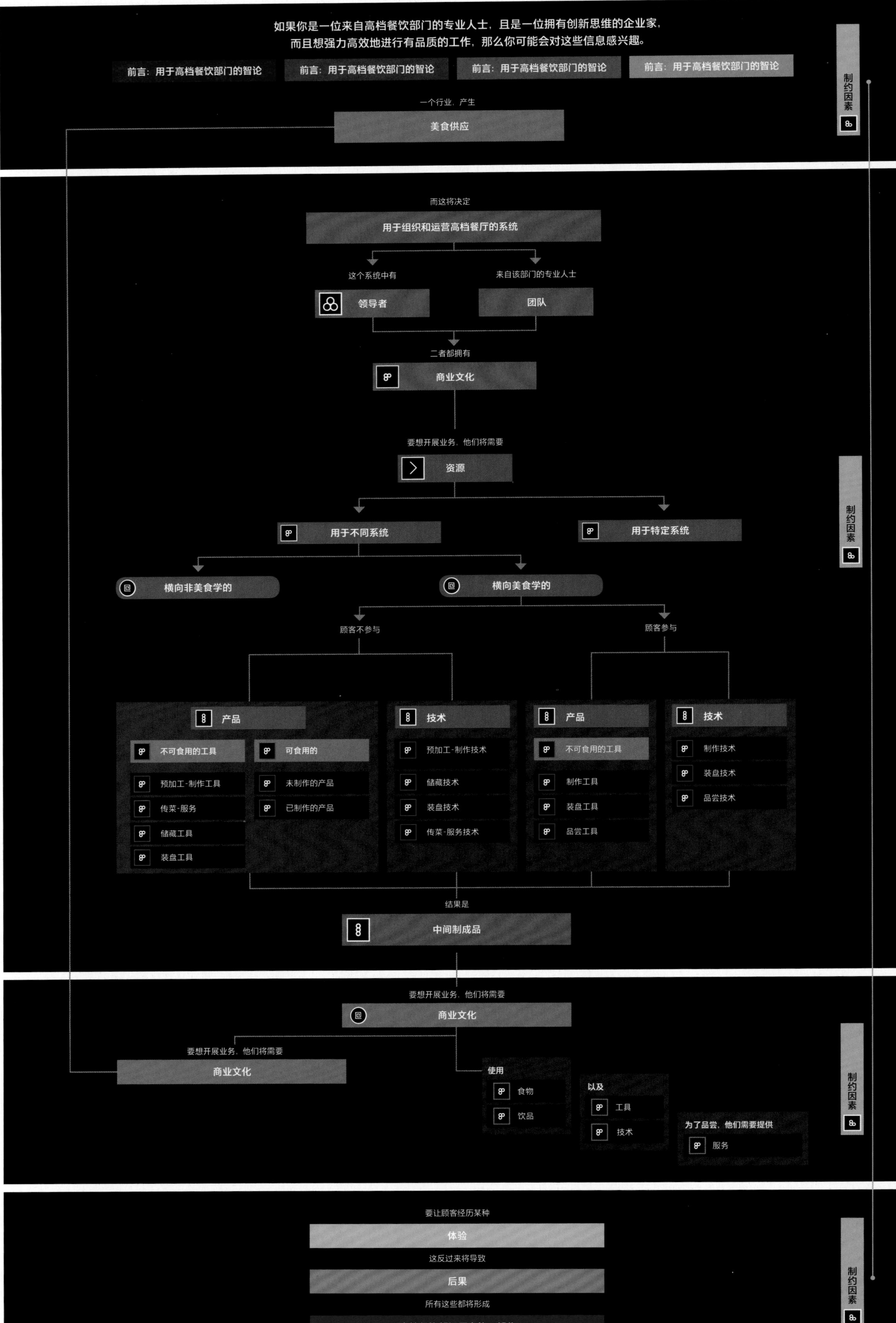

如果你是一位来自高档餐饮部门的专业人士，且是一位拥有创新思维的企业家，
而且想强力高效地进行有品质的工作，那么你可能会对这些信息感兴趣。
前言：用于高档餐饮部门的智论
前言：用于高档餐饮部门的智论
前言：用于高档餐饮部门的智论
前言：用于高档餐饮部门的智论
制约因素
一个行业，产生
美食供应
而这将决定
用于组织和运营高档餐厅的系统
这个系统中有
领导者
来自该部门的专业人士
团队
二者都拥有
商业文化
要想开展业务，他们将需要
资源
用于不同系统
用于特定系统
制约因素
横向非美食学的
横向美食学的
顾客不参与
顾客参与
产品
不可食用的工具
预加工-制作工具
传菜-服务
储藏工具
装盘工具
可食用的
未制作的产品
已制作的产品
技术
预加工-制作技术
储藏技术
装盘技术
传菜-服务技术
产品
不可食用的工具
制作工具
装盘工具
品尝工具
技术
制作技术
装盘技术
品尝技术
结果是
中间制成品
要想开展业务，他们将需要
商业文化
要想开展业务，他们将需要
商业文化
使用
食物
饮品
以及
工具
技术
为了品尝，他们需要提供
服务
制约因素
要让顾客经历某种
体验
这反过来将导致
后果
所有这些都将形成
高档餐饮部门历史的一部分
制约因素

烹饪是一种以产品为起点的行为，并在工具的帮助下将技术应用于产品。我们将烹饪的结果称为制成品。从这里出发，可能性是无限的。

这是高级餐饮料理存在的起点，所有制成品在这里被创造、再生产和被品尝，而所有这些都可以产生类别。

既然我们的工作处于高档餐饮部门的智论框架内，因此我们的主要目的之一是产生一系列类别。

每个已建立的类别（资源、中间制成品、供品尝的制成品等）都包含一个基本概念，该概念探索了被观察的现实的一部分。通过这种方式，每个类别都成为本书主体内的参照点，并让我们能够对其进行整理。

在实践中，我们应该将类别视为可以划分成子类别的“抽屉”。换句话说，类别可以包括低一级的平行内容，这些内容继续构建正在被分析的现实。

这些子类别呈现了一个与上一级“抽屉”相比范围更受限的固定方面，但是它始终会构成类别的一部分。随着“抽屉”被打开，我们能够深入研究这些子类别，我们观察的各个方面会被更详细地界定。

总体而言，类别和从它们当中衍生的子类别创造并保证了一套基本秩序，除了为整个分类建立了一套通用语言，还令它更容易理解。如果我们在此刻强调它们的重要性，那是因为它们起到手册的作用。我们使用它们建立基本准则，以理解应用于高档餐饮部门的智论方法，从而防止我们在发展分类法时误入歧途。

这本书为谁而写？

这是一本特别的书，它处于“斗牛犬百科”的框架内并且是它的一部分，它的目标读者是非常广泛的一大类专业人士。这是理所当然的，但也包括业余爱好者。任何曾经烹饪过或者习惯性地去烹饪的人，都会熟悉其中包含的所有内容。

- 高档餐饮部门的专业厨师会发现，本书涵盖了与餐厅现实直接相关的许多主题，而且不只是从烹饪的角度而言。从这个意义上说，本书提供了涵盖厨师职业的整个组织系统的全景，此外还有大量如今被我们归类为“高档餐厅”的机构起源和历史的相关信息。理解这种衍化并以厨房之外的视角审视餐厅是至关重要的，这是为了创造性和创新性地发展，并更有效率地得到超越“烹饪之物”（在那里制作或提供的食物和饮品）的结果，同时相互连接关于料理不同领域的信息。

- 在餐厅中负责顾客占据的空间，和顾客打交道并满足其需求的专业“服务人员”也会发现，自己的工作在这本书里得到体现。作为烹饪过程中不可或缺的一部分，服务人员（侍者）代表通往顾客的链条的最后一环，并被描述为潜在的厨师，因为有时他们承担的责任并不严格局限于餐桌服务的范围。除了告知、指导和建议顾客，向他们解释菜品并将制成品从厨房传递到用餐空间，服务人员还可以完成制成品。换句话说，除了端上烹饪好的食物并服务品尝者，我们还强调了他们的存在与烹饪行为相连的重要性。

- 同样，我们还在作为本书目标读者的专业人士中纳入了所有在餐厅内部或外部工作，但是基于烹饪过程（制作或生产制成品或制成产品的过程）进行烹饪并从事自身职业的专家（侍酒师、调酒师、酒保、糕点师、面包师等）。将专门化作为料理内部的一种方法，这样的考虑构成了本书的一部分，而且对于我们理解当代高档餐饮部门具有特别的意义。

- 食品工业本身也是目标受众，无论是大规模生产的厨师，还是小规模生产者和手艺人。要想讨论烹饪是什么，就不可能不涉及食品工业的制作或生产过程，这些过程对作为本书标题的核心问题提供了补充答案。

- 这本书还可能让传播学领域、食品新闻领域的专业人士以及在食品写作领域工作的人士感兴趣，他们也许希望拓宽自己的理论知识，或者为自己对烹饪及其结果的观念增添不一样的视角。他们会在其中找到有序的信息，这些信息有助于他们全面地理解烹饪这个与他们相关的领域。

- 更重要的是，本书面向烹饪和美食科学或者正在接受与任何其他料理相关的理论性或实践性教育的所有学生。我们希望它将成为他们职业生涯的手册和宝贵参考，并为他们作为专业人员的整体培训做出贡献。

- 对于上一段描述的目标受众的所有教育者（教师、导师），这本书是重要的教学资源，因为它提供了有序的知识提纲，可以从中提出数百个辩论主题和开拓视野的问题，并培养未来的专业人士的反思性和批判性思维。

- 至于非专业人士，本书还面向希望学习并扩展知识的烹饪爱好者。他们在厨师中的地位也得到了证实，而且书中多次区分了他们生产的料理与专业情境（餐厅、食品工业等）下的料理。

- 这本书以全面的视角对烹饪这项如此常见、频繁且深深扎根于人性的行为进行了涵盖参与者、情境、资源和烹饪时间的分析。同样重要的是，渴望了解这种分析的普通公众可能会对本书感兴趣。

理解烹饪以便将它与我们的研究对象——高档餐饮部门联系起来

作为“斗牛犬百科”的核心研究对象，高档餐饮部门在本书中起着不可或缺的作用，因为我们的目的是解释该领域的烹饪观念，书中的一切都服务于这个重点。我们先对高档餐饮部门进行整体性分析，包括其过程、参与者、资源、情境和时间，该部门的实现依赖一套运行体系的存在，这套体系每天都在餐厅复制，目的是向顾客提供尽可能最好的烹饪结果。

在餐厅行业中，顾客是指品尝制成品的个人。他们选择特定的美食供应，并在这一过程中通过点菜和消费不同的制成品来具体说明自己的偏好，这些制成品是来自甜味世界和咸味世界的食物或饮品，即烹饪行为的结果。料理和制成品构成餐厅或接待业场所美食供应的一部分，其余部分包括服务、装修、位置和氛围等其他因素。美食供应为顾客提供的体验是去餐厅或者接待业场所体验这一事实的结果，这是所有这些决策共同作用决定的。与品尝制成品（食物或饮品）相关的体验过程是“斗牛犬百科”的另一个主要兴趣点。有关更多详细信息，你可以查询专门包含此种体验的项目。

我们本可以将这本书的重点放在拥有多种版本的高档料理上，基于其中的料理具体说明每种类型的美食供应，但那将会成为另一个不同的项目。虽然本书的目的是回答“烹饪是什么”的问题，然后继续讨论餐厅的概念，但是如果忽略餐厅出现之前就已经存在的所有烹饪和制成品，那我们就太短视了，而且我们将错过发现更完整历史的机会，而这种历史起源于和美食供应相去甚远的背景。

烹饪开始于私人领域，并在许多个世纪后转移到高级餐饮部门，而后者自身的历史包含许多迥然不同的版本和时刻。烹饪艺术和职业烹饪向餐厅的转移以及其中的制成品观念，是在两百多前年发生的。餐厅是烹饪商业化的一面，通过指定价格支付，价格因场所而异。尽管本书的中心主题构成了烹饪的一部分，而且将它确立为中心主题是正确的，但这并不代表它是我们打算涵盖的全部现实。作为一种机构的高档餐厅和作为一个部门的高档餐饮是长期历史进程的后果。

我们从不同角度审视烹饪这一主题，但是作为高档餐饮部门的专家，我们特别强调了高档餐厅提供的料理、专业人士和制成品。曾经美食供应千百年来只是上流社会的专属，如今它已经成为全球千百万普通人超越品尝乐趣的休闲选择，而现在最重要的就是决定如何在这本书里介绍作为美食供应来源的料理。我们将餐厅料理与其他版本的烹饪联系起来，这些版本属于其他领域并拥有不同的起源，可以出现在餐厅、家庭和其他情境中。如果不考虑料理的起源、其扩散渠道以及它在千百年的烹饪中获得的特征背后的原因，就不可能走进它。在本书后半部分，我们将有时间详细讨论这些概念和它们之间的区别。

L'ART
DU CUISINIER,

PAR A. BEAUVILLIERS,

Ancien Officier de MONSIEUR, comte de Provence, attaché aux Extraordinaires des Maisons royales, et actuellement Restaurateur, rue de Richelieu, n° 26, à la grande Taverne de Londres.

TOME SECOND.

A PARIS,

CHEZ PILET, IMPRIMEUR-LIBRAIRE, RUE CHRISTINE, N° 5.

IL SE VEND AUSSI

CHEZ { COLNET, LIBRAIRE, QUAI DES PETITS-AUGUSTINS, ET LENOIR, LIBRAIRE, RUE DE RICHELIEU, N° 35.

1814.

第一本关于一家高档餐厅的图书。高档餐饮开始于这处场所。

餐厅不只是烹饪而已……

CLIENTE
Mesa: M15
Comensales: 2,0000
Fecha: 05/12/2018
Camarero: GEMMA
2.00 MENU PAKTA
2.00 -Seco de cangrejo
2.00 -Camote
2.00 -Ceviche en flor
2.00 -BEBIDA SELECCION
2.00 -Tostada gamba
2.00 -Canape anguila
2.00 -Tataki rubia gallega
2.00 -BEBIDA SELECCION
2.00 -Causa mejillon
2.00 -Maki causa kimchi
2.00 -Cornete
2.00 -BEBIDA SELECCION
2.00 -Causa molleja
2.00 -Ají Codorniz
2.00 -Huevo
2.00 -BEBIDA SELECCION
2.00 -Kakigori
2.00 -Helado Kombu
2.00 -BEBIDA SELECCION
2.00 -El chocolate
CLIENTE
Mesa: M16
Comensales: 4,0000
Fecha: 05/12/2018
Camarero: LAURA
4.00 Menu Pakta
4.00 -Nigiri de erizo
4.00 -Nigiri wagyu
4.00 -Sashimi calamar
4.00 -Soba bacalao
4.00 -Setas escabeche oriental
4.00 -Guisantes
4.00 -Caballa shimesaba
4.00 -Usuzukuri Hamachi
4.00 -Seco de cangrejo
4.00 -Camote
4.00 -Ceviche en flor
4.00 -Tostada gamba
4.00 -Canape anguila
4.00 -Tataki rubia gallega
4.00 -Causa mejillon
4.00 -Maki causa kimchi
4.00 -Cornete
4.00 -Causa molleja
4.00 -Ají Codorniz
4.00 -Huevo
4.00 -Kakigori
4.00 -Helado Kombu
4.00 -El chocolate
4.00 -Petits Fours
CHEF & SEATING RE

理解烹饪以便构建烹饪理论

在其他学科中（本书提到了其中的一些），理论的构建是为了解释和带来秩序，例如艺术理论。艺术是一门经过全面整理的学术性学科，其理论包含了千百年来赋予其结构的一整套规则、原则和知识。烹饪就不是这样了，没有理论来将它强化为一门学术性学科。

毫无疑问，烹饪是一种非常重视实践的行为。它之所以存在，是因为我们的一位原始人类祖先主动设计了一种用于切割和四等分的石头工具，从而滋生了这样一种过程，用产品、技术和工具催生了烹饪。所有这些都是史前的，完全缺乏烹饪理论。但是这位原始人从一个想法开始，导致了一块岩石被赋予形状和新的用途。烹饪是通过“制作”而被制作出来的（原谅这里的同义重复），但是每次我们烹饪时，我们都是在包含概念、命题和假设的理论支持下烹饪的，而在过去的250万年里，这些概念、命题和假设被我们不断地测试和抛弃，实践和排除。

在实践中，人类在烹饪时会制造配制品，也就是制成品。这些制成品无论是中间形态的（如果用于“烹饪”其他制成品）还是最终形态的（如果直接用于消费），都有各自的特征，并来自用于烹饪它的过程，在此种过程中，阶段和资源在一个系统框架内互相重叠，直到获得结果。在每个阶段中，根据厨师的决策、思维模式和愿望，我们可以识别出持续将此系统定义为一个整体的因素：从产品的购买、改造方式、预加工和在不同水平上存在多种可能性的明显的加工过程，到最终制成品的构成及其相应的装盘。从烹饪系统获得的所有特征都产生反响并反映在结果中，而且这会转移到下一个系统（品尝或消费系统），这在本书中已经多次提及，但这既不是本书的重点，也不是本书的研究对象。我们必须考虑它，因为烹饪行为经常会碰到品尝的边界（有时会延伸至制成品即将放入口中之前），令烹饪变得模糊。我们无法在不考虑进食和饮用的情况下提及烹饪。

当我们正确地分析所有这些实践要点，当我们提出正确的问题，当我们从烹饪行为中得出结论，所有这些实践要点都将转化为烹饪理论，这证明对产品使用工具并应用技术就是烹饪，但是该行为还可以接受许多其他解释。“料理”这个术语涵盖了烹饪这一行为之前、之中和之后的所有情境。烹饪是料理的结果，料理是烹饪在历史中的所有可能的用途等。这个答案是理论性的，它无法通过实践达到。因此，实践对于烹饪理论的建立至关重要。一切能够被我们理解的解释和分析实践及其可能性的事物都将继续拓展实践：每当理论和实践连贯一致并且共同发展和前进时，情况就总是如此。

我们强调这种将理论和实践相结合，填补未记录、未书写和未整理的缝隙的想法。我们并不将理论视为一种观察平台，而是将其视作一切已完成的和一切继续起到解释和理解作用的事物的体现，从而更充分地设想烹饪的未来。理论在所有领域都提供确定性，尽管烹饪不是一门科学性学科，但是它在自身的存在中积累的理论性知识值得书写一番。如果我们尝试通过这本书为烹饪理论进一步添砖加瓦，那么部分原因是当我们考虑撰写它并着手进行完成这项任务所需的全部研究时，我们开始深刻地意识到文献和理论研究的短缺。

我们缺乏对料理和烹饪运动的类型和风格进行鉴定和分类所需的、专门化且记录方式适当的清晰的文献和研究。因此，我们还缺少对现存文本的更深刻的分析。如今，料理构成了学术界的一部分，而且它已经成为一种正规的学习对象。本书旨在为其做出贡献。然而，它的文档记录仍然稀少。作为一门学科，它的存在时间很短，而且缺乏标准化和共识，这使这项工作变得困难。整体性的视野是必不可少的，其背后是支持和补充这种烹饪理论的跨学科努力，而烹饪理论是为料理的庞大现实带来有序且有效的类型划分的构建基础。

《烹饪是什么》简介

主厨模式：西方社会当代高档餐饮烹饪中的厨师、时期和运动

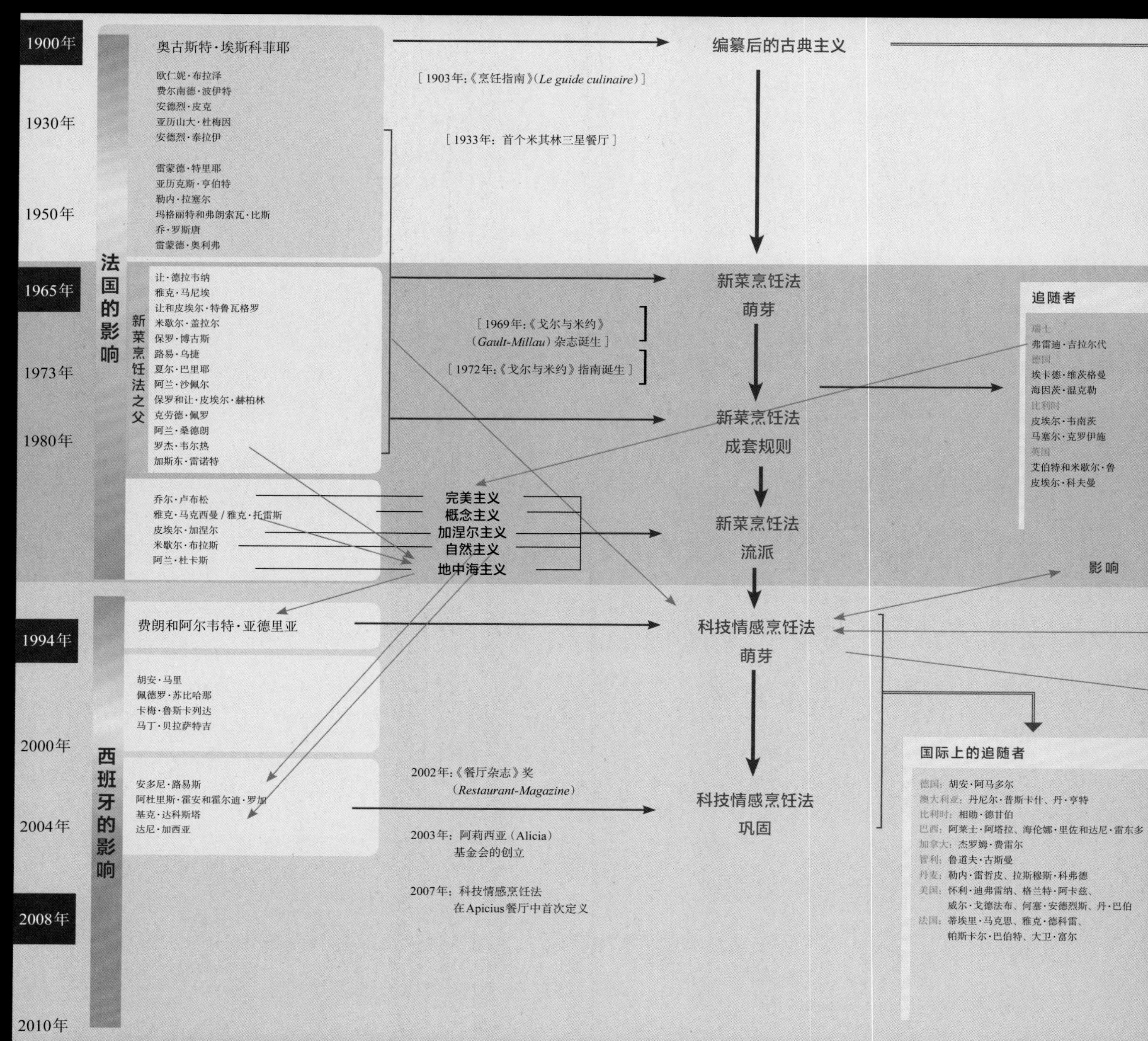

由波·阿雷诺斯（Pau Arenós）制作，并用在他的书《勇敢者的料理》(*The Cuisine of the Brave*)中。

这张图是少数对西方高档餐饮料理中的风格和运动进行图解式整理的例子之一。

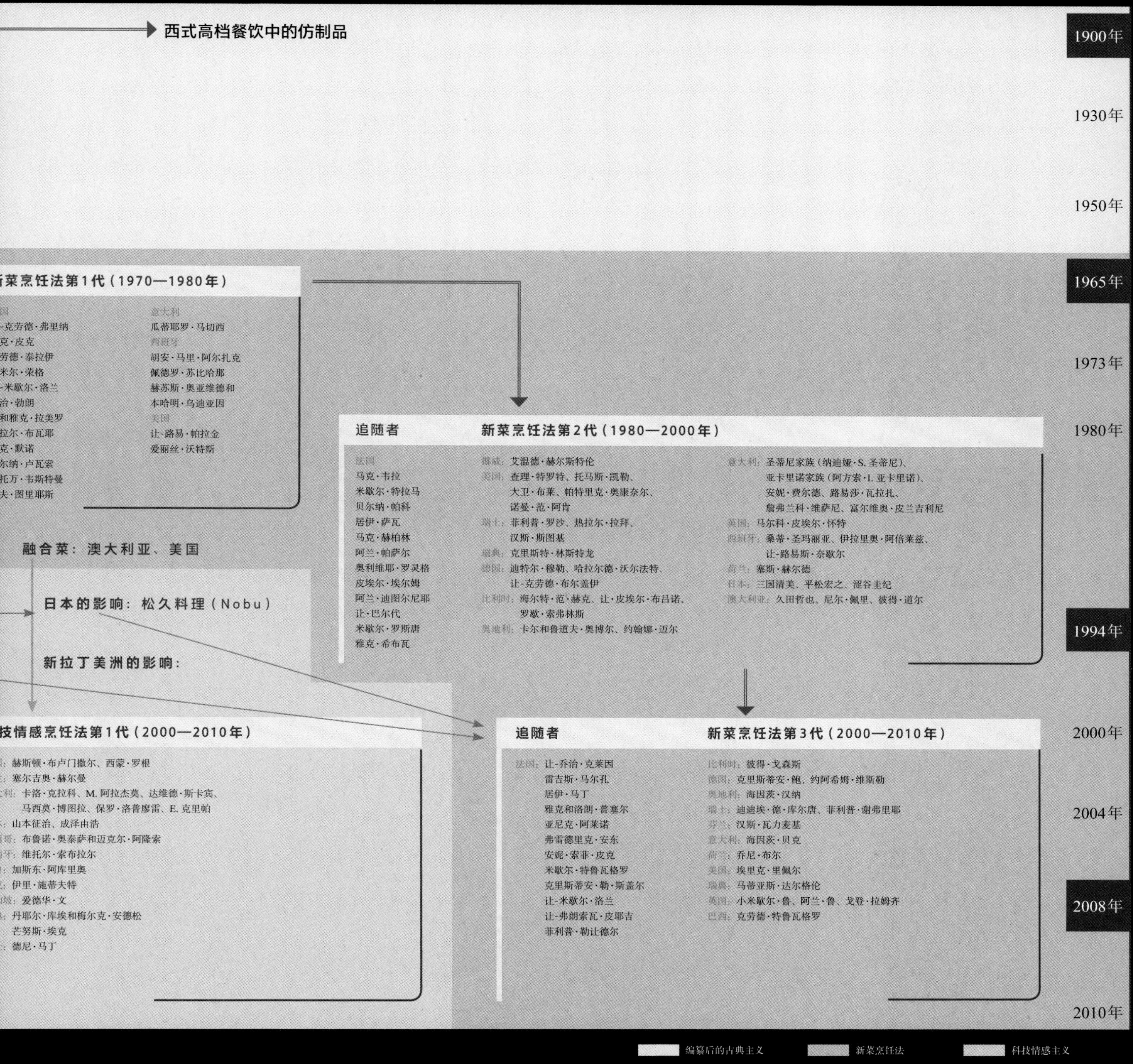

西式高档餐饮中的仿制品

1900年

1930年

1950年

1965年

新菜烹饪法第1代（1970—1980年）

国
-克劳德·弗里纳
克·皮克
劳德·泰拉伊
米尔·荣格
-米歇尔·洛兰
治·勃朗
和雅克·拉美罗
拉尔·布瓦耶
克·默诺
尔纳·卢瓦索
托万·韦斯特曼
夫·图里耶斯

意大利
瓜蒂耶罗·马切西
西班牙
胡安·马里·阿尔扎克
佩德罗·苏比哈那
赫苏斯·奥亚维德和
本哈明·乌迪亚因
美国
让-路易·帕拉金
爱丽丝·沃特斯

1973年

1980年

追随者

法国
马克·韦拉
米歇尔·特拉马
贝尔纳·帕科
居伊·萨瓦
马克·赫柏林
阿兰·帕萨尔
奥利维耶·罗灵格
皮埃尔·埃尔姆
阿兰·迪图尔尼耶
让·巴尔代
米歇尔·罗斯唐
雅克·希布瓦

新菜烹饪法第2代（1980—2000年）

挪威：艾温德·赫尔斯特伦
美国：查理·特罗特、托马斯·凯勒、
大卫·布莱、帕特里克·奥康奈尔、
诺曼·范·阿肯
瑞士：菲利普·罗沙、热拉尔·拉拜、
汉斯·斯图基
瑞典：克里斯特·林斯特龙
德国：迪特尔·穆勒、哈拉尔德·沃尔法特、
让-克劳德·布尔盖伊
比利时：海尔特·范·赫克、让·皮埃尔·布吕诺、
罗歇·索弗林斯
奥地利：卡尔和鲁道夫·奥博尔、约翰娜·迈尔

意大利：圣蒂尼家族（纳迪娅·S. 圣蒂尼）、
亚卡里诺家族（阿方索·I. 亚卡里诺）、
安妮·费尔德、路易莎·瓦拉扎、
詹弗兰科·维萨尼、富尔维奥·皮兰吉利尼
英国：马尔科·皮埃尔·怀特
西班牙：桑蒂·圣玛丽亚、伊拉里奥·阿倍莱兹、
让-路易斯·奈歇尔
荷兰：塞斯·赫尔德
日本：三国清美、平松宏之、涩谷圭纪
澳大利亚：久田哲也、尼尔·佩里、彼得·道尔

融合菜：澳大利亚、美国

日本的影响：松久料理（Nobu）

新拉丁美洲的影响：

1994年

技情感烹饪法第1代（2000—2010年）

国：赫斯顿·布卢门撒尔、西蒙·罗根
：塞尔吉奥·赫尔曼
利：卡洛·克拉科、M. 阿拉杰莫、达维德·斯卡宾、
马西莫·博图拉、保罗·洛普廖雷、E. 克里帕
：山本征治、成泽由浩
哥：布鲁诺·奥泰萨和迈克尔·阿隆索
牙：维托尔·索布拉尔
：加斯东·阿库里奥
：伊里·施蒂夫特
坡：爱德华·文
：丹耶尔·库埃和梅尔克·安德松
芒努斯·埃克
：德尼·马丁

2000年

追随者

法国：让-乔治·克莱因
雷吉斯·马尔孔
居伊·马丁
雅克和洛朗·普塞尔
亚尼克·阿莱诺
弗雷德里克·安东
安妮·索菲·皮克
米歇尔·特鲁瓦格罗
克里斯蒂安·勒·斯盖尔
让-米歇尔·洛兰
让-弗朗索瓦·皮耶吉
菲利普·勒让德尔

新菜烹饪法第3代（2000—2010年）

比利时：彼得·戈森斯
德国：克里斯蒂安·鲍、约阿希姆·维斯勒
奥地利：海因茨·汉纳
瑞士：迪迪埃·德·库尔唐、菲利普·谢弗里耶
芬兰：汉斯·瓦力麦基
意大利：海因茨·贝克
荷兰：乔尼·布尔
美国：埃里克·里佩尔
瑞典：马蒂亚斯·达尔格伦
英国：小米歇尔·鲁、阿兰·鲁、戈登·拉姆齐
巴西：克劳德·特鲁瓦格罗

2004年

2008年

2010年

编纂后的古典主义　新菜烹饪法　科技情感主义

PRODUCTO

TECNOLOGIA

TECNICAS CULINA

ELABORACION PRIMARIAS

ELABORACION INTERMEDIAS

ELABORACIONES FINALES : Po

SE SIRVE

TIPOS DE CO

REPRODUCIR CREAR

REPRODUCIR CREAR

REPRODUCIR CREAR

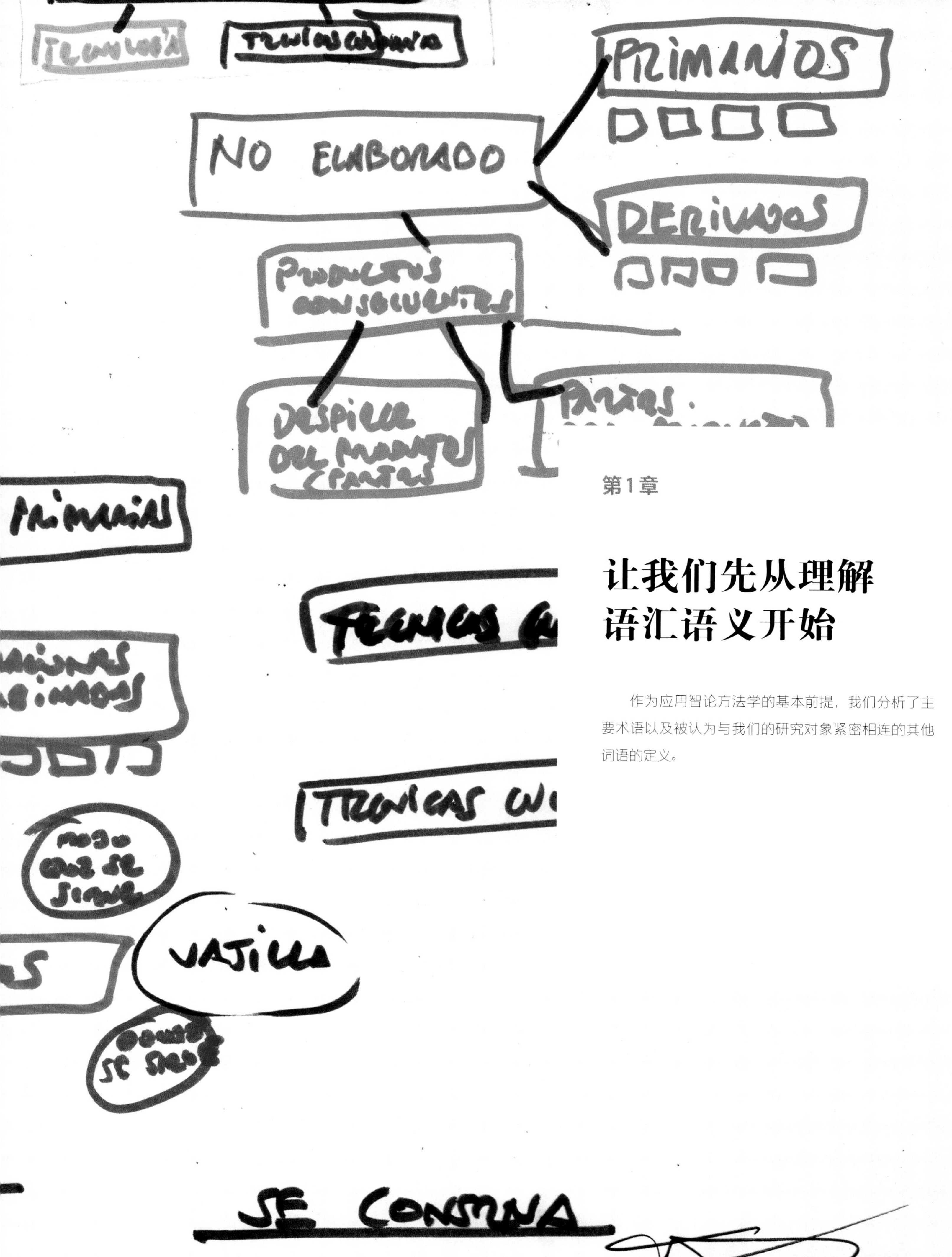

第1章

让我们先从理解语汇语义开始

作为应用智论方法学的基本前提，我们分析了主要术语以及被认为与我们的研究对象紧密相连的其他词语的定义。

主要术语的定义

“烹饪”是什么？

谁来烹饪，以及烹饪是否是一种除了营养学目的（为营养提供食物）还有其他意义的行为，这是我们在整本书里分析的概念。但是在此刻，重要的是建立这样一种观念，将烹饪视为一种以“产品、工具、技术、制成品”公式为基础的转化过程，我们将在本章继续对这种观念进行扩展和解释。让我们来看一些定义。

烹饪

1. 及物动词　慢炖，准备食物或者给食物调味。
2. 及物动词　通过煮（受液体中热量的作用）来烹饪。

我们看到，这项定义将“通过煮来烹饪”和“慢炖”作为将食材转化为食物的行为。但是“通过煮来烹饪”是什么意思？“慢炖”又是什么？这些术语之间有区别吗？

通过煮来烹饪

1. 及物动词　生的食物受沸腾液体或蒸汽的作用，变得可食用。
2. 及物动词　某物体经受液体中热量的作用，被赋予某些性质。
1 不及物动词　a. 某种液体：煮。
1 不及物动词　b. 某些特定液体（如葡萄酒中）发酵。
　　　　　　　c. 在沸水中烹饪。

“烹饪”的不同定义都在直接或间接地将烹饪与煮或烹饪过程中产生的燃烧热量相关联。我们还看到，通过煮来烹饪的效果之一是，经受这一过程的物质具有了新的属性。

烹饪
《牛津英语词典》(*OED*)

1. a. 名词　烹饪或被烹饪的行为或效果。

烹饪既是技术本身，也是烹饪这一行为的结果。如果我们令某样物体受热并烹饪它，我们将生产出某种被烹饪的物质，这个过程让它更容易消化，但也会为它增加新的属性和特征。

慢炖

《牛津英语词典》

2. a. 及物动词　在密闭容器中缓慢地煮；在保持沸点的液体中烹饪（肉类、水果等）。
   b. 不及物动词　肉类、水果等经历慢炖或在密闭容器中通过慢煮被烹饪。

第一个定义（来自《牛津英语词典》）再次提到了热量对食物产生的作用。然而，第二个定义将该动词理解为食物准备过程中的特定阶段，并假定它是在酱汁中烹饪的。

不使用热量的烹饪呢？这叫什么？

然而此时有必要指出的一点是，可以在不依靠煮沸、慢炖等行为的情况下进行烹饪，尽管常规定义并未考虑到这一点。正如我们将在第122页看到的那样，有些烹饪的结果仍是生的，但它们已经被烹饪了。这些产品的物质仍然是生的——没有经历煮、慢炖或者任何别的过程，但这一事实并不能阻止在它们身上应用无须燃烧及释放能量的工具及其他技术。

“烹饪”是什么？

烹饪——包括具体行为和过程本身——的结果是烹饪本身。在西班牙语中，同一个术语“*cocina*”可以表示“烹饪”“料理”“厨房”和“炊具”。在这一节，当我们谈论烹饪时，我们说的不是通用工具（炉子、烤箱、排风扇等）或者它占据的物理空间。我们指的是生产出的食物和饮品，即烹饪行为的结果。烹饪是创造第一批工具和技术的成果，每种新产品、新技术或新工具的诞生都会产生一种新的烹饪方式。

料理

《韦氏词典》

1. 名词　准备食物的方法；烹饪风格；又指准备好的食物。

虽然正如此前解释过的那样，本章着重于“烹饪”这一术语的定义，但我们还将在后面专门用一节（见第240页）介绍烹饪发生的物理场所。

厨房

《牛津英语词典》

1. 名词　住宅中用于烹饪食物的某个房间或者某一部分；配备烹饪器具的场所。

一方面，我们发现厨房被定义为居住空间中的一个特定房间，尽管我们也能在餐厅和其他地方找到作为烹饪空间的厨房。

炊具

《柯林斯词典》

1. 名词　使用天然气或者电力烹饪食物的某种大型金属设备。炊具通常包括烤架、炉子以及某些燃气灶和电炉等。

另一方面，在名为“厨房”的空间里，我们还能找到一系列对于准备制成品而言必不可少的工具，其中包括炊具——用在需要热源的制作过程中的器具。

烹饪

智论方法学让我们思考两种不同的定义。

1. 烹饪首先是一种**行为**，涉及将某种产品（原材料）转化为食物，包括使用一种独特技术（或者几种技术）得到的结果，对一种或者多种工具的使用（除了人手代替工具的特殊情况），以及对特定知识的应用。

2. 其次，烹饪是一种**过程**，它始于一种或多种产品和制成品，我们使用一种或多种工具（有一些例外情况，比如直接在热源上烹饪大虾），并对它们应用至少一种技术。在此过程中，我们获得一种可以品尝的制成品，或者它反过来构成另一种制成品的一部分。

料理

正如我们在前面几页看到的那样，烹饪和料理这些术语有不同的含义。在本书的语境中，我们将**烹饪**视为一种过程，而将**料理**视为烹饪行为产生的结果。定义如下：

1. 料理是烹饪所产生的一系列制成品，是应用于最终精化的产品和中间制成品的工具及精化技术的总和，即供品尝的制成品。根据制成品的特征，可以导致料理类别或类型的创建。

相关术语的定义

如前所述，烹饪行为的目的是转化产品和中间制成品，使之变成供品尝的制成品。然而，烹饪可能服务于不同的目的。它可以满足对食物的需求而无须进一步的点缀或修饰，从而为身体提供生存所需的营养，但是烹饪也可以是为了营养之外的其他原因，例如出于纯粹的享乐主义和享受能力，为品尝烹饪内容的用餐者提供愉悦的感受。

下面是一系列术语，它们将让读者以美食的思维模式更轻松地理解以营养为目的的烹饪和以愉悦为目的的烹饪之间的区别。

营养补给

《牛津英语词典》

2a. 名词　通过摄入和消化食物得到营养的行为或过程；提供食物或营养的行为或过程；养分；营养。

营养是人类的生理需要之一，也是所有生物（人类、动物、植物）的基本必需品。它是生物获取养分以生产所需能量，再依靠能量生存的方式。

食物

《牛津英语词典》

1a. 名词　人或动物为了维持生命或生长而摄取的任何营养物质；养分，给养。

食物是生物用来满足生存所需营养需求的物质。食物通过进食和饮用的方式被摄入，一旦它进入体内，便可以作为营养摄入的一部分发挥其功能。

营养

《牛津英语词典》

1a. 名词　供给或接收养分和食物的行为或过程。

营养是所有生物拥有的必备功能之一，它的发生与人类选择食物维持生存的能力无关。

(BRILLAT-SAVARIN)

LA PHYSIOLOGIE DU GOUT

OU

Méditations de Gastronomie transcendante

OUVRAGE

théorique, historique et à l'ordre du jour

DÉDIÉ AUX GASTRONOMES PARISIENS

PAR UN PROFESSEUR

MEMBRE DE PLUSIEURS SOCIÉTÉS SAVANTES

XVII

布里亚-萨瓦兰（Brillat-Savarin）是一位专注于饮食之乐的美食家，他撰写了《味觉心理学》(*The Physiology of Taste*，又名《厨房里的哲学家》)，这本1825年出版的图书后来成了美食写作的经典。

作为名词的美食学应优先采用哪种含义？

探寻“美食学”这一术语的含义是本书介绍的内在思考的重要部分，同时它也为书名中提出的问题提供答案。我们对其定义的追寻必须从让·安泰尔姆·布里亚-萨瓦兰于1825年出版的图书《味觉心理学》中给出的定义开始：

> “美食学是对与人作为一种进食动物相关的一切事物的科学定义。其目的是通过尽可能最好的食物守护人类的存续。它的具体运作方式是根据特定原则指导所有负责采购、寻找或者准备可能会转化为食物的食材的人员。”

作者提到了“科学定义”，并将其与营养直接关联。然而，据我们所知，布里亚-萨瓦兰一生致力于品尝和享受不同情境中的食物，这说明营养的概念并不局限于生存，还包括享乐主义和受到认可的品质。考虑到他的社会地位，他滋养自己身体的方式不太可能只与单纯的营养有关。在这里，我们发现了营养和享乐主义的混合，而从隐喻的角度看，这种混合产物与米歇尔·盖拉德（Michel Guérard）在20世纪80年代开发的健康或“瘦身”料理［《健康高级料理》（*La grande cuisine minceur*）］有很多共同点。

我们继续探究这个术语并再次翻开《韦氏词典》，找到下面的定义：

美食学

《韦氏词典》

1. 名词　良好餐食的艺术或科学。
2. 名词　烹饪习俗或风格。

在这里，我们看到“美食学”既可以指烹饪“良好食物”的能力，对享受“良好餐食”的倾向或偏好，也可以指一系列制成品以及在特定场所对这些制成品的使用。这说明美食学作为与文化和特定场所相关的一种通用元素，可以指涉任何正在烹饪的人、任何正在进食的人以及烹饪的结果。

换句话说，就这些定义而言，似乎存在一种对品质的推定，无论是从烹饪者的角度还是从品尝者的角度来看，餐食的区分度体现在品质良好上。这种观念，即以美食家（倾向高档餐饮的鉴赏家）为代表的“高档餐饮”倾向，体现在18—19世纪的布里亚-萨瓦兰的形象上。同时，这种观念继续为始于法国的古典料理时期奠定了“美食学”的概念基础，并且一直流行到20世纪下半叶，一场持续至今的革命开始初露峥嵘。

与我们的研究对象相关而且考虑到微妙的语义色彩，“享乐主义”这个术语必须得到解释，它在《韦氏词典》中的定义是这样的：

享乐主义

《韦氏词典》

1. 名词　认为享乐或幸福是生活中主要好处的信条。
2. 名词　基于或者反映享乐主义原则的生活方式。

如今对术语“美食学”的使用让我们区分两种不同的观念，而它们之间存在一片很大的灰色地带。

- 一方面，存在这样一种美食学观念，它与任何涉及营养的事物相关。这种趋势的代表人物是慢食运动的创始人卡洛·佩特里尼（Carlo Petrini）。该运动将美食学与营养联系在一起，而不对二者的思维模式或者彼此不同的意图进行任何明显的区分。问题或者未解决的疑问将会是，是否应该存在某种最低限度的品质令营养可以被视为美食，又或者这两者是独立的概念。
- 另一方面，还存在一种认识美食学的方法，它与品质不可分割。在这种方法的理解中，美食学与品尝中的某种愉悦感相关联，这让它不同于简单的获取营养。

作为形容词的美食——它是什么意思？

理解“美食学”含义的第二种方法为我们提供了合适的形容词“美食”，它的定义由《牛津英语词典》提供：

美食

《牛津英语词典》

1. 名词　美食学的，或者与美食学有关的。

当“美食”这个词被用来形容某种特定类型或类别的餐厅（“美食餐厅”与作为本项目研究对象的高档餐厅是同义词）、体验、研究、科学、媒体（以及许多其他事物）时，它有意识地强调了它描述的部分现实与所有其他部分的区别。在用到这个词时，总是存在某种对特殊品质水平和特定取向的假设。

什么是“进食”？什么是“饮用”？

吃/吃午餐/晚餐/一顿饭

《韦氏词典》

1. 及物动词　通过口摄入食物；依次摄入、咀嚼和吞咽。
1. 不及物动词　摄入食物或餐食。
1. 不及物动词　吃午餐（一天正午摄入的食物）。
1. 不及物动词　吃晚餐（一天的最后一顿餐食）。

因此，“吃”是定义摄入食物这一行为的动词，包括当食物为固体时将被咀嚼和吞咽这一情况。在英语中，动词“吃午餐”和“吃晚餐”表明，分别有不同的词语代表一天正午吃的食物和傍晚或晚上吃的食物。

喝（TO DRINK）

《韦氏词典》

1. a. 不及物动词　将液体摄入口中并吞咽。
1. b. 不及物动词　接受并纳入某人的意识。
2. 不及物动词　摄入酒精饮料。

根据这些定义，饮用这一行为涉及对液态制成品的摄入。某种食物或饮料是否被认为是喝的东西，这取决于对制成品的利用方法。但是无论如何，我们都应该指出所有饮品或饮料都是被饮用的。它们全都是液体。此外，与被吃的东西相比，被喝的东西在口腔中停留的时间短得多，因为不需要咀嚼。

当我们进食和饮用时，其他行为也在发生

进食和饮用是拥有特定含义的行为，但是当我们人类做出这些行为时，还会涉及其他行为。所以当我们说我们在吃吃喝喝时，我们也在啜饮、摄入、吞咽、咀嚼、分泌唾液、狼吞虎咽、吮吸、给自己补充水分、咬、品味、充饥、享受、祝酒，而且这些总是在消费。

“餐食”是什么？“饮料”是什么？

首先，饮用并不总是与某种饮品或饮料相关联，因为食物也可能被喝掉。因此，并非所有液体都是饮料。有些用作食物的制成品也呈液态，例如西班牙冷汤（gazpacho）。

► 当一种液体制成品被吃而不是被喝时，是因为它被用作食物。

► 当一种液体制成品被喝而不是被吃时，是因为它被用作饮料。

一种食物制成品既可以被吃，也可以被喝，这意味着食物的概念不应该只与进食联系在一起，因为食物可以被饮用。还是以西班牙冷汤为例，当它被装在烈酒杯里时就是被喝的，当它装在搭配汤匙的盘子或者碗里时就是被吃的。然而在这两种情况下，西班牙冷汤都被当作食物，而不是饮料。

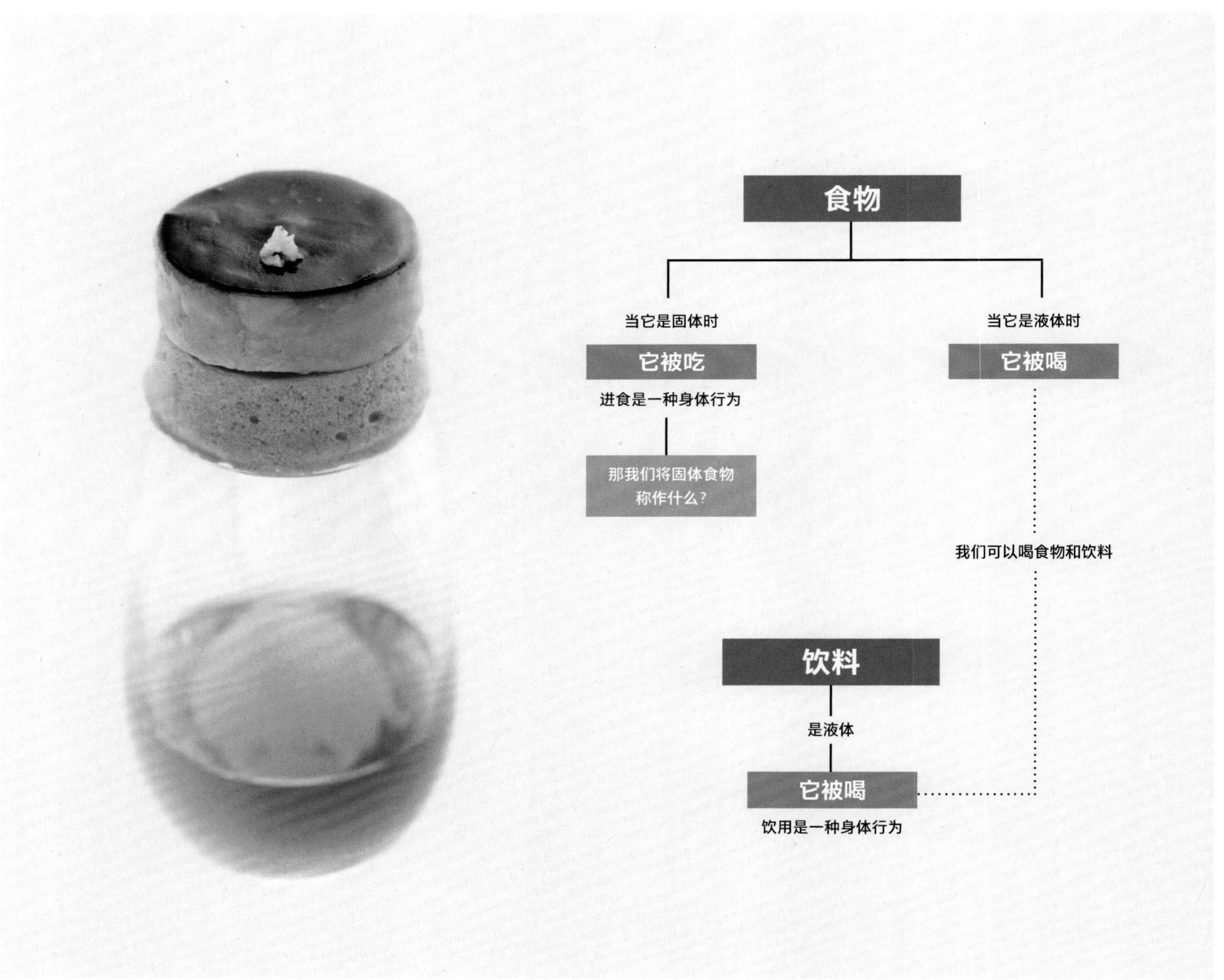

食物/餐食

在断定不存在区分固体食物和液体食物的特定术语之后，我们从概念上解释这两种类型的制成品，包含术语“食物”或“餐食”。

食物/餐食

《韦氏词典》

1. 名词　为了满足食欲而进食一份食物的行为或时间。
2. 名词　固体形态的营养物。
3. 名词　一餐中的食物分量。

如果我们将食物理解为任何产品或制成品，可呈固态或液态，可被进食或饮用以满足身体或享乐需要，其语境是纯粹烹饪性的。在这一定义下，考虑到食物的功能一开始就是提供营养，所以无论摄入的食物（即吃下或喝下的食物）是固体还是液体，都没有区别。我们不应忽视的事实是，饮料也可以有营养，例如一杯牛奶。当我们在第72页讨论无烹饪下进食的可能性时，我们研究了烹饪行为与无烹饪或者无情境化食物摄入之间的界限。

饮料/饮品

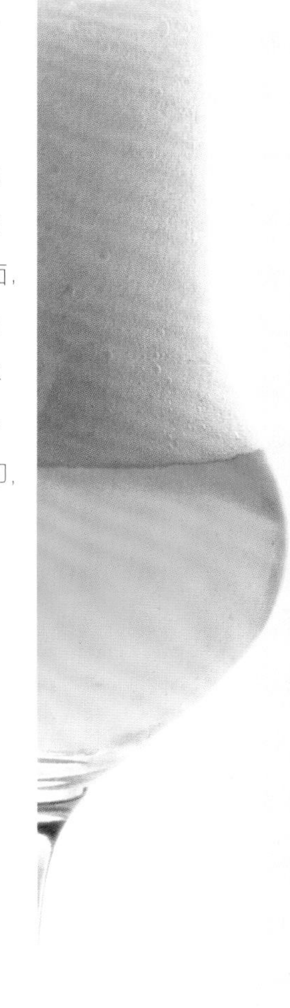

然而，饮料或饮品的概念确实表明被饮用的制成品是液态的。一方面，这意味着我们面对的是一种液体（尽管并非所有液体制成品都用作饮料）；另一方面，这意味着一种不同于进食的特定行为。与进食和食物不同，饮用并不总是拥有营养效果，因为某些饮料不含养分，例如水。然而，它们对生物体而言仍然是必需的，因为所有饮料的最终成分中都必须含有水（即，并非每种液体都是饮料）。

饮品

《韦氏词典》

1. a. 名词　某种适合吞咽的液体。
1. b. 名词　含酒精的饮料。
2. 名词　一份液体。

饮料或饮品是在品尝时呈液态的产品或制成品，但是它可能含有其他状态的物质（气体或固体）。它通常被饮用或被品尝的情形如下：在餐前或餐后作为食物制成品的搭配，或作为爽口提神之物，又或者作为社交情境中娱乐的一部分。换句话说，它既用于提供营养，也出于享乐主义，就像食物一样。

CIVILIZACION

CULINARY ART

第2章

烹饪的诞生

我们现在思考烹饪的起点，以便理解是什么让人类首次开始烹饪，以及烹饪如何成为一项区分我们和其他动物的特征。我们烹饪以喂饱自己，但是在享乐主义的指引下，我们也为了享受而烹饪。

烹饪是对自然的改良吗？

广义上，人类烹饪是因为这是我们自己改良自然的方式。当我们煎鸡蛋、给土豆削皮或者烤一只鸡时，我们所做的就是改良这些产品，让它们变得更加“可食用”（edible）。

《韦氏词典》对“edible”的定义是适合进食的。这个定义会随着时间的推移并根据摄入相应食物的生物发生变化，因为相比于某一特定动物物种，可食用的东西对于人类则有可能是不可食用的。“可食用”这个术语从属于营养、毒性、个人口味、社会习俗、食物消费场合等许多不同的概念。在任何情况下，“可食用”这一概念与实际产品或自然的关系比我们赋予它的社会和个人价值的关系要重要。

确定什么东西可食用，什么东西不可食用，这是一项在某种程度上受主观判断影响的任务。它会根据需求水平、地理位置和历史时期变化。我们对可食用之物的认识还基于一个重要的文化因素，即经验，它限制了我们加入膳食中的食物范围。

案例：在东南亚，食用昆虫被认为是一件正常的事，但是西方世界的人不会认为昆虫是可食用的。

人类可以食用昆虫，而昆虫将为我们的身体提供养分但不造成身体上损伤，因此昆虫是可食用的。对于西方社会的个体，其饮食文化根植于其他产品的消费，正是他们的这种认知将昆虫排除在饮食范围之外。我们可以说，对自然的改良（被理解为烹饪行为）是出于多种目的。人类得到自然提供的产品，然后根据某些需求和欲望，通过改良来加以调整。通过这种方式，自然产品变得更好了吗？是的，但这只是对于人类而言，人类需要转化它，让它对人类而言变得可食用。所以，人类与其他生物物种不同，后者的营养摄取不需要这样的过程。

实际上，人类在拥有厨房很久之前就开始烹饪产品了。产品指的所有动植物物种，包括曾经和正在从世界的某个地方转移到其他地方的动植物，被栽培和饲养的动植物，以及使用不同技术繁育以改良自身特征（就生产力、口味、储存难度、大小等方面而言）的动植物。

实际上，人类改造自然以满足自身需求的行为已经发展得极为深入，以至于如今我们将生长在园子里的番茄认为是“自然的”，却完全忽略了这样一个事实：这种植物原产美洲而且它的果实曾经有一股令人特别不悦的味道。只有通过“烹饪”它们。即栽培、杂交等，我们才能使番茄对我们而言变得“更好”。但是自然本身无所谓更好或者更坏。

此外，断言烹饪是在改良自然，这会引发一场有争议的辩论，特别是在涉及食品工业时。许多人认为，温室番茄的味道和营养都不如菜园番茄，后者更天然、受人类干预更少。

真相是这两种番茄都是同一物种被驯化的结果，如果该物种保持其自然状态，那么它不可能以现在的方式被消费。温室番茄和生长在菜园里的番茄都是人类对存在于野外的同一物种进行驯化的结果。人类的改良让番茄在味道和质地方面更令人愉悦、更适合人类消费。

总之，我们应该记住“对自然的改良”不是一个客观术语，因为每一项改良都基于特定的目标。如果目标是让某种产品变得可食用和可消化，那么在我们的理解中，通过烹饪这种手段，人类是为了自身而改良自然。但是这绝不会让自然显得“更坏”，我们有幸获取自然的产品以喂养自己，无论产品是否需要进行任何调整。

继续看番茄的例子：在解决饥饿问题这方面，在温室里种植番茄比在菜园里种植好，因为生产力更高。对于生活在中世纪的人，当产品的新鲜程度过了最佳状态而且味道也不那么令人愉悦时，将它们捣碎并加香料食用要比不加香料食用更好。

无须人类干预，自然也会“烹饪”

通过断言自然会烹饪，我们指的是自然能够独立转化存在于自然中的未经制作的产品中的物质。转化是通过化学和生物过程来实现这一点的，这些过程影响构成这些产品的物质，从而在无须人类干预的情况下改变产品。

在观察自然在每种情况下的行为之后，人类学会了复制这些过程。于是，我们模仿这些过程并在我们的厨房里应用它们，从而获得用于转化产品中的制作化合物的新技术。尽管我们知道如何模仿它们，但这并不意味着我们总能得到想要的结果，因为我们常常需要知道如何创造出适宜条件让这些过程在自然中发生。为了这个目的和我们自己的利益，我们模拟一系列的特定条件，这些条件会利于烹饪中使用的物质发生我们想要的变化。

我们提出，自然采取的三种行为会导致产品中物质的转化，我们可以将其理解为使用不同形式的能量的烹饪。这些情况发生在自然令产品成熟、干燥或者导致它们发酵时（我们将在接下来的几页里解释这些过程）。

“自然的能量，如阳光和风，是自然用来烹饪的资源。”

在此基础上，我们观察自然界中的转化过程

成熟

根据《牛津英语词典》，动词“成熟”（to mature）是指“长到成年或者充分生长”；另一个动词“成熟”（to ripen），指“水果、葡萄酒、奶酪等的成熟”；而形容词“成熟”（ripe，成熟过程的结果）是指“已经发展到可以收获和食用的程度”；作为名词的“成熟”（maturation）指的是物质的潜力发展到被充分开发的过程。在这种过程的持续进行中，产品的不同物理和化学特性让我们可以定义不同的成熟状态。

就水果而言，它们会成熟，直到达到消费所需的最佳大小、颜色和味道，此时就是人类采取干预行动，将它们从树上摘下的时候。如果没有干预，水果没有被摘掉，它们就会继续成熟，直到变得过熟，开始腐烂并落到地上，最后在果树生长的土壤中成为肥料。

另一种成熟发生在死亡动物的肉开始分解时（译注：中文将肉类的这种情况译为“熟成”）。当动物死去时，它的肉一开始会变得非常坚硬并且收紧。经过数小时或者数天（取决于动物种类）的放置，结缔组织开始自然破裂，肌肉蛋白质降解。结果是肉变得更柔嫩多汁，其香气、味道和气味都得到提升。

就像人类学会了在野外采摘成熟的水果一样，我们也了解到肉类的品质会随着熟成提升，因为熟成会让肉变得软嫩。我们已经学会了控制熟成阶段，而且只要肉没有开始变质，我们就知道最好将肉“醒”一下再烹饪食用，因为此时酶的作用已将肌肉纤维降解。

干燥

风和阳光会引起空气的运动，进而导致物质中含有的水分蒸发，这一过程被称为“干燥”；也就是说，干燥是去除物质在原始状态下含有的全部或部分的水分。

对于野外的种子，它们一旦成熟便开始干燥。当它们处于理想的成熟阶段时，阳光和风将它们干燥，从而将它们变成坚果、干豆、谷物……如果它们过早干燥，它们将不会拥有同样的价值。

如果人类要种植干燥的种子，那么人类和自然之间就会相互作用，但是干燥过程仍然是自然的过程。阳光和空气将种子干燥之后，人类只是简单地将种子种在他们想要种子生长的地方。

发酵

根据《韦氏词典》，发酵有两个我们应该考虑的定义。一个定义是"某种能量丰富的化合物在酶的控制下进行的厌氧分解（例如碳水化合物分解成二氧化碳和酒精或者分解成有机酸）"，另一个定义更加普遍，即"伴随冒泡的化学变化"。发酵是一种与呼吸作用平行的分解代谢过程和不完全的氧化过程。它在有氧或无氧的情况下发生，涉及有机化合物的成分变化，而且其结果是某种不同的有机化合物。人类已经学会了控制发酵过程，以及以不同的方式利用发酵，从而烹饪多种多样的产品。这样做的目的是保存产品，以及制造与原材料相比具有不同特性的产品，例如谷物、面包和啤酒以及牛奶、酸奶和奶酪。

发酵存在不同的类型，这具体取决于这种代谢过程的产品，或者换句话说，取决于是什么导致相关物质的生物化学成分发生了变化。大多数微生物将发酵用作一种防御机制。乙醇和酸是一种令基质变得不适宜竞争生物的机制。

乳酸发酵

- 乳酸发酵是某种糖——例如葡萄糖——被转化为乳酸以获得能量的代谢过程。就产出的能量而言，它不是一个非常高效的过程，但它是一个有用的过程。因为此过程避免使用氧气，故微生物得以在无氧条件下生存。
- 由于存在像葡萄糖这样的糖类，所以这种类型的发酵会在自然界中自然发生。乳酸菌在这一过程中的作用与酵母菌在酒精发酵中的作用相同。葡萄糖可作为所有微生物物种的食物，并引发乙醇、乳酸以及其他代谢产物的产生。发酵不是这些微生物唯一参与的生物化学过程，发酵过程中还存在大量与发酵平行的生化反应。
- 以受控的方式管理发酵，可以为产品增添不同的特性（味道、质地），并让产品能够保存得更久。通过了解如何触发发酵过程，人类已经能够利用乳酸发酵进行烹饪。这种类型的发酵用于腌制泡菜（例如油橄榄、小黄瓜）、制作特别的蔬菜（例如酸卷心菜）、制作酸酵种面包、制作奶酪和酸奶，以及利用发酵谷物和豆类来制成糊状物（例如味噌）和酱汁（例如酱油）。

酒精发酵

- 该过程涉及酵母菌和其他微生物，它们将碳水化合物（主要是糖）转化为乙醇、二氧化碳和三磷酸腺苷分子（由微生物本身消耗）。
- 这种类型的发酵会影响特定水果（例如在厌氧过程中成熟的西瓜）和谷物（例如玉米和大米），这种发酵也发生在葡萄中。
- 人类将这种发酵类型的方式应用在酒精饮料的生产中。人类注意到自然界需要糖类和无氧的环境才能令这种发酵过程发生，如果满足这些条件，发酵就可能被触发。

乙酸发酵

- 乙酸发酵是一种氧化过程并涉及两个阶段：第一个阶段是乙醇的氧化从而形成乙醛，第二个阶段是乙醛转化成乙酸。
- 乙酸发酵的酶作用物是存在于葡萄酒和苹果酒中的乙醇，它被转化成醋。乙酸发酵也会在某些花和果实中自然发生。

虽然乙酸发酵被视为一种发酵类型，但它其实是一种不涉及葡萄糖替代的营养过程。不过这个过程的确需要氧气的存在，因为与酵母菌不同，乙酸细菌需要氧气才能维持生长和活性。

混合发酵

从生态学的角度看，混合发酵非常有趣，涉及存在于奶酪、开菲尔（kefir）、泡菜、面包和葡萄酒以及其他食物中的酵母菌、乳酸菌、霉菌和乙酸菌。在过去，人类是部分食腐的动物，这可以解释我们为什么偏好部分被微生物分解的食物，例如上面提到的那些。重要的是要理解这样一点：要想让发酵过程发生，在很多情况下，富含糖的化合物必须以某种方式被改变、被收集或积累。富含糖的食物（例如水果）容易通过单一发酵过程被分解。

腐烂的问题

根据《牛津英语词典》，腐烂是指“经历自然分解，通常是通过细菌和其他微生物的作用而被分解”。当水果、肉类或者任何其他有机物质掉落到地面上时，存在于其成分中的微生物会引发不同形式的腐烂过程。化学氧化和干燥会发生，而所有降解微生物开始进食。腐烂产生的许多物质对人类有毒。实际上，我们的身体已经发展出了一种针对潜在威胁的防御机制，例如对某些气味的厌恶，这些气味表明分解的存在，并且说明产品处于不良状态。

富含蛋白质的食物（例如肉类）通常不会经历单一的发酵过程，它们通常通过腐烂而被分解。除了浆果或某些水果，发酵在自然界中自发进行是极不寻常的。例如，在成熟时被冰雹砸伤的水果会从它破损的地方开始发酵。如果这没有发生，它将继续成熟。发酵开始，是因为外部因素或媒介触发了这一过程。在缺少外部变化（人类或其他生物，或者自然因素导致的变化）的情况下，更普遍的状况是腐烂的发生。

微生物学

《韦氏词典》

1. **名词**　涉及微观生命形式的生物学分支。

微生物是指人眼在没有显微镜帮助的情况下无法看到的任何生物。微生物包括所有单细胞生物，例如细菌、病毒、原生动物以及某些藻类和真菌。作为致力于研究这类生物的生物学分支，微生物学可以解释若干过程，例如我们在这几页讨论的发酵。正如我们已经指出的，发酵是微生物的作用引起的，而乳酸、酒精或乙酸发酵的发生取决于它们的性质和行为，而这些正是微生物学的研究对象。

动物不会烹饪，烹饪是人类的特征。

动物缺乏导致人类烹饪的认知能力，例如反思能力。它们没有能力发展出改良食物所需的思维，也没有明确的意志去转化食物以提升品尝食物的体验乐趣。因此，动物不烹饪，它们只是进食。

如果一只动物在吃掉果实之前先处理它：去除它的壳，在地面上砸碎它，或者从一定高度将它扔下以便将其打破等，它这样做是出于生存的本能，因为它需要进食。如果为了吃到果实，它必须执行某种处理过程，那它就会这样做。这表明尽管某些物种会改变它们消费的食物，但这些行为并不符合我们对烹饪的定义，因为它们并非出于对食物改良的意识与愿望，这一点很重要。动物不会像人类那样试图让食物更有吸引力或者更能引起食欲。它们改变食物的唯一原因是，如果它们不这样做，就不能吃到食物。喂养它们的后代也需要进食，这可能涉及母亲通过处理特定食物来改变其物质成分。但是，举例来说，母黑猩猩不会为了幼崽更喜欢或者更享受食物而改变食物，它处理食物是为了保证幼崽的营养，即它的生存。

在很长一段时期内，人类就像动物一样，我们在需要食物时寻找它，而我们处理食物只是为了让它变得可食用。能人（*Homo habilis*）是一种将特定工具引入这种处理以便让该过程更加轻松的原始人类，他们是在有意识地使用这些工具应用技术。一个将动物切成小块的能人已经显示出改良这种产品的明显决心。开始烹饪，即使是以最基本的形式——怀着改良产品的特定意图转化产品，也在当时让我们成为区别于动物的人类。

话已至此，我们可以强调这样一个事实，料理和烹饪行为是人类作为一个物种的特征，并将人类与其他动物区别开来，因为人类能够想象烹饪食物中的享受和愉悦感，并对烹饪后的结果以及它的味道产生期望。

“在所有动物物种中，
人类是唯一烹饪的动物。”

没有思维和意志，就不会有料理的起点

如果我们思考需要什么才能开始烹饪，我们会想到产品和必需工具的实用性，以及我们想要生产的制成品所需的技术知识。然而，这些因素都不存在于料理的起源中。

如果这样的话，到底是什么关键点让我们知道自己是在烹饪还是不烹饪的情况下喂养自己？没有烹饪的营养摄取与烹饪行为的边界在哪里？我们将会看到，烹饪是一种从思维开始的决策。

画一条标记边界并定义烹饪行为始于何处的线，这是个复杂的任务。为此，我们提出以下案例来解释特定思维的存在与否，这种思维是指拥有意愿去转化、结合、准备或安排一种或多种产品，并改良它们，一旦完成对它们的处理，我们就能用它们滋养自身，或者品尝它们。这定义了“烹饪开始”的那条细线。

如果我们观察每个人烹饪（或者不烹饪）的方式，就可以发现此人是否有这种思维。至于难度和复杂性我们将在后面讨论（见第118页），烹饪过程并不需要有多高的难度，制成品也不需要过于复杂，也能让我们认识到这种思维的存在。只要拥有改良、调整或准备食物，让食物具有可食用性，就可以确定烹饪的存在。

例如，虽然烤大虾不是一道复杂的制成品，但它是我们所指的思维的完美示例。当我们调查使用其他配方烹饪意味着什么时，我们会面对转化、结合、准备和预加工的问题，但是目前，为了提供清晰的解释，在上述这些行为存在的地方，我们可以说它们意味着烹饪思维的存在。

简而言之，是每个人自身决定烹饪何时开始以及自己是在烹饪还是未烹饪的情况下填饱肚子，因为展示出这种思维存在与否的是每个个体。这种思维还根据烹饪者的身份有所不同，因为烹饪的目的可以是表达喜爱或爱意。从为他人烹饪的角度考虑转化食物这一行为，令料理能够以最佳方式被享用。以这种或那种方式，任何烹饪者都欣赏或权衡“改良”产品这一选择，对产品进行更改或者将更改的产品与其他产品结合起来，从而转化为制成品，即被品尝的结果。

“正是个人划清了无须烹饪的喂养和通过烹饪喂养之间的界限。”

当我们从树上摘下一个苹果然后直接吃掉它，我们是在喂养自己还是在烹饪？

在摄入产品或者将它拿给别人食用之前，没有意志或者意愿去烹饪，去转化产品。换句话说，此时不存在烹饪；产品也没有被烹饪。

边界始于一种思维的存在……

烹饪反映了喜爱、爱意，一种为自己或者他人改良饮食内容的决心，即便没有使用转化产品的制作技术。在接下来的例子里可以清楚地识别出这种限制。当我们摘下草莓并将它们放在装有冰的碗中时，已经存在一种改良产品的思维而不应用任何技术，因此当草莓被食用时，它们的状态被认为比刚摘下来时更合适或者更好。草莓可以不经任何改良被食用，但我们事先做出了深思熟虑的决定，从而让草莓变得更美味。

开牡蛎是烹饪吗？

这是最基本的烹饪过程的完美示例。当我们打开并清理一只牡蛎，以便将它放在装有碎冰和柠檬片的托盘上时，我们是在对将要食用的产品应用技术。现在我们可以将它称为制成品：一只打开的牡蛎。

可以说这些牡蛎是以自然风格被食用的，因为制作过程是象征性的：它令产品保持相同的状态，而且没有引起其实质或外观的变化。但是这些牡蛎被烹饪了，因为某种技术的应用令它们变得可食用，否则它们无法被享用。如果牡蛎在一家餐厅以同样的方式提供给顾客，我们会说它没有被烹饪吗？它显然被烹饪了，但这是预加工产品和制成品之间模糊界限的一个明显的例子。

taller Portaferrissa 7, pral. 2a · 08002 Barcelona (Spain) · t (34) 93 270 37 00 · f (34) 93 270 37 01 · e-mail taller@elbulli.com
restaurant Cala Montjoi · Ap. 30 (17480) Roses · Girona (Spain) · t (34) 972 150 457 · f (34) 972 150 717 · e-mail bulli@elbulli.com · www.elbulli.com

elBulli

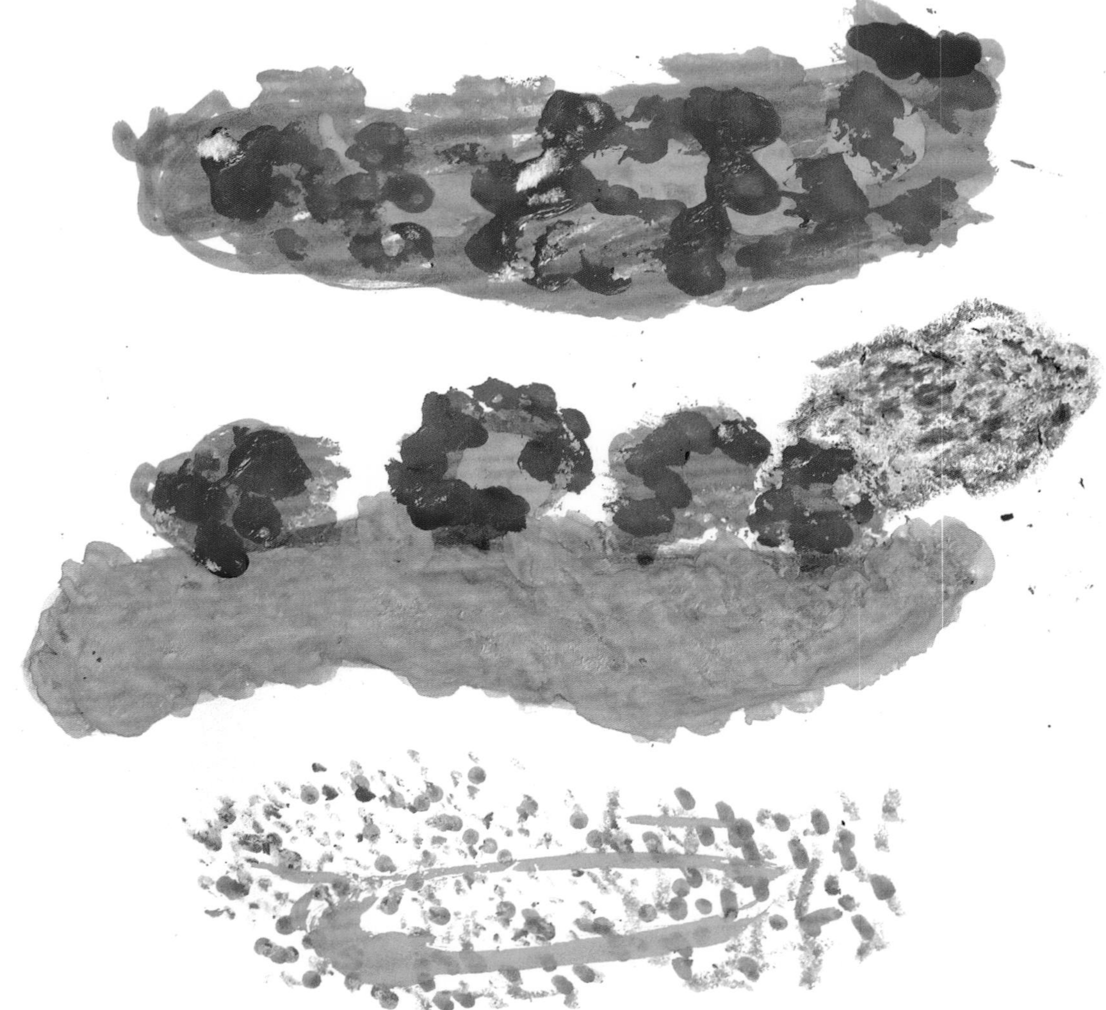

烹饪的第一个原因是让自然产品变得可食用，但是对于我们为什么烹饪，是否还存在其他的解释？

从历史的角度看，有理由断言烹饪起源于石器时代。在直觉和生存本能的指引下，早期人类（在此之前还只是喂养而不是烹饪）发明了切割工具，并在首次烹饪技术上使用这种工具，令以获取营养为目的的进食变得简单轻松，同时也带来了早期人类的首次烹饪。我们讨论的是本能、直觉还是思考的结果，这是个好问题，但是无论如何，这是首次有迹象表明，人类与动物不同（正如我们在第71页解释的那样），人类可以主动改善自己将要吃的食物，而不只是发现食物。

因此，从本质上讲，使用某种工具将某种技术应用在某种产品上的烹饪是一种便利获取食物并令食物更容易被消费的方法。它改良可食用的产品，并令未烹饪且不可食用的产品变得可食用。在这里，我们发现了以吃得更好为目标的最早的转化思维，而不只是通过生存本能行事。实际上，随着时间的推移，这种早期烹饪形式将大大改善人类的生活和健康，而在很久之后，它将让我们能够从营养摄取发展到享乐和愉悦感，这也是烹饪的结果。

从那时起，人类在烹饪方面以许多不同的方式衍化，烹饪不仅是人类设计的工具，发明的技术以及发现和驯化产品的后果，而且也是人类对料理采用不同诠释方式的结果（饮料、食物、糖果、咸味小吃等）。所有这些使得人们在整个人类历史中认识到，烹饪后的东西可以保存下来而不必立即吃掉，人类可以喂饱和滋养自己，而且通过在烹饪中注入喜爱之情，人类还可以享受摄入食物这一行为，并表现出对其他人的关心，让其他人感到快乐。

这种衍化远远超出了将产品变成“可食用”制成品的范围，所以回答我们为什么烹饪的问题意味着必须讨论许多不同的原因。所有这些原因都让我们想到营养，但是很多原因的源头在于进无止境的思维和决心，尤其着重于烹饪和烹饪内容的享乐主义用途，例如社交、个人发展和成就，包括但不限于创造和再生产，甚至是精神层面、葡萄酒界等。

“看似难以置信，但是的确存在对烹饪的恐惧，即烹饪恐惧症（mageirocophobia）。”

我们可以怎样解释烹饪？

为了理解烹饪是什么，我们首先需要理解的是，我们的答案可以基于许多不同的观点，而且取决于我们在“整体”中侧重的部分。我们将会优先观察某些特征而不是另外一些特征，以这种或那种方式构建论点。

在理想情况下，理解烹饪是什么将意味着你可以随意打开这本书，无论你看到的是哪一章，都会发现它涉及一种接近料理的方法，其中包含料理的许多主要特征，而这些特征与同一章讨论的其他概念相关联。为此，有必要知道烹饪是如何发生的，我们是在什么基础上构建这个过程、使用资源并构造一个系统的。我们必须将注意力集中在下列问题的特征上：烹饪是何时发生的（在某个历史时期或者某年某月，某个特定的日期），谁烹饪（烹饪、服务和进食的人），烹饪为什么发生（行为背后的根本原因，是为了营养还是享乐），烹饪过程是为了干什么（转化、结合、预加工、创造、再生产、装盘等）以及烹饪在何处进行（在哪个空间和哪个场所）。通过这种方式，我们可以创建一个从任何角度研究的话题来讨论并定义烹饪这一概念的特征，因为所有角度都是相互连接的。回答这些问题（何时、谁、为什么、何处以及为了干什么）所得到的一切构成了烹饪的发生方式，并且所有的方式充分地相互关联。从每个角度得出的特征既紧密关联又相互依赖，这意味着对其中之一的任何更改都会导致其他特征的变化。

我们可以选择其中任何一种观点来了解烹饪是如何发生的。在每种情况下如果我们改变答案的话，将会对其余情况产生反弹作用，从而导致它们适应新的决定性因素。如果我们改变了谁烹饪的答案，例如通过将业余视角改变为专业视角，我们就会发现这会对烹饪发生的目的、场所、原因和时间产生影响。换句话说，这会对烹饪方式的其余特征产生影响。

这些因素将回答烹饪是如何发生的，并定义烹饪在那种特定情况下是什么，而且烹饪还会反映在烹饪的对象和得到的制成品中。如果我们不从谁烹饪开始，而是思考烹饪发生在何处的问题，并且选择公共领域而非私域，那么我们会看到谁、为了干什么、为什么、何时等问题的答案都会自动变化，而对于烹饪是如何发生的这一整体性的问题，答案也会因此发生改变。

知道烹饪是如何发生的，这让我们有可能问出烹饪是什么，即在拥有某些具体特征的烹饪过程之后，烹饪获得了什么结果。烹饪的结果是对什么被烹饪这一问题的回答，并且结果指的是中间制成品或已制成的产品，前者用于继续烹饪，后者是已装盘并准备被品尝的制成品。每种结果（制成品）也有某些具体的特征。一旦知道这些特征，我们可以思考美食供应的结构是如何围绕产品设计的（例如，基于产品的尺寸，它们是液体还是固体，它们是被进食还是被饮用，或者需要什么类型的服务才能让它们被品尝）。

就像任何长期重复进行的行为一样，烹饪产生的一系列结果有助于更好地理解料理本身，因为这些结果说明了这一行为如何能够影响每个人的生活，以及如何在历史变迁中影响整体的社会生活。

于是，我们可以通过回答前面的所有问题并解释其特征来理解烹饪，并认可这些答案对烹饪能够做出的所有诠释，只要它们将烹饪诠释为一种能够产生意义（语言、艺术形式、社交工具、表达手段、学科等）并超越实际过程及其结构的行为。

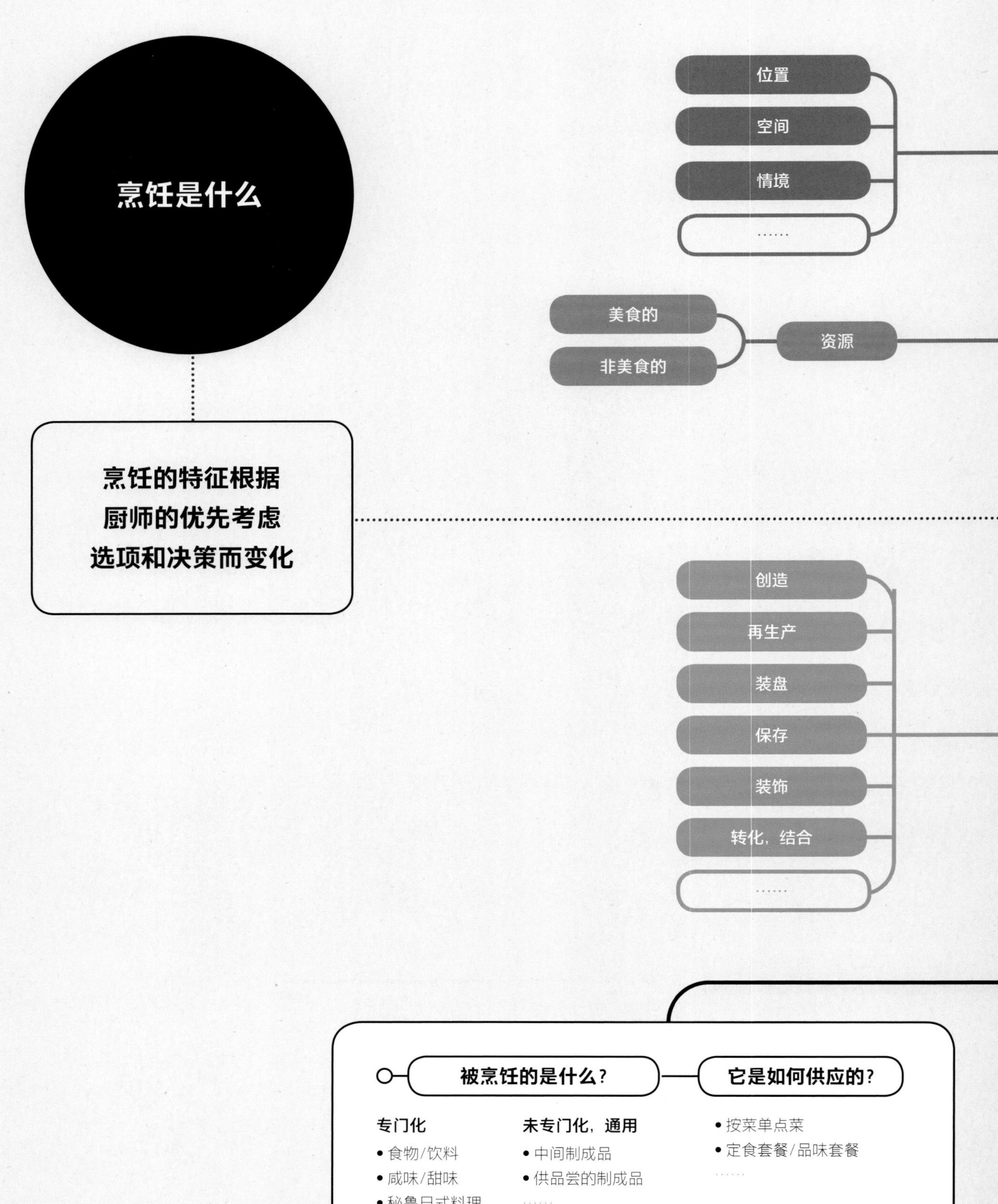
烹饪是什么
位置
空间
情境
……
美食的
非美食的
资源
烹饪的特征根据
厨师的优先考虑
选项和决策而变化
创造
再生产
装盘
保存
装饰
转化，结合
……
被烹饪的是什么？
它是如何供应的？
专门化
• 食物/饮料
• 咸味/甜味
• 秘鲁日式料理
• 比萨餐厅
……
未专门化，通用
• 中间制成品
• 供品尝的制成品
……
• 按菜单点菜
• 定食套餐/品味套餐
……

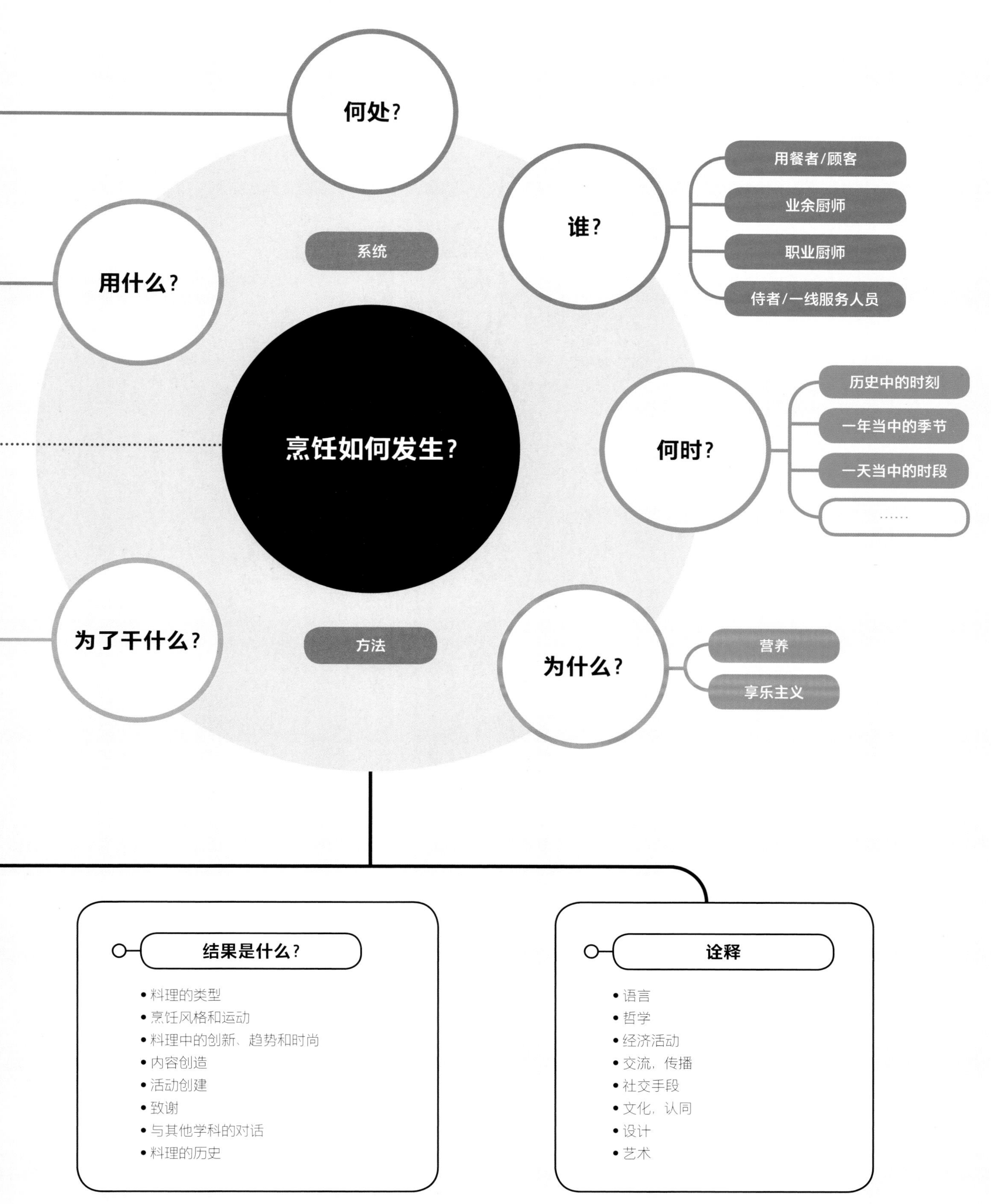

结果是什么？

- 料理的类型
- 烹饪风格和运动
- 料理中的创新、趋势和时尚
- 内容创造
- 活动创建
- 致谢
- 与其他学科的对话
- 料理的历史

诠释

- 语言
- 哲学
- 经济活动
- 交流，传播
- 社交手段
- 文化，认同
- 设计
- 艺术

人类烹饪以喂饱自己，然而人类与动物有一点很大的区别是，人类烹饪还出于享乐主义，是为了享受而烹饪。

正如前面几页所述，人类的吃和喝是为了满足身体的需求。但是与动物不同，在人类的想象中，食物和饮品的用途可以超越摄取营养这一简单行为。正是出于这个原因，我们可以说存在一种用于营养的料理，以及另一种用于享乐的料理。虽然并非所有人类都可以从这两种料理中进行选择，因为有些人烹饪只是为了喂饱自己，但也存在另外一些人，他们无法出于享乐主义之外的任何目的来设想烹饪。这两种料理的选择之间存在一系列差异。让我们回顾一些历史，以便将这两种情况代入语境。

► 纵观历史，在较低的社会阶层中，烹饪可能同时出于营养和享乐主义的目的。这些群体的传统食物和饮料的质量决定了它们用于这两个目的中的某一个，因为两者都与可利用的经济资源相关。我们倾向认为，购买力较低的阶层进食只是为了喂饱自己。然而，虽然他们的资源显然更为有限，但是在当时的社会中，仍然存在很多劳动阶级的菜肴，这些菜肴的目的超越了简单的营养摄取。

这些劳动阶级总是怀着某种享乐主义的目的烹饪，在他们的能力范围内尽最大可能寻求愉悦感。如果不是这样的话，那么他们本应再生产数量有限的制成品，不必增加菜肴的种类，因为少数菜肴足以满足摄取营养的目的。纵观历史，将节假日与享乐性进食联系起来的观念已经在下层阶级中发展得根深蒂固，如今又扩展到了中产阶级。中产阶级将这种观念延伸到周末和各种各样的休闲场合，而不只是局限于特定的庆祝活动，我们将在后面看到这一点。

► 职业厨师来自上层阶级或者富人阶级。富人们在自家雇用职业厨师，这导致了第一项重大差异。自远古以来，这些阶层的成员就一直在饮食方式上表现出明显的享乐主义倾向。这并不是说他们从不选择有营养的选项，但是这些食物的品质和用于获取它们的资源让我们得以谈论一种强调享乐导致的料理，于是进食变得不仅仅与营养有关。高品质是理所当然的，因为正如我们已经提到的，有更多更好的资源可供使用。

因此，我们正在基于截然相反的观念来处理两种烹饪视角：某些人的极端情况对于另一些人而言接近正常状态，反之亦然。然而，享乐主义的大众化使得中间地带的存在成为可能。在这个中间地带，只要时间和经济资源允许，全世界数以百万计的人都会在日常生活中享受食物。

► 由于中产阶级作为富人阶级和穷人阶级之间的中间阶层得到了地位上的巩固，所以我们能够谈论一种结合营养与享乐主义的料理，它拥有服务于这两个目的的时间和场所，并提升了下层阶级料理中制成品的品质。

为了营养的烹饪

当某人烹饪以赋予制成品营养目的，且为了滋养身体没有别的其他意图时，他们可能是自愿这样做的，因为他们只是将食物视为一种能量来源，但也可能他们是在自己无法控制的环境中被迫这样做的，例如资源短缺、贫困和饥荒等。

如果我们考虑到这样一种情况，即基本需求得不到满足，烹饪者由于持续的贫困、暂时的资源短缺或饥荒的背景而费尽心力最大限度地利用他们能够得到的资源，那么我们必须将摄取营养视为唯一的目的，因为这些环境不允许享受进入烹饪的公式。有些人常常无法在口渴或饥饿时饮水或进食。在这些情况下，个人只能从生存的角度理解料理和食物，在这方面不存在以其他方式思考的空间。

在基本需求得到满足而且有可用资源的情况下，也有些人烹饪只是为了营养目的，而不在饮食中寻求任何特别的享受，且限制自己只摄入身体需要的分量。严格为了维持生存和获取营养而烹饪的人，他们这样做是为了满足喂养别人或者自己的需要。在这种情况下，烹饪是准备食物以滋养获得制成品的消费者的行为。料理被认为是一种能量来源，尽管可以从中找到一定程度的感官愉悦，但是在品尝中并没有卓越或享乐之感，也不追求这样的感觉。

从这个角度来看，在以营养为目的的烹饪中，我们在上层阶级的料理中发现了一个灰色地带，这个阶级的成员通常都追求享乐主义，但是也拥有为了摄取营养的制成品。在涵盖下层阶级的生存和娱乐的范围内，我们发现了所谓的“劳动阶级主食或生存食品”，这指涉必需品占大部分或者资源短缺的情况。此外，这种料理往往包括“地区性主食或生存食品”，因为根据其发展的地理区域，结果往往具有鲜明的特征。如果在这种背景下创造出来的制成品世代相传，那么我们所拥有的就是“传统主食或生存食品”。

为了享乐主义的烹饪

我们会为了在饮食中找到愉悦感而烹饪。在这种情况下，存在一种美食思维，一种制造或者消费美食的决心。烹饪在这里扮演着另一种角色，因为它涉及“美食”的结果和体验。但这里的标准完全不同，因为烹饪和品尝过程是由对料理和食物的享乐主义用途驱动的。卓越是我们追求的目标，而且为了实现这一点，我们将重点放在品质和形式上。在这里，我们考虑的情况是，烹饪者和品尝者都享有这样的特权：他们不但有足够的食物喂饱自己，而且能够决定如何、何时以及在哪里喂饱自己。

如果我们考虑如今存在的大量美食供应，那么选择无疑非常广泛。我们指的不仅是接待业中可用的供应，还包括个人在私人领域中烹饪时可选择的产品和品质的多样性。也许这显而易见，但我们还是要强调用于营养的产品和被归类为享乐主义的产品是不同的。正如我们在前面所解释的，这主要是因为资源决定了什么可以被烹饪以及烹饪是如何发生的。资源越多，享乐主义的目的越强烈，被会有越多精力倾注到被品尝的制成品中，因为其烹饪过程会涉及更多与美学、创造性、艺术和品质相关的方面。

虽然这种对料理的享乐主义的利用方式可以追溯到最早的文明，但是直到20世纪，将制成品作为一种休闲与享受方式进行消费的理念才得以巩固和普及，它不再只限于过去千百年来的情况，还将中产阶级和中上层阶级纳入怀抱。换句话说，将烹饪行为的目的视为享乐主义的人群在近几十年增长迅速，烹饪和进食都已经成为和愉悦感相关的选项。

一方面，我们在享乐主义的料理中发现了这样一种“烹饪艺术”，我们可以说它是古典的，在过去为上层阶级创造和再生产料理，其中的一系列制成品构成了如今继续在全世界许多餐厅中再生产的“经典料理”；另一方面，享乐主义的料理中还包括在当代高档餐饮界中创造和再生产的非常独特的烹饪艺术，它自高档餐厅诞生以来就在公共领域被生产，而且可以自由地用付款的方式换取。

享乐主义的终极表达是用餐者的思维方式，用餐者想要通过厨师的作品享受艺术的体验，而厨师正是怀着这种目的创造或再生产了制成品。

“对于今天的晚餐，我计划在家用优质番茄
和特级初榨橄榄油制作沙拉，
这是为了营养的烹饪还是为了享乐主义的烹饪？”

为了兼顾享乐主义和营养的烹饪

还有第三种选择，它来自喂养或者被喂养的欲望与使用特定美食思维执行这些欲望的结合。这种情况发生在资源充足但也不是毫无限制时。有些人的美食思维不是为了寻求愉悦感，也就是说不追求品尝制成品时的享乐时刻。虽然摄取食物是为了营养目的，但这些人会寻找自己能负担得起的最好的产品。举一个简单的例子：选择特定品质、大小和起源的苹果，这样做的人就是在考虑消费的产品的美食学特征。如果他们购买了他们能够负担的最好的产品，并且意识到自己正在基于这种逻辑做决定，那么我们可以说存在这种特定的美食思维。

这种方法常常与为了健康的料理有关，它是以一种对身体有益但也在品尝中提供愉悦感的方式烹饪和进食，并寻求达成愉悦感和健康的选项。

这对应着“高级化的劳动阶级食品”，这种料理始于下层阶级的资源和传统，并被理解和拥有享乐主义思维的人们消费。通过将精致程度提升一个水平，他们重新诠释了根植于“劳动阶级主食”的制成品。这里还包括来自“高级成品料理”（*prêt-à-porter* cuisine）的制成品，这种烹饪朝着相反的方向前进，让大众可以品尝到公共食物和饮料，它们由于其特征而从属于烹饪艺术，但是以可负担的合理价格服务于中产阶级和中上层阶级的享乐主义目的。

一个人可以追求享乐，但这并不一定符合美食学

愉悦感定义了享乐主义，对这种感觉的追求出现在食物、饮料以及饮食行为中，但这并不总是牵涉品质。愉悦感基于个人判断，因此是主观性的，所以每个人在进食和饮用自己最想要的食物时都会感到愉悦。在食用垃圾食品时，即在所有连锁快餐厅都提供的汉堡和薯条，都可能存在享乐主义。

与享乐主义的愉悦感不同，美食的愉悦感需要最高的品质（在产品、技术和工具中），而且它构成了美食学的基础。品质可能与奢侈和排他性相关，但是对于美食愉悦感的存在或产生，这些并不是必需的。例如，如果从全部现有的番茄中选出品质最好的，并对它们应用相同品质的技术和工具，得到的结果作为一种供品尝的制成品既不奢侈也不具有排他性，但是可以产生出色的美食愉悦感。

营养

享乐主义

具有美食思维及决心的料理的情境化

我们从一个前提开始——美食学与品质相关联

我们可以烹饪或消费……

1. **在美食和享乐主义的思维下，寻找：**

- **最好的产品**：例如红虾、用于制作西班牙冷汤的当地成熟现摘蔬菜、来自当地品种的熟成肉等。
- **最好的技术及使用合适的工具**：例如仔细监控烹饪过程，令大虾和肉保持多汁，保证调味平衡。
- **最好的上菜、装盘或品尝工具**：例如一把适合切肉的刀。

2. **没有以上任何意图，目的只是简单的营养**，将烹饪、进食和饮用作为一种自动化的行为，不特别关注品质，只是为了满足营养需求的单一目的。

烹饪者的意志和品尝者的意志可能一致，也可能不一致

他们可能**关心**营养或生存，或者关心享乐主义，又或者追求愉悦感。

他们的思维和意志可能并不一致。

- **以基于品质的美食**思维准备的**料理如果呈现给没有兴趣或意志**寻找愉悦感的顾客，它就不能传达厨师的享乐主义思维。
- **制作时**不使用美食思维，不追求品质的**料理**，却呈现给拥有**享乐主义思维**的顾客，这会挫败品尝者的美食欲望。
- 他们的思维和意志可能是一致的。
- **以基于品质的美食**思维准备的**料理**如果呈现给**拥有享乐主义态度的顾客，就能实现充分的美食体验。**

我们知道存在过渡类型，即两种选择之间的灰色地带。在只追求营养和只追求享乐之间存在很多种情况。有一个实例即**以兼顾享乐主义的营养为目的，将品质考虑在内的料理**。例如，对于今天的晚餐，我计划在家用优质番茄和初榨橄榄油制作沙拉：这是为了营养的烹饪还是为了享乐主义的烹饪？

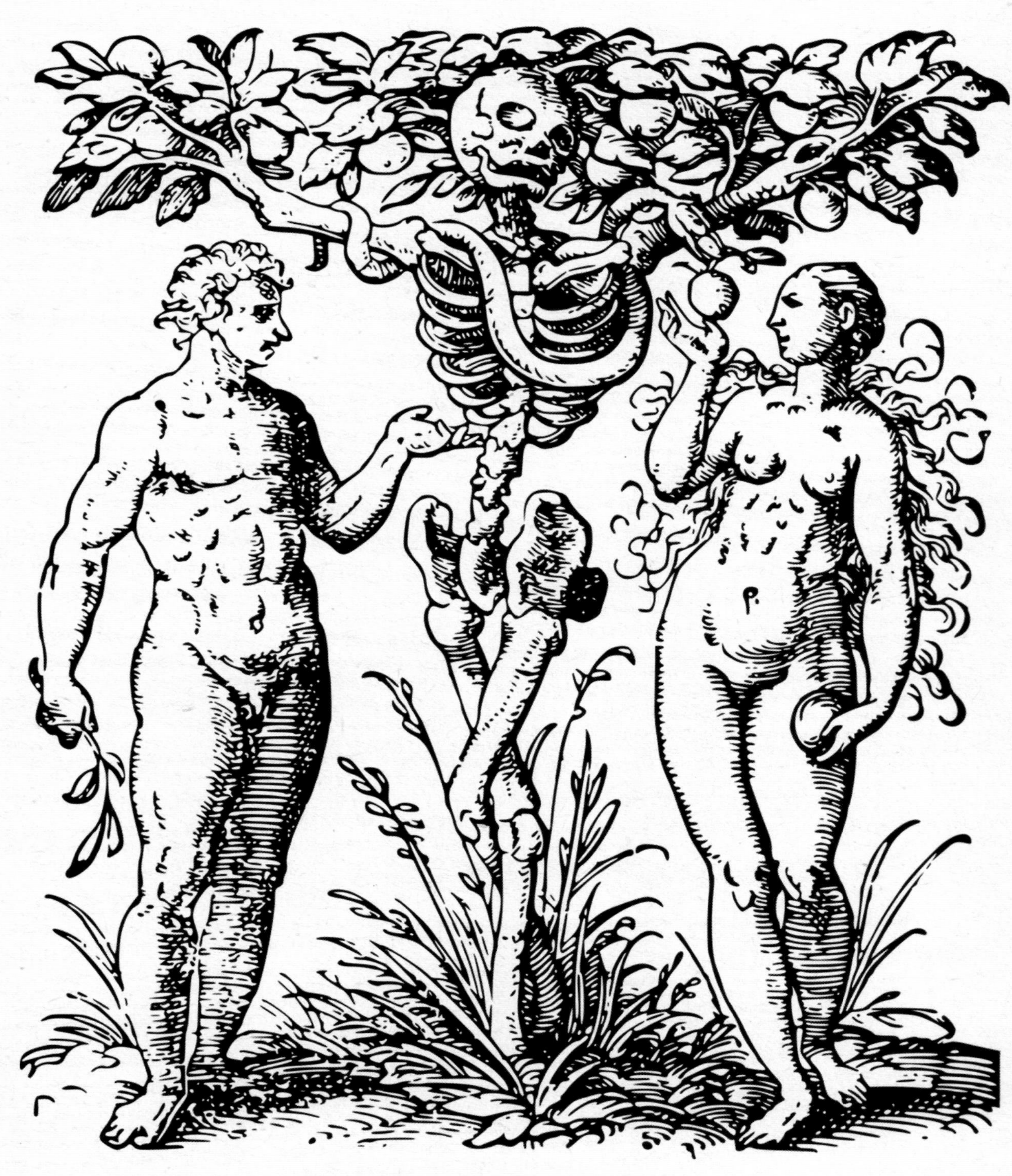

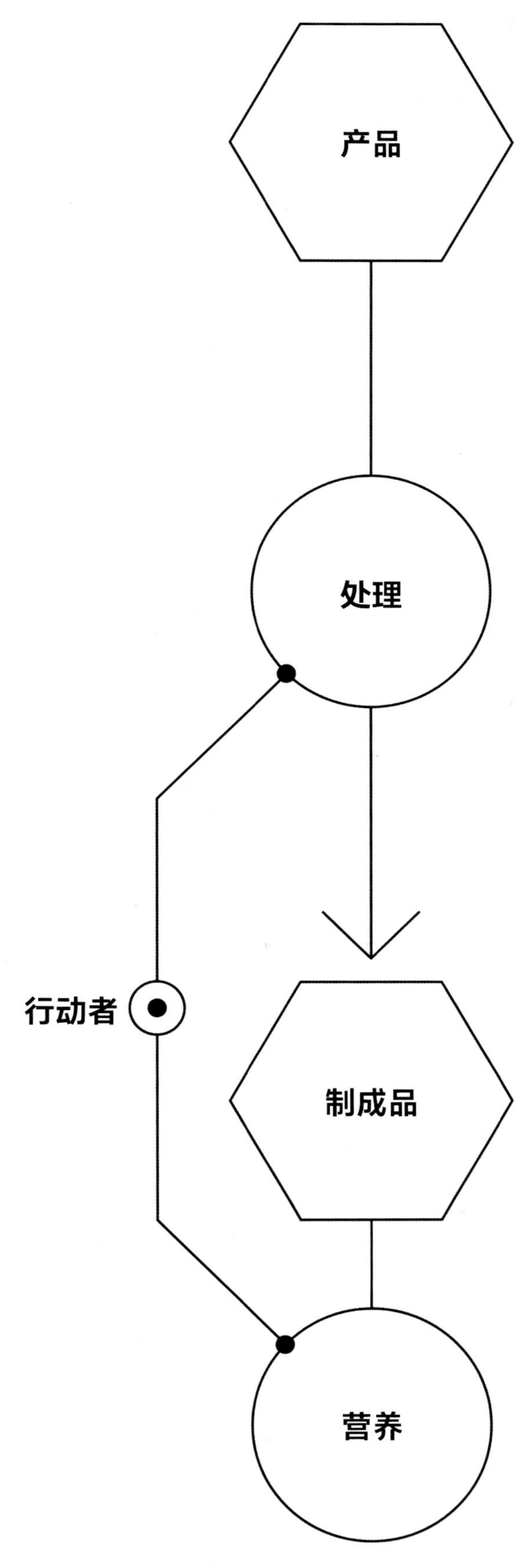

第3章

当人类烹饪时，他们在做什么？他们这样做是为了什么？

下一步，我们解释了烹饪中涉及的所有行为。通过分析所有行为的差异和它们能够采取的形式，我们根据厨师心中的想法发现了不同的目的和方法。

名称：原型_004
编码：苹果

制作、转化、结合、混合、准备、组合、转换：烹饪是所有这些！

现在让我们来分析一系列词语的定义。以这种方式逐个解释它们的含义，可以帮助我们更好地理解烹饪是什么。它们证明了烹饪行为会涉及其他行为，例如制作、转化、混合、组合、结合、准备和生产。

制作是烹饪吗？

制作

《韦氏词典》

1. 及物动词　详细地完成。
3. 及物动词　使用简单的原料构建某物。

我们用来代替烹饪的第一个单词是制作。我们在烹饪上将“制作”理解为对产品和中间制成品使用工具并应用某些特定技术，进而实现转化。实际上，在这个领域，“烹饪”和“制作”这两个动词是同义词，以至于当我们本可以说“烹饪技巧”时，却经常使用“制作技巧”，对于工具也是如此。那么，我们为什么要用这个词代替另一个呢？我们观察到，除了起到替代“烹饪”的作用，“制作”还有助于人们对烹饪过程的各个阶段有更具体的了解，正如我们稍后将看到的那样，它还包括预加工（见第101页）和装盘（见第108页），以及由其他动词描述的完成烹饪行为的行为。

转化是烹饪吗？

转化

《韦氏词典》

1. a. 及物动词　改变成分或结构。
   c. 及物动词　改变特性或条件。

要想在烹饪中转化产品，我们需要使用技术和工具（预加工、制作和装盘），它们可能应用于未经过制作的产品、加工产品或者中间制成品。在改变这些产品的性质或形态时，厨师明确地希望执行改变过程以带来变化。如果将改变的结果与其他结果结合起来（正如我们将在后面看到的样），它可能会成为某种不一样的制成品，或者如果保留主要产品的本质和个性，那它还是原来的它，但是呈现为不一样的形态（例如，如果一整个番茄被做成沙拉、西班牙冷汤、果汁、汤羹等）。因此，当某样产品被转化时，它会被预加工或者制作，即对产品或制成品进行烹饪。

结合是烹饪吗？

结合

《韦氏词典》

1. a. 及物动词　建立紧密关系以掩盖各自的特色。
   b. 及物动词（化）　使结合成化合物。
2. 及物动词　互相混合，使融为一体。

未经制作的或制作后的产品可以结合其他未经制作的或者已被厨师转化并成为中间制成品的产品，它还可以结合买来的已经烹饪好的产品。

一方面，以特定方式结合某些中间制成品或产品，这一决策意味着制作过程的存在，因为这产生的结果——呈现为制成品的形态——不同于每一种单独存在时的产品或中间制成品。而且，它意味着一种获得供品尝的制成品的欲望，虽然这可能不需要使用制作技术生产中间制成品（使用已经制作好的产品）。

另一方面，可以以向其中一种或另外一种产品注入味道和香味的目的将产品结合起来，这种效果可由慢炖实现（见第51页）。正如我们在此前的定义中看到的那样，慢炖涉及加热或燃烧作用，通过煮沸并导致产品之间交换味道来烹饪。此外，还可以在不加热的情况下结合味道，例如，当你将黄油抹在面包上，然后再把烟熏三文鱼放在面包上。

混合是烹饪吗？

混合（MIX）

《韦氏词典》

1. a. I. 及物动词　结合或融合为一体。
      II. 及物动词　彼此结合。
1. a. 不及物动词　成为混合状态。

在这里需要注意的是，我们并不是将混合视为一种技术，而是强调混合产品这一行为，无论这些产品是经过制作的还是未经制作的，抑或是中间制成品。它们一旦合并，就会成为某种不一样的产品，一种特别的制成品。莴苣、葡萄干、焦糖化洋葱和羊乳酪块混合特级初榨橄榄油和雪利酒醋制成的沙拉就是一个最好例子。

准备是烹饪吗？

准备

《韦氏词典》

1. 及物动词　为某种目的、用途或活动提前准备。
2. 及物动词　提前计划，落实细节。
1. 不及物动词　做好准备。

通常情况下，当我们说到准备时，我们已经知道自己将要烹饪什么，或者说我们先在头脑里烹饪菜肴。这需要特定的产品，这些产品可能是经过制作或未经制作的，抑或是中间制成品。准备它们可能涉及称重、清洗或者以其他方式做好准备……因此这一行为与我们将在第101页讨论的预加工有关。我们还可以将它与“餐前准备”（*mise en place*）的定义联系起来：提前做好某些中间制成品并排列整齐，以供稍后在制作过程中使用。

组合是烹饪吗？

组合

《韦氏词典》

1. 及物动词　合并起来（在特定场所或者为了特定目的）。

这种行为再次始于联合的概念，但是它与上述行为的不同之处在于，组合并不总是涉及所有一切都使用原材料做出的线性制作的过程。在这里，我们指的是经过制作的产品或中间制成品（在使用之前已经经过烹饪的产品）被组合和制作在一起，也许以某种特定方式与未经制作的产品联合，并完成一道特定的制成品。

一般而言，当我们组装时，我们从保存或储藏的中间制成品，或者说经过制作的产品（即已经准备好的）着手，当我们想使用它们时可以直接拿来烹饪，从而节省当下制作产品的时间。例如，当我们做三明治时，我们就是在通过组合进行烹饪；我们可能从中间撕开一个圆面包，然后在两片面包之间夹番茄碎，加一点儿油和盐，再铺一片伊比利亚火腿（*jamón ibérico*）。

“‘组合料理’这个术语伴随着食品工业和食品配送行业创造的预包装即用型和预烹饪型产品而诞生。”

加工是烹饪吗?

加工

《韦氏词典》

3. 及物动词　使承受特别的工艺流程或处理。

当我们用加工这个术语描述的转换发生在食品工业中，并只限定于保持卫生条件和储存产品的情况时，它就是烹饪的另一个同义词。在这种情况下，转化——无论是物理的、化学的还是生物的——都意味着产品被加工。这是其后续销售和消费的基本要求。然而，该动词的另一种含义是将产品或中间产品放入器具或工具中混合，例如当我们使用混合机或搅拌机时。

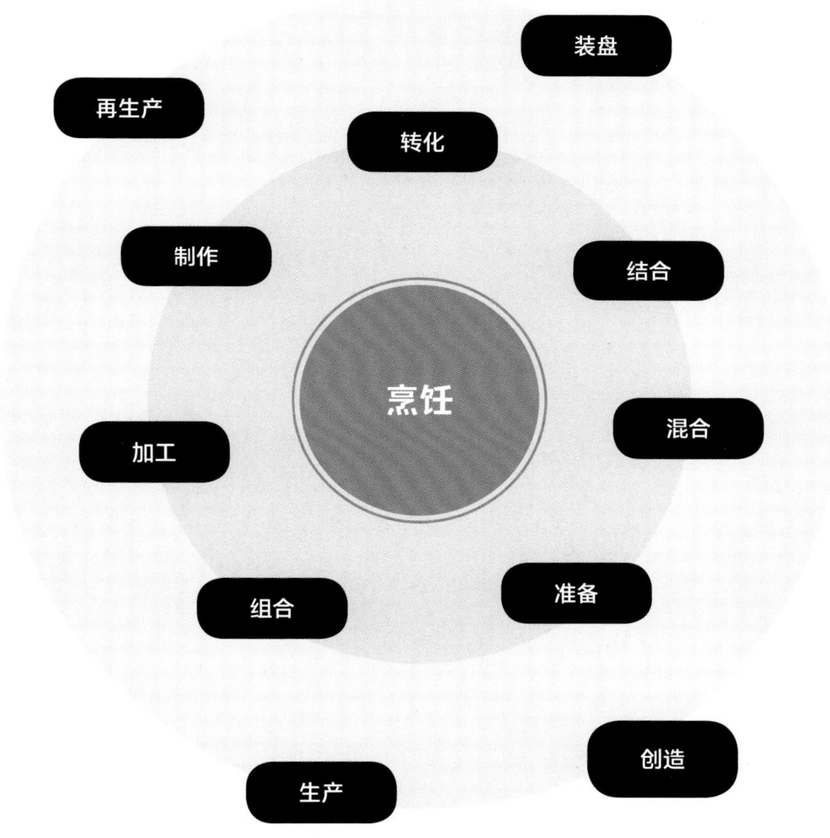

“‘烹饪’这个词涵盖多少种行为？”

烹饪是……

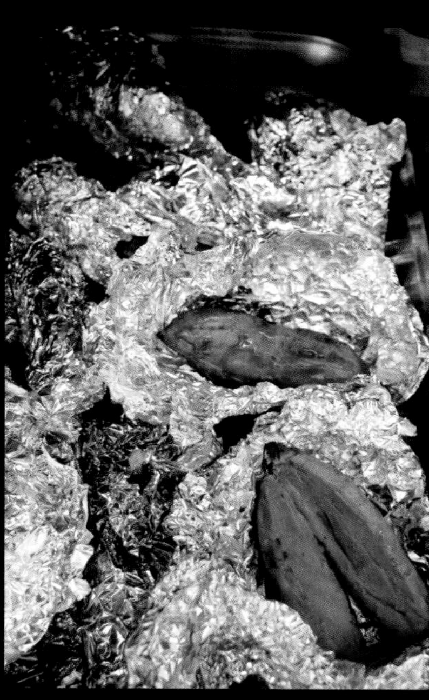

Josper

要想在烹饪方面创造出某种新的产品，你必须去烹饪产品！

创造

《韦氏词典》

1. 及物动词　使……存在。
2. b. 及物动词　通过某种行动或行为来产生或带来……
1. 不及物动词　制造某种新的东西或者使其存在。

在大多数情况下，人们对创造和带来创造物的行为的普遍认识是，这是一件非同寻常的事。这种对创造的美化让创造总是有一种脱离现实的感觉，因为我们有时候忘记了一切都来自我们的想象，来自想法的产生，而这种想法可以变为现实，并且它的实现可以得到原创结果。当我们在美食学的世界谈到创造时，仿佛它并不涉及烹饪，仿佛它是某种不相关的东西。然而我们应该指出，无论可用资源如何，在烹饪创造的背后隐藏着相同的刺激因素，因为决定了厨师创造性极限的是他的想象能力。

正如我们讨论过的那样，烹饪涉及转换，因此，创造行为也免不了转换。虽然我们通过烹饪创造，但创造的关键在于具有创新性的转换，以原创的方式烹饪而不回顾参考任何其他东西，或者如果我们从某个现存的参照点开始的话，则以生产原创性结果的方式进行制作。

当我们在料理方面谈论创造时，我们的思维必须超出职业领域，因为没有任何特别技术知识的业余厨师也曾为烹饪界贡献过重要的创造。纵观历史，成千上万的菜肴是人们使用有限的资源创造出来的。人们通过想象赋予这些资源新的用途，而且很多时候是因为必要性才会创造新的用途。就大部分情况而言，我们不知道它们的创造方式和地点，因为不存在文件记录。还有数量同样多的制成品来自最大限度地利用可用资源的愿望。这使这些案例显得更加“方便”，因为资源丰富得足以提供大量的可能性。但是创造的本质保持不变：以新的方式使用产品，发明一种技术，创造一种工具，或者为现有的工具找到新的用途，并得到一种原创制成品，无论是中间制成品还是供品尝的制成品。在烹饪中，这些选项中的任何一个或者它们的结合都可以被视为创造。

从职业的角度看，在高级餐饮部门（或者公共领域的任何其他方面）的框架内，以创造为目的的烹饪始于有意识地实现该目标的意图，并更改了它涉及的整个生产系统和过程。首先，有一个特定的厨师团队负责创造，该团队可能有一个领导者。然而，这个团队通常不包括服务业场所中负责日常再生产及美食供应的全部员工。创造团队的工作方式专注于获得原创性结果，因此需要更改构成现有再生产系统的过程。在某些情况下，通过选择一个通常情况下与再生产空间彼此分离的空间，这甚至会改变专业人士进行创造的空间。

对于餐厅或类似场所供应的制成品（无论它们是什么），要想满足按菜单点菜、定食套餐或品味套餐这些生产方式对美食资源的要求，必须按照不同的方式储备资源，购买完全用于创造的资源和补给，因为品质、产品类型等都会变化。简而言之，根据目的是创造还是再生产，烹饪的系统、过程和资源都有差异，尽管行为都涉及烹饪。

有时候，创造和再生产之间的边界是模糊的，正如以下例子所述，它展示了你如何能够在同一烹饪过程中找到一种进行创造的料理和另一种进行再生产的料理。日本的铁板烧（*teppanyaki*）是一个很好的例子，它说明一名厨师就算使用某种广为人知的工具（铁板）和不具有原创性的产品，复制着一种没有创新性的技术（炙烤），也能拥有创造出此前从未被复制过的制成品的欲望。正是这种在创造和再生产之间的边界上“创造瞬间之物”的概念指引着发明创造的想法。当我们使用冰箱里的东西，或者前往市场然后使用在那里吸引到我们的产品创造制成品时，我们就能体会这一概念。在某些高档餐厅中，我们可能会得到这样的印象：某种制成品的再生产变成了一场游戏，以至于它似乎是专门为我们创造的一样。

人是否会害怕在餐厅尝试新的食物和饮料？

恐新症（neophobia）被定义为对新鲜事物的恐惧，它会使求知欲瘫痪，让人们关闭对未知领域的好奇心。

在烹饪领域，恐新症会关闭所有专业人员的好奇心，让他们害怕发现新鲜事物或者将新鲜事物引入构成料理的任何元素——从产品到装盘工具。料理中的创造力与恐新症截然相反。在这个领域，它代表一种想要知道——以及让别人也知道——的欲望，想知道的是在烹饪这一与岁月同样古老的行为中，还有多少转化与结合的可能性有待发现。

创造性地烹饪是什么意思？料理的创新性需要涉及什么？

创造——创造物——创造力

我们将创造理解为这样一种行为，它首次建立、创立、引进某种新的或未知的事物，或者通过这种行为构想出某种具有原创性和相关性的事物。因此我们认为创造的意思是发明，即发挥最高水平的原创性来进行创造。其结果是某种创造物。如果我们提到创造力，我们指的是一个人进行创造的技巧或能力。

创新（此为动词）——创新（此为名词）

在使用“创新”这个词时，我们的意思是所有新的、原创的和相关的创造物（例如发明）及其经济上的实现（这需要技术和商业上的可行性）。因此，创新就是能够盈利，将某种创造物放到消费市场上并产生回报。

烹饪中的创造性和创新性水平（基于成果分析）

烹饪是人类在其进化历程中发展出的活动之一。纵观历史，当烹饪过程或者其结果能够盈利时，人类在这方面达到了非凡的创造性水平和创新性水平。烹饪在过去证明了它产生创造性和创新性结果的能力，如今烹饪也是如此，并且它将在未来的道路上继续吸收新的概念、想法和形式，以此继续它的发展。

创造性结果和创新性结果让我们看到不同的方向，因为它们可能是制成品（食物或饮料），但是考虑到创造和创新可以应用于餐厅的任何组成部分（美食供应的结构、顾客体验、员工的组织等），它也可以对整个美食供应或者对餐厅的一般运营系统发挥创造性或者创新性的作用。

话虽如此，我们现在还是要专注于烹饪的结果——食物和饮料，在其中我们检测到一定程度的创造。如果某种创造性成果能够在任何水平上产生经济回报，那它也是一种创新性成果。需要注意的是，高水平的创造性成果并不总是对应高水平的创新性成果。有时候最具创造性的方面并不能带来最大的经济回报。各个水平的创造性成果与各个水平的创新性成果相结合，但是它们并不总是均等的，一方往往比另一方发挥更大的作用。

- 当我们谈论某种具有很高创造性水平的料理和食物时，我们指的是新的、前沿性的风格的创造。这是最高水平的创造。它暗示着一种新风格的出现，并带来独特的裂变性，换句话说，它破旧立新，更改了料理的历史走向。如果时间确认了这种破裂性的方向，那么我们就会发现这种烹饪方式对现在或将来的料理演变产生显著影响。它通常是最前沿的方式，而且如果它以集体形式出现，涉及具有影响力的不同厨师的风格，那么它将被整合为一场烹饪运动。当一种极具创造性的成果带来回报，而这反过来带来盈利时，我们就可以说它是一种极高水平的创造性和创新性成果。例如，“新菜烹饪法”（nouvelle cuisine）生产出创造性水平极高的食物作为其成果，在国际上改变了食物和高档餐饮的烹饪方式。

- 当我们提到高创造性水平的成果时，我们将其归功于一种新风格的创造，它具有独特并且完全可辨识的烹饪方式。厨师的个人风格会在烹饪系统的任何方面具有一套独有的特征，从而赋予其独特的个性。与上一类别中的情况相同，如果创造者设法令自己的活动能够盈利，“创新性”这个形容词就可以加到获得的成果之前。然后我们将拥有可以归类到某种烹饪运动中的上乘风格。

- 中等创造性水平的成果是指创造发生在用餐者即将接受的美食供应中时，它是使用工具、技术、制成品或服务方面的创造性。当它能够导致新的工具、技术或制成品或服务被创造出来时，我们说这是高水平的创造性。用于制作或服务的技术和工具的新设计的总和可以产生全新的整体概念。用餐者将接受新颖的制成品，以原创性的方式上菜，而且整个菜单都可能打上这些创造的组合烙印。同样，如果这种水平的创造可以盈利，它也将是创新性的。一个例子是制造泡沫的技术，它导致全新制成品的诞生。

- 低创造性水平的成果意味着结合现有的产品、技术、制成品和料理创造制成品，而无须定义独特的料理。第一种情况指的是不再保持原样的创造物，即使它们涉及的产品并不新颖，并且仍使用现有的技术和工具来应用现有的风格。第二种情况指的是供品尝的制成品不是全新的，而是经过修改的。如果它转变为一种可盈利的有趣成果，那它也将是创新性的。例如，如果你将墨鱼小方饺加入森林鳕鱼汤中，那么你一开始使用的是已知的东西，最后创造出了此前不存在的东西。

- 当创造是通过改动菜谱做出的，并通过添加厨师的个人愿景和特点来使之发展时，我们说这是轻微的创造性水平。这可以通过融入某种不同的产品、技术、工具或服务来完成，也可以通过改变“熟度”或者配料的比例来实现。结果并非一种新的制成品，它还是原来的制成品，但是添加了新的元素。如果它获得成功，人们对其需求出现增长，它能够带来盈利，那么它就是有创新性的。例如，使用耐高温烹饪纸代替铝箔制作的纸包鱼并没有产生一道新菜肴，然而，与已有菜肴相比，它的确带来了重大变化。当菜谱中的香菜被欧芹代替时，也是如此。

- 当创造指的是对已经存在的其他创造物的巧妙诠释时，我们可以说这是诠释性的创造。关于它能否被视为一种创造性成果的水平，这一点尚有争议，因为这是个非常主观的问题。只要它包含创造性元素，我们就可以将它包含在内。当一名厨师使用已建立的配方再生产某种制成品时，仍然有供创造性发挥的空间。厨师通过对产品、技术和其他细节的选择，为原始菜谱带来诠释性的细微差别，制成品有时具有一定程度的品质，但又没有特别巧妙。有时候，对其他人创造出的东西的特定诠释方式塑造了厨师自己的风格，成了他们的识别特征。如果诠释性品质的成果在市场上获得成功并产生利润，它就是一种创新。

“创造性和创新性的区别是什么？
创新可以在没有创造的情况下存在吗？”

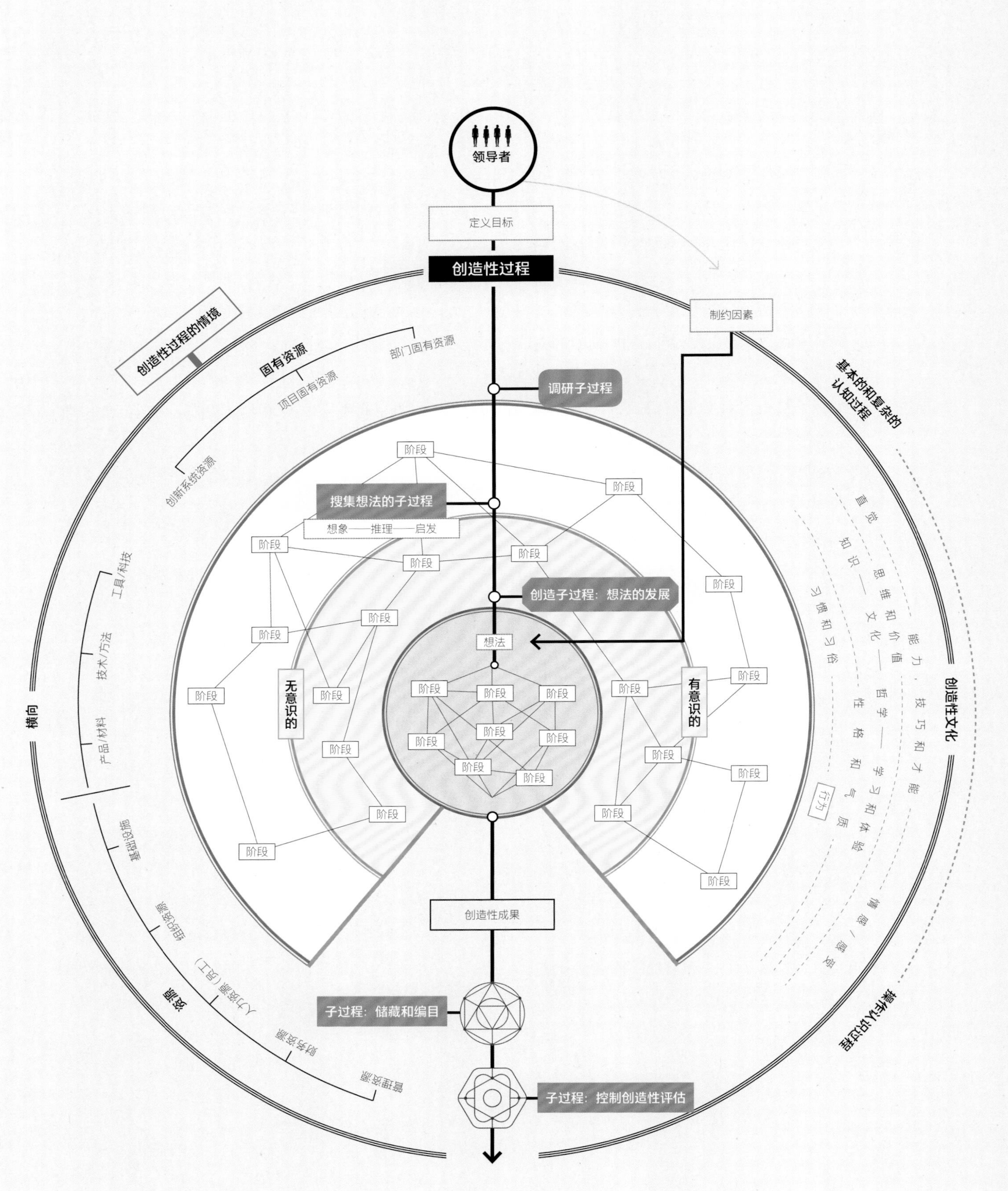
领导者
定义目标
创造性过程
制约因素
创造性过程的情境
固有资源
部门固有资源
项目固有资源
创新系统资源
调研子过程
基本的和复杂的认知过程
搜集想法的子过程
想象——推理——启发
创造子过程：想法的发展
想法
无意识的
有意识的
阶段
工具/科技
技术/方法
产品/材料
横向
基础设施
组织资源
人力资源（员工）
财务资源
管理资源
资源
创造性文化
能力，技巧和才能
直觉——思维和价值
知识——文化——哲学——学习和体验
习惯和习俗
性格和气质
情感/感受
行为
创造性成果
子过程：储藏和编目
子过程：控制创造性评估
操作认识过程

所以什么是“创造性料理”?

在集体思维中，脱离20世纪初奥古斯特·埃斯科菲耶（Auguste Escoffier）所定义的经典法国高级美食规范而诞生的料理被称为“创造性料理”（creative cuisine）。从那时起，职业烹饪开始有意识地且有意地变得富有创造性，去做一些全新的、与众不同的东西。20世纪下半叶，出现了所谓的前沿料理（cutting-edge cuisine）：首先是新菜烹饪法（nouvelle cuisine），然后是科技情感烹饪法（techno-emotional cuisine）。在这方面，“创造性料理”这一概念指的是20世纪最前沿的烹饪运动的总和，这些运动推动了烹饪中的创造以及所达到的创造性成果的水平。

但是它们不是历史上唯一的“创造性料理”，因为自石器时代以来，创造就一直在发生。因此，形容词“创造性”可以应用于在整个历史中产生的任何新颖成果，无论能否找出创造该成果的职业或业余厨师。因此在这里应该强调的是，业余厨师也可以有创造性，如果他们拥有技巧、思维和创造性才能，并且对增添了一定程度创造性成果的制成品的再生产感兴趣的话。与职业领域相比，这种情况发生的频率较低，但是业余厨师也能够重新诠释、更改细节，或者对自己烹饪的制成品赋予更多的创造性。业余厨师不创新，因为他们不从自己的烹饪活动中寻求经济回报。

在职业烹饪方面，创造力与烹饪艺术之间有着千丝万缕的联系，烹饪艺术源于在饮食中寻求愉悦和享乐的欲望，并且或多或少地采取了艺术形式来追求与时代相呼应的审美观念，或者与前一个时代的审美观念决裂。

“当我们谈论料理中的创造时，很显然存在大量黑白之间的灰色地带。”

“创造力、创造会影响制成品的最终价格吗？”

“当你品尝某种极具创造性的食物时，它仿佛是只为你制作的；它不会让你觉得你在吃为其他用餐者生产的食物。”

在制作之前，我们先准备即将烹饪的产品。烹饪是否开始于这个预加工阶段？

正如我们在第75页讨论过的，烹饪涉及对至少一种产品的转化，这种转化是使用一种或更多工具对产品应用技术来实现的。结果是制成品，它可以是一种中间制成品，融入另一种制作过程（如果它没有被消费或品尝的话），也可以是一种供品尝的制成品（如果随后它被食用或饮用的话）。但是，正如我们将在后面看到的那样，某些制作过程需要产品在上一个阶段得到处理，原因显而易见，因为自然状态下的产品常常是无法被消费的。例如，如果我们处理的是一种动物，它必须先被屠宰，然后去毛、去皮或鳞，我们将这个阶段称为预加工。我们还研究了该阶段在烹饪过程中所处的位置，以及是否可以将其视为烹饪过程的一部分。

有时候，预加工技术与制作技术之间的分界线非常微妙。这种差别是使用的产品以及对其施加的行为决定的，在有些情况下将这种技术定义为“预加工”，而在其他情况下被定义为“制作”。

在第72页，我们讨论了思维问题，并将其作为烹饪的起点。在我们的观察中，有一种观念认为准备产品表明了个人对烹饪的最初兴趣。但是准备产品和制作产品之间的区别是什么？

根据《牛津英语词典》提供的定义，如果“准备”的意思是“准备（一件事情）；准备或整理”，那么我们将它理解为在制作过程之前执行的行为，即上一个步骤。另一方面，由于《牛津英语词典》和《韦氏词典》都没有提供“pre-elaborate”（注：本书译为“预加工”）的含义，所以我们将构成该术语的两个部分单独拿出来以分析它们的含义。一方面，前缀“pre-”表示“在空间或时间上预先发生”；另一方面，“制作”（elaborate）的意思是“详细地实现”。很显然，“准备”和“预加工”这两个词的含义都意味着一种对某样东西进行转化，好让它能够被食用或饮用的欲望。如果我们将它与“烹饪”相提并论，“烹饪”首先意味着令产品“可食用”或者提高可食用性，而“预加工”专注于令待制作的产品变得更利于食用。换句话说，它意味着制作某种产品或中间制成品的前一个步骤。

基于上述内容，可以将预加工视为对某种未经制作的产品、经过制作的产品或者中间制成品应用一种或多种技术的结果，这样做的目的是在使用不同工具的过程中，让产品做好被烹饪的准备。例如，鳕鱼是一种未经制作的产品，当它的鳞片被去除并且被物理切割和清洁时，它就被预加工了。当它被转化，例如被盐腌并随后脱盐时，就会进入制作过程。然而，为了应用这些制作技术，就必须提前准备鳕鱼。

因此，我们证实准备一种产品的想法与随后的制作相关。根据我们的理解，一种过程已经启动，但是鉴于产品尚未被转化，因此产品不会在这个阶段结束。很显然，当我们在准备产品时，我们还没有开始制作它，因此我们说“预加工”这个词。根据这些技术所起的作用，我们可以将它们分成四大类。

屠宰和熟成技术

这些技术被认为是预加工，并被鉴定为属于“屠宰”和“熟成”阶段，它们发生在产品被转化的制作过程之前，而且对制作过程至关重要。大多数此类技术的特点是触发产品物质中的物理过程。陈化和熟成技术接近预加工和制作之间的边界，因为它们会在物质中触发化学变化，从而将其引入自我制作的早期阶段。

陈化	悬挂	剥皮
晾制	捕杀	屠宰
风干	氧化	稳定化
放血	去皮	击昏
切割	清洗	嫩化
干燥陈化	催熟	……

清洗、定型和称重技术

所有下列技术都被视为预加工，并被鉴定为属于产品的“清洗”“定型”和“称重”阶段。其中的许多技术用于从卫生方面准备产品，或者去除产品表面不想要的元素。类似地，如果想正确地开展制作过程，配量或者测量之类的技术常常是必要的，因为它们规定了数量并允许在制作开始之前更改数量。

刷涂	配份	甩干
清洁	揉搓	消毒
配量	挑选	修边
沥水	筛	清洗
干燥	定型	称重
测量	分拣	……

产品精制之前的技术

这一类技术的特点是它们总是在产品的任何部分被去除或者对产品进行显著改进之前使用，所以我们说它们发生在“产品精制之前”。某些技术涉及热的应用，但是不会发生煮沸的情况，因为它们不涉及产品中物质的化学过程或性质变化。

- 焯水
- 灼烧
- 炭化
- 热烫
- 烧焦
- 冰镇
- 燎毛
- 加温
- ……

产品精制、从产品中去除不可食部分或者提升产品的技术

这一类技术是用来选择产品中被烹饪的部分或者提升产品，以便开始制作的过程。这些技术仍然引发物理过程，改变产品中的物质，但不触发任何化学变化。这些技术包括“脱盐”，这再一次让我们思考制作和预加工之间的边界落在何处，因为它的确在产品物质中产生了化学变化。

- 放血
- 去骨
- 去核
- 切割
- 擦皮
- 去须
- 脱脂
- 神经切除
- 脱盐
- 去籽
- 去除石头
- 去核
- 处理
- 去内脏
- 切柳
- 取出内脏
- 去壳
- 去皮
- 打开
- 剥玉米壳
- 去皮
- 去皮（葡萄）
- 摘叶
- 拔毛
- 制浆
- 清除
- 揉搓
- 刮鳞
- 刮擦
- 分离
- 脱壳
- 去荚（豌豆）
- 切碎
- 剥壳
- 撇浮沫
- 剥皮
- 剥离
- 脱粒
- ……

预加工技术或为了制作的准备性技术
或制作中的预加工技术……

这些是什么？

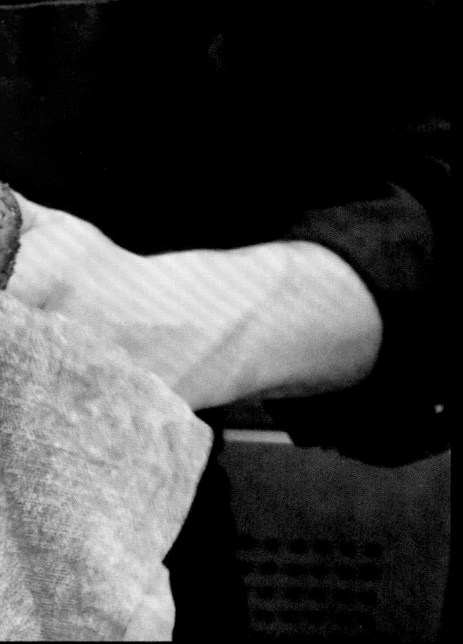

当我们烹饪已有的制成品时，我们是在对它进行再生产还是再创造？

既然创造是厨师在实施烹饪过程时可能的目标之一，现在让我们思考另一种更常见的情况：烹饪者并不致力于在产品、技术或工具方面制造任何新的东西，也无意发明某种新的制成品，相反，他们想烹饪一种自己熟悉的制成品，使用他们早就知道的技术或工具，或者使用某种特定的产品，在这个过程中不做任何有创造性或者颠覆性的事。

生产是烹饪吗？

生产

《韦氏词典》

5. b. 及物动词　赋予存在、形态或形状。

那么，生产和制作之间的主要差别是什么？在烹饪领域内，这两种行为都会产生有用的结果：要么是因为它可以直接品尝，要么是因为它可以在别的制作过程中用作中间制成品。区分这两种行为的重要细节令我们关注手段、过程，以及在每种情况下使用的工具。

制作是一种手工过程（尽管它伴随着工具），而生产是指一种系统化的过程，而且该过程或多或少地发生在食品工业中，并且其结果是一种经过制作的产品（而不是制成品）。因此，如果我们按照从起源（某种产品）到结果（某种经过制作的产品或者某种制成品）的角度考虑这一问题，就会意识到存在这样一种过程，它导致产品最初的元素发生变化，直到产品变得更加可食用或者味道更好（这是我们烹饪的主要目的），那么它们之间不存在区别。

再生产是什么？

再生产

《韦氏词典》

1. 及物动词　再次生产。

这是烹饪在大部分情况下的完成方式，因为这种动机与创造不同，它通常可以指引那些为营养目的烹饪的人和为享乐烹饪的人。很少有厨师完全致力于创造，而在目前的大环境下，专业人士的最终目标往往是将他们创造出来的制成品进行再生产。

因此，在我们的理解中，当我们进行餐前准备时（即当我们为烹饪做准备工作时），当预加工（pre-elaboration）过程发生时（前缀“pre”表明这是不同于制作过程的上一个时间和阶段，因为使用的技术不同，尽管它是制作阶段的补充，而且常常促发制作过程），以及当我们进行装盘时（构成制成品的元素被结合起来，排列于杯子或盘子中，并被指定了转移它们所用的工具），我们都是在烹饪。然而，预加工和装盘之间的烹饪时刻（换句话说就是真正的制作阶段）却没有特定名称。因此，我们通常使用“再生产”这个术语指代餐前准备和装盘之间的一系列举动。

“发生在高档料理中的再生产是一种手工过程，这使它成为至今仍然存在的手工行业之一。”

烹饪是为了再生产食物：我们为什么说“再生产”而不是“制作”，或者简单的“烹饪？”

我们使用“再生产”这个术语，是因为它确切地定义了行为。换句话说，如果我们说的是“烹饪”，我们就会将创造这一选项包括在内。“再生产”意味着这样的烹饪行为：它基于此前的范例，基于某种已经被创造出来的制成品，我们知道它必需的技术和工具、我们必须使用的产品和所需的时间，而且我们对结果有大致的了解。通常情况下，当我们谈论再生产时，我们指的是像发生在高档餐饮部门中那样以手工方式进行的烹饪，而当我们提到生产时，我们的理解是由食品工业完成的再生产。

- “再生产”不是指按照菜谱逐字逐句地操作（尽管这是一个选项），而是指不引入任何实质性的新内容。我们不是在“发明”任何新的事物。

- “再生产”允许烹饪者决定在烹饪过程中做出比他们拥有的参考建议更小的改动。这些细微差别在再生产的概念中占有一席之地。

的确，当我们进行再生产时，我们是在制作，因为每当我们谈论烹饪时，我们也是在指某种制作过程。如前所述，发生变化的是烹饪的目的。如果我们使用动词“再生产”而不是“制作”，那恰恰是因为它指定了烹饪行为的目的。当我们说目的是再生产时，我们暗中假定它将被制作。如果我们从相反的方向看待这种情况，即练习的目的是制作，那么我们做出某种或者另一种行为（创造或再生产、保存等）的意图就没有指明任何东西。

再生产行为是指在制作时意识到将要发生什么，设想执行某些操作并获得的结果。在这种情况下，制作过程已经在不同于当下的某个时间确定，存在可供烹饪者使用的范例。实际上，再生产的价值可能在于根据菜谱制作传统菜肴，这完全符合被重复的范例的特征。然而，再生产并不总是涉及以相同的方式进行烹饪过程，因为在大多数情况下，来自原始菜谱的信息并未被保存，而且：

- 可以通过再生产的方式烹饪而不必（例如）称重，因为我们不需要那么精确。

- 我们可以使用特定工具来应用某种技术，但是这会改变某种鱼或肉类相对于原始菜谱的“熟度”。

- 可以通过特别的调味方式改变制成品。

还有很多例子说明可以对“原始”制成品进行改变。关键在于理解“再生产”并不总是意味着以相同的方式烹饪，它是基于一种范例、一系列指令以及有关制成品的烹饪知识。

打个比方，我们可以说再生产菜肴是平版印刷画：它们都始于同样的设计和同样的平版，但每道菜肴都是不同的，因为无法做出两种完全一样的菜肴。再生产过程可能产生微小的变化，得到的平版印刷画（在烹饪过程中是菜肴）反映相同的图像或图画，但是彼此之间略有差异，就像制成品之间一样。当供品尝的制成品拥有高创造性水平的成果，且品尝时带来的特殊效果让人感觉它仿佛是首次被烹饪出来并被进食时，“再创造”就会成为“再生产”的同义词。

制作过程以装盘结尾。边界问题再次出现……我们装盘时是否在烹饪？

将烹饪好的制成品装盘是制作过程的一部分，并让它们能够被转移到被品尝的地方。装盘行为是烹饪过程的结束并被赋予意义，这让品尝成为可能，因为所有中间制成品都在盘中融为一体。对中间制成品的理解方式、中间制成品能够拼凑起来形成整体的装盘制成品的不同方式，以及容纳中间制成品的工具，这些在特定类型的料理（多少有些艺术性，拥有或多或少的中间制成品、创造性、复杂性等）的生产中至关重要。

研究装盘阶段的重要性，可以表明特定厨师的特定风格，厨师“个人招牌”的一部分与他们对制成品装盘的理解和实施相关。对于厨师而言，装盘或者装杯的工具就像是画家的画布，工具是这项工作的应用之处或施展场所，构成了呈现给用餐者或者顾客的“整体”菜肴的一部分。

“装盘”是什么？“装杯”是什么？

装盘

《韦氏词典》

5. 及物动词　在盘子或餐具上排列（食物）。

从历史的角度来看，制成品的装盘和装杯技术已经有了显著的发展，而这些发展都与流行于任何特定时间的服务类型紧密相关。在西方世界，我们观察到最常见的是单人装盘的菜肴，它以这种形式离开厨房并以这种方式提供给用餐者或顾客，但必须指出的是，情况并非一直如此。作为在20世纪出现的法国料理和高档餐饮的前沿风格，在厨房里引入单人装盘的“新菜烹饪法”出现了。这取代了其他集体形式，即服务人员在餐桌旁执行装盘技术，将食物从用于转移制成品的工具中转移到用于装盘的工具中，以便将制成品分成单人份或者允许顾客自己将食物装进自己的盘子。

如果说“装盘”是“在餐桌旁，在上菜前将食物放在每个用餐者的盘子上”这一行为，那么“装杯”就是在餐桌旁，在上菜前将饮料装进玻璃杯或者供饮用的品尝工具中（杯子、碗或其他容器），或者在餐桌旁倒饮料然后呈给用餐者或顾客。我们使用“装杯”这个词，因为至今没有描述该动作的其他特定术语。实际上，这里也存在着相当大的灰色地带，例如在对固态制成品进行装盘时，所用的工具并不是盘子而是碗或者玻璃杯的时候。对我们来说，所有这些都属于装盘的概念。

装盘和装杯技术常常涉及组合中间制成品，它们被转变成一种装盘或“装杯”后的制成品，然后被端上餐桌。

当饮料是经过制作的产品时，我们可以认为葡萄酒是最不寻常的。因为它进入了经过制作的产品与制成品的定义之间的灰色地带，而它的氧化程度和供饮用时的温度取决于“装杯”的情况。

当葡萄酒装在玻璃杯中被呈上时，它变成了一种供品尝的制成品，因为“装杯”成了一种将经过制作的产品转化为制成品的技术。无论是谁在执行这一行为，都是在制作。从实用性的角度看，将水倒进杯子不是烹饪，因为无须考虑水的温度和其他要点，而这些对于葡萄酒的品尝至关重要，是葡萄酒“装杯”者必须考虑的。

装盘是烹饪过程中的一个阶段，而且是最后一个阶段，然后就是下一个过程，即品尝烹饪好的东西（食物和/或饮料）。此时，我们应该澄清这样一个事实，即装盘并非总是在厨房中进行。在这里，我们重新讨论在公共接待业供应料理时服务人员的重要性。我们专门为服务安排了一个章节，将其作为料理必不可少的一部分（见第377页），而且正如我们已经解释过的那样，做这件事的人在任何给定时间都可以是厨师。一线员工也是如此，如果他们在制作过程中进行最后一步的话。当制成品离开厨房时集体被装盘，此时必须从大托盘或者小推车中上菜，由侍者执行装盘或装杯时，就是这种情况。但是在厨房里，上菜员工也可以在制作过程尚未结束的任何时候（它甚至可能尚未开始）烹饪，而领班会在餐厅里当着顾客的面对产品或制成品应用制作技术。实际上，还有可能是顾客自己实施某种装盘技术，在这种情况下，是他们在餐桌上完成了制作过程。

制成品的装盘技术

下面是所有能够制造出装盘制成品的技术。所谓装盘制成品，就是一系列中间制成品的集合，当它们被组合起来并容纳于同一装盘或装杯工具中时，就可以作为供用餐者或顾客品尝的单一实体进行转移。因此，这里的装盘技术指的是用于固体和液体制成品（食物和饮料）的装盘技术，这些制成品的使用常常取决于应用这些技术的结果。现在，我们将重点放在厨师或者一线服务员工执行的装盘技术，以讨论一系列要点。

1. 装盘决定了某种最终制成品的成分和结构，这取决于每种中间制成品占据的空间（如果中间制成品在容纳它们的工具中可识别并且彼此不同的话）。此外，厨师的装盘方式还可以表达其非常独特的风格特征。实际上，对于某些很有影响力的厨师，他们对装盘过程的特殊理解和诠释方式在很大程度上反映了他们的料理背后的哲学。

2. 装盘技术由装盘工具决定，并取决于该工具是集体的（例如大托盘，它还是转移和上菜的工具）还是个人的（盘子或者中式汤匙，后者还是一种品尝工具）。

3. 一种制成品可能拥有不同的装盘技术，这取决于执行者和地点：装盘由厨师在厨房中执行；装盘在餐厅中执行，而执行者是服务员工的一员；用餐者或顾客本人将自己要进食或饮用的东西装盘，使制作过程在餐桌上结束。

4. 每种供品尝的制成品都有自己的装盘技术，而且会根据中间制成品以及它们是否以不同方式排列和结合发生变化。例如，斗牛犬餐厅的咖喱鸡有特定的装盘过程，但可能的组合方式是无限的。

5. 存在中间装盘技术，其或高或低的复杂程度取决于必须在容纳工具中排列的中间制成品。存在初级、二级等各个级别的制成品，而且每个级别都有与之对应的装盘技术。回到斗牛犬餐厅咖喱鸡的例子，我们可以看到不同的装盘技术如何应用于在特定时间组合的极为独特的制成品。下面的方框提供了一种可能的咖喱鸡的装盘过程。

咖喱鸡，以辐射状装盘

用于二级装盘的制成品：苹果冻、绿洋葱圈、鸡汁（chicken jus）和椰浆，以辐射状装盘。

- 二级中间制成品的装盘技术。中间制成品以辐射状装盘。
- 将汤盘的圆形凹陷分成三部分。
- 将苹果冻放在第一部分。在表面放4个洋葱圈。
- 将一汤匙的鸡汁放进第二部分。
- 将椰浆放在第三部分。

用于二级装盘的制成品：咖喱冰激凌丸子，以同心状装盘。

- 二级装盘技术：咖喱冰激凌丸子，以同心状装盘。
- 供装盘/制作的三级中间制成品：咖喱冰激凌丸子。
- 三级中间装盘制成品的制作技术。操作技术：丸子塑形，即将咖喱冰激凌塑造成丸子的形状。
- 供装盘/制作的三级中间制成品：咖喱冰激凌丸子，以同心状装盘。
- 三级中间装盘制成品的装盘技术。装盘技术：咖喱冰激凌丸子，置于中央，即将丸子放置在盘子中央，也就是椰浆、鸡汁和苹果冻三部分的交汇处。

咖喱鸡的辐射状装盘。

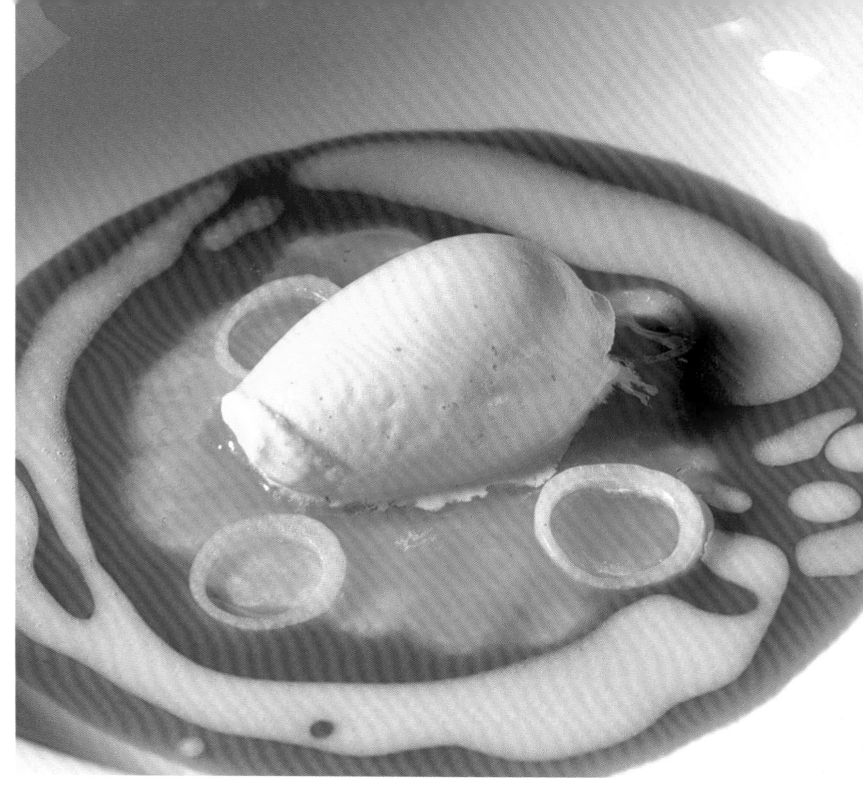

同心状装盘，咖喱鸡的另一种装盘方式。

制成品装盘的重要性

装盘技术因被装盘的制成品而异，还要考虑它们是创造性成果还是再生产的结果，因为这些技术可以在制作过程中发挥或多或少的作用，这取决于是要强调审美的、艺术性的表现力，还是要强调创造力。而且对厨师而言，它们的重要性也不同，这取决于它们是否在装盘过程中用于配份、上菜、转移，或者它们没有其他额外的用途。

此外，制作过程中的装盘可能和此前的其他阶段一样重要，这些技术得到的关注与制作和预加工技术一样多。制成品在被品尝之前装盘，如果要按份上菜的话，个人式装盘（在厨房或餐厅完成）是最好的选择。此外，为用餐者或顾客提供他们自己的（个人的）装盘工具让他们更易于进食，因为在将食物或饮料放入口中之前，他们每个人都会拥有容纳食物或饮料的工具。

有时候，同一种装盘工具可以用来容纳食物制成品和饮料制成品。例如，葡萄酒杯可以容纳西班牙冷汤或葡萄酒，它们是不同类型的制成品，可以使用同样的装盘（在这里是“装杯”）工具品尝。类似地，有时候同一种制成品可以使用不同的技术装盘。还是用西班牙冷汤举例，它可以用玻璃杯、汤盘或者碗装盘，而使用的工具不同，装盘技术也会有所不同。

制成品的装盘

因为饮料是液态制成品，所以要想被品尝，它必须容纳在某种器具中。将饮品放在这样的器具中就是将它“装杯”，在这个过程中使用的技术和让我们能够对食物进行装盘的技术同样重要。

在一餐中被品尝的每种制成品都有自己的装盘技术。装盘后，餐具变成了厨师通过装盘技术来自我表达的画布。

因为饮料可以是未经制作的产品（例如水）、经过制作的产品（例如葡萄酒）或中间制成品、又或者是待品尝的制成品（用于制作玛格丽特鸡尾酒的青柠汁是中间制成品，而玛格丽特鸡尾酒是待品尝的制成品），所以“装杯”行为是饮料制成品再生产过程的一部分，让饮料能够被饮用。

品尝时呈固态和半固态的制成品，被放置在……

盘子上：装盘

不同寻常的容器中：我们怎么命名这种情况？

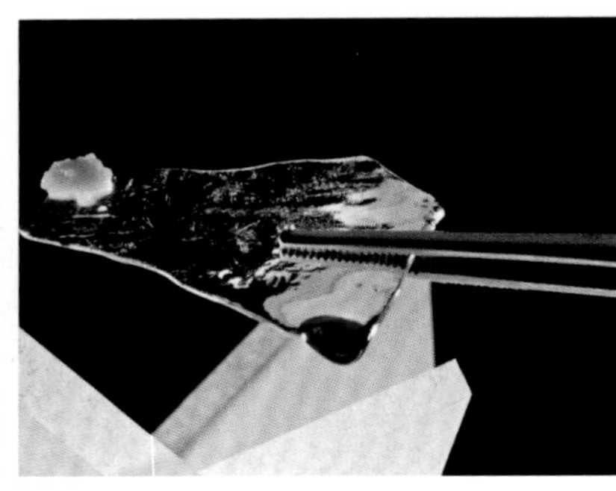

铁丝网上，金属罐中：我们怎么命名这种情况？

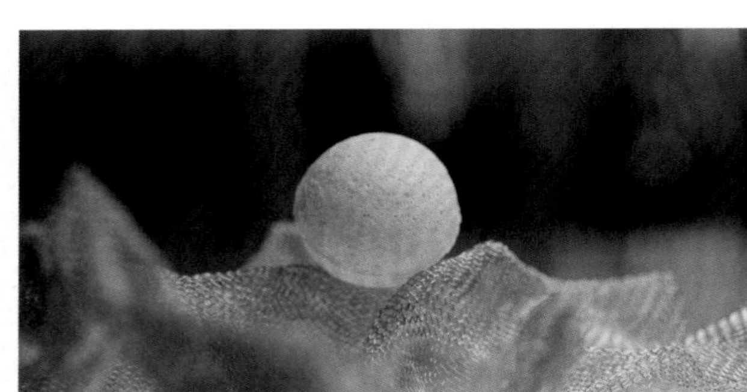

汤匙中：我们怎么命名这种情况？

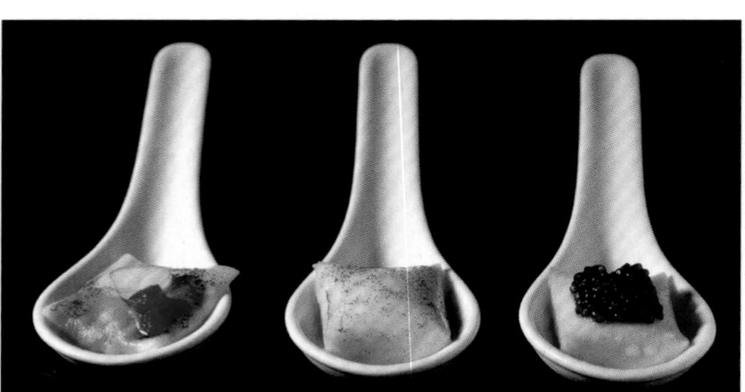

品尝时呈半液态和液态的制成品，被放置在……

玻璃杯中：装杯

碗中：我们怎么命名这种情况？

平底座无杯脚的玻璃杯中：我们怎么命名这种情况？

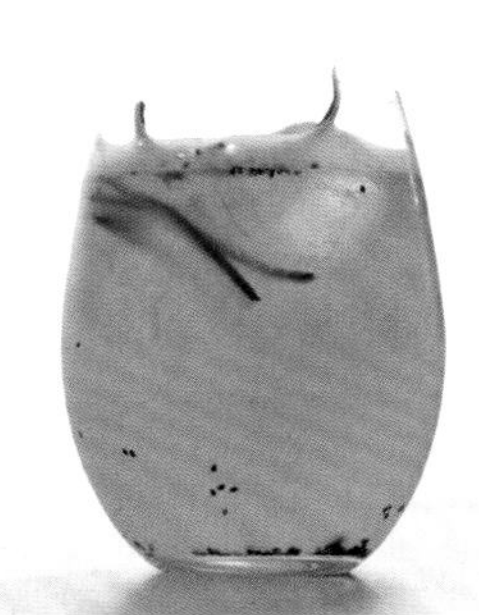

带柄杯子中：我们怎么命名这种情况？

如果不打算在烹饪后立即使用制成品，这会改变它们被烹饪的方式吗？

烹饪是为了储存被烹饪过的食物

自旧石器时代起，储存一直在烹饪中起着至关重要的作用，人类在旧石器时代发明了第一批制作技术，这让烹饪后的食物得以储存并保持最佳条件，以供短期和中期消费，例如干制和烟熏。在这之前，储存是不可行的，制成品必须立即使用也只能立即使用，因为我们不知道如何阻止它们的腐败。这种概念让我们思考，有一类料理的目的是生产立即品尝的制成品，当然还存在另一类料理，其目的是生产可以储存的制成品。

“即时使用”或“储存使用”？

所谓“即时使用”，我们指的是烹饪之后马上消费的制成品的使用，也就是说食物在准备完成后相对较短的时间内被消费。例如一只做好之后立即食用的煎蛋，一旦从煎它的油中取出并装盘后就会被食用。

用于立即品尝的制成品可能使用提前制作好并储存起来的中间制成品。以比萨为例，很有可能要提前制作用来做发酵面团的酵头，而发酵面团也是提前数小时准备好的。类似的，番茄酱也是之前做好并储存的，否则制作过程的时间会长得多。而且，烹饪者（在家或者在餐厅）大概会使用经过制作的产品，例如油、奶酪和火腿，他们不会自己制作这

作为烹饪中“灰色地带”的罐装食品

当你购买装在金属罐头里的熟制图德拉白芦笋以及优质的油浸凤尾鱼和金枪鱼腩后，将罐头打开，然后把里面的食物放在不同的盘子和碗里，你是在烹饪吗？如果你把罐头放在桌子上，不对罐头内的食物进行装盘呢？当经营接待业场所的专业人员提供不同的优质罐装食品用来搭配饮料时，他们是在干什么？我们可以认为烹饪在这里发生了吗？

如我们所见，别人已经烹饪过的并且在品尝前储存的制作后产品模糊了烹饪行为的定义。然而，选择特定产品并按照促进食欲的方式排列它（或许是将它与其他产品结合，使用合适的工具装盘和搭配），这种明确的欲望确实与烹饪行为开始的思维模式相符。

些产品，而是购买已经制作好的产品，在需要时直接使用。然而煎蛋就完全是另一回事了。它不需要中间制成品，这意味着做一只煎蛋不需要储存任何东西。

“储存使用”指的是经过烹饪但做好之后并不马上使用的制成品，与“即时使用”的定义相反。这有两种可能的情况：“短期储存”和“长期储存”，它们服务于不同的场景。

- ▶ 所谓“短期储存”，我们指的是构成餐前准备的制成品，它们被储存起来，供当天或者第二天（一共1或2天）的后续制作过程使用。例如，制作酱汁时用作基底的切碎洋葱，或者制作比萨时预先切好和整理好的奶酪、火腿和罗勒。有些制成品构成餐前准备的一部分，而且如果适当地冷藏，可以提前一周做好，使用时仍然处于最佳状态。它们也供“短期储存”使用，例如，肉类存货、番茄酱或焦糖化洋葱。

- ▶ “长期储存”指的是怀着储存它们的意图烹饪出的制成品，在这个过程中使用特定技术以延长它们保持最佳状态的时间。显而易见的例子是制作后产品，如腌火腿、葡萄酒和风尾鱼，它们的制作一开始就暗含了“长期储存”。下面是用于长期储存的制作技术：

酸化	超低温冷冻	烟熏
盐浸	干制	酸处理
糖渍	冷冻	腌制
焦糖化	腌泡	包上糖霜
油封	气调包装	真空密封
糖浆烹煮	酸渍	…

“葡萄酒或者火腿制作完成后，它们是被储存起来了，还是陈化过程构成了其制作过程的一部分？”

为了储存的烹饪的衍化

如今，我们可以储存经过烹饪的任何东西，如果是冷藏或者真空包装，至少可以短期储存，如果它适合冷冻，还可以储存更长时间。所以，在制作过程中已经不必使用储存技术了。因此，我们经常不需要在烹饪前知道制成品是否打算储存起来。储存是通过使我们能够随心储存的工具实现的，例如冰箱和冰柜。

然而，目前涉及的储存并不是历史标准，而是历史带来的结果。在我们作为一个物种的大部分历史中，储存食物的情况并非如此，而且即便到了今天，在世界上的许多无法利用储存食物来保存资源的地方，其情况也并非如此。在烹饪开始之前，储存技术必须提前计划好，使用储存技术的决策也必须提前做好。产品将在制作后立即消费还是储存起来（以及计划的储存时间），知道这些信息将决定制作过程，反之则不然。

正如前面提到的那样，干制和烟熏自旧石器时代以来就被用来保存食物，但是直到新石器时代，实现食物长期储存的技术才首次出现。这些技术是需求的后果。人类一旦开始定居生活，开始驯化动植物物种，他们就发现自己必须储存自己生产出的东西，建立储备。贮存一切可用之物成了必要的事，因为如果收获后得到的一切东西都立即丧失了，那么学习如何播种和收割就毫无用处。因此，储藏变成了优先考虑的事项。自新石器时代的首个储藏谷物的筒仓被创造出来之后，人类一直在开发和使用储存食物的技术和工具。

从早期使用冰雪的寒冷，到应用电力发明第一台制冰机、第一批冰箱和冰柜等，通过低温来保存食物的工具经历了重大衍化。越来越多的保存和储藏技术（例如真空密封技术）加入上述技术中，并扩大了我们的选择面。近几十年来，食品工业对储存方法的发展起到重要作用，因为这些方法是该行业许多产品的基础。这让我们可以将许多用于保存和储藏的技术（冻干、冷冻、真空密封、高压等）融入制作过程，使这些技术如今服务于即时消费的目的。

“盐腌或腌制技术是为了制作过程
还是为了即时消费被创造出来的？”

烟熏

腌泡

盐腌

我们到目前为止讨论过的东西都很难做到吗？烹饪复杂吗？

在判断烹饪难不难之前，我们首先需要区分和定义这两个形容词。虽然它们都用于烹饪的分类，但是两者实际上突出了烹饪的不同特征。一方面，《牛津英语词典》将“difficult”（困难的）定义为“阻碍进步或成就”，而将“complex”（复杂的）定义为“由许多部分组成的复合的或合成的事物”。

当困难的概念应用于烹饪的世界时，它形容的是烹饪过程中实施的技术，无论这种技术属于预加工、制作、装盘……所有这些技术都可以学会，只要厨师有学习的意愿和倾向，但是并非所有技术在实践中的难度都一样。有些技术不怎么需要训练也能完成，甚至可以由某个从未做过的人正确操作，而其他技术需要很高的技巧以及大量练习和工作才能完美实现。这一点总是与烹饪所需的时间相关联，而且必须要考虑烹饪时间。但是需要强调的是，在烹饪中，需要最长时间学习和操作的东西并不总是最难的，技术实施方面最简单的东西也不总是最快学会的。因此，只要制作的技术是困难的，烹饪就是困难的。技术不是烹饪的制约因素，因为简单的料理可以由任何愿意承担这一任务的人完成。

同样的，“复杂程度”也可以形容用于制作制成品的产品和产品组合（经过制作和未经制作的产品）。换句话说，复杂程度与制作供品尝的制成品所必需的准备工作的数量有关，或者严格地说，它与烹饪菜肴所需的转化和结合的数量有关，这取决于所需的制作水平。从这个意义上讲，我们不能说烹饪一定是复杂的，因为厨师可以从大量不同的选项中进行选择，例如使用降低复杂程度的制作后产品，或者减少中间准备工作，从而得到相对简单的最终制成品。

最后，困难和复杂并不总是同时出现。有些特别难以操作的技术并不涉及大量的中间制成品或者高度的复杂性，反之亦然。制成品可能是复杂的，因为需要对产品进行的转化次数很多，而真正使用的技术却很简单。因此，在我们的理解中，难度大的烹饪形容的是这样一种制作过程，其中包括厨师不熟悉或者在缺乏经验的情况下不容易复制的技术。

但是厨师可以选择，而且正如存在涉及更多知识和实践的转化选项一样，另一些转化选项没有很大的难度，即便没有丰富的烹饪经验，也可以很容易地掌握和实施。实际上，有很多可以在不降低最终制成品价值的情况下进行烹饪的“简单料理”，它们涉及容易操作的技术，对于品尝者而言，与其他制作难度更大的菜肴相比，它们的滋味或者令人满意的程度并没有降低。

“这道料理（菜谱）非常难以制作！
这意味着什么？”

煎蛋

难

不复杂

蔬菜杂烩

容易

复杂

质感炖蔬菜

难

复杂

这是容易还是困难？

简单或复杂?

经过制作的所有东西都是烹饪过的，因为它经历了制作过程。那么对于“什么是生的”和“什么不是生的”这些问题，我们为什么会存在困惑？

此时，我们的主要目标是搞清楚“生的”（raw）和“经过烹饪的”（cooked）这两个词的含义，以消除“烹饪就是对某种产品应用热量导致食物被煮熟”的观念。本书的指导思想基于这样的论点，即只要使用特定的工具将技术应用于一种或更多产品，烹饪就发生了。当你学习人类历史时，你常常会相信烹饪使我们学习如何控制火力，尽管接受这一论断实际上会忽视烹饪史的重要篇章。我们在这里注意到的是，对于使用非加热技术（例如腌泡或干制）的烹饪类型的命名，存在着术语上的空白。我们要是认为只有被加热过的食物才是经过烹饪的，那么烹饪在人类历史的前两百万年就不会存在了，但现实却大有不同。

生的和不生的制成品的消费也是一种文化问题，它与世界各地的饮食习惯有关。

因此，“生的”和“不生的”的概念需要我们关注两个不同的因素：一方面是烹饪的过程，另一方面是烹饪的结果，即供品尝的制成品。这导致我们同时思考这两个方面，因为前者将确定修饰语“生的”是否应用于后者。因为在这个过程中发生的事情以及做出烹饪决策的方式（通过技术和工具的选择），会实现一种或另一种结果，从而使我们可以谈论生的和不生的结果（但始终是经过烹饪的）。

“经过烹饪的”是什么意思？

到目前为止，我们已经弄清了人和动物之间的区别，这涉及一种思维方式和一种意愿，一种对人类拥有而动物缺失的烹饪行为的认识。因此，正如我们所看到的，人类通过制作食物和饮料等制成品，有意识地转化产品用来消费。为了做到这一点，在最基本的情况下，我们借助产品的准备和预加工，但最重要的是转化它们，这可能涉及使用单一产品（例如，如果制作的是橙汁、葡萄酒或烤肉）或者数种产品的结合（如果我们烹饪的是炖菜、土豆煎蛋卷或鸡尾酒）。

用热量烹制食物，即煮或加热，将会是烹饪技术之中的灰色地带。

这种转化过程取决于所用的技术，人类通过产品中产生的三种过程进行烹饪：物理过程、化学过程和化学-生物过程。不同技术的应用产生不同的结果，即生的或者不生的（我们可以称之为“unraw”）制成品。

在这里，最重要的是要掌握这样一个概念：无论使用的是哪种技术，我们都对产品进行了更改。关键是要知道这些更改是否仅仅是物理变化，或者还存在化学、物理或化学-生物层面上的变化。基于该问题的答案，烹饪结果可以分为生的或者不生的两类，但无论如何结果都是经过制作的。换句话说，相关产品经过烹饪（它不再是一种未经制作的产品）并变成了某种制成品（生的或者不生的），或者构成某种制成品的一部分（生的或者不生的），如果将它与其他产品结合的话。

因此，“经过烹饪的”东西是对某种产品应用技术和工具的结果，即使所选择的技术和所使用的工具不涉及加热，并得到生的但经过烹饪的制成品，例如金枪鱼腩刺身。生的结果已经经历制作过程，在这个过程中，所用产品变成了中间制成品。我们已经解释过，无论所选择的技术和工具是否涉及使用热量的烹饪，所有供品尝的制成品无一例外都是经过烹饪的，否则它们就不会是制成品（而将继续是产品）。

那么“生的”是什么意思？

这个概念让我们想到烹饪时对热能的使用，因为如果不存在这一点，食物就是生的。那么，我们就会说准备过程中不加热的伊比利亚火腿或腌凤尾鱼是生的。这两种食物实际上都经过制作，但是使用了不加热的技术来转化产品。我们将在后面看到如何命名既不是生的也未经烹饪的制成品。

当产品仍然处于自然状态

根据到目前为止我们讨论的内容，并牢记大自然也会烹饪并导致产品中物质的变化，我们可以说“生的”也意味着自然界中某种未经制作的产品，即没有充分成熟、干燥或发酵的产品。

烹饪前，未经制作的产品是“生的”

未经制作的产品是所有通过打猎、捕鱼、采集或农牧业等活动获得或生产的产品，并且其原始品质（决定它们特征的品质）尚未经过修饰。换句话说，在购买之前，它们还没有经历任何制作技术，唯一的例外是不大幅改变产品物理、化学特性的预加工技术。这条规则的例外是无机材料，例如水和盐，其特殊的感官特性意味着它们始终是生的。

因此，当未经制作的产品抵达即将烹饪它们的人手中时，或者当它们以自然状态被采集或捕捉时（不包括那些已经在自然界干燥或者发酵的产品），它们本质上全都是生的。它们可能已经进行了处理和准备，例如已经被宰杀、拔毛或者去除了不可食用的部分，但是我们仍然认为它们是未经烹饪的，因为它们还没有开始被制作。

烹饪后“生的”制成品

在所有使用这个术语的情况下，“生的”都是一个修饰语，表示相关产品的物质没有发生化学转化或者化学-生物转化。

如果我们谈论生的但却经过烹饪的制成品，那是因为所使用的产品经过物理转化，它们的制作是通过除了加热、微生物或酶的存在之外的其他方式进行的。鉴于存在通过不加热进行烹饪而且不改变产品化学性质的加工技术，所以这种“生的”产品也是被烹饪的，例如番茄沙拉和刺身。

腌泡、盐腌和风干不是烹饪技术。那么，我们如何称呼它们？

基于烹饪者使用的转化过程，烹饪结果可能是生的、半生的或者不生的，但是只要厨师令所用产品发生转化，产品就会是经过烹饪的。

“生的”表示产品在烹饪前的原始状态。但是从制作的角度看，产品一旦被烹饪，“生的”还表示一种继续以可识别的状态呈现其实质的结果。一旦转化成制成品，它的实质仍保持相同的化学和化学-生物学状态，即使已经发生了物理变化。

“生的”和“不生的”之间的困惑

鉴于我们刚刚给出的解释，我们发现“生的”指的是烹饪前未经制作的产品。但是一旦烹饪后，在什么情况下才能将它描述为“生的”？下面这个例子解释了经历烹饪过程但转化方式不同的制成品之间的区别。

以小黄瓜为例。我们在田野中采摘它，此时它是属于植物界的未经制作的产品。它是生的（未经烹饪），因为它还没有经历任何转化。但是这里列出了两种场景，它们以不同的方式烹饪小黄瓜，经历不同的过程并产生不同的结果。

- **生的但经过烹饪**：将小黄瓜削皮、切块然后搓碎，产生一种生的制成品，但它也是经过烹饪的。原始产品的材料在化学或物理-化学方面都没有变化，尽管它经历了物理转化。这种结果没有具体名词，这使它身处程度不一的灰色地带，因为需要热量才能继续进行烹饪。

- **不生的**：我们将整个小黄瓜放进醋和盐的溶液中酸渍。通过这样做，我们令这种产品经历一种化学过程，然后我们得到了一种不生的结果。烹饪产品而不加热的其他技术还包括干燥、腌泡、盐浸、酸化和某些发酵过程（使用酒精或醋）。

关于“生的但经过烹饪”的其他基础问题

在讨论生的和不生的这个问题时，很明显人们在品尝水平上存在巨大的差异。进食、饮用生的食物或者含有生的中间制成品的食物，这与消费不生的食物完全不同。换句话说，谈论生的和不生的可以让我们思考更广阔的味觉范围，质感在其中发挥很重要的作用。

我们还应该牢记，某种单一制成品可能是生的和不生的中间制成品的结合，而不生的中间制成品可能包括加热或者其他技术烹饪中的其他中间制成品。

举例：在烤菲力牛排配蔬菜沙拉、土豆泥和阿根廷香辣酱中，除了不生的烹饪结果，我们还能找到不同程度的生的产品。对于微炙金枪鱼这样的制成品，我们认识到它在同一烹饪结果中结合了生的内部和不生的外部。在这种情况下，最终的结果是不生的，因为它经历了加热行为（在这里用的是烧烤盘），直到完成一定程度的烹饪。虽然它的内部是生的，但最终制成品是不生的。如果我们想精确地定义它，我们会谈论它的“熟度”水平。

生食潮流

基于生的和不生的之间的区别，我们可以思考近些年来形成的一种趋势，它令烹饪结果保持生的状态，尽管它们是经过烹饪的，而这已经成为一种时尚。这种不使用热能的制作方法在当代烹饪中已经变得非常流行，而且与素食和纯素食料理有强烈的联系，这些料理提倡这些保持食物和饮料生鲜状态的制作方式。该领域公认的潮流引领者是美国厨师查理·特罗特（Charlie Trotter），他在2003年出版的书《生食》（*Raw*）收录的菜谱全都基于我们刚刚解释的前提，其制成品是“生的但经过烹饪”。

由哲学家兼人类学家解释的“生的”和“不生的”概念：克劳德·列维-斯特劳斯的理论

《生的与经过烹饪的食物》（*Le cru et le cuit*）是法国哲学家兼人类学家克劳德·列维-斯特劳斯（Claude Lévi-Strauss）撰写的一篇文章。包括其他主题在内，作者在文章中从词源学角度探讨了史前社会中“生的”和“经过烹饪”的概念，文章表明在早期人类理解烹饪食物这一观念之前，这两个概念都不存在。差异的出现是用火烹饪食物导致的，用火烹饪让食物变得可食用，这导致了一种新现实的概念化，即食物不再是生的，因为它被烹饪了。作者在文章中给出的结论在这里也适用：“要想抵达现实，我们必须首先否定经验。”按照我们的理解，这是在说需要认识到一种现实（在这里是供品尝的制成品）的不同形式才能认识到两种概念之间的差异，并且能够给它们命名。此外，文中还提供了证据，证明我们试图用“不生”这一概念填补术语空缺，该空缺的术语是指既不是生的而且也没有用火进行烹饪的结果，但使用了其他技术进行烹饪，例如腌泡、盐浸、干制等。

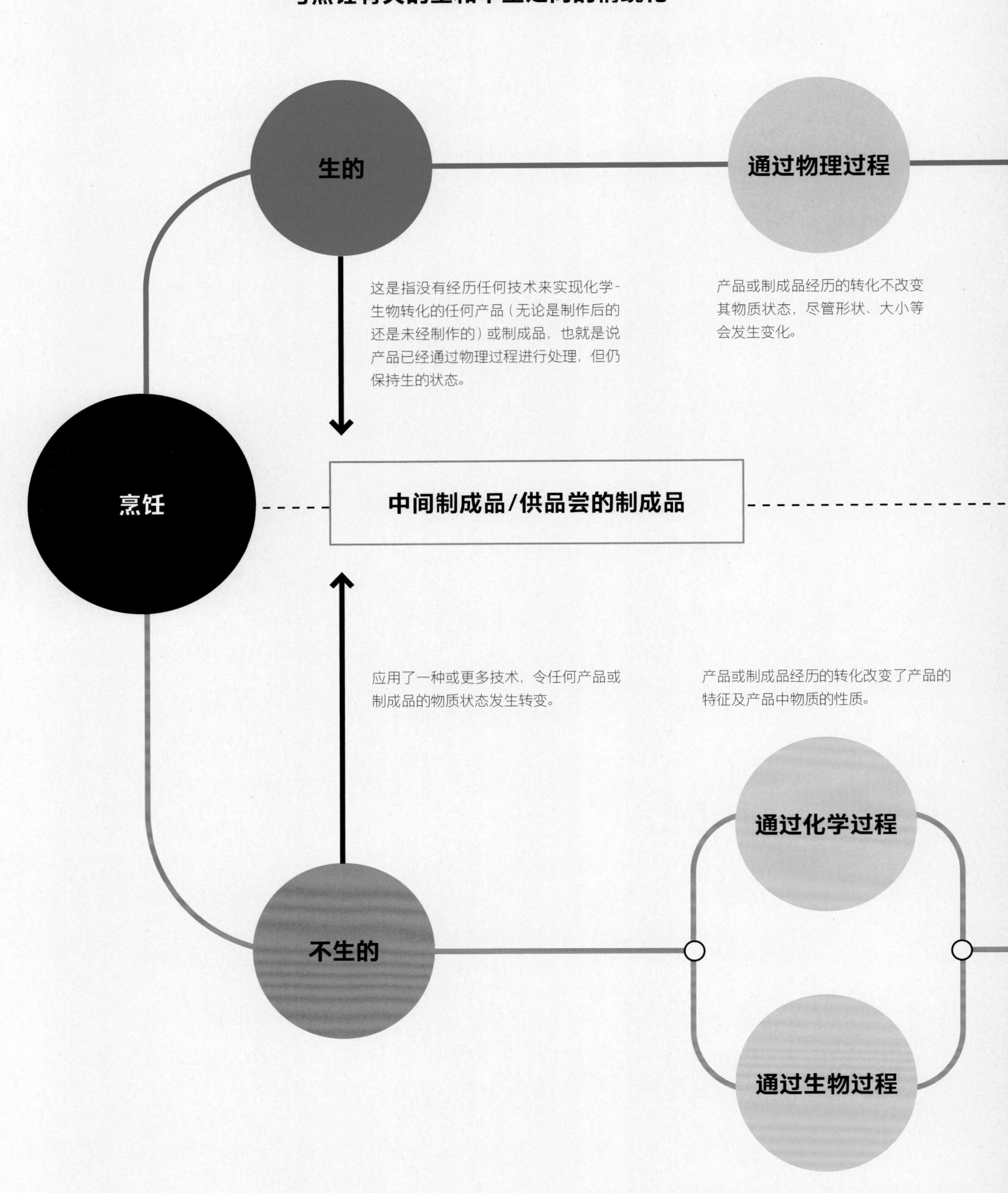
与烹饪有关的生和不生之间的情境化
生的
通过物理过程
这是指没有经历任何技术来实现化学-生物转化的任何产品（无论是制作后的还是未经制作的）或制成品，也就是说产品已经通过物理过程进行处理，但仍保持生的状态。
产品或制成品经历的转化不改变其物质状态，尽管形状、大小等会发生变化。
烹饪
中间制成品/供品尝的制成品
应用了一种或更多技术，令任何产品或制成品的物质状态发生转变。
产品或制成品经历的转化改变了产品的特征及产品中物质的性质。
通过化学过程
不生的
通过生物过程
产品或制成品经历的转化是生物或微生物引起的，转化改变了产品或制成品的特征及性质。

热量是进行烹饪所必需的吗？

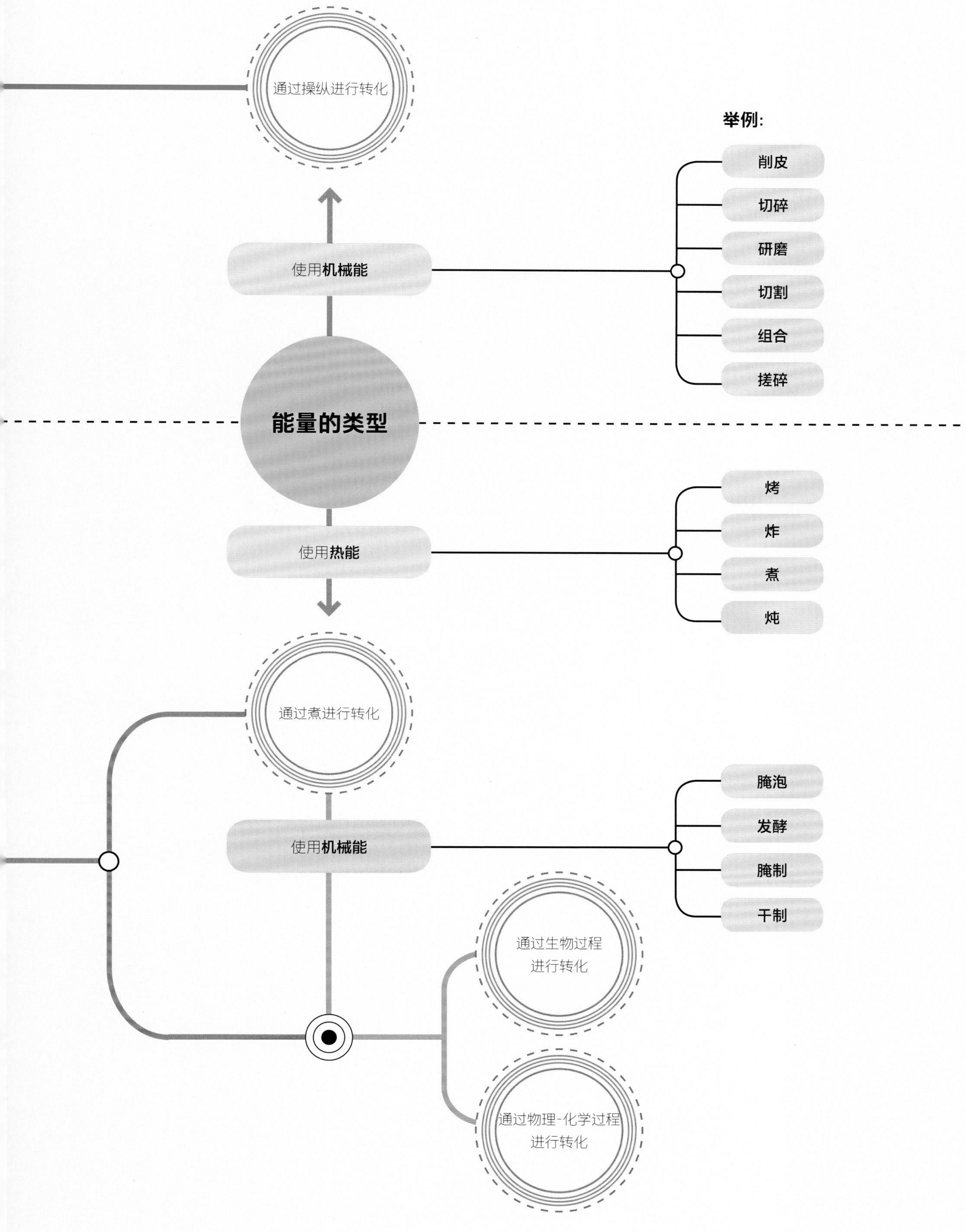

通过操纵进行转化

举例：

使用**机械能**

削皮
切碎
研磨
切割
组合
搓碎

能量的类型

使用**热能**

烤
炸
煮
炖

通过煮进行转化

使用**机械能**

腌泡
发酵
腌制
干制

通过生物过程进行转化

通过物理-化学过程进行转化

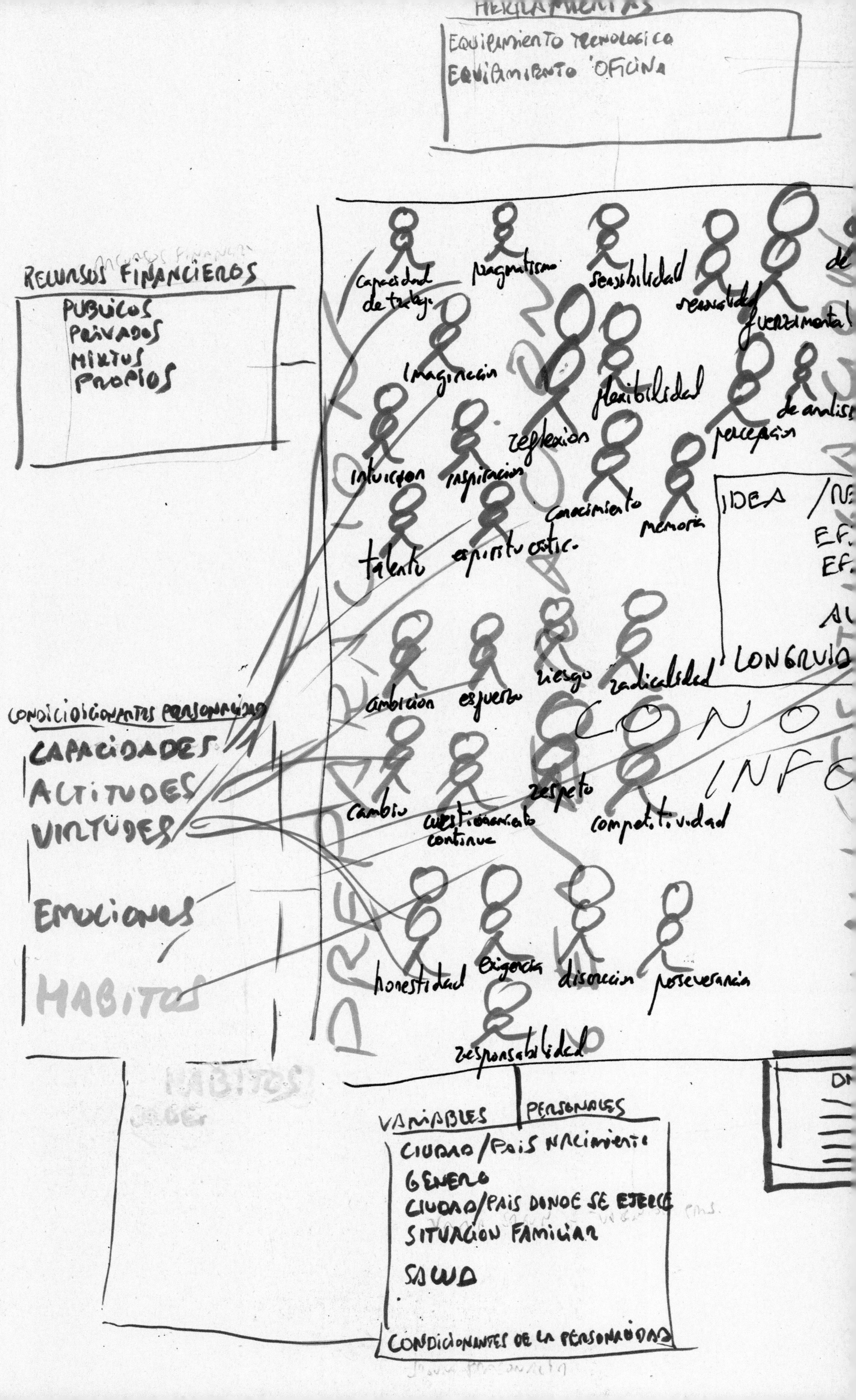

HERRAMIENTAS

EQUIPAMIENTO TECNOLOGICO
EQUIPAMIENTO OFICINA

RECURSOS FINANCIEROS

PUBLICOS
PRIVADOS
MIXTOS
PROPIOS

capacidad de trabajo
pragmatismo
sensibilidad
creatividad
fuerza mental
imaginacion
flexibilidad
de analisis
percepcion
reflexion
intuicion
inspiracion
conocimiento
memoria
talento
espiritu critic.

IDEA /NE...
EF...
EF...
AU...
LONGEVID...

ambicion
esfuerzo
riesgo
radicalidad

CONO...
INFO...

cambio
cuestionamiento continuo
respeto
competitividad
honestidad
exigencia
discrecion
perseverancia
responsabilidad

CONDICIONANTES PERSONALIDAD

CAPACIDADES
ACTITUDES
VIRTUDES
EMOCIONES
HABITOS

VARIABLES PERSONALES

CIUDAD/PAIS NACIMIENTO
GENERO
CIUDAD/PAIS DONDE SE EJERCE
SITUACION FAMILIAR
SALUD

CONDICIONANTES DE LA PERSONALIDAD

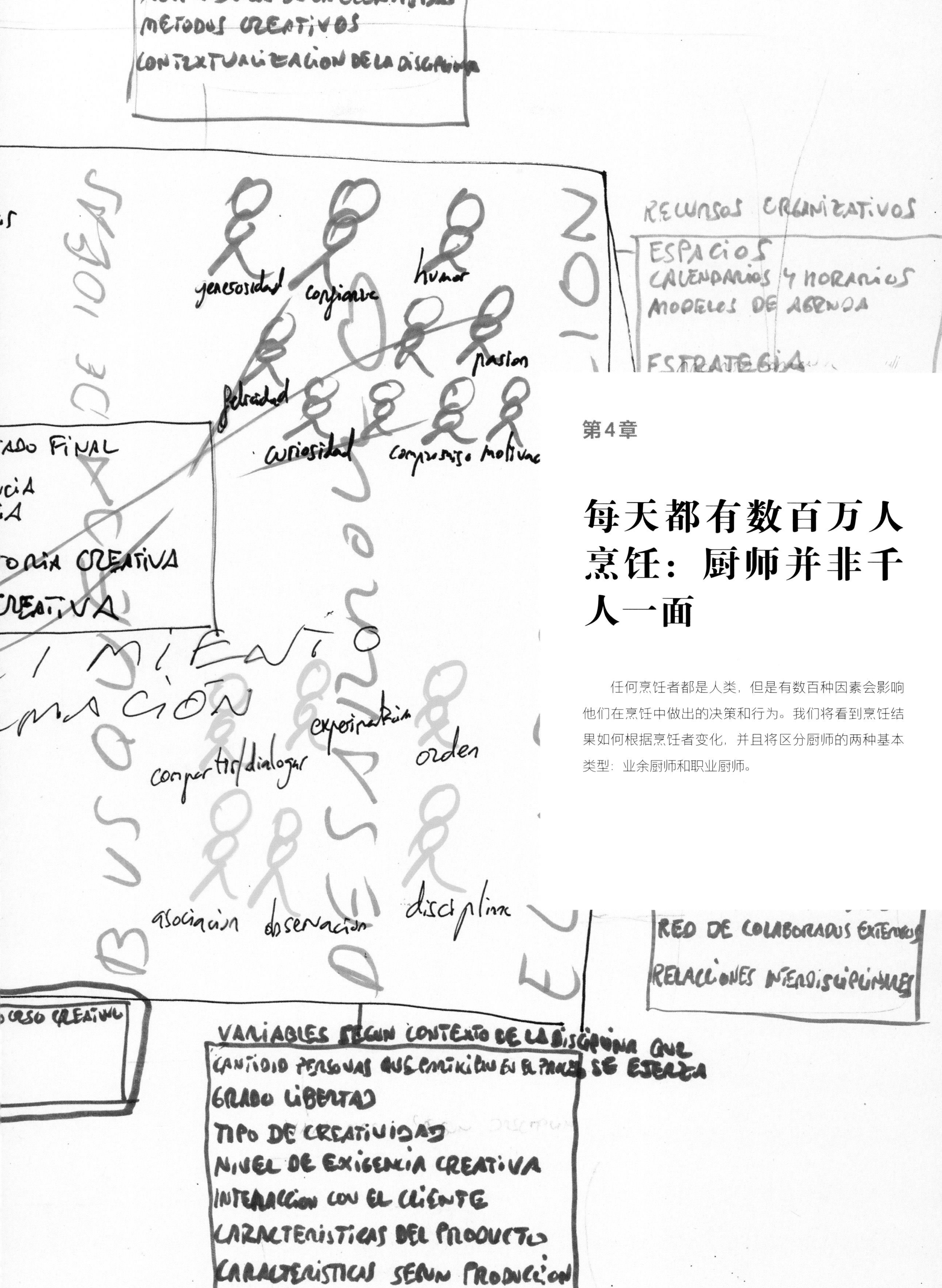

第4章

每天都有数百万人烹饪：厨师并非千人一面

任何烹饪者都是人类，但是有数百种因素会影响他们在烹饪中做出的决策和行为。我们将看到烹饪结果如何根据烹饪者变化，并且将区分厨师的两种基本类型：业余厨师和职业厨师。

作为人类的厨师

正如我们在前几章中指出的那样，在消费产品之前随意转化产品的能力是人类独有的特征。只有人类才拥有烹饪所需的思维。在使用任何其他方式解释厨师完成的活动之前，我们可以将厨师定义为人类。但人类是什么？是什么让我们认为自己是人类？

“人类”是智人（*Homo sapiens*）这一物种的所有人种，该物种是在史前时代从其他现在已经灭绝的更早的物种进化而来的。所有智人都是生物，这与他们所居住的环境相关，他们与环境交换物质和能量。无论性别（男性或女性）或年龄，人类都存在于以下三个互相叠加并且互有联系的层面上，这些层面会在人的一生中不断发展。

- 人类的身体代表了物理和生物学维度，由内部结构（系统、器官、组织、细胞、DNA等）和外部结构（头部、躯干、四肢等）构成。身体与人类生活的现实环境相接触，受到来自环境的刺激。

- 人类的心智包括心理学维度，负责解释从身体抵达的刺激。人类通过认知过程（集中注意力、感觉-感知、记忆、思考、语言、智力）对这些刺激产生反应，从而进行认知操作。

> 正因为心理和身体操作的结合，人类才能够做出行为。通过这些行为，我们开发并实施解决方案，并取得令我们这个物种继续进步的结果。许多结果与保证物种生存的目的直接相关。

- 定义人类并将人类与其他动物区分开的第三个维度是精神。它是一系列与非物质世界和灵魂认同相关的主观特征。该维度与每个人的认同及内心有关，并体现在我们能够用感官感知到的物理世界之外的某个层面上，因为它存在于感官范围之外。

> 信仰（宗教的或其他方面的）、文化、传统……这些都是精神方面的事物，而且它们都对人类的行为产生重要影响，因此精神、身体和心智相互联系，并且它们在每个人的信念中或多或少地交织在一起。

“精神层面如何影响人类实施的烹饪？”

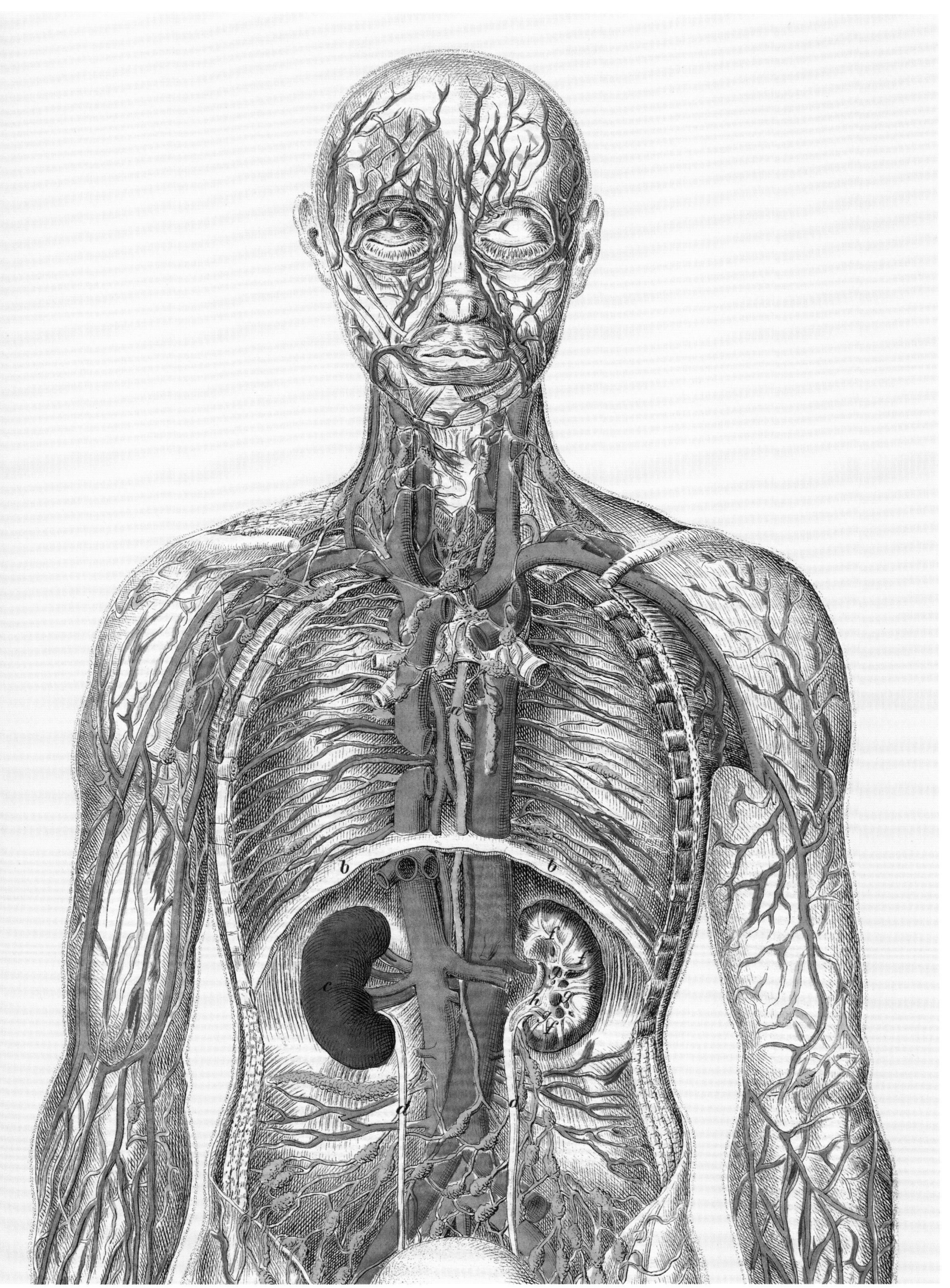
b
b
c
d
d

用身体烹饪，用心智烹饪，用精神烹饪

现在，我们继续从与人类固有的不同维度相对应的三种角度来思考烹饪这一行为。就烹饪而言，它们对烹饪施加不同的影响，并产生不同的结果。理论上，所有厨师都可以在身体上、心智上和精神上进行烹饪（如果这是他们的意图的话）。机器人可以在心智层面（基于知识）和身体层面（实施行为）烹饪，但绝不可能在精神层面烹饪。

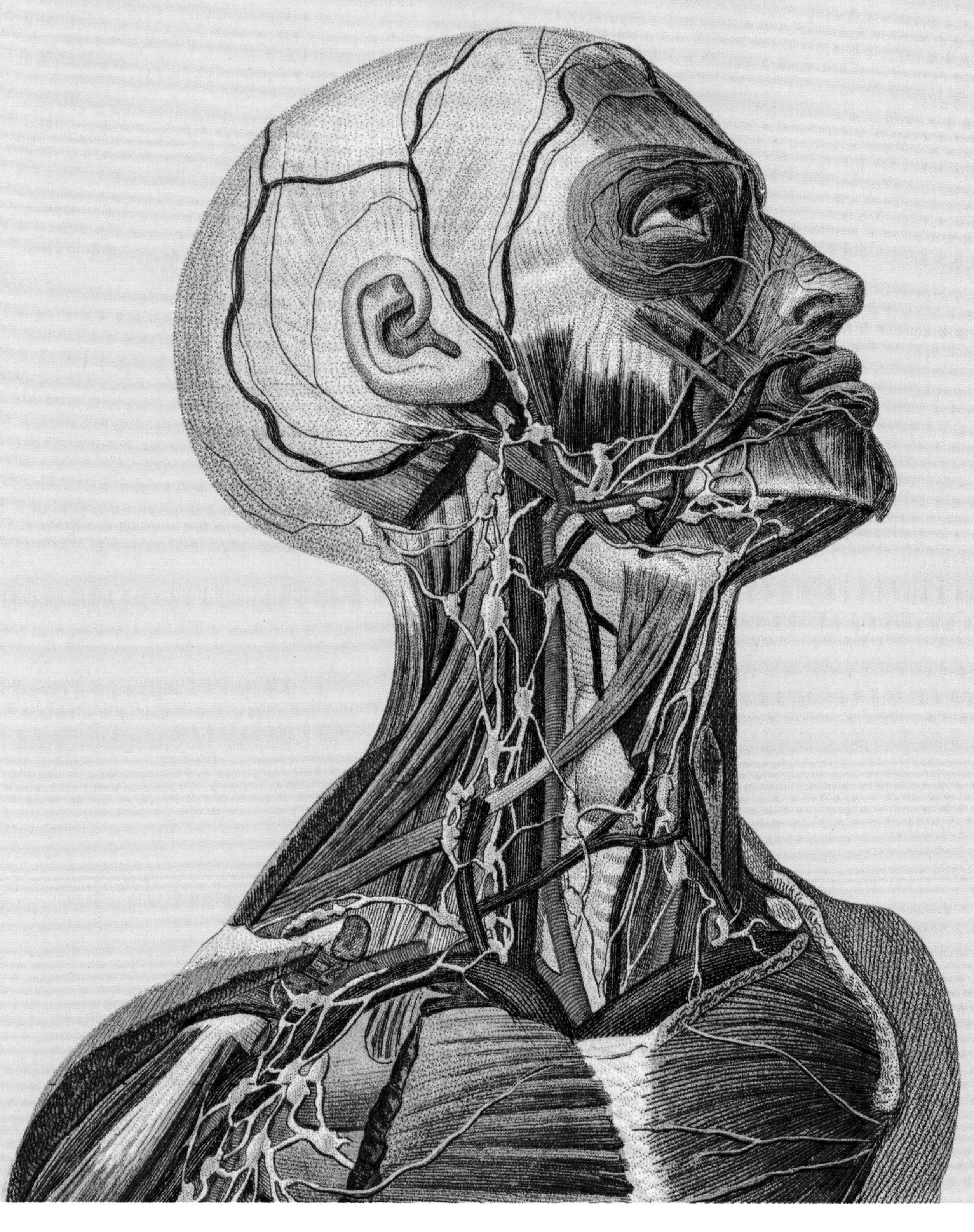

在身体层面烹饪

烹饪主要是和身体有关的事情，因为要想将烹饪付诸实践（见第135页），我们就要使用自己的身体。我们信任自己的感官，并通过感官与烹饪进行互动。我们用自己的身体做不同的动作，并不断使用手臂。在某些时候，基于使用的技术和工具，烹饪所需的唯一能量形式是由厨师提供的机械能，机械能来自厨师自己的体力，而不需要额外的能量来源。在其他时候，基于厨师想要进行的转化，这种机械能虽是必需的，但不足以完成烹饪。

在心智层面烹饪

所谓“在心智层面烹饪”，我们指的是在实际动手烹饪之前，厨师在头脑中构思出的每一个想法以及厨师思考和计划的一切内容。从这个角度出发，烹饪指的是料理的理论面（见第135页），是塑造厨师想法的知识。厨师不进行任何行为，直接在头脑中“烹饪”的所有东西以及他们在动手制作料理之前的所有设想、想象和创造，都是心理层面的。我们谈论的是基本的和复杂的认知过程、思维模式、价值观、性格、气质、行为模式……

在精神层面烹饪

这始于将精神相关的部分仪式和礼仪融入料理以及烹饪行为的概念，并添加了厨师的灵感、对土地和传统的眷恋，或者它可能是某个人与自然（或者在精神层面上对此人有重要意义的其他事物）之间的特定关系的结果。当我们提到在精神层面上烹饪时，我们认识到厨师做出的贡献，这种贡献响应了一种比理论和实践更深邃的欲望。它是个人的，构成厨师内心世界的一部分，也许与宗教信仰（见第376页）或者有时与“来世”相关的象征性观念有关。例如在墨西哥，在亡灵节那天，制成品变成了给已故家庭成员的祭品，从而制成品被赋予强烈的精神属性。我们还可以想象一位为孙辈烹饪的祖母，她的烹饪没有宗教色彩或信仰基础，但是具有本质上的意义，一种超越心智和身体的个人化方面的意义。

人体：多系统构成的一整套系统

人类的身体是一套形成系统的物理结构。在人体内，十二套相对独立又彼此相连的系统结合起来，提供身体行使功能所必需的条件。所有这些系统的正常运作能保证一个人的健康，而任何一套系统中的故障（医疗状况、疾病）都会影响整套系统和个人的总体健康。

循环系统、内分泌系统、骨骼系统、免疫系统、淋巴系统、肌肉系统、神经系统、生殖系统、排泄系统、消化系统、呼吸系统和皮肤系统响应不同的基本需求，同时这些系统包含行使不同功能的器官和子系统。然而，每一套系统都在保障其他系统的功能，创造出一个对人体健康至关重要的互联网络。

来自实践的烹饪理论

在烹饪中，理论和实践是一枚硬币的两面。人们可以在基础性或理论知识非常有限的情况下烹饪，但如果想要提升烹饪过程和结果（即实践）的品质，理论基础必不可少。

理论

首先，理论应被理解为一系列经过证明（且未被证伪）的假设，其表明了达成某些结果所要遵循的程序。换句话说，理论是我们所有人都可以用来获得最佳结果（在产品、技术、工具、程序、菜谱等方面）的知识，此前其他人已经在厨房里验证了这些知识，而且这些知识每天都在继续扩展和增加。烹饪的基础是烹饪者拥有的相关知识，即使这些知识是基础性的或者有限的。烹饪是一项被决策引导的行为，而且即便它在过去很可能是无意地或者纯粹随机地进行，但是随着时间的推移，大量烹饪知识得到积累，这让我们能够以更多而且更好的方式烹饪。

对于职业烹饪，在一定的层次上，工作岗位的候选人应该精通实践技能，但是自然也应该熟知这份工作的理论知识（产品、技术、工具等），这些知识可能是他们专门学习过的或者是从经验中获取的。当我们提到对某种事物进行深入分析时，这里就会牵扯到另一个定义，它涉及对事物不同组成部门的详细研究，我们将其称为理论研究，当理论应用于烹饪时，我们会添加限定词“烹饪的”（culinary）。

实践

实践是指这样一种知识，它教授的是一种做事方式，也可以理解为根据其规则进行任何艺术或技能的锻炼。作为人类日常进行的一种行为，烹饪是实践性很强的主题。但是，即使烹饪过程是绝对实践性的，但是当我们进行创造（完全从头开始）和再生产（这涉及知识，考虑到我们是在重复已获得的理论并应用之）时，始终会有一部分实践需要接受理论指导。而且，实践可以提高理论知识，因为它可以对理论知识进行检验和衡量，证明其真实性。实践在某些方面可能或多或少是直观性的，但是对于某种真实的事物，人们在其中投入的所有实践都等同于对卓越的追求，或者至少是对现有事物改进。

“现实中最好的厨师是最了解烹饪理论的人吗？”

所有烹饪者都是厨师吗？只有厨师才制作吗？

这似乎显而易见，不是吗？无论我们身在何处，任何烹饪者都是厨师，这必然是一条合乎逻辑的论断。但是如果我们考虑到烹饪最基本的定义（这是本书的本质），即通过使用工具对产品或中间制成品应用某种技术，那么参与烹饪过程的任何人不就是在烹饪吗？

我们从这样一个事实开始：无论是在私人住宅还是在餐厅里，并非所有技术和工具都可以在厨房之外使用。有的技术和工具甚至不应该由非专业人士使用，即缺乏所需的知识和经验来使用技术和工具的人。

此外，制作过程可能始于厨房（在家中或餐厅中），然后在餐桌或者品尝发生的地方完成此过程，如果这一过程到时尚未结束的话。我们绝不能忽略这样一个事实，即供品尝的制成品必须先装盘，而装盘这一行为可以发生在厨房之外。下面是一些在家中和餐厅中的例子：

- 如果某种装盘后的制成品送达餐桌，用餐者可以直接品尝它，无须进行任何额外的转化行为，那么这种装盘后的制成品就是供品尝的制成品。

- 如果几种不同的中间制成品摆放在大托盘或者小推车上，由餐厅中的某位服务人员或者家中的厨师（或其他个人）给每位用餐者上单人份的量，那么此人将会装盘、切割、添加酱汁……因此他将参与制作过程，不要忘了，结合也是烹饪（见第89页）。

- 装盘后的制成品一旦端上餐桌，如果用餐者对其应用某种技术或者使用某种制作工具，它就变成了中间制成品，因为其制作过程的某个阶段仍需完成。在这种情况下，用餐者也进行了烹饪。

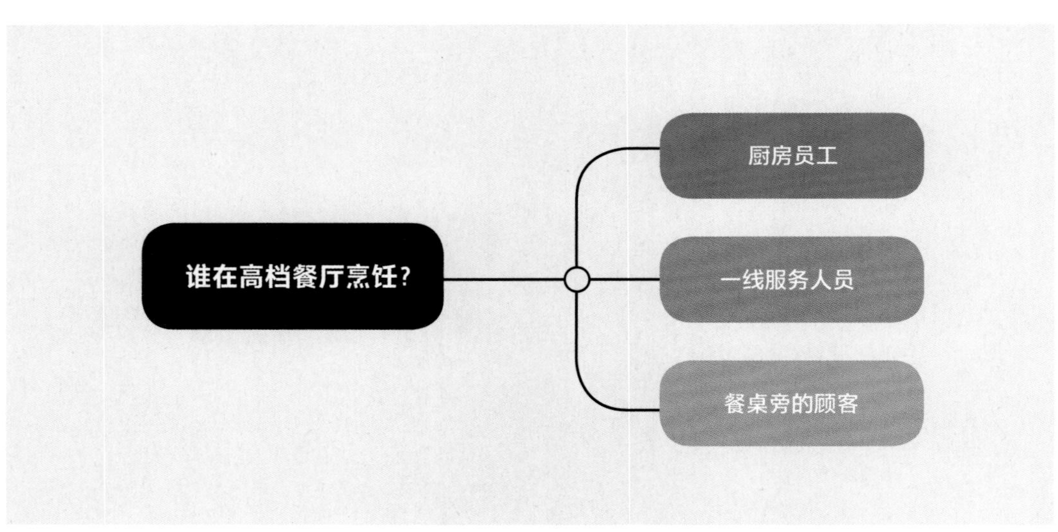

那么，谁在家烹饪？

从理论上讲，在家烹饪的人是承担这项日常任务的家庭成员，这项任务可以由单人或者群体进行，尽管一个人可以为自己或者为别人烹饪。我们在这里谈论的是业余厨师，他们可能出于营养或享乐主义的目的烹饪，制作甜味、咸味食物或者饮料。烹饪没有年龄限制，这意味着任何人，甚至儿童，都可以参加。

当厨师（在家负责做饭的人）准备的制成品（食物或饮料）装在每个人的盘子里抵达餐桌或者由厨师在餐桌上装盘时，没有其他人会参与制作过程。然而，当制成品放在大托盘中，由每位用餐者将自己想要的分量装盘并根据口味结合它们时，用餐者就是在参与制作过程。如果中间制成品或经过制作的产品抵达餐桌时，需要此时的另一种制作技术而不是之前使用的制作技术，那么用餐者也将进行烹饪，例如，对于瑞士烤奶酪（raclette），每个用餐者都要决定自己想吃什么口味以及如何烹饪它。这还会发生在用餐者将中间制成品结合起来，决定肉的部位等情况下。

谁在餐厅烹饪？

说到其他参与者，餐厅的情况更复杂，因为可能有数量更多的职业人士参与制作过程。但是除了厨师或者主厨，还有谁能在餐厅烹饪？

在餐厅里，首先要有人负责烹饪，而且这件事做得最频繁的人是职业厨师，无论是在创造还是在生产制成品，他们都要烹饪。他们可以在厨房做这件事，但是他们也可以到厨房外面，进入用餐区，在将要品尝制成品的顾客面前完成制作。如果某种制成品需要在餐桌上当着顾客的面制作或者完成，服务人员就会进行烹饪。在这种情况下，可能是领班（负责此事的侍者）甚至一位专家（如侍酒师或调酒师）进行烹饪。这可能指的是完成一道制成品，例如将酱汁浇在装盘的意大利面上，或者从头到尾完成制作，例如准备鞑靼牛排。

但是顾客也可以烹饪，如果他们自己制作制成品、自己完成制成品或者决定以什么方式消费将被烹饪的制成品的话。这种情况发生在顾客为制成品调味时，如添加酱汁或者改变其成分的顺序，此时他们根据自己的口味或者按照厨师的指示创造出一种组合，或者他们会表明自己对某种制成品的特定“熟度”的偏好。当他们使用某种技术或工具对产品进行修改时，他们也是在烹饪，例如，当他们使用奶酪火锅或日式火锅的锅具时，或者当他们决定将自己点的肉、鱼、蔬菜等食物烹饪到几分熟时，因为他们自己使用了工具并应用了这些技术。顾客决定去什么类型的餐厅，并因此提前知晓自己是否必须自己烹饪（例如，在一家提供瑞士烤奶酪的餐厅中进食）。

公共领域：顾客在餐桌上烹饪

公共领域：一线服务人员进行烹饪

公共领域：厨房员工进行烹饪

职业厨师：烹饪作为职业选择

如今，当我们想象职业厨师时，我们想到的是主厨（chef）以及在专业厨房的层级中位于主厨之下的副主厨（sous-chef），或者在餐厅、向顾客提供食物和饮料的任何其他公共饮食业机构的厨房中工作的任何厨师。事实是，在食品工业和某些机构的厨房里，厨师的数量比刚才提到的那些多得多，他们也是在公共领域提供服务的专业人士。

然而，正如我们将在后文中更详述的那样，职业烹饪并非起源于这个领域，其中心人物——厨师，也不是为了向一群顾客提供美食供应而变得职业化的。事实是，与拥有同样古老历史的私人领域的职业烹饪相比，我们如今所知的存在于公共领域的高档餐饮是一种相当新的现象（从出现至今两百余年）。现在让我们思考烹饪行为的演变。烹饪的重复次数越多，它获得的分量就越大，从而成为有组织的群体内的一项活动。然后，它随着其情境的变化而发展，直到它也变成一种行业，同时继续获得更多的可能性和变化，并逐渐吸收更多的理论知识，直到发展成一门职业。

作为一种行为的烹饪

行为

《韦氏词典》

1. a. 名词　通常指在一定时期内，分阶段或重复性地完成某件事。

烹饪原本是旧石器时代原始人类的一项行为，目的是提升营养，即以更大的程度和更好的方式满足个人的营养需求。在那时，烹饪是满足一定条件的行为的总和：这些行为的结果可以被进食或饮用以滋养身体，但除此之外没有其他解释。

作为一种活动的烹饪

活动

《韦氏词典》

5. 名词　一个人的活跃追求。

在新石器时代，当烹饪行为由特定的人在有序社会（随着人类采用定居生活方式而出现）的框架内进行时，我们可以认为烹饪变成了一种活动。此时，烹饪是私人领域中的一项家庭活动，烹饪被专门托付给个人，而且个人不存在试图从烹饪中获取经济利益的迹象。

作为一门行业和一门职业的烹饪

行业

《韦氏词典》

3. a. 名词　一门需要手工或机械技能的行当。
b. 名词　一个人定期从事的业务或工作。

《牛津英语词典》

II. 6. b. 名词　作为谋生方式进行的任何活动。

职业

《韦氏词典》

2. 名词　某种主要的事业、职业或雇佣关系。

行业的定义之一是指从事手工劳动的人的正规行当，而且此人无须首先学习理论即可进行实践。在这种情况下，我们可以将烹饪描述为一种行业，因为负责这项活动的人开始烹饪时（在新石器时代以及史前时代结束时），不只是将其作为一种无偿的具体责任，考虑到他们生产的制成品的价值，他们这样做还是为了自己的谋生。

在新石器时代末期以及相对较短的信史时代的第一个世纪中，社会发展出了拥有不同资源的阶层，这导致了阶级差异的出现，这种差异取决于每个人的购买力，由此导致了社会的等级制度，其阶级差别一直反映在料理中，即人们可以吃喝得起的制成品中。虽然人口金字塔的很大一部分是为了维持生存而烹饪，而吃只是为了获取营养，但是上层阶级开始熟悉好食物的概念，而且他们还把品尝制成品当作一种享受。换句话说，他们能够负担得起在不饿时进食、不渴时饮用的生活方式，而且可以将食物当作必需品之外的东西。他们让厨师根据他们的口味为自己服务，并将他们的厨房委托给厨师，这是在私人领域发生的。

于是，我们观察到有人以烹饪为自己的行业和行当，这是因为他们发现了需求。如果他们知道如何在实践方面发展，直觉性地学习，观察并注意他们的榜样和前任的工作，那就无须进行理论研究。正是社会阶层需要专门人员承担起在家庭领域烹饪的职责（而且，正如我们稍后将在第337页了解的那样，还需要有人承担起上菜的职责）。

在这种情境下，烹饪的职业化程度逐渐提升，并与特定知识的积累速度同样快。这还令专门化的料理和厨师得以出现（专门生产一种制成品、一种经过制作的产品、甜味食物或咸味食物，专门使用特定工具或者应用特定技术）。实际上，在精英阶层的住所和宫殿的厨房里工作的职业人员（制作烤肉、酱汁、糕点的专家）中，烹饪的专门化水平更高。除了逐渐进入烹饪领域的理论知识，整个历史上的烹饪职业化还依赖支付报酬来换取工作的完成。

从当代视角看，这似乎是显而易见的，但是厨师并不总是得到报酬。在上层阶级的住所中使用奴隶或农奴作为厨房里的劳动者是最早的文明。

从历史上看，私人领域对职业厨师的需求令烹饪成为一种行当。虽然当时公共领域的确存在，但是不存在高档餐饮，也没有固定价格或者单点菜单或定食套餐。寄宿房、小旅馆、小酒馆和市场中的厨师生产制作劳动阶级的食品（今天我们称之为街边小吃），并以这种方式谋生。因此，我们可以将他们进行的烹饪视为一门行业，但是由于它还没有专门的知识用于不以营养为目的的食物和饮料的开发，所以它还不能被真正地视为一门职业。

直到18世纪末，为上层阶级创造和再生产制成品的这些职业人士才将他们的工作和知识转向公共领域，从而使高档餐饮成为一个经济部门，第一批餐厅就是此时出现的。我们今天所认识的厨师、主厨或总厨（head chef）有史以来首次为他们的顾客生产价格固定的美食供应，由顾客来决定自己想要吃什么或者喝什么。

在厨师这个职业中，有通才和专才。他们都烹饪，但他们的工作不是制作同一类制成品，也就是说他们并不都烹饪同样的东西。

目前，“厨师”（cook）这个词能否单独用来表示职业烹饪领域内所有专业人士还存在很大的争议。很显然，集体想象和语言的普遍使用并不将他们统称为“厨师”，而是根据他们的烹饪特色来标记他们。因此，他们都有特定的头衔，例如“面包师”“调酒师”或“巧克力师”。

对于在食品工业工作的厨师，情况也很类似。对他们来说，“职业厨师”一词也是专业化的，这让我们重新回到辩论中。如果工作只涉及在生产线上组装经过制作的产品，这样的人是厨师吗？或许我们应该称他们为装配工？因为厨师的定义以及组合也是一种生产形式的事实，所以鉴于他们从事的活动，他们也是厨师，但是他们作为职业人士却没有确切的名称，尽管专业人员都有名称。他们可以是食品技术人员、参与该过程的厨师以及负责人（相当于食品工业的主厨）。

“行业和职业的区别在于
必要的理论研究的存在与否。”

职业文化

职业文化与厨师作为人类所具有的制约因素息息相关。这些因素会影响他们执行的过程和认知操作，即行为的实施。它基于厨师的直觉和能力，包括他们的专业能力、竞争力和才能，以及他们决策背后的态度和价值观。在这种情境下，厨师发现自己的情感和感受、性格和气质等，这些可能是其职业文化的制约因素，其中还包括他们的知识和经验、哲学、文化和学习能力。这些因素，再加上他们的个人习惯和惯例，将塑造他们作为职业人员的行为。

职业厨师

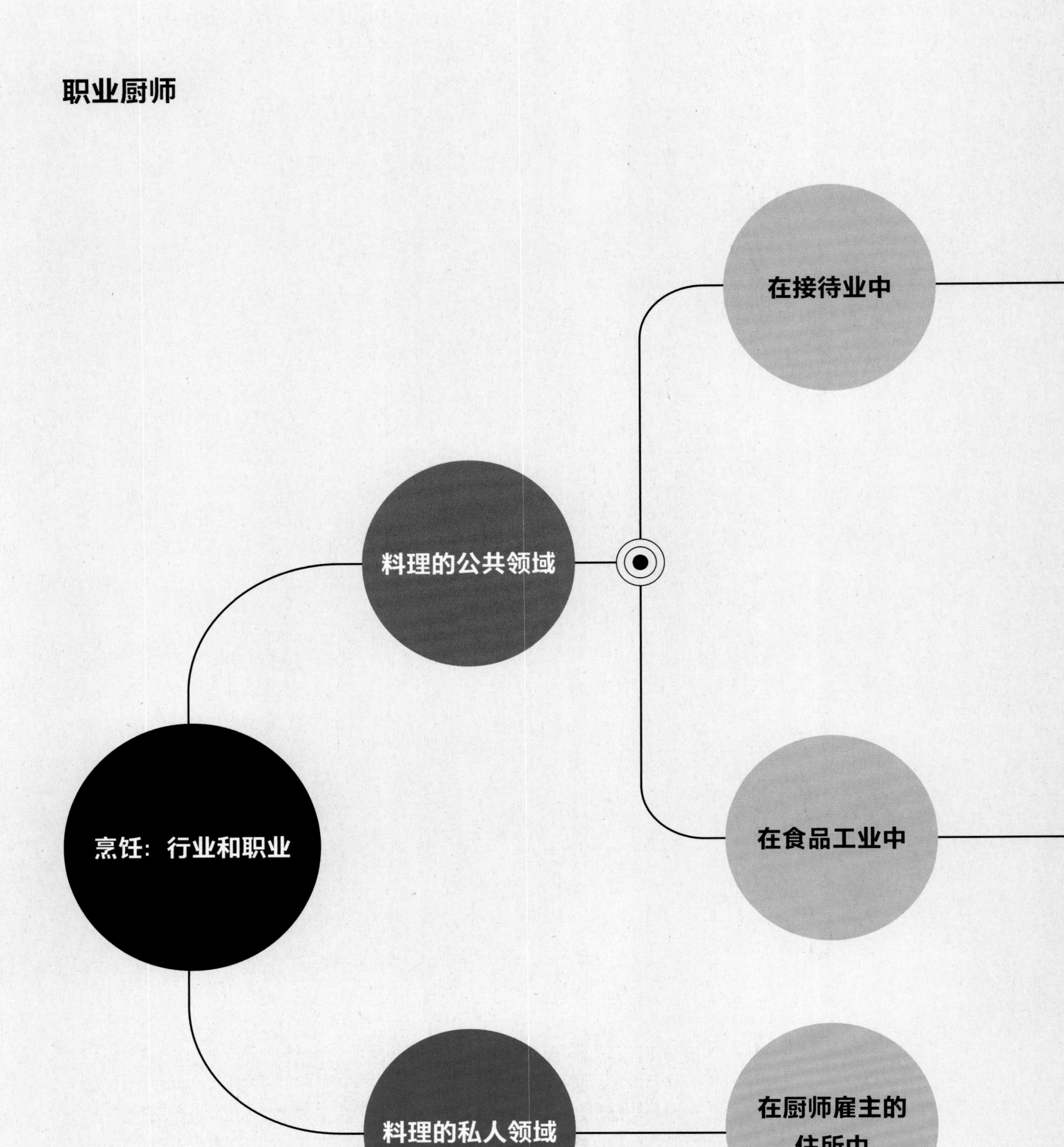
在接待业中
料理的公共领域
在食品工业中
烹饪：行业和职业
料理的私人领域
在厨师雇主的住所中

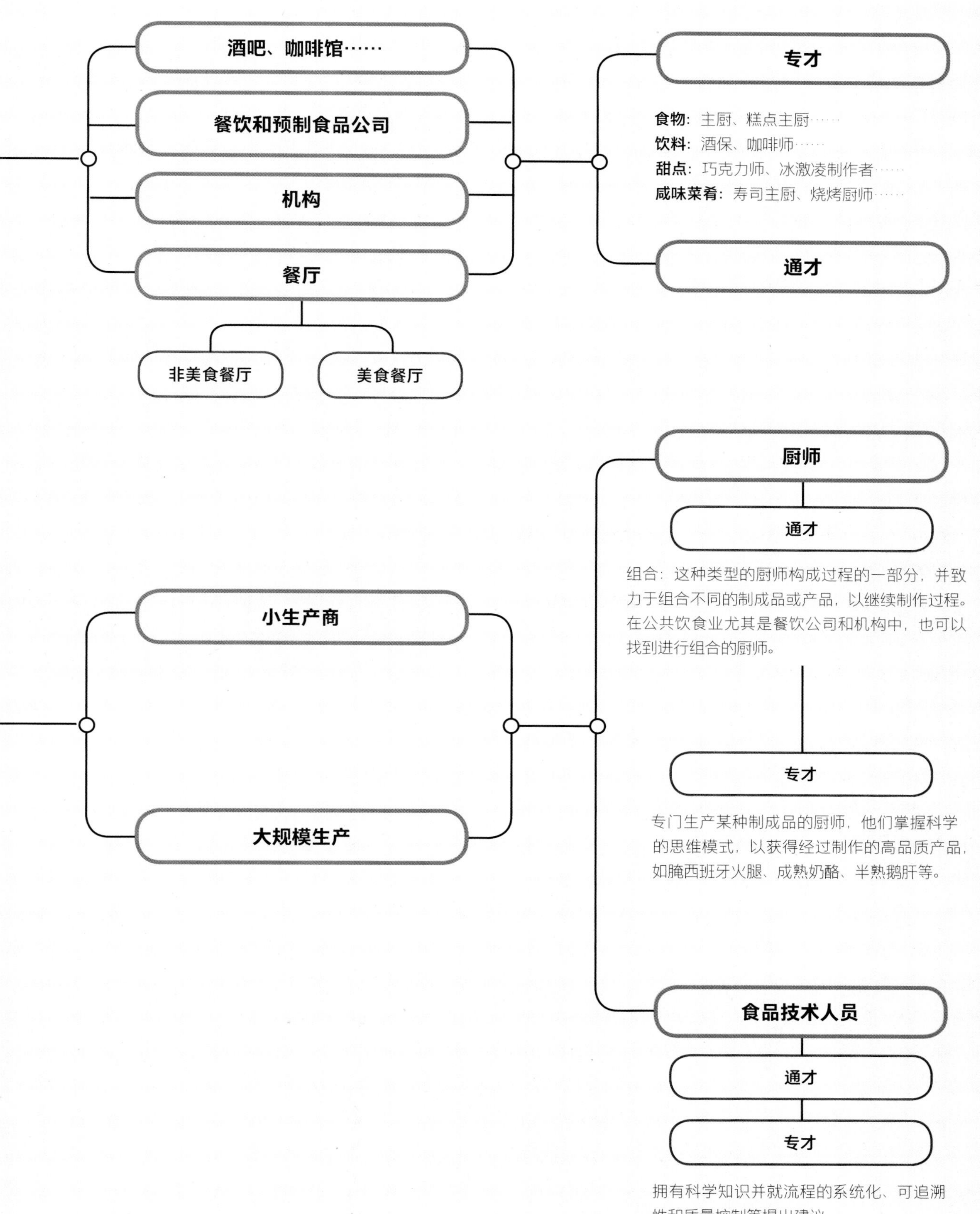
酒吧、咖啡馆……
餐饮和预制食品公司
机构
餐厅
非美食餐厅
美食餐厅
专才
食物：主厨、糕点主厨……
饮料：酒保、咖啡师……
甜点：巧克力师、冰激凌制作者……
咸味菜肴：寿司主厨、烧烤厨师……
通才
小生产商
大规模生产
厨师
通才
组合：这种类型的厨师构成过程的一部分，并致力于组合不同的制成品或产品，以继续制作过程。在公共饮食业尤其是餐饮公司和机构中，也可以找到进行组合的厨师。
专才
专门生产某种制成品的厨师，他们掌握科学的思维模式，以获得经过制作的高品质产品，如腌西班牙火腿、成熟奶酪、半熟鹅肝等。
食品技术人员
通才
专才
拥有科学知识并就流程的系统化、可追溯性和质量控制等提出建议。

感觉是烹饪的关键

职业厨师拥有直觉、能力、态度、情感和感受、价值观、性格和气质、特定的知识水平、某种哲学、文化和行为。基于所有这些因素的结合，以及它们之间的相互联系和烹饪者的优先考虑，职业厨师将或多或少地用学习来打造职业生涯，前提是他们能够在烹饪方面发展。

在职业厨师拥有的能力中，有一项基本能力可以理解为个人的先天才能，也可以理解为通过实践学习可以获得的能力。无论是哪种情况，这种感知能力都意味着厨师在烹饪时（甚至有时在烹饪前）能够预见到品尝制成品的用餐者或顾客将会感受和感知到的一切，因为他们拥有以前的经验或者想象能力（这需要大量的经验）。

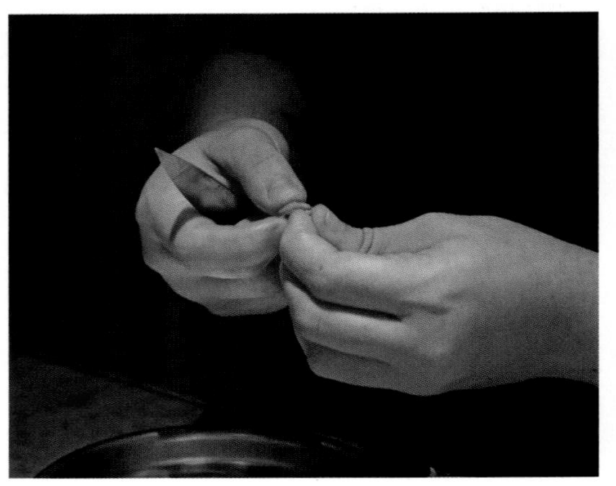

制成品完成后的美感、颜色、形状、质感、温度、基本滋味、味道和香味被人体感官感知，而厨师能够创造或者再生产制成品，从而对品尝者的感觉产生特定的影响，并挑逗他们的感知能力。

什么是感觉？

人类不断从其生活环境中接受刺激。从这些刺激中，他们选择并提取能够令自己产生反应的信息。这种对物理现实的记录和识别是通过感觉能力以及用感官（味觉、听觉、触觉、嗅觉和视觉）接受的外部刺激发生的。在大多数时候，感官共同发挥作用，例如，当我们同时看到和闻到食物时，或者当我们品尝制成品的味道并听到它在口中发出的脆爽声音时。

这一过程始于视觉、听觉、味觉或相应刺激的感受，然后我们的大脑处理这些刺激提供的信息。大脑通过提取和选择信息对刺激做出反应，然后对信息进行解释，并通过产生反应完成这一过程。为了在本书中解释料理，我们认为感觉对于厨师是至关重要的，无论是业余厨师还是职业厨师，而且对于后者尤其重要。

心理学

因为心理学是一门基于对感觉和感知的研究的科学，它解释个人行为和心理过程，从而分析人类行为，所以知道心理学如何对烹饪行为有所揭示将会是很有趣的。

正如我们之前解释过的，感觉不但对于进食和饮用者至关重要，对于烹饪者也同样重要。人类通过感官获得的感知导致了在制成品的创造和再生产过程中做出的决策。而且，从感觉的角度考虑，这种科学提供的知识将对解决饮食体验方面的问题大有帮助。

对一名厨师而言，拥有感觉才能意味着什么？

所谓感知，我们指的是某种天生的东西，一种所有人都拥有的能力。不过，现实中也存在某种主动去感知的思维模式和欲望，从而提升对刺激的意识并增强感官。某些人拥有更发达的感觉能力，这是持续学习的结果，他们特别关注感官可以解释和理解的事物。这种类型的学习在很大程度上基于体验、经验证据和测试，以及这些产生的反应。这表明，只要我们有意去理解每种刺激对我们施加的影响，感官是可以被训练的。

“心理味觉，即不必烹饪就能想象出烹饪结果的能力”

在烹饪方面，后天获得或者先天拥有解释刺激能力的厨师会有能力预测顾客或用餐者会感受和感知到什么。换句话说，厨师可以操弄将要被感受或感知的内容，或者说使特定的刺激被感受，以实现特定的感知。

品尝是一连串的感受和感知，其输入是每一口食物、每一股气味、餐桌上的每一种制成品，输出是在我们的大脑中立即产生的反应，它导致我们喜欢某些东西，不喜欢某一些东西。然而，如果我们将同一位厨师烹饪的相同的装盘制成品摆放在同一张餐桌旁的两位用餐者或顾客面前，令他们的感觉完全一样，他们也仍然有可能会有不同的反应。这是因为我们谈论的是某种主观的东西，因为每个人都以特定的方式对刺激做出反应，这些影响个人感知的非物理因素不会出现在包含制成品的盘子上或者制成品本身之中。品尝者的文化、知识、教育、经验和信仰都会影响他们对制成品的感知，同时诸如激情或喜爱之类的情感也起着至关重要的作用，并影响我们的感觉能力。

现在让我们想象一下，由同一位厨师烹饪的相同的装盘制成品提供给两位身处不同地点的用餐者或顾客。我们观察到，其他因素（与个人无关而且有时个人无法控制）会影响接受刺激时的情况，并且可能改变和干扰刺激产生的反应，这些因素包括照明、噪音水平、温度等。

我们使用短语“心理味觉”（mental palate）一词来表示厨师在无须烹饪的情况下想象并在心理上设想烹饪结果的能力这一概念。只有经验丰富并且具有特别感觉才能的厨师才能发展出心理味觉。这样的厨师并不一定非得是职业厨师。有一些优秀的业余厨师，他们在自己的整个烹饪生涯中积累的经验让他们得以发展这种心理味觉。实际上，就连顾客也可以拥有这种心理能力，因为他们的知识和经验可以让他们在品尝之前只是看一眼就能“读懂”一道菜肴。

“我们可以在缺乏感觉才能的情况下对一道菜肴进行再生产，但是在这种情况下创造菜肴就比较困难了。”

品尝时的感觉和感知

视觉阶段
外表
• 形状：不规则、矩形、圆柱形、圆形、椭圆形、三角形、扁平
• 大小：小、中等、大、特大
• 光泽度/不透明度：不透明，或多或少有光泽度
• 透明度/浑浊度：透明、浑浊
• 颜色：调色盘
• 审美：传统、现代
温度呈现
• 冰冷：冰
• 冷：饮料
• 温暖/室温：腌泡汁
• 热：刚刚从烤炉里拿出的制成品
• 非常热/灼热：热气腾腾的汤、烤青葱
质感
• 湿润/多汁：油桃、鸡尾酒
• 浓稠：土豆泥、焦糖布丁
• 均匀：奶油状/多油的/黄油状/油状：黄油
• 多泡沫：蜂蜜泡沫
• 光滑：艾丹姆奶酪
喜爱
快乐
满足
报复
感激
羡慕
嫉妒
听觉阶段
技术产生的声音
• 制成品：在炽热的石头上烹饪肉类
• 装盘：泡沫
• 品尝：跳跳糖
来自质感的声音
• 分层/焦糖化碎裂声：酥皮糕点
• 膨化碎裂声：炸猪皮
嗅觉阶段
香气
• 乳制品：乳酸、酪酸、奶油
• 水果：红色水果、热带水果和柑橘类水果、水果干、榛子、大杏仁、栗子
• 草本：薄荷、留兰香、刚割的草、百里香、迷迭香、罗勒等
• 烘焙：咖啡、玉米
• 辛辣：肉豆蔻、丁香、肉桂
• 甘草：甘草
• 碘的气味：葡萄酒、藏红花
• 木头：威士忌
• 焦糖化：木头、泥土、化学气味、肉香气
• 不好闻：腐臭味、氨气味、肥皂味、霉味、氧化味、腐败气味，青贮饲料味
气味
• 甜：蛋糕
• 新鲜：罗勒叶片
• 温和：蒸蔬菜
• 热带水果：百香果
• 柑橘：青柠，日本柚子（yuzu）

这些阶段的总和产生心理反应

情感和感受

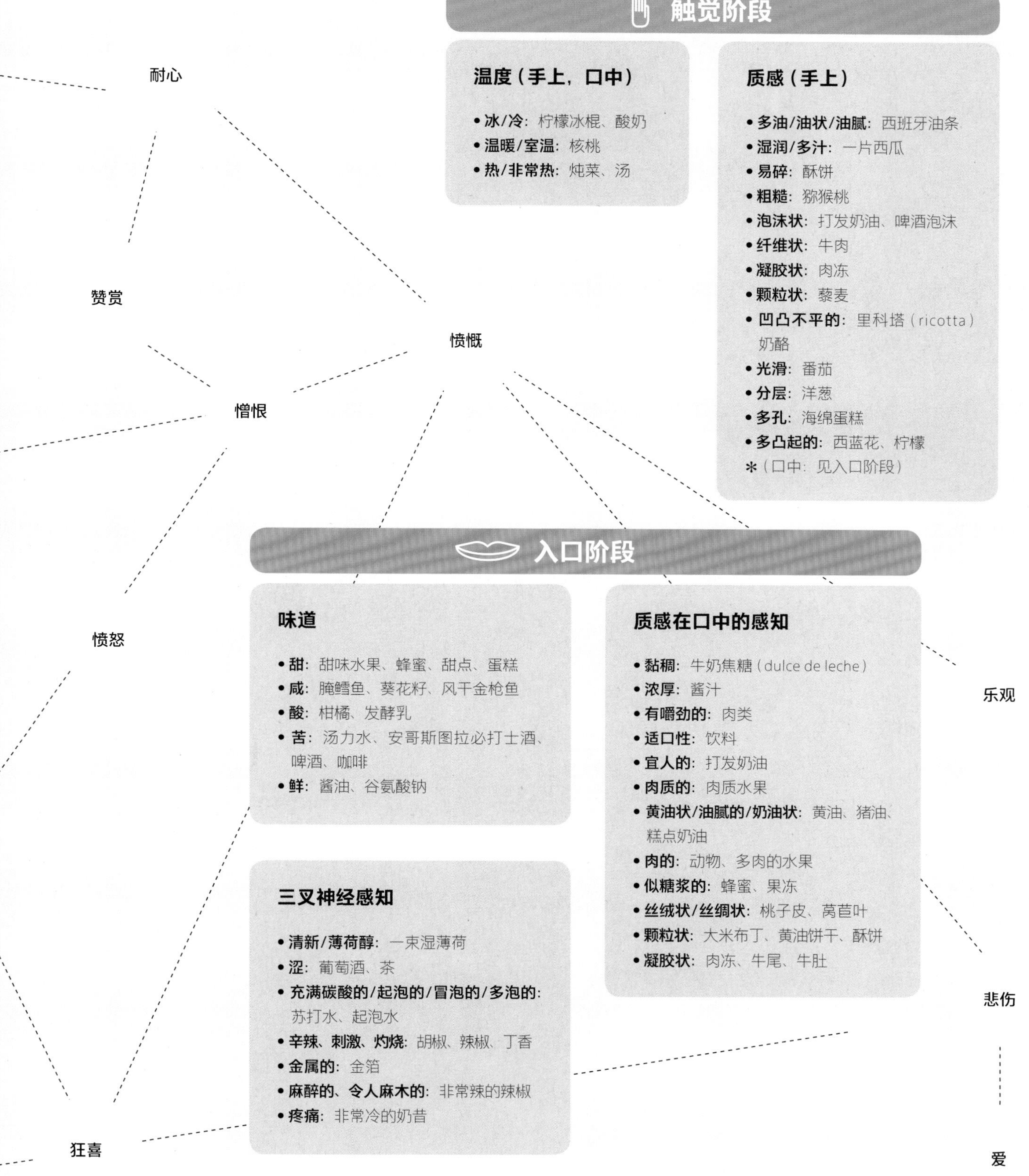

触觉阶段
温度（手上，口中）
• 冰/冷：柠檬冰棍、酸奶
• 温暖/室温：核桃
• 热/非常热：炖菜、汤
质感（手上）
• 多油/油状/油腻：西班牙油条
• 湿润/多汁：一片西瓜
• 易碎：酥饼
• 粗糙：猕猴桃
• 泡沫状：打发奶油、啤酒泡沫
• 纤维状：牛肉
• 凝胶状：肉冻
• 颗粒状：藜麦
• 凹凸不平的：里科塔（ricotta）奶酪
• 光滑：番茄
• 分层：洋葱
• 多孔：海绵蛋糕
• 多凸起的：西蓝花、柠檬
*（口中：见入口阶段）
入口阶段
味道
• 甜：甜味水果、蜂蜜、甜点、蛋糕
• 咸：腌鳕鱼、葵花籽、风干金枪鱼
• 酸：柑橘、发酵乳
• 苦：汤力水、安哥斯图拉必打士酒、啤酒、咖啡
• 鲜：酱油、谷氨酸钠
三叉神经感知
• 清新/薄荷醇：一束湿薄荷
• 涩：葡萄酒、茶
• 充满碳酸的/起泡的/冒泡的/多泡的：苏打水、起泡水
• 辛辣、刺激、灼烧：胡椒、辣椒、丁香
• 金属的：金箔
• 麻醉的、令人麻木的：非常辣的辣椒
• 疼痛：非常冷的奶昔
质感在口中的感知
• 黏稠：牛奶焦糖（dulce de leche）
• 浓厚：酱汁
• 有嚼劲的：肉类
• 适口性：饮料
• 宜人的：打发奶油
• 肉质的：肉质水果
• 黄油状/油腻的/奶油状：黄油、猪油、糕点奶油
• 肉的：动物、多肉的水果
• 似糖浆的：蜂蜜、果冻
• 丝绒状/丝绸状：桃子皮、莴苣叶
• 颗粒状：大米布丁、黄油饼干、酥饼
• 凝胶状：肉冻、牛尾、牛肚
耐心
赞赏
愤慨
憎恨
愤怒
狂喜
乐观
悲伤
爱

知识和经验是品尝过程的制约因素，在感觉程度方面也是如此。

谁烹饪了我们获取的所有那些现成的预制食品？

食品工业的发展和增长极大地影响了食物和饮料的制作和消费方式。最重要的是近些年来，关于什么是好的以及什么东西应该购买现成的，出现了一场论点越来越极化的争论："工业的是糟糕的"及"自制的是健康的"。

首先，这场争论包含许多关于品质的谬论，它们假设，仅仅用"工业"这个修饰语（因为某项产品是被"生产"的）就意味着该产品的品质不如以手工方式制作的食物。这种思路常常导致人们拒绝消费工业生产的预制产品。然而，一概而论地假定工业生产的任何产品在品质或者健康方面都不如手工制作的产品，这并不符合很大一部分现实。事实是，就像未经制作的产品一样，手工制作的产品和工业产品都拥有范围很广泛的品质水平，更不用说价格水平的广泛程度了。全世界最好的葡萄酒和香槟是工业生产过程的结果，而且考虑到它们的品质和价格，没有人会因为它们不是手工制作的而拒绝它们。伴随着许多其他进步，技术和科学在工业上的发展带来了极高品质的结果。此外，工业增加了储存的可能性，储存得益于工业技术的发展得到改善和延长，而在手工业水平上，储存已经数百年没有任何创新了。

当经过制作的产品用在家庭和厨房烹饪中时，这种对工业的观念被"自制"的虚假概念进一步强化。一种民粹主义相当频繁地出现，它不遗余力地捍卫"自制"这个形容词，认为它代表着更加健康和更高的品质等。这可能是正确的，但并非始终正确。通过使用更多经过制作的产品"伪造"烹饪过程实际上是必要的，因为许多这样的产品用于家庭烹饪，若是没有将它们生产出来的工业基础设施，就无法实现烹饪过程。在理想情况下，一切都能够以手工方式制作，但实际情况是，特定结果（经过制作的产品）需要厨师所不具备的科学知识，运用相应技术也需要"手工"厨房（无论是在家中还是餐厅中）没有的工具，而且需要长期等待（成熟、发酵、干燥等）才能消费相应结果，例如优质火腿要等待数月（不少于20个月）才能腌制好。

解释完所有这些之后，就可以谈谈通过使用经过制作的产品如何缩短业余厨师和职业厨师在厨房里的时间和过程，以及如何降低家庭和餐厅中的制作复杂程度。我们谈论的是面粉和油、酱汁基底、高汤、预制酱汁、意大利面、任何种类的腌制食品等。"组合"经过制作的产品以创造制成品（例如金枪鱼腩烤红椒三明治，它使用的所有产品都是工业化制作的产品，并且这些产品是由其他厨师烹饪过的），这一点让我们重温了烹饪意味着使用产品、技术和工具的概念。换句话说，即便厨师（业余的或职业的）决定在制作过程中只使用经过制作的产品，他们也是在烹饪。

不可避免地，谈论经过制作的产品意味着必须解释其消费方式。总体而言，对制作的产品消费量大的社会，城市化水平更高，生活更加富裕。在这样的社会中，业余厨师常常使用经过制作的产品以节省时间。

甚至还有些保存期短的经过制作的产品，我们在购买后直接将其作为制成品进行消费而不进行任何改动。这就解释了这样一种概念，即其他人在工业化生产过程中（而不是手工制作过程）为我们完成了烹饪，他们通过对未经制作的产品使用技术和工具并进行转化，以便将产品包装起来并以适当的方式保存，令其可以马上使用和消费。

那么，我们是否应该假设，自从我们停止狩猎和采集以便驯化物种并开始定居生活以来，以烹饪和进食为形式的转化过程是一成不变的？自从我们在史前时代开始用经过制作的产品从事贸易以来，我们似乎就一直在使用它们进行烹饪，这意味着烹饪过程的“伪造”始于很早以前，这样做只是为了缩短制作所需的时间。

“如果我们在家烹饪一盘使用番茄酱和奶酪的意大利面，所有食材都是别人为我们烹饪的工业化制作的产品，那么这个过程仍然是手工制作的吗？”

加工产品和超加工产品

《韦氏词典》将动词“加工”（process）定义为“使承受特别的工艺流程或处理（如在制造过程中）”。这让我们可以断言所有被烹饪过的东西都经过加工，因为它们经历了转化过程才制作，无论转化程度和形式如何。除了这个定义，“加工”（processed）一词还被用来描述经过工业制作的产品，尽管并不总是如此。它和“自然”的概念很像。在使用这两个词时，它们都会根据我们的使用情况产生细微差别。在营养领域，“加工食品”最近蒙上了一层贬义色彩，当我们谈论食品被“超加工”（ultra-processed）时，情况变得更糟。

在烹饪方面，将某种食物称为加工食品表明它由工业生产。然而，工业生产内部存在品质区间，这意味着将负面效应关联到所有形式的工业生产上在大多数情况下不符合事实。超加工产品是应用氢化、蛋白质水解等技术对面粉和谷物使用精制和挤压技术的产物。超加工产品也存在不同的品质区间，但是消费太多超加工产品与健康问题相关，尤其是肥胖症，因为超加工产品缺乏营养价值，富含饱和脂肪和精制糖以及其他不利于健康的物质。

当进食者也烹饪时，我们是在谈论一名用餐者厨师吗？

我们在关于烹饪者的章节中（我们在该章节提问，“所有烹饪者都是厨师吗？只有厨师才制作吗”，见第136页）短暂地提到，我们可以看到，为了品尝制成品，用餐者可能需要在开始品尝过程之前先参与再生产过程，因此在这种情况下他们必须进行烹饪。虽然我们将在后文（见第176页）讨论这两个过程，但此时我们应该先了解它们之间的区别。至于再生产过程，当我们实施完成任务的行为时，我们是在准备、制作和装盘制成品，也就是在烹饪。在品尝过程中，主要行为是进食和饮用，这让用餐者能够摄入和品尝呈现在他们面前的装盘或“装杯”制成品。

用餐者实施行为的时刻决定了用餐者参与再生产的过程，用餐者参与再生产过程与品尝过程的边界可能会变得模糊或基本上消失。

如果用餐者参与再生产过程，他们也是在烹饪。在制成品再生产过程的框架内，有些阶段是用餐者绝不会参与的，因为当用餐者烹饪时，他们已经身处将进行品尝的空间中了：在起居室里，在厨房中（为此目的设置的餐桌或吧台），在餐厅里，在露台上或者花园里。换句话说，有一些在再生产过程的某些阶段使用的技术和工具无法转移到品尝空间。

当即将进行品尝的人烹饪时，那是因为他们以不同方式在可能的不同阶段通过下面的某些行为参与了再生产过程。

1. 当用餐者在再生产过程开始之前做出影响该过程的决策时，他们参与了这一过程。

- ▶ 当用餐者在准备制成品之前决定“熟度”水平，并特别要求厨师做到某种程度时，他们的决定对最终成果有直接影响。例如，如果煎蛋卷中的鸡蛋是流动的，而用餐者认为它应该更加凝固。在这种情况下，通过决定特定水平的“熟度”，用餐者将以特定的方式烹饪（或者导致其他人烹饪）煎蛋卷。同样的事情还发生在肋骨牛排上，因为用餐者会为这块肉选择某种水平的“熟度”。对于品尝而言，这将是决定性的因素，因为它将影响结果。

- ▶ 当用餐者决定制成品本身的成分时。

  - 当用餐者有某种过敏、不耐受的情况，或者伦理、道德信念，这会导致他们指出自己不能消费的产品。例如，由于某种不耐受而去除沙拉中的任何坚果，或者又如不能消费动物性产品的严格素食者。

  - 当制成品中存在某种用餐者不吃的成分，而且用餐者基于欲望或偏好相关的决定，要求在制成品中去除某种产品。例如，土豆煎蛋卷在点菜时可以选择要或者不要洋葱。

  - 如果制成品是点单制作的，并以基底开始并由顾客挑选一系列想要的产品。例如比萨这样的制成品，进食者可以决定要添加的食材，抑或是果汁，根据就餐者的口味决定结合哪些产品进行榨汁。

必须指出的是，在私人领域（当该决策在家中做出时）和公共领域（如果餐厅提供这种选项的话）都可以做出与特定“熟度”以及成分相关的决策，但是这在高档餐厅不常见，因为这些餐厅将美食供应呈现为品味套餐的形式，几乎没有顾客决策的空间。

2. 用餐者通过结合中间制成品或者使用工具运用，在餐桌上进行烹饪。令产品能够被食用或者饮用。

- 一种或多种制成品送到餐桌上，用餐者可随意将它们结合，决定将什么与它们混合在一起，以什么比例等。蘸酱油食用的刺身就是结合制成品的例子，因为这种情况下是由进食者决定添加多少酱油。

- 必须应用处理技术才能品尝制成品时。当用餐者已经自助完成在餐桌上烹饪的海鲜制成品后，需要使用钳子撬开外壳并将其打开，才能吃到产品。

- 必须对餐桌上的不同制成品加热时，因为这些食物需要这样做才能食用。例如，将炙热的石头放置在餐桌中央，然后将肉类和蔬菜放在石头上面烤时，或者吃日式火锅（shabu shabu）时，后者就像日本版本的奶酪火锅，由用餐者根据自己的口味烹饪产品或制成品。该类型还包括饮料，例如，当装满沸水的茶壶和一系列茶叶摆在桌上，由用餐者选择茶叶，进行冲泡，并决定是否加糖（以及加多少糖）时。

3. 当用餐者通过装盘进行烹饪，结合中间制成品并将它们变成供品尝的单一制成品。

- 当制成品放置在供集体转移之用的工具上（大托盘），送到品尝场所时（餐桌、吧台），用餐者在单人装盘工具中结合中间制成品来确定制成品的最终成分。这可能适用于切好的烤牛肉，调味肉汁装在船形调味碟里，而煮熟的蔬菜放在另一个托盘。

- 另一种选项是，制成品送达餐桌时就可以品尝了，但是如果用餐者决定为其调味，那么他们就是在烹饪。例如对于一份已经调过味的沙拉，用餐者决定添加更多的盐、醋或油。

4. 当用餐者品尝时，他们也在烹饪，因为他们会继续做出影响正在被品尝的制成品的决策。

我们可以说，用餐者会决定如何品尝上给他们的制成品。这取决于制成品的大小，它可能被一口吃掉或者分成几口。这项决策有时会影响品尝体验，因为制成品可能是被设计成一口或者几口食用的，前者是为了集中味道的组合，后者是为了让多种味道逐渐被发现。

例如巧克力夹心软糖，一口吃下品尝它的全部味道与分几口吃掉的体验完全不同。

“作为顾客的职业厨师来到高档餐厅时，他也在烹饪！”

伟大的鲍勃·诺托（Bob Noto）在餐桌旁烹饪

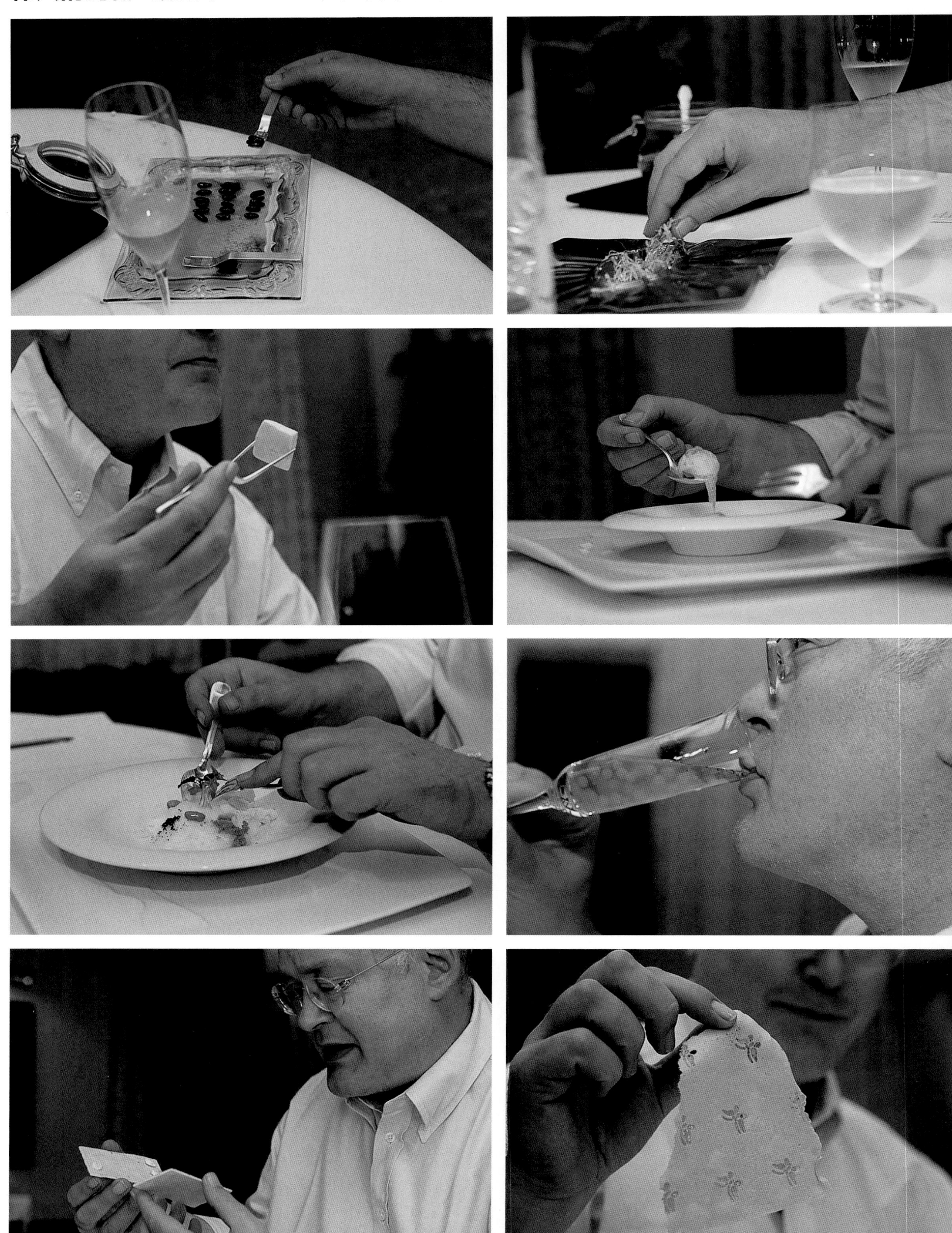

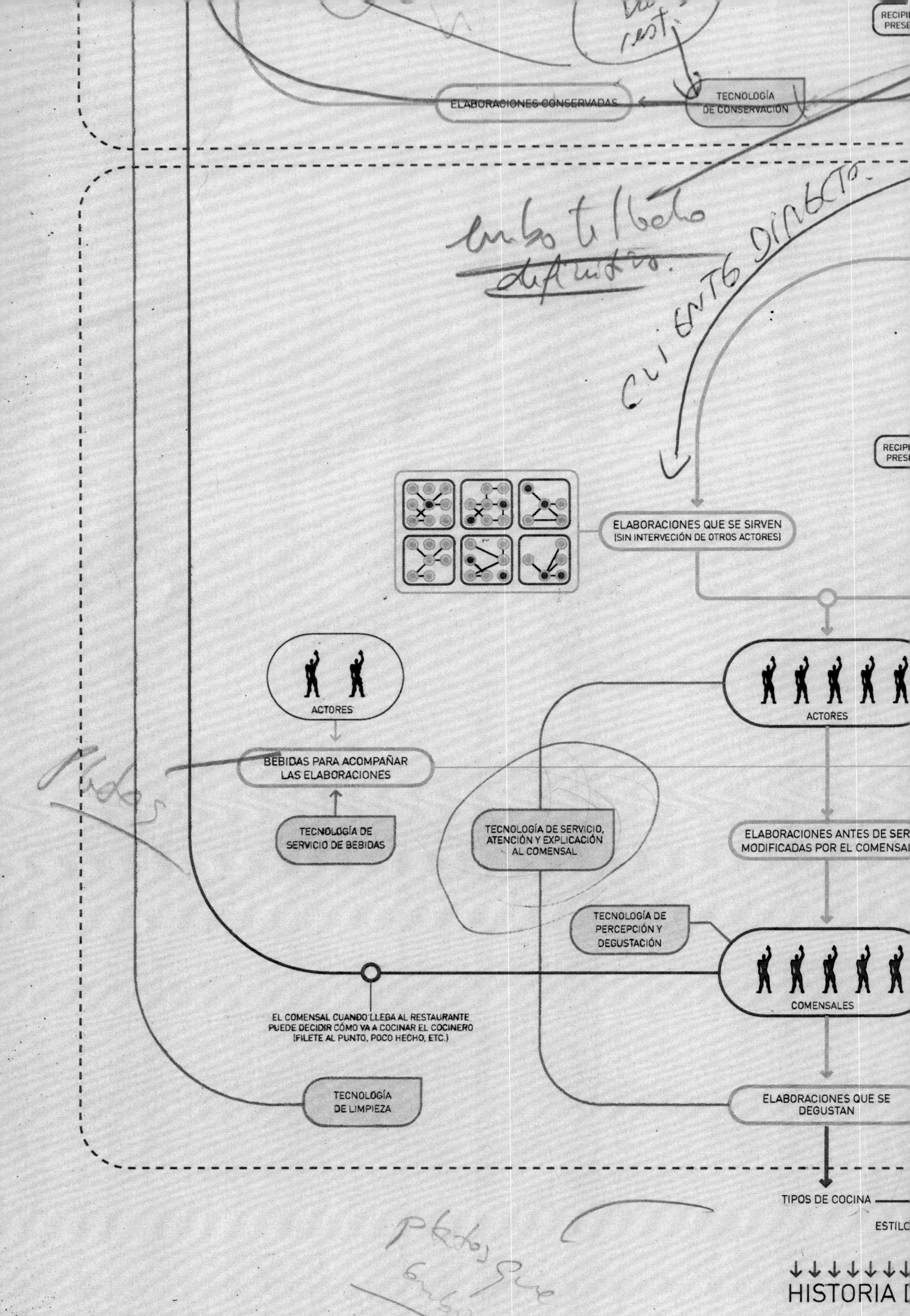
RECIPI
PRESE
TECNOLOGÍA
DE CONSERVACIÓN
ELABORACIONES CONSERVADAS
RECIPI
PRESE
ELABORACIONES QUE SE SIRVEN
(SIN INTERVECIÓN DE OTROS ACTORES)
ACTORES
BEBIDAS PARA ACOMPAÑAR
LAS ELABORACIONES
TECNOLOGÍA DE
SERVICIO DE BEBIDAS
TECNOLOGÍA DE SERVICIO,
ATENCIÓN Y EXPLICACIÓN
AL COMENSAL
ACTORES
ELABORACIONES ANTES DE SER
MODIFICADAS POR EL COMENSAL
TECNOLOGÍA DE
PERCEPCIÓN Y
DEGUSTACIÓN
COMENSALES
EL COMENSAL CUANDO LLEGA AL RESTAURANTE
PUEDE DECIDIR CÓMO VA A COCINAR EL COCINERO
(FILETE AL PUNTO, POCO HECHO, ETC.)
TECNOLOGÍA
DE LIMPIEZA
ELABORACIONES QUE SE
DEGUSTAN
TIPOS DE COCINA
ESTILO
HISTORIA D

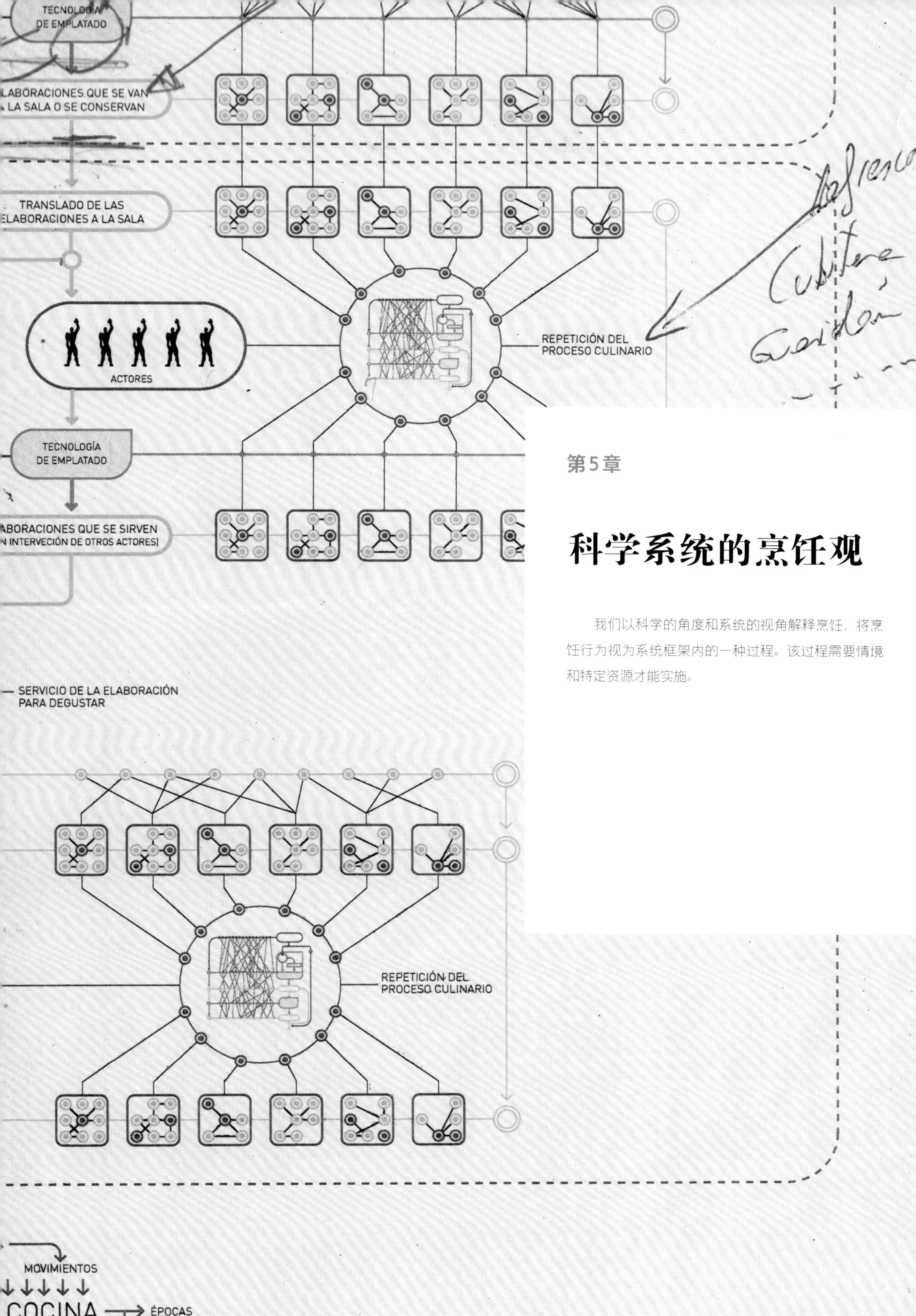

第 5 章

科学系统的烹饪观

我们以科学的角度和系统的视角解释烹饪，将烹饪行为视为系统框架内的一种过程。该过程需要情境和特定资源才能实施。

用技术烹饪、用方法烹饪和用科技烹饪

现在，我们提出三个概念，这些概念并不是烹饪领域所独有的，但是当它们应用于烹饪领域时，就具有特定的含义，并且构成了“烹饪是什么”这一问题的部分答案。因此我们将会在后文看到，它们可以加上“烹饪”这一修饰语。

烹饪技术

技术（Technique），《牛津英语词典》

3. 名词　进行实验、程序或任务的某种特定方法，尤其是在科学或工艺中；某种技术或科学方法。

从将技术定义为执行任务的某种特定方法开始，在烹饪方面，我们所说的技术是某种预加工或制作技术，它们以中间制成品或供品尝的制成品为结果。每种制成品的烹饪技术定义了完成它所需的过程和资源。所有制成品都有其特定的制作技术（“西班牙大锅饭技术”“草莓果酱技术”“千层酥技术”等），它们需要使用特定资源（产品和工具）和特定知识，并结合所需的中间预加工和制作技术，才能得到最终结果。

“技术”一词也可以根据《牛津英语词典》给出的另一个含义来使用：“一种为达到目的所用的熟练或有效的手段。”在这种情况下，我们谈论的是厨师实施烹饪技术，在烹饪方面达到其技术水平的能力。

烹饪方法

方法（Method），《牛津英语词典》

2. 名词　做任何事情的方式，尤其是根据已定义的定期计划进行时；任何活动、业务中的程序模式。

方法是对特定做事方式的概念化，该方式以特定模式重复而且其步骤遵循特定顺序。所谓烹饪方法，是指始终以相同的顺序，在相同的场所，使用相同的资源并以同样高的标准实施的烹饪技术。就像存在草莓果酱的某种烹饪技术一样，也存在草莓果酱的某种烹饪方法，只要每次再生产草莓果酱时，程序、空间和资源都完全相同。

一般而言，精度不变的烹饪方法在美食再生产中并不常见。它在专业甜点领域更常见，尤其是在糕点制作中，后者极有条理。烹饪方法还常见于中央厨房，在这里，非常具体的制作步骤总是以相同的方式进行。

技术和科技之间的主要区别在于科技是科学知识。

烹饪科技

科技（Technology），《牛津英语词典》

4. a. 名词　有关机械艺术和应用科学的知识分支；对这方面的研究。
   b. 名词　这些知识的实际应用，尤其是在工业、制造业等方面；与之相关的活动领域。
   c. 名词　此类应用的产物；技术知识或专门技能；技术过程、方法或技术。另外：根据科学技术知识的实际应用而开发的机械、设备等。

科技在每个部门和职业中，以及在每个人的做事方式中都有特定的定义。而且，它一定始终处于特定的历史背景下。250万年前能人（*Homo habilis*）的烹饪科技与计算机科学中的科技不同，后者只存在了大约一百年。在高档餐饮部门，人们尚未就该主题达成共识，科技往往被等同于用来制作的机器，这造成了极大的混乱。例如，烤箱是一台机器，它的制造需要一种或多种科技，但它本身不是科技；它是用于烹饪的装备或工具。为了阐明这一点，让我们分析烹饪科技出现在哪些厨房，是以什么方式出现的。

- 烹饪科技存在于食品工业中。烹饪科技在食品工业中十分广泛，科学知识与烹饪技术在这里相结合。换句话说，通过使用特定机器并遵循一系列程序，从而获得制成品。机器被理解为一系列工具，它们旨在将特定技术系统应用于特定产品。食品工业雇用工程师和食品技术人员，他们令烹饪科技得以存在。必须强调烹饪科技和烹饪技术之间的区别，即在烹饪科技的范畴内，通过烹饪科技，人们创造出拥有烹饪技术并能获得结果的机器，而科学知识确保并支持机器的发明创造。
  科学知识、技术和机器在食品工业中的这种联合让我们能够以与谈论某种技术及其方法相同的方式来谈论用于每种制成品的科技。在草莓果酱的生产中有特定的科技，而它是技术（即程序、资源、机器等）和科学知识的结合，这使得这种特定的经制作的产品“草莓果酱”得以生产。

- 烹饪科技存在于高档餐饮部门。按照智论方法学的观点，烹饪科技在高档餐饮部门的存在意味着科学知识和技术的结合，这不常见，因为厨师极少在自己制作的料理中应用科学知识。在大多数情况下，该术语指的是偶尔会对自己的技术应用科学知识的超级专家的烹饪。他们使用的工具、器皿和机器不属于烹饪科技的范畴，因为这些属于资源。在高档餐饮部门以外的餐厅生产的其他类型的料理中，我们在中央厨房和机构厨房中发现了存在于科技和资源这两个概念之间的灰色地带。

草莓果酱背后的烹饪技术、烹饪方法和烹饪科技

下面的内容展示了前面的解释，即如何将烹饪技术、烹饪方法和烹饪科技应用于“草莓果酱”的制作。这个例子让我们能够阐明这三个概念之间的区别以及它们如何应用于烹饪。

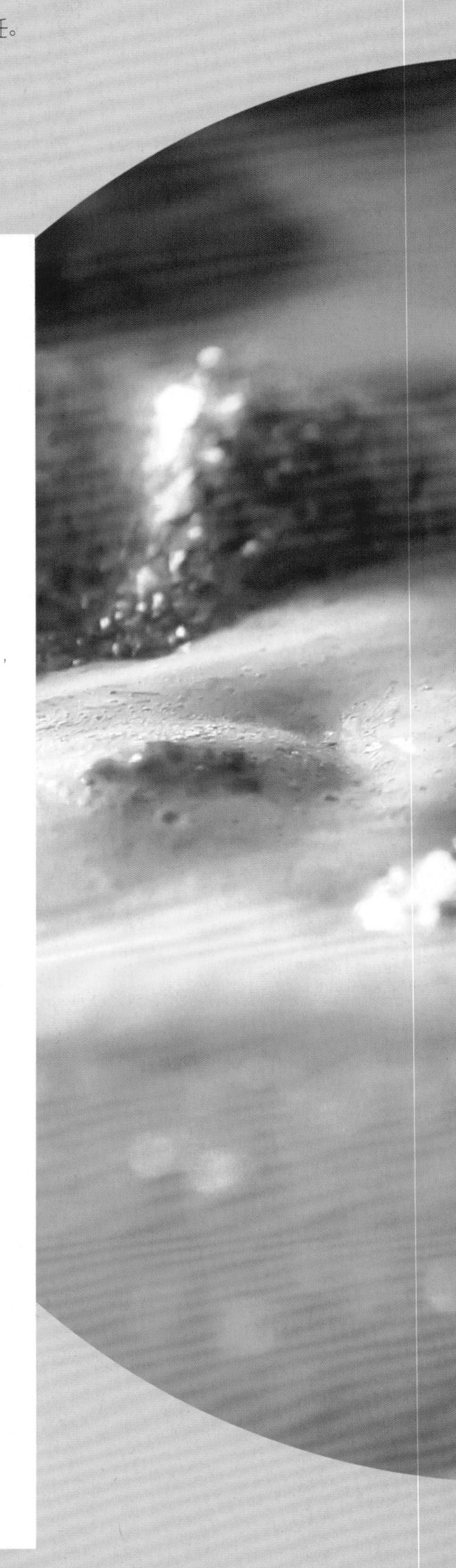

烹饪技术
草莓果酱

首先，让我们来看看草莓果酱的制作技术，该技术将由餐厅中的职业厨师执行。

1. 我们从一系列初步行为（不属于烹饪过程的一部分）开始，以便搜集制作果酱所需的资源。

- 一方面是我们需要的产品，在这里，它们是未经制作的产品，例如，草莓，以及经过制作的产品，例如糖。
- 另一方面是预加工和制作所需的工具：秤、碗或类似容器。

2. 准备好这些产品和工具后，我们使用预加工技术，包括去除草莓不可食用的部分，以及按照2∶1的比例称重草莓果实和糖（1千克草莓使用500克糖）。

3. 现在我们应用草莓果酱技术（产生烹饪结果即果酱的特定行为），该技术包括不同的中间制作技术，并需要上述资源才能进行：

- 二级切割技术：在这里是将草莓两等分或四等分（需要草莓和一把刀）。
- 二级混合技术：在这里，切好的草莓与糖在平底锅里混合。
- 二级烹煮技术：在这里，切块草莓与糖的混合物以中火加热50分钟。
- 用于监控和测试凝固点的制作技术：在这里，用汤匙测试果酱。根据厨师的经验和知识，他们可以凭感觉知道果酱的理想黏稠度是什么样的。

4. 根据果酱是否立即使用还是长期保存，使用保存技术：

- 如果要立即使用，应用冷藏技术就足够了。
- 对于长期储存，可以使用不同的真空技术（将带盖的玻璃罐子放入盛满水的平底锅中煮沸，或者使用专门为此设计的设备进行真空密封）。

烹饪方法
草莓果酱

当厨师以连续和标准的方式复制我们刚刚描述的烹饪技术，恒定、准确且精准地遵循所有步骤和阶段时，它就成了一种烹饪方法。

烹饪科技
草莓果酱

当我们谈到烹饪技术时，我们从餐厅空间转移到工业或工厂厨房，无论空间的大小如何。在这个例子中，以工业方式生产草莓果酱的职业人员是食品技术人员，他们拥有的科学知识确保生产过程被正确地执行。为了以相同的方式不断生产草莓果酱，得到一致的结果，必须保证操作的系统性。此外，职业人员的部分责任是遵守与卫生、健康和可追溯性等有关的所有标准。

所以问题是：在食品工业中制造草莓果酱需要什么科学知识？

- 从过去的经验中获得的知识［草莓（未经制作的产品）的成分、酸度、果胶水平］与结果（作为经过制作的产品）的浓稠程度（凝固点）相关。
- 取决于温度和煮沸时间，糖的成分、熔点和黏稠程度。
- 果酱浓稠度的监控和计算，时序图、温度图等。
- 关于不同储存系统的技术知识：草莓的浸透/脱水，糖的作用，草莓酱在冷藏条件下可以储存的天数。根据充氧量以及包装时间，以及最终产品的储存时间，用真空技术去除最终制成品中的空气。
- 用作甜味剂和增稠剂的代糖类型。

科技体现在所有这些知识以及为控制草莓果酱制造技术而创造出来的工具中。

食品技术是科学的一个分支，它涉及对食品的微生物、物理和化学成分的研究，以保证食品在其生产以及包装分销过程中每个阶段的质量。作为在食品工业这一公共领域进行工作的职业人士，食品技术人员的部分任务还在于使用天然和人工产品创造新的东西。在食品工业中，技术人员的作用和厨师一样重要。他们的知识保证了非手工烹饪制作的制成品的品质，并使新产品得以出现。

从科学的角度烹饪

烹饪也可以从科学的角度出发，使用下面我们将要解释的不同观点。这些观点说明了在烹饪过程中发生的事只是科学过程而已，在此过程中，使用一种技术代替另一种技术的决策导致产品以不同的科学方式发生改变。我们继续对食物进行实验并质疑烹饪中是否存在科学的方法和思维模式，别忘了，我们一开始的前提就是烹饪本身不能被视为一门科学。

由于科学的客观性，我们可以找到关于烹饪所用产品的更多信息。因此，与我们用来喂饱自己的产品的成分相关的所有反应都可以得到科学的解释，这有助于我们理解对产品的哪些反应和改变会影响我们的身体，以及它们为我们的身体提供哪些元素，即当我们消费时，我们如何滋养自己的身体。因此我们有可能从科学的角度提问并且能够得到答案，一块肉是由什么组成的，或者是哪些元素以何种方式构成了西瓜并赋予其甜味。对于肉类，科学解释是肉由不同类型的原子组成的，而原子又构成了不同类型的分子。肉主要由蛋白质组成，而蛋白质由更简单的链条单元如氨基酸（拥有氨基和羧基的有机分子）组成，此外还有其他元素。但是由于热量或酸的作用，肉可以发生改变，成为一种与未经热量或酸的作用时的生肉极为不同的制成品。

以蔗糖的分子结构为例。一个蔗糖分子拥有12个碳原子、11个氧原子和22个氢原子，因此其化学分子式是$C_{12}H_{22}O_{11}$。基于这些信息，我们可以研究该分子的物理反应，并将这些信息应用于包含该分子的任何产品，这让我们能够理解其行为和可能的反应。分子链会受到物理和化学自然定律的影响，但是我们人类可以观察它们，从而了解它们的行为。这是蔗糖分子的示意图：

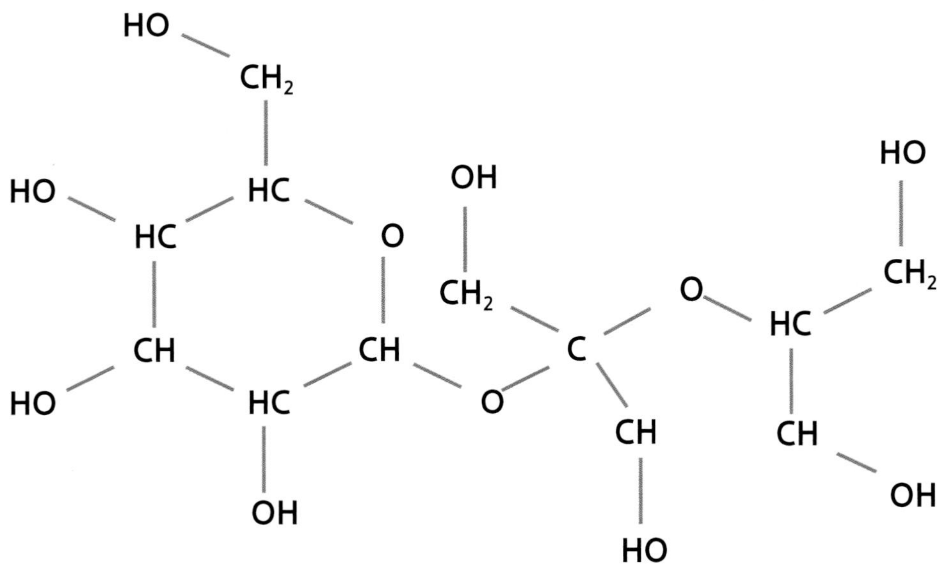

HO
CH₂
HO　HC　OH　HO
HC　O
CH₂　O　CH₂
HC
CH　CH　C
HO　HC　O　CH　CH
OH　OH
HO

在这种科学烹饪观的背景下，我们采用了科学使用的三个概念——“假设”“理论”“公理”，并将它们扩展到烹饪界和烹饪行为，观察它们如何适应烹饪并与之互动。

科学使用的方法之一是假设演绎法，该方法包括对某种可能或不可能的事物进行假设，以便对其进行检验并得出结论。为了做到这一点，一种假设被暂时性地提出，并被确立为研究的基础。完成研究后，结果可以证实或证伪该假设的有效性。因此，一旦获得结果并与一开始的期望进行对比，我们就能根据期望是否符合现实来思考假设。

当厨师不确定他们实施的行为的结果是什么时，原因可能是厨师不熟悉某种技术的应用或者因为他们在没有范例的情况下组合产品。烹饪可以被视为一种假设。由于这个原因，他们必须等待看到制成品烹饪完成，并验证结果是否符合他们的期望。

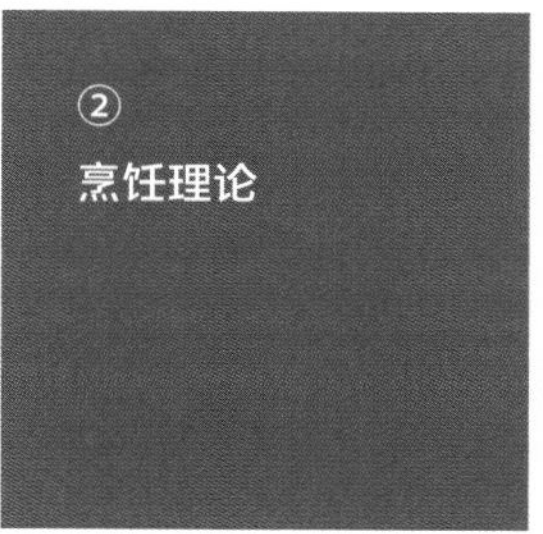

将烹饪视为假设的可能后果之一，即烹饪是某种可被证实的假设。如果是这样，就会产生一种理论，该理论被理解为一个经过证实的假设，其结果可以重复应用，也就是说它每次都将以同样的方式得到验证。

当厨师证实一种假设，将其转变为一种范例，并将其作为他们制作方式的一部分，同时将其用作他们的知识基础以确保他们的烹饪结果时，烹饪被视为一种理论。

公理被定义为一种显而易见且无可辩驳的命题，无须证明就可以接受。因此，公理是构建某些理论的所有必不可少且不证自明的原则。

当厨师使用自己清楚明白的制作技术，确切地知道自己将会得到什么结果时，烹饪就可以成为公理。例如，在一个标准大气压下，当水被加热到100℃时，它就会沸腾。

我们烹饪时发生的事可以用科学解释

我们知道，要想进行烹饪，必须使用技术以这种或那种方式对原产品进行程度或大或小的转化，实现它的预加工或制作。不同的烹饪技术可以基于它们对产品或中间制成品物质施加的影响进行区分，即这种转化的发生方式以及它是由物理过程、化学过程还是生化过程导致的。

在所有这些情况下，无论产品经历了什么转化，它都与生的和不生的观点紧密相关，我们在本书中专门为此分配了一个章节。根据被烹饪产品经历的过程和变化，我们认为它是生的、生的但经过烹饪的以及不生的。

引发物理过程的技术

所有这些预加工和制作技术在转化产品或中间制成品的物质时不会引起其分子的任何变化。除了少数例外，在正常情况下，物理过程导致的变化不会改变物质的化学性质，正如以下案例所示：

► 该类群包含所有可用于准备产品（预加工）的技术：清洗、测量、去皮、去除不可食用的部分等。

► 引发物理过程的制作技术。它们可以用低温进行改变，就像冷冻技术一样。尽管物质的物理状态发生了变化（被冷冻了），但是其化学成分并未改变。

► 该类群还包括为产品或中间制成品赋予或改变形状的技术，例如切割。

► 物理转化技术包括那些需要加热而不引起沸腾的技术，例如在加温或加热（不沸腾）的情况下不涉及产品或中间制成品的化学变化。

引发化学过程的技术

所有这些技术在应用于产品或中间制成品时，都会在其物质中引发改变感官特性的转化。化学过程会发生与产品物质中的分子链（或者其活性和化学成分）相关的化学反应，例如焦糖化、美拉德反应和氧化。

► 满足下列条件的所有技术都是化学技术：无论在何种介质中发生，通过加热烹饪引发化学转化，得到被煮过、烤过的产品或中间制成品。

- 这种烹饪形式可以发生在干燥介质（焗）、空气（烤）、液体（煮）、油脂（炸）或者混合介质（慢炖）中。
- 通过干燥介质（在盐壳中）或液体（隔水炖锅），加热还可以使用间接或受保护的方式进行。
- 有些加热烹饪形式对产品或制成品运用压力，会提高压力（高压锅）或降低甚至消除压力（真空低温烹饪法）。

► 引发化学过程的另一种技术是通过波产生转化的技术，名为微波烹饪。先是能量转化为热量，然后热量被物质吸收。微波烹饪影响产品或制成品物质中的水分子，不过也可以通过油脂、糖和酒精来进行微波烹饪。

引发生物化学过程的技术

所有这些技术都会引发影响产品或中间制成品物质的化学和生物过程，这些物质反过来又被生物物质或微生物的干预转化。

- 发酵是此类技术的最佳例子，无论是乙酸发酵、酒精发酵还是乳酸发酵。发酵是在生物学水平发生变化的结果，这种变化是存在于处理产品的介质中的微生物导致的。

- 与含有无须加热就能降解（转化）蛋白质、溶解胶原蛋白和软化纤维的酸、碱或酶的产品或制成品相关的所有技术。其中包括腌泡、酸渍、酸化、糖渍、盐浸以及其他技术。

虽然从字面意义上讲，并不存在“冷烹饪”或者“无热烹饪”之类的东西，但是由于缺乏更明确的说法，我们仍然使用该术语描述酸或酶的作用，即其在不加热的情况下对产品或中间制成品的性质造成的改变。

正如我们已经解释过的那样，自然本身通过转化进行烹饪。它可以通过促进物理过程（例如干燥）做到这一点，当然，生物化学过程也和物理过程一样，这发生在涉及生物物质或微生物时。

这种过程可被认为是“自然的”，因为它是一种引发转化（未经制作的产品中的变化）的自然元素。然而，当某位厨师学会模仿这些自然技术并决定令该过程发生时，它就是被人为诱发的（“非自然的”）。

物理学和化学

物理学（Physics），《韦氏词典》

1. 名词　研究物质和能量及其相互作用的一门科学。

化学（Chemistry），《韦氏词典》

1. 名词　研究物质的成分、结构和性质以及它们经历的转化的一门科学。

物理学和化学都是科学，其研究对象可以转移到烹饪行为上。通过烹饪，物质在烹饪过程中发生转化。这些知识提供了对不同过程的解释，并且是彼此重叠和相互补充的。物理学可以解释烹饪，因为它研究能量——烹饪的一项重要资源。一方面，无论使用的是什么技术，令这些技术实现的能量是什么类型，这门科学都会研究它们与转化后物质的关系。另一方面，当注意力转向对同一物质施加能量导致的化学或生物转化及造成其成分变化时，分析其结构演变的科学正是化学。

有一个很好的方法可以理解这两种科学在烹饪方面的联系有多紧密。物理学可以研究产品的受热，因为它涉及以特定方式向物质传递能量的过程。这一过程反过来产生反应，改变受其影响的产品的物质，这会改变其成分，而且如果没有科学的化学知识就无法得到解释。

“学习烹饪就是让自己熟悉物理和化学定律以及生物学和微生物学的事实。”

迈克尔·波伦（Michael Pollan），《烹饪：转化的自然史》（*Cooked: A Natural History of Transformation*）

用科学的方法煎一只鸡蛋

在这里，我们提供由巴斯克地区官方化学学院副院长拉蒙·比托里卡·穆尔吉亚（Ramón Vitorica Murguia）撰写的一个例子，“用科学的方法煎一只鸡蛋”。这段文字说明了前几页解释的内容，并表明烹饪必定引发可由科学解释的过程。

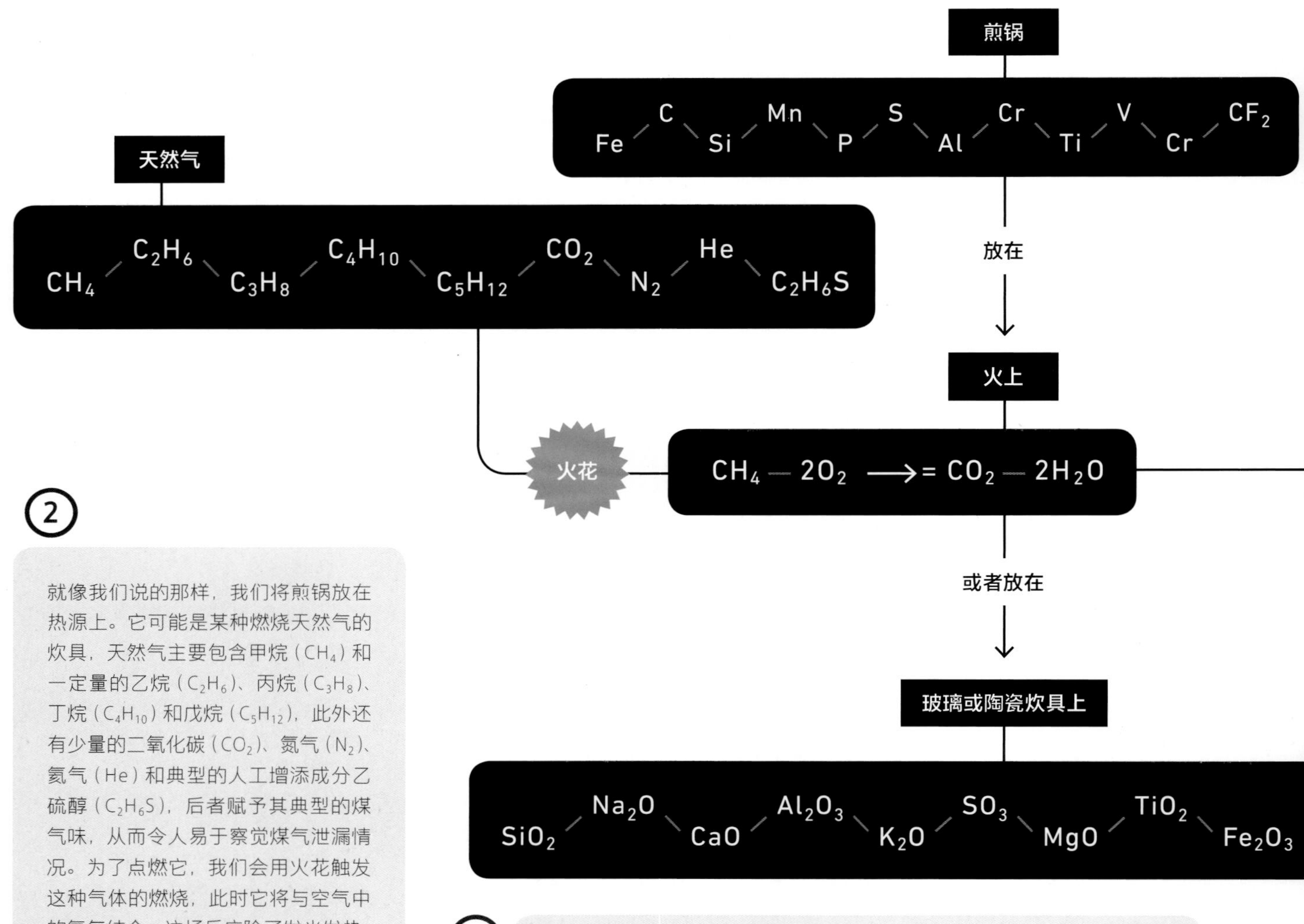

鸡蛋
碳酸钙（Ca-Co$_3$）
1
我们在热源上放置一口煎锅，它的材质是钢，即含有大约98%的铁（Fe），还有少量的碳（C）、硅（Si）、锰（Mn）、磷（P）、硫（S）、铝（Al）、铬（Cr）、钛（Ti）和钒（V）。此外，它还覆盖有特氟龙（Teflon）不粘涂层，尽管“特氟龙”实际上是注册商标和品牌名称，而这种材料的正确名称其实是聚四氟乙烯（CF_2=CF_2）。
煎锅
Fe C Si Mn P S Al Cr Ti V Cr CF_2
天然气
CH_4 C_2H_6 C_3H_8 C_4H_{10} C_5H_{12} CO_2 N_2 He C_2H_6S
放在
火上
火花
CH_4 — $2O_2$ → = CO_2 — $2H_2O$
或者放在
玻璃或陶瓷炊具上
SiO_2 Na_2O CaO Al_2O_3 K_2O SO_3 MgO TiO_2 Fe_2O_3
2
就像我们说的那样，我们将煎锅放在热源上。它可能是某种燃烧天然气的炊具，天然气主要包含甲烷（CH_4）和一定量的乙烷（C_2H_6）、丙烷（C_3H_8）、丁烷（C_4H_{10}）和戊烷（C_5H_{12}），此外还有少量的二氧化碳（CO_2）、氮气（N_2）、氦气（He）和典型的人工增添成分乙硫醇（C_2H_6S），后者赋予其典型的煤气味，从而令人易于察觉煤气泄漏情况。为了点燃它，我们会用火花触发这种气体的燃烧，此时它将与空气中的氧气结合，这场反应除了发光发热，还产生二氧化碳和水蒸气；换句话说，我们点燃了火：$CH_4 + 2O_2 = CO_2 + 2H_2O$。
3
如果是玻璃或陶瓷炊具，则含有很大比例的二氧化硅（SiO_2），但是还添加了氧化钠（Na_2O）、氧化钙（CaO）、氧化铝（Al_2O_3）、氧化钾（K_2O）、三氧化硫（SO_3）、氧化锰（MgO）、二氧化钛（TiO_2）和三氧化二铁（Fe_2O_3）……

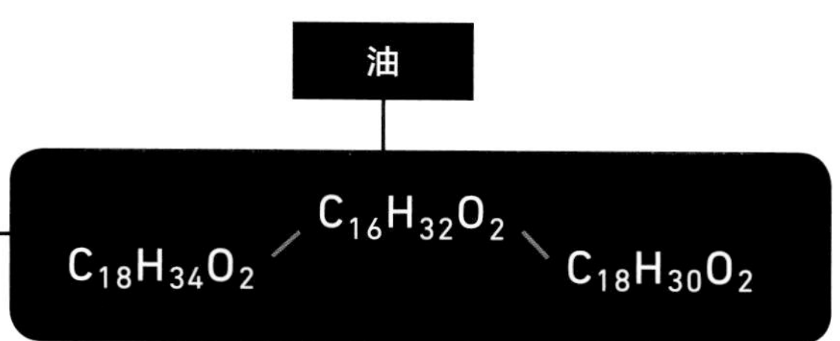

④

好的。到目前为止一切顺利。煎锅升温，我们加入橄榄油，一种亮黄色液体，它看起来很诱人，其98%～99%的成分是可皂化馏分，这些馏分由甘油三酯和游离脂肪酸组成，这些游离脂肪酸大多数是油酸（$C_{18}H_{34}O_2$）、棕榈酸（$C_{16}H_{32}O_2$）和α-亚麻酸（$C_{18}H_{30}O_2$），此外还有少量其他脂肪酸以及磷脂。

橄榄油中的甘油三酯是由1个甘油分子（$C_3H_8O_3$）连接另外3个分子而成的，甘油分子可以连接1个油酸、1个棕榈酸和1个α-亚麻酸，形成三条链。此外，它还含有不可皂化的馏分（$C_{29}H_{50}O_2$），由烃类、固醇类和维生素E组成。最后，它还包含其他次要成分，例如多酚（对味道非常重要）和与绿色、黄色和橙色等颜色相关的叶绿素（例如叶绿素A：$C_{55}H_{72}O_5N_4Mg$）和胡萝卜素（$C_{40}H_{56}$），以及赋予其香气的其他挥发性化合物。你必须承认，这些挥发性化合物的气味闻起来很棒……

⑤

让我们回到正题上来，一旦橄榄油的温度上升到大约170℃，我们就必须打破鸡蛋的外壳（由多种不同的蛋白质聚集成的硬壳）。它很容易在煎锅的边缘磕破。我们将鸡蛋打入橄榄油里，操作时要很小心，尽量不让自己被烫到或者碎蛋壳掉进煎锅中。

⑥

此时，我们会看到两个不同的部分：一部分是透明的，并且几乎立刻变成白色，而另一部分是黄色的。白色部分几乎不含任何脂肪，由蛋白质组成，主要是卵清蛋白，但也包含卵转铁蛋白、卵类粘蛋白、卵粘蛋白和溶菌酶。蛋白质是什么？它们是氨基酸线性链组成的大分子。那么氨基酸是什么？嗯，它们是形成蛋白质的单体。更简单地解释一下：我们的DNA（母鸡的DNA也一样）不仅能够自我复制，而且还会创造功能性分子，这些分子使用较小的化学分子（氨基酸）作为建造单元，能够执行我们的身体所需的特定过程。

例如，血红蛋白（一种蛋白质）与肺中的空气接触时能够被氧化，然后在和人体细胞接触时被还原（传递氧气）。换句话说，它携带来自肺的氧气。含有鸡蛋大部分维生素的蛋黄主要由脂类组成，其中的一些已经在前面提到过，例如油酸、亚麻酸、棕榈烯酸、棕榈酸及其他。

⑦

但是我们不要分心，因为鸡蛋已经开始在油中烹饪了，在汤匙或者漏勺的帮助下，我们将少量热油淋在鸡蛋上面，让两面同时烹饪。蛋黄和蛋白（尤其是蛋白）从黏性液体转变为固体。这是温度对蛋白质的影响，蛋白质会在70℃~80℃时凝结，这会导致蛋白质分子相互连接，它们聚合并形成巨大的高分子聚集体；简而言之，它们凝固了。蛋黄不要烹饪得太过头，我们需要蛋黄液蘸面包。一旦达到我们希望的凝固水平，我们便将鸡蛋从煎锅中取出，放进盘子里，准备食用……噢，不！我们忘了加氯化钠（NaCl），即盐。我们在想什么呢？居然还有人说化学在烹饪中没有一席之地！

烹饪是对食物的实验，尽管烹饪并不是在做科学研究

科学会导致实验、发现和研究。烹饪会导致同样的事吗？

实验（EXPERIMENT）

《韦氏词典》

1. 及物动词　以实践的方式测试和检查某样事物的性质和属性。
4. 不及物动词　在物理学和自然科学中，出于发现、验证或证明特定理论、现象或科学原理的目的而进行操作。

物理学和自然科学（又称“纯”科学）通过实验令理论、现象和原理得以证明，从而发展其知识范围。这种客观知识奠定的基础令现实能够得到解释。物理学和自然科学产生的科学知识可以作为许多其他学科和领域的起点，它们以此为基础扩大自身的视野。

转移到烹饪领域，我们可能会问烹饪在多大程度上可以进行实验，即“以实践的方式测试和检查”。实际上，测试“某样事物的性质和属性”完全符合我们烹饪时的行为，这些行为始终取决于产品的属性，而产品的属性在我们对产品应用技术进行实验时得到测试。要想在烹饪领域中创造，这种用食物进行实验的想法至关重要。对于通过以手工方式制作进行创造并且有心测试产品、技术和工具的厨师，这是他们的起点。在通过烹饪创造经过制作的产品时，食品工业也在不断进行实验。

因此，我们可以断言烹饪会导致实验，但说它是实验性的，并不意味着它可以被认为是科学性的。

发现（DISCOVER）

《韦氏词典》

1. 及物动词　使公开或可见。
2. 及物动词　首次看到或知晓。
3. 及物动词　查明。
1. 不及物动词　做出发现。

此外，烹饪导致发现的能力，实际上它自旧石器时代以来就一直在影响人们发现的能力。因为它是在各种情境和条件下发生的日常行为，所以它可以使与现实相关的事实以及结果（也就是食物和饮料）“公开或可见”。

“创造”和“发现”之间有一些混淆，用烹饪的术语可做如下解释。创造者是在制作（某种制成品）或生产（某种经过制作的产品），并得到某种独特的结果（如果它此前不存在的话）。为了完成这件事，厨师以新颖的方式使用产品、技术或工具，或者发明一种工具，从而发明出一种技术，将其应用于某种产品并转化。发现者是在将某种已经存在的产品、技术或工具融入自己的烹饪过程，这也可能产生新的结果，但是不伴随创造。新的产品可能来自其他文化或国家，并被运用到某种不同的情境中，或者在某种新品类被创造时或者现有产品的某种性质被更改时被重新发现。

研究（STUDY）

《韦氏词典》

1. 及物动词　详细阅读，特别是在以学习为目的时。
2. 及物动词　从事研究。
4. 及物动词　专注或仔细地思考。

烹饪是一门进行研究的学科，因为它需要不断地学习和增加知识，特别是在饮料领域，这在很大程度上是科技应用于烹饪过程的后果。作为一门可被研究的学科，烹饪产生新的概念和内容，因为它是一个基于学习和观察的“专注或仔细地进行思考”的连续过程。知识的产生尤其发生在任何类型的专才烹饪中，因为人们有更多时间并以非常专注的方式进行观察。烹饪不但在实践和经验方面逐步纳入大学学科，而且在理论上也逐步纳入学科，这增强了将烹饪视为一门持续而且将继续被研究的学术性学科的观念。

调研（RESEARCH）

《牛津英语词典》

1. a. 及物动词　从事（某主题）的调研；仔细调查或研究。
2. a. 名词　系统性的调查或探究，致力于通过对某个主题的仔细思考、观察或者研究，促进理论、主题等知识的发展。

为了使上述所有这些成为可能，烹饪还需要进行研究，并且需要确认常常始于假设（随后被证实或证伪）的新现实。烹饪调研是一种积累知识的方法，它为烹饪理论提供坚实的基础，并且当调研与烹饪过程或者与其任何构成元素相关时，就可以扩大烹饪的实践范围。烹饪或美食研究是在厨房、实验室、工业等场景中进行制作时发生的，但是烹饪在其他专注于研究而不必诉诸实践的情境和背景下，也可以涉及理论层面的探索而无须烹饪过程。与发现行为（有时可能是偶然的）不同，研究是一种有意的活动，它追求知识的巩固，而且如果未知现实的一部分被知晓或者能够以新的方式理解，则会导致新的发现。

用科学思维烹饪，用科学方法烹饪

烹饪中的科学思维：当科学知识包含在烹饪过程中时

思维（MINDSET）

《牛津英语词典》

个人的观点、哲学或价值观；（当今更为普遍）思维模式，态度、性情。

科学的（SCIENTIFIC）

《牛津英语词典》

2. 形容词　产生或提供公理或某些知识……
3. a. 形容词　某种过程、方法、实践等：相对于传统实践或自然技能，它是基于科学或者有科学规定的；根据科学原理是有效的。

我们必须指出科学可以作为附加方面应用于烹饪过程，这个方面与科技的使用充分相关。在这一点上，至关重要的是不要将科学误解为科技（尽管它是科学知识产生的）或工具（应用技术的结果）。

鉴于高档餐饮不是一门科学，并且不会产生科学知识，因此我们强调这样一种思想，即只有在外部科学知识应用于指导烹饪时，我们才能在烹饪中谈论科学。这种情况系统性地发生在食品工业的烹饪中，并在某些高档餐厅中以极低的频率发生。于是，我们发现自己面对两种截然相反的情况：没有科学知识就无法理解工业烹饪，而高档餐饮部门的烹饪几乎不熟悉科学知识的应用。

虽然某些以手工方式制作或者只进行少量生产的厨师在特定的时间、怀着特定的目标扩展了自己的专业化知识，但是他们不是科学家（很少有例外），也不具备科学知识。职业厨师可以求助于必要的科学或其他知识的该领域专业人士提供特定指导。这些厨师不能被视为科学家，因为他们是从专业科学家那里学到或者获得这些知识，所以他们应该被视为专家厨师。一名厨师能够做到的最好的事是拥有理解任何菜谱所必需的知识，并且从其他专业人士那里寻求所需的专门知识。

以手工方式工作（即在食品工业之外）的厨师的确使用了利用科学知识设计的产品和工具（它们令技术得以应用）来完成自己的工作。这里的重点是，这些工具在使用时可以不需要科学知识，实际上常常如此。

职业厨师可能拥有科学思维，这表现在这些厨师会寻找专家，这些专家拥有职业厨师所缺乏的科学知识，能够建议职业厨师将这些知识融入他们的烹饪过程中。在一家标准很高的餐厅，烹饪既是为了再生产也是为了创造，那么就可能存在一种科学思维，它能够使科学知识和烹饪知识互相结合并产生结果，20世纪末的科技情感烹饪法就是如此。在发生这种情况时，我们可以真正地说餐厅中有科学，并且有一定水平的科技。

烹饪中有科学方法吗？

科学方法

科学方法是一组有序的步骤，主要用于发现科学中的新知识。要想被认为是科学的，研究方法必须以经验主义和测量为基础，并且要遵循特定的推理方法。

《牛津英语词典》将科学方法定义为“自17世纪以来就体现出自然科学特色的方法或程序，包括系统性的观察、测量和实验，以及假设的形成、测试和更改”。

科学方法有两个基本支柱：可再现性和可证伪性。

作为“一组有序的步骤”，我们还可以将科学方法描述为“科学过程”。因此，我们承认烹饪与科学具有一项共同特征，那就是它也拥有基于一系列有序步骤的方法，这些步骤加在一起就是一个过程——烹饪过程。二者都以经验过程为基础，而且虽然烹饪不能被归类为调研，但是它采纳了调研的一些细微之处。我们不能说高档餐饮的方法不是科学性的，因为它基于假设的提出和研究。如果这些假设是准确的，它们可以被复制，如果它们是不准确的，则会被证伪。

同样的事发生在食品工业，在这里，我们基于某种假设对结果（经过制作的产品）进行验证，同时进行比科学意义上的调研多得多的调研。烹饪中的科学方法与创造过程联系得更加紧密，在这一过程中，鉴于新知的获得通常不来自再生产过程，烹饪以更有序的方式进行。取决于创造者和厨师的身份以及创造过程，我们会发现烹饪和科学方法的某些概念之间存在相似之处。

“如今，对于高档餐饮部门的厨师，科学思维已是一项纳入考虑的因素。”

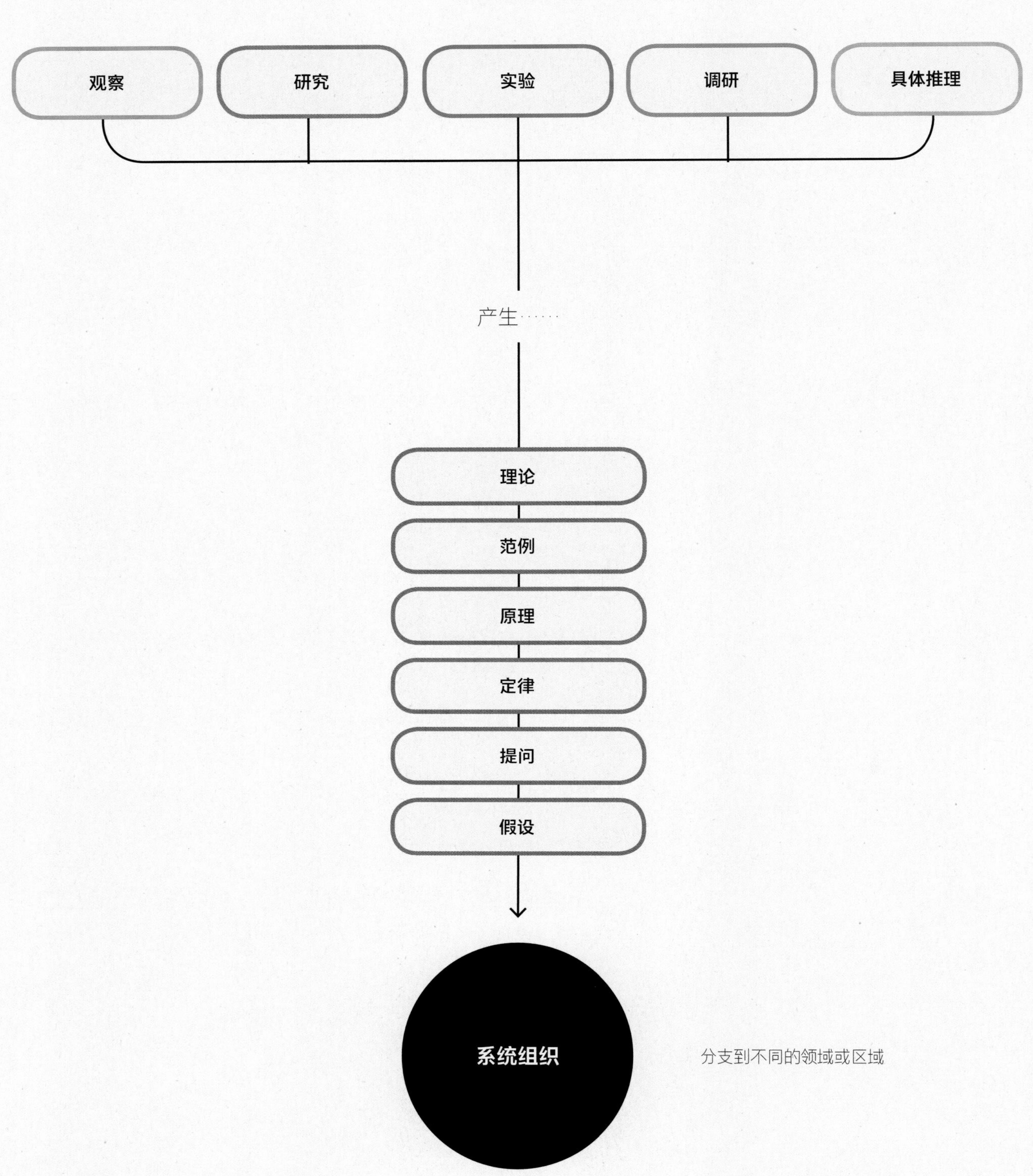
科学是什么？
知识获取
观察
研究
实验
调研
具体推理
产生……
理论
范例
原理
定律
提问
假设
系统组织
分支到不同的领域或区域

液氮，噢……

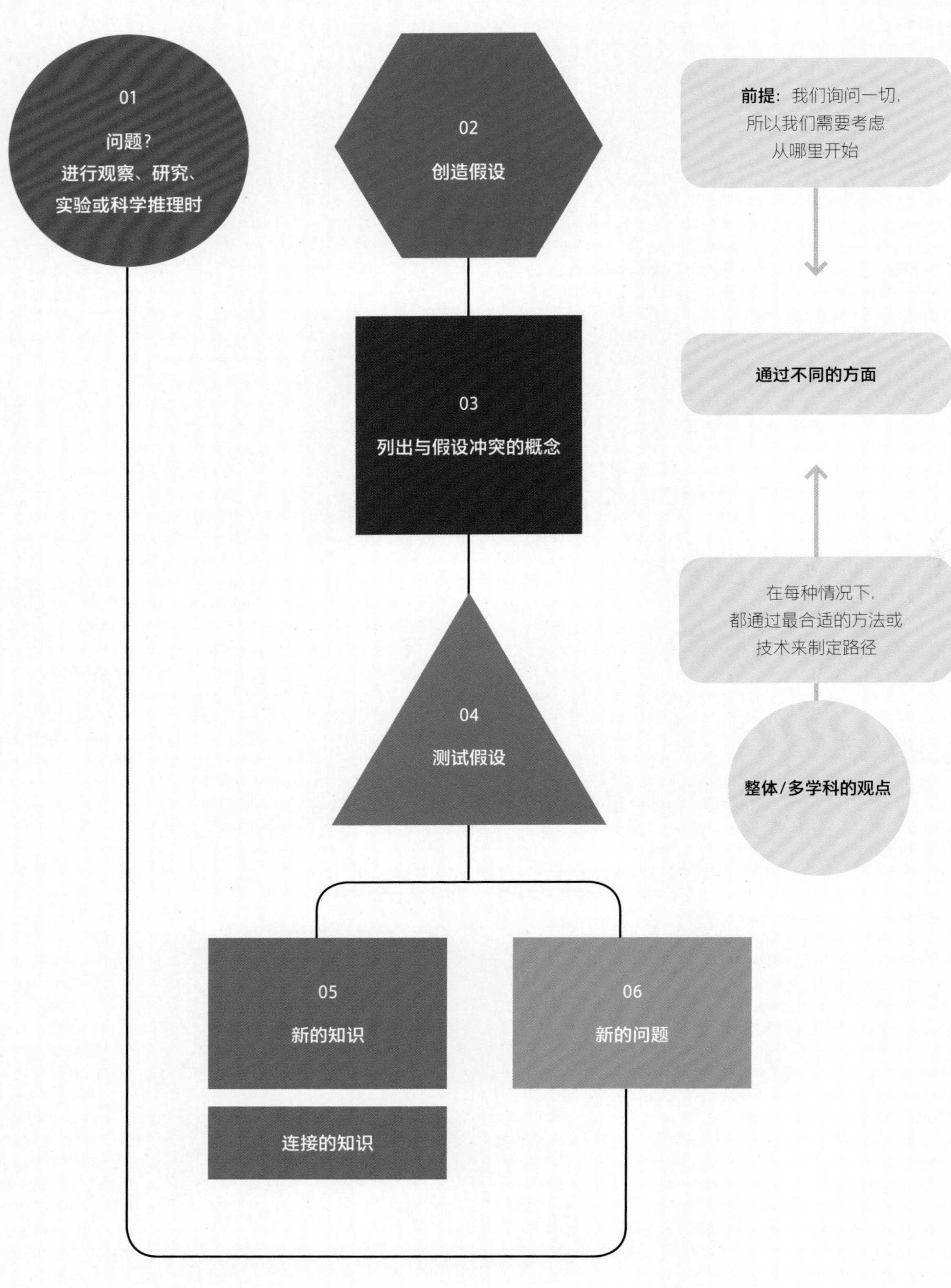
智论方法学视角下的科学方法图解
我们以假设为例，我们可以从该组中
选择其他任何一个具有相同地位的类别：
提问、理论、范例、原理、定律
01
问题？
进行观察、研究、
实验或科学推理时
02
创造假设
03
列出与假设冲突的概念
04
测试假设
05
新的知识
06
新的问题
连接的知识
前提：我们询问一切，
所以我们需要考虑
从哪里开始
通过不同的方面
在每种情况下，
都通过最合适的方法或
技术来制定路径
整体/多学科的观点

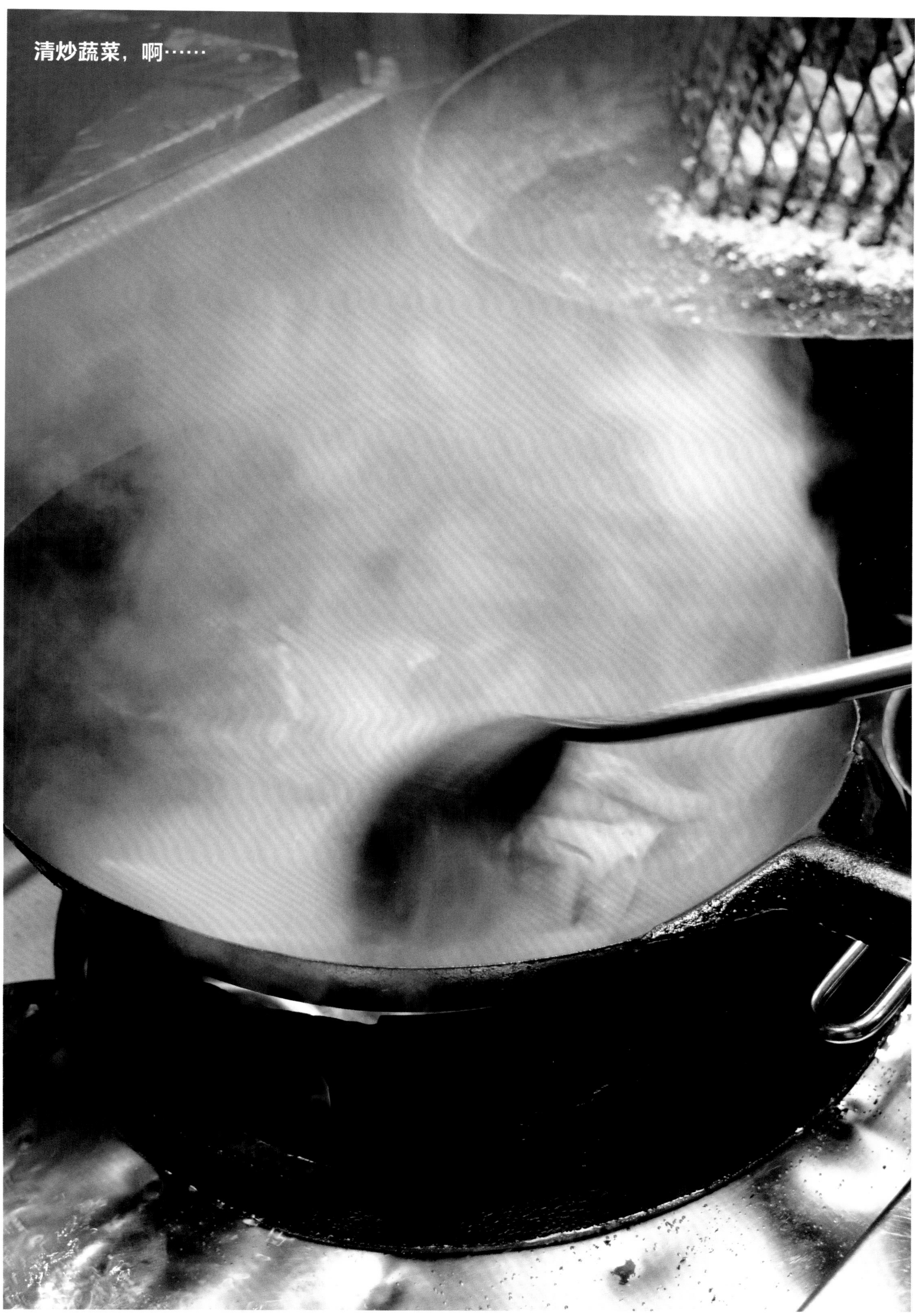
清炒蔬菜，啊……

将烹饪理解为一种过程

首先，有必要解释我们对过程的理解是什么。《牛津英语词典》对“过程”的定义之一是“以确定的方式发生或执行的，具有特定结果的连续而有规律的行为或一系列行为；持续性操作或者一系列操作”。要想识别每种过程，必须考虑到这些行为或者程序始终是在某种背景下发生的。

每种过程的背景确定了行为主体、变量、资源、个性和其他因素的集合，这些因素一起影响被执行的行为。它还导致根据特定可能性的特定处理方式的发展。考虑到拥有特定资源（人力资源、经济资源、组织资源……）或特定个性的可能无疑会影响其发展，因此背景和过程实际上是不断相互作用的。随着时间的推移，过程分为一系列不同的阶段。该序列由项目实施过程中特定和定义时间内所涉及的元素、程序和活动组成，目的是实现特定的结果。

烹饪过程

在烹饪活动产生的过程中，一个或多个行为主体（特别是厨师，但也包括服务人员或者在家庭领域承担上菜任务的人，以及品尝者，无论是顾客还是同行用餐者）执行包含于不同阶段（包括活动、程序和元素）的一系列行为，这些行为的总持续时间可能有所差异。

过程的各个阶段与背景相关联并由背景确定（行为主体、资源等的干预），并且包括使用工具应用技术以获取最终结果（供品尝的制成品）。

我们在右边列出了“过程”概念的基本轮廓，以便于理解。和这个例子相比，阶段的数量可能更多或更少，而且它们的持续时间可能不同。

烹饪过程是为了烹饪而进行的一系列步骤。

烹饪工程学

工程学，《牛津英语词典》

1. 名词　科学技术的一个分支，涉及使用专门知识或技能对引擎（各种意义上的）、机器、结构或其他复杂系统和过程进行开发和修改，通常是为了公共或商业目的。

烹饪工程学是工程学的一个分支，它应用一系列科学和技术知识来创建或完善用于烹饪的新技术和工具。它是推动烹饪不断创新和进步的驱动力之一，因为正是通过应用其结果，我们才能实现新的烹饪方式。

工程学的这个方面对于食品工业至关重要，因为在此进行的整个烹饪过程都依赖于在生产过程中使用工程机械应用技术。然而，当我们谈论由公共或私人领域的厨师进行的手工烹饪时，就与烹饪工程没有关系了。

烹饪：再生产

制成品是由使用之前再生产出的元素创造的，以供立即使用或储存。

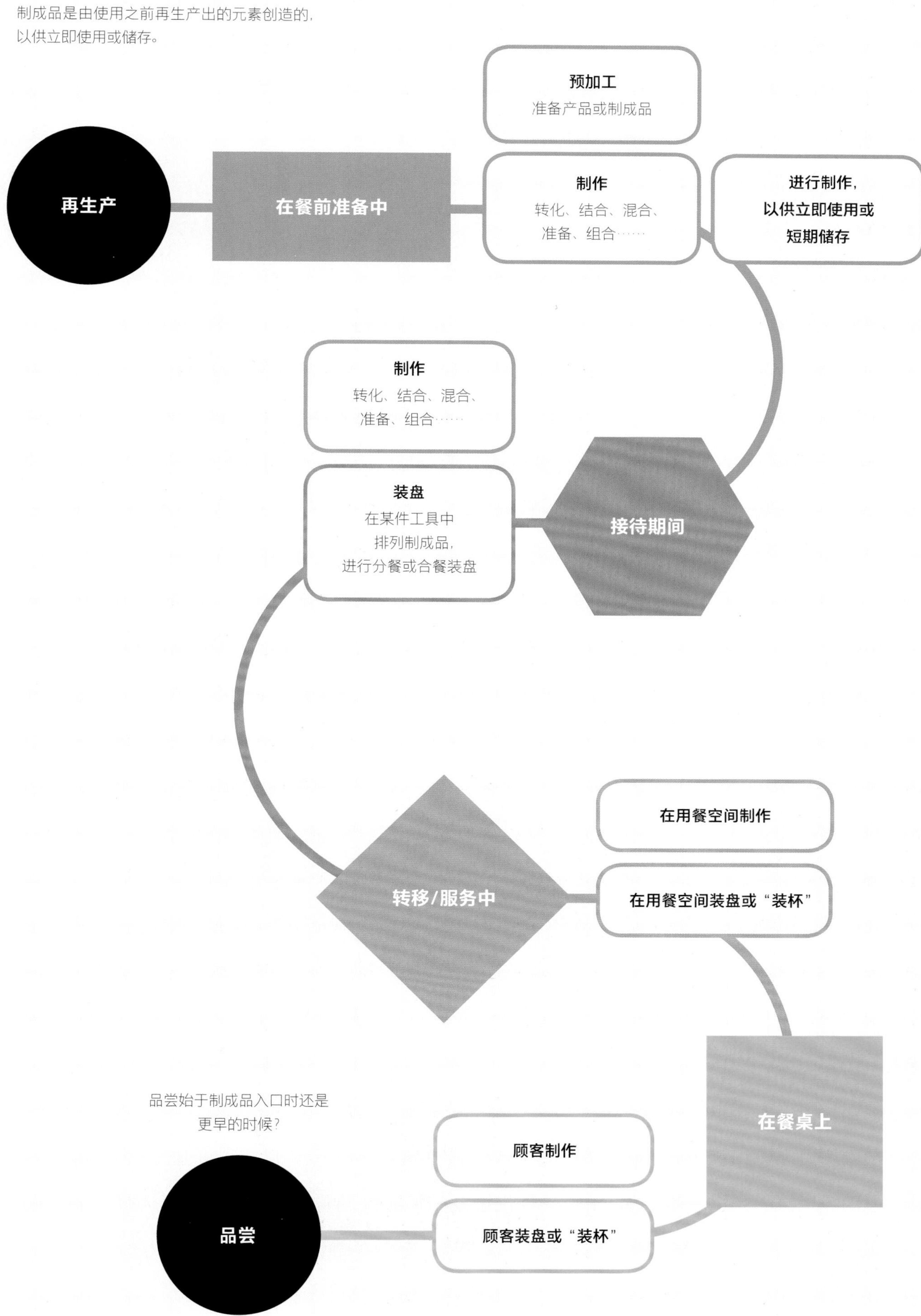

高档餐厅中再生产过程的各个阶段

在高档餐厅中，再生产过程每天都要进行，它包括所有其他令烹饪成为可能的过程，以及真正的烹饪过程（制成品通过该过程制作）。因此，我们不能只谈论这个过程，因为这会忽略在它之前或之后发生的其他过程，美食供应要想存在，这些过程是绝对必要的。

烹饪过程发生在再生产过程之中，还有其他过程作为它的补充，这些过程并非严格意义上的烹饪，但是它们对于烹饪的发生至关重要，并令后续的体验过程（包括顾客的品尝）成为可能。顾客之所以能够在餐厅中体验品尝过程（构成美食供应的制成品的再生产），是因为其他过程——烹饪过程（显而易见）及其他——已经开始了。

过程（可以是我们稍后描述的任何一种过程）中的各个阶段应被理解为一个序列，这些阶段一个接着一个进行，不必一定在时间上紧挨着（例如，餐前准备可以在服务之前数小时进行），但是必须以在餐厅进行的活动为背景。过程都会设定场景，令下一个阶段可以发挥作用并产生意义。

过程和在餐厅中执行这些过程所需资源的结合构成了一套系统。在这套系统中，每个过程都有特定的制约因素，具体取决于我们稍后将要讨论的大量变量。在这一点上，最重要的是要理解我们将要解释的过程包含在一个整体中。没有其他过程，系统就不可能发生，这赋予系统一定的互相依赖性，而系统涵盖不同的阶段，这些阶段共同实现最终的目标：令顾客能够在餐厅中体验，并在这种体验中品尝构成餐厅美食供应的制成品。

烹饪之前必须进行的过程

为了使烹饪在高档餐厅中成为可行的选择，并且为了让被烹饪的东西成为美食供应的一部分，在烹饪过程之前，需要进行一系列其他过程。显而易见，第一批过程需要确保餐厅拥有补给（组织过程、采购过程、控制过程），然后是保证餐厅日常活动的过程（管理过程、交流过程、服务组织过程）。这些过程都有不同的内部阶段，但在这一点上，最重要的是要理解阶段是链条中最前面的环节，它们继续将各个过程逐个连接，从而在高档餐厅中生产食物和提供饮料。

“再生产过程还包括制作之前和之后的其他过程。”

与再生产过程相连的过程

销售和营销过程

▶ 吸引顾客

管理过程

▶ 检查预订情况

组织过程

▶ 订购产品

采购过程

▶ 产品收货
▶ 检查，可追溯性，HACCP食品安全管理体系
▶ 入库，储存

控制过程

▶ 存货盘点

交流过程

▶ 员工会议
• 岗位
• 厨房
• 一线服务部门和厨房

服务组织过程

▶ 建立场景以开始服务

控制与核查过程

▶ 中间制成品

……以及许多其他过程

烹饪过程中的阶段

阶段1. 餐前准备：准备

烹饪过程的启动阶段是餐前准备，它包括接待期间使用的中间制成品的所有预加工和制作。在这个阶段，“预制”的所有中间制成品可以直接用于烹饪（如果直接上菜，就是供品尝的制成品）或者被储藏起来（见第114页），并用于在将来发生的制作过程（取决于何时进行制作，将应用短期或长期储存技术）。

► **预加工**
- 供立即使用
- 供短期储存
- 供长期储存

► **在厨房中的制作**
- 供立即使用的中间制成品
- 供短期储存的中间制成品
- 供长期储存的中间制成品

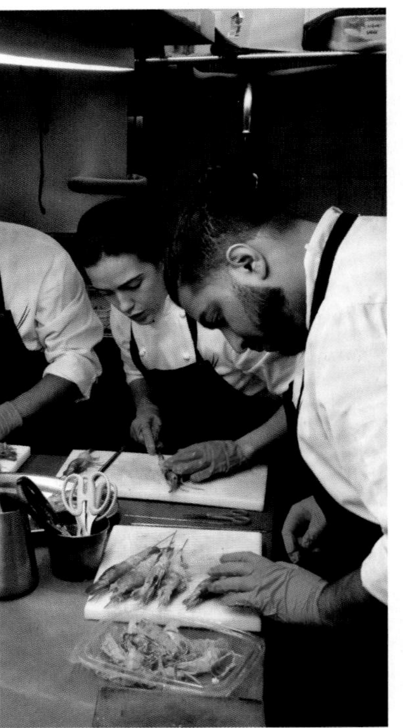

阶段2. 服务或“接待”：制作

服务阶段，又称“接待”（the “pass”），是指餐厅向公众开放并接受点单的时间段。换句话说，是厨房员工在工作而顾客在等待品尝或者正在品尝制成品的时间。厨房里的专业人士生产包含于餐厅供应中的制成品，即包含于餐厅的定食套餐或点菜菜单中的食物或饮料。用于厨房制作的时间并不一定是餐厅开门营业的全部时间，因为当服务结束时，顾客可能仍然在用餐空间中进行餐后的谈话，并由一线服务员工服务他们。

► **厨房中的制作**
- 中间制成品
- 构成另一种中间制成品的一部分
- 构成装盘制成品的一部分

阶段3. 服务或“接待”：装盘

中间制成品一旦被烹饪，就会被装盘然后再离开厨房，而且可以被装在单人工具（盘子、碗、汤匙）或者共用工具（托盘、大餐盘）中。当厨师装盘中间制成品时，结果是装盘制成品，它可以转移到用餐空间，即顾客即将品尝它的地方。当装盘发生在厨房时，无论是分餐装盘还是合餐装盘，装在一个还是多个容器中，“来来去去”的制成品都是装盘制成品，它们的制作过程在这里结束。如果一线服务人员或者顾客不对它们进行任何进一步的转化，它们还是供品尝的制成品。

► **厨房中的装盘**
- 装盘制成品
- 供品尝的制成品（不再进行转化）

在阶段3（在厨房中装盘）和阶段4（制成品离开厨房）之间存在空间上的重大变化。我们在这里强调，烹饪过程可能会在此时结束。如果一线服务人员和顾客都不对装盘后离开厨房且准备好被品尝的制成品进行任何转化，那么我们现在描述的阶段就不会发生。在这种情况下，我们将继续进行其他令品尝成为可能的过程。

当烹饪过程被转移到用餐空间，我们认为一下阶段是同一过程的延续，它发生在厨房之外的空间，在那里，某位并非实际厨师的人继续进行制作。当然，存在一些例外，例如在酒吧里或者在厨房餐台上。

阶段4. 在用餐空间中：制作或装盘

如果服务人员或厨师（离开厨房）前往顾客就座的地方，并继续使用工具对刚刚在厨房里做好的产品或中间制成品应用技术，延续某种制成品的再生产过程，那么此时制作发生在就餐空间。所有制成品都是中间制成品，直到被装盘为止。

装盘也可以在就餐空间中进行，制成品被装进一或多个容器，服务人员将中间制成品（在用餐空间或餐厨房制造）变成装盘制成品。当制成品出现在用餐空间中的合餐装盘工具内时，服务人员可以为每个品尝者装盘，分配单人分量。当制成品出现在用餐空间中时，制成品还可以被装在转移工具而不是装盘工具内；服务人员用转移工具为顾客单独上菜。

▶ **在顾客面前制作（厨师或一线服务员工）**
- 中间制成品

▶ **在顾客面前装盘（厨师或一线服务员工）**
- 装盘制成品
- 供品尝的制成品（如果不再进行转化的话）

如果部分或全部制作过程留给餐桌或者吧台旁的顾客，那么在这种情况下，“烹饪过程”不仅逃出了厨房，而且并非全部由餐厅员工中的职业成员执行。

▶ **由顾客进行制作**
- 中间制成品

▶ **由顾客进行装盘**
- 装盘制成品
- 供品尝的制成品（如果不再进行转化的话）

转移和服务所需的过程

转移和服务过程构成了再生产过程的一部分，因为它们也令美食供应的存在成为可能，即使它们发生在厨房外，而且并非严格意义上的“烹饪”过程。服务专业人员（见第337页）负责将食物和饮料制成品带给顾客，并在餐桌上将食物和饮料呈上。

转移制成品的过程

所谓转移（transfer），我们指的是将制成品（无论是分餐装盘的还是合餐装盘的）从厨房拿到用餐空间，抵达顾客餐桌的行为。

- ▶ 合餐装盘制成品
- ▶ 分餐装盘制成品

制成品的服务过程

所谓服务（serving），我们指的是在餐桌旁服务，令顾客能够在服务人员撤离后继续品尝。

- ▶ 合餐装盘制成品
- ▶ 分餐装盘制成品

品尝过程

在厨房中制作（或者在厨房和用餐空间中制作）接着（在厨房或用餐空间）装盘后，制成品被品尝。该过程的主角不是职业人士，而是参与高档餐饮体验的顾客。品尝包括在体验过程中，它紧随再生产过程，并因为后者成为可能。

品尝过程

- ▶ 供品尝的制成品

“作为一个整体，
再生产过程令品尝成为可能。”

图形表现了烹饪：再生产过程的流程图

流程图是对构成过程的事件、阶段或操作序列的图形表示。从更大的视角来看，它也可以代表一种系统，可以理解为若干过程的组合。我们将在后面讨论系统问题，但是现在我们将使用流程图的概念，将其用作过程的图形反映。

流程图浓缩信息并使其本身更易于理解。在流程图应用于过程时，它会确定其边界并设置起点和终点。它还确定过程的范围，并列出获得结果所需要遵循的路径。所有这些都可应用于烹饪过程，该过程分为不同的阶段，各个阶段的持续时间不一，并且需要特定的行为和资源。现实中存在令过程得以实施的指导和既定规则。所有这些信息都可以包含在流程图中，一目了然。每张流程图都代表特定的烹饪过程，即每张流程图都对应制造某种特定制成品的过程。

当特定制成品的烹饪过程呈现在流程图中时，图表将捕捉进行制作所需的每一个阶段。流程图涵盖烹饪过程的所有阶段，而不仅仅是对产品或制成品进行转化的那些阶段。换句话说，流程图包含厨师进行的所有阶段，从预加工到品尝，或者直到烹饪结果被储存起来（如果它将在其他烹饪过程中用作中间制成品的话）。

在理想情况下，如果我们为每种制成品的每个菜谱绘制一张流程图，那么我们不但能够按照菜谱中列出的步骤进行操作，而且我们刚一开始烹饪，就可以查阅这张图表。通过这种方式，厨师能够以图形的形式查看即将进行的阶段和任务，以及它们将花费多长时间，并且可以从菜谱中获取更多的特定信息。

对页的流程图代表在餐厅制作煎蛋的烹饪过程，展示了获得结果所需的步骤顺序。正如我们在第190页所解释的那样，它表明了烹饪过程可以如何在系统内构建。

每种制成品都可以对应一个与我们在这里提供的流程图相似的流程图。和制成品一样，流程图的种类也有成千上万。

“菜谱、算法、流程图、过程和系统将是烹饪任何制成品的理想方式。”

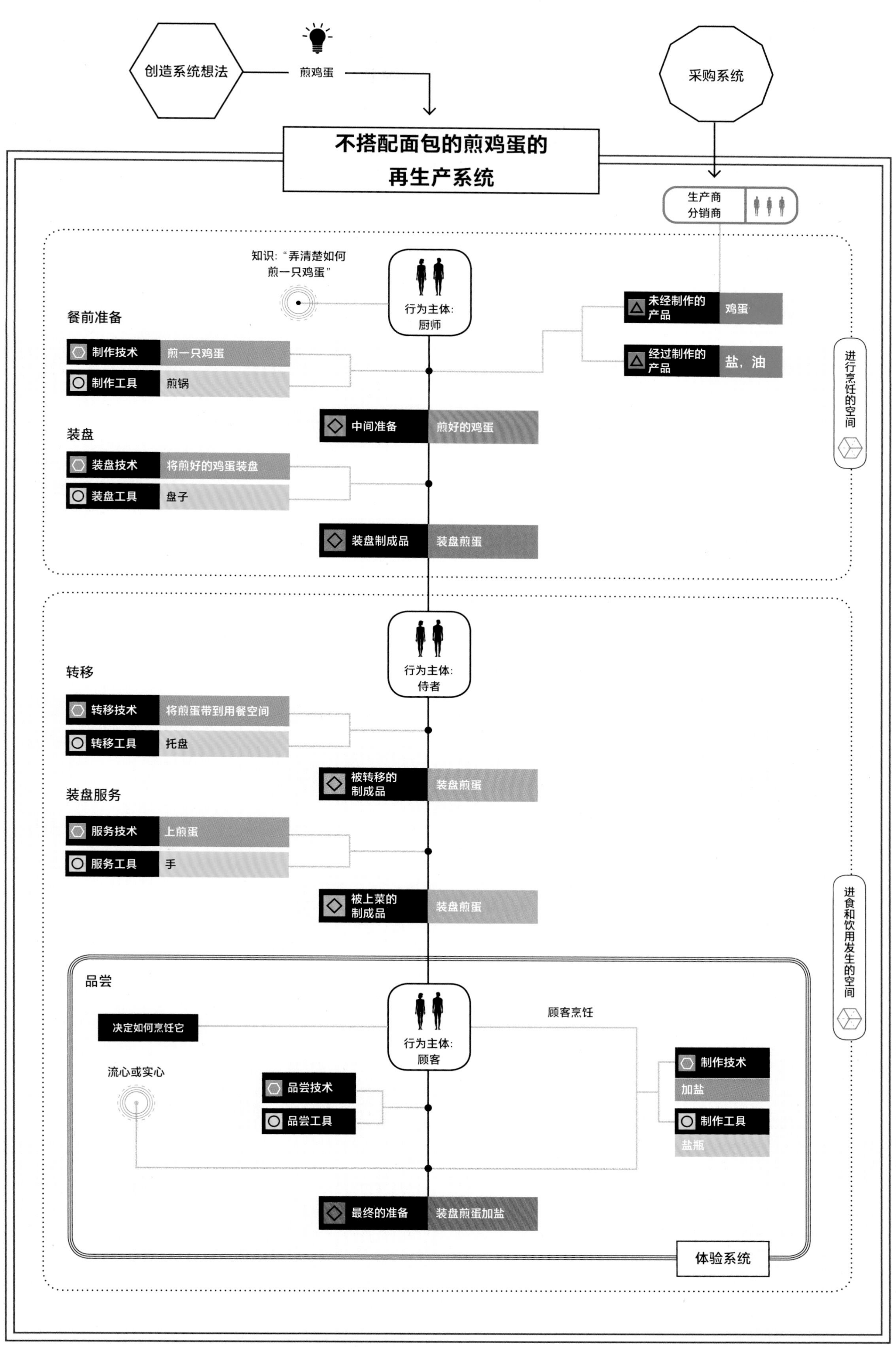

创造系统想法
煎鸡蛋
采购系统
不搭配面包的煎鸡蛋的再生产系统
生产商
分销商
知识："弄清楚如何煎一只鸡蛋"
行为主体：厨师
餐前准备
制作技术
煎一只鸡蛋
制作工具
煎锅
未经制作的产品
鸡蛋
经过制作的产品
盐，油
中间准备
煎好的鸡蛋
装盘
装盘技术
将煎好的鸡蛋装盘
装盘工具
盘子
装盘制成品
装盘煎蛋
进行烹饪的空间
行为主体：侍者
转移
转移技术
将煎蛋带到用餐空间
转移工具
托盘
被转移的制成品
装盘煎蛋
装盘服务
服务技术
上煎蛋
服务工具
手
被上菜的制成品
装盘煎蛋
进食和饮用发生的空间
品尝
决定如何烹饪它
行为主体：顾客
顾客烹饪
流心或实心
品尝技术
品尝工具
制作技术
加盐
制作工具
盐瓶
最终的准备
装盘煎蛋加盐
体验系统

资源是烹饪必不可少的：没有资源，就没有烹饪！

要想在高档餐厅中进行所有过程，资源是必不可少的；资源和过程共同构成整个系统，而系统是我们将在后面讨论的主题。在这里，我们将解释高档餐厅中的资源是什么。

实际上，作为提供和消费美食供应的空间，为了制作和品尝的发生，高档餐厅需要大量资源（而不是产品），这些资源对于令烹饪过程成为可能的各种非烹饪过程而言是必不可少的。例如，家具、餐具、人力资源和照亮餐厅的电力照明就是资源，因为它们令系统内的不同过程成为可能。如果餐厅中没有它们，那么用到它们的阶段将难以运转，实际上根本不可能进行。在说到资源时，我们应该对在餐馆中出现的两种主要资源类型做出意义重大的区分，它们通常还会出现在发生烹饪的任何环境中，但是现在我们只谈论餐厅：美食资源和非美食资源。

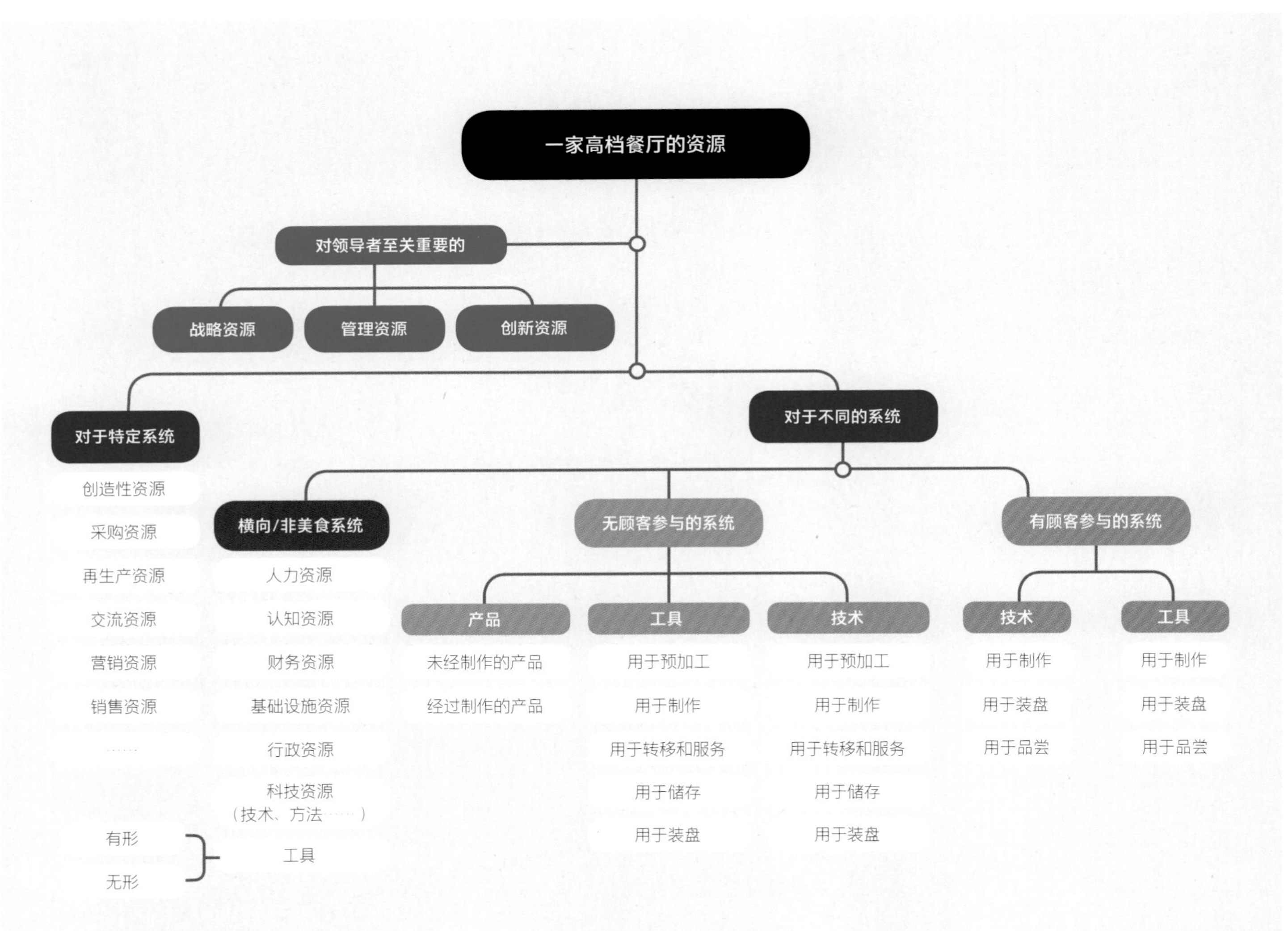

＊中间结果可被视为资源的结果。

非美食资源

非美食资源是指在高档餐厅的活动中必不可少的与美食不直接相关的所有资源，也就是说它们不是产品，也不是烹饪技术或工具。非美食资源包括人力资源（所有员工，无论他们执行的任务是什么）、基础设施、空间和时间，这些对于美食供应的生产都至关重要。

有些非美食资源是每个系统（我们将在后面谈论这些系统）固有的，用于在准确且特定的时间实施诸如创造、采购、再生产、交流、出售、管理、创新和营销等过程，以获得结果。然而，其他非美食资源则被横向使用并存在于不同的系统中。换句话说，它们在同一系统的不同过程中被使用。这些非美食资源包括人力资源、财务资源、组织资源、基础设施资源、行政资源和控制资源，以及餐厅中使用的所有非美食产品，这些非美食产品是实施多个过程所必需的，并被用在多个系统中以获得结果。

美食资源

所谓美食资源，我们指的是令烹饪和美食活动成为可能的基本元素。虽然它们都需要更详细的解释，但是在这里，我们将重点放在与我们前面描述的过程直接相关的资源，以及我们在高档餐厅再生产过程中的不同阶段中发现的资源。

所谓产品，我们指的是可购买或者获取的所有美食资源。它们可以是可食用的（用于转化为制成品），也可以是不可食用的（用作工具，进行制成品的制作、装盘、转移、服务和品尝）。

- **可食用产品**：所有用于烹饪并转化为制成品的资源。但是并非所有可食用产品都是一样的，因为有些可食用产品在获取时已经过制作，而另一些未经制作。根据智论方法学，我们对其进行如下区分：

未经制作的产品	直接来自其生产所在地的产品，成分和性质未经任何修改，因为它们尚未被烹饪。	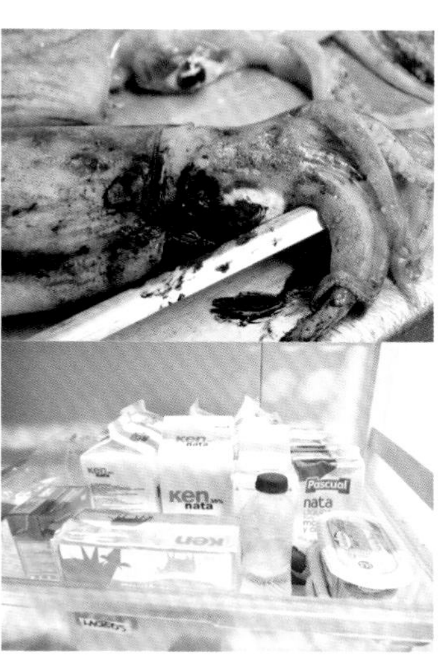
经过制作的产品	在销售之前生产的产品，即在获取时已经制作过的产品，到达厨师手上时已被转化或修改。	

▶ **不可食用的产品**：用于应用技术的所有工具。与可食用产品一样，它们是根据在再生产过程中的被使用的阶段进行分类的。

预加工工具	用于准备产品的工具。 
制作工具	通过一系列技术获得中间制成品，从而转化产品的工具。 
储存工具	令中间制成品得以被储存或在烹饪时间之外的其他时间被品尝的工具。 
装盘工具	令制成品得以被装盘的工具，可将所有最终制成品装在同一容器中，或者将它们分配在数个不同的容器内。 
转移工具	厨师或服务性员工能够将制成品从厨房转移到餐桌的工具。 
服务工具	服务性员工或负责制成品上菜的个人所使用的工具。 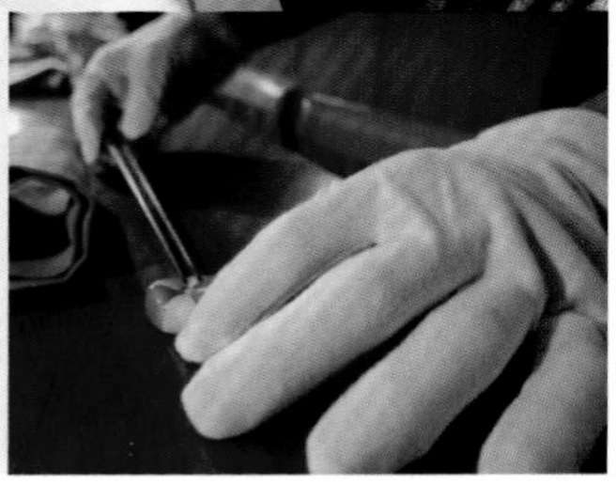

▶ **技术**：除了可食用和不可食用的产品，技术是另一类美食资源。我们可以将“技术”定义为获得特定结果的所有行为或一系列操作。技术是烹饪过程中一个非常复杂的领域，因为其难度水平（见第118页）可能会根据应用于产品的技术而差异巨大。每种技术都涉及对特定工具的操纵和控制，为此可能需要特定的知识。与工具一样，技术也根据再生产过程中被使用的阶段进行分类。

预加工技术	产品用在制作过程中之前用于准备产品的技术。
制作技术	用于获得中间制成品（可能用于立即消费或者被储存起来）的技术。
储存技术	用于制作产品并保存的技术，使产品在烹饪后如果不立即作为制成品消费掉，也不会腐烂或浪费。这些技术令中间制成品得以被储存或在烹饪时间之外的其他时间被品尝。储存技术分为短期储存技术和长期储存技术（见第114页）。
装盘技术	用于将中间制成品摆放或安排在一个或多个摆盘工具中的技术或创造出组合：摆盘制成品。
转移和服务技术	包括用于在厨房和用餐空间之间进行转移的技术。服务人员用来将制成品从厨房带到用餐空间并给置身于用餐空间的顾客上菜，以及所有与顾客服务有关并满足品尝相关需求的技术。

系统和子系统：将料理关联到餐厅的复杂性

如果没有令所有这些过程成为可能的美食资源和非美食资源，这些过程（包括与获得结果相关的各阶段）都将无从谈起。当过程和资源在高档餐厅中结合时，它们确认了一个系统的存在，即该餐厅的整体运营系统，它们被理解为该系统的一部分，而该系统是一个将它们组合在一起的更大的单元，并巩固了它们的目标。

一家餐厅的整体运营系统就像一把伞，下面共存着许多子系统，令美食供应的日常再生产成为可能。这些子系统全都与为顾客提供体验的终极目标相关联。显然，这涉及烹饪制成品和提供上菜服务，但是还需要许多其他工作领域——从补给到清洁（它们都有自己的子系统）——来使这两件事成为可能。

餐厅中的任何系统都只在组成过程以及执行过程所需的资源时存在。我们发现，令餐厅的活动能够发生而相互连接的每个子系统都满足如下前提：子系统由使用特定资源实施的过程构成，这些资源让子系统能够连接餐厅内的其他系统。有些资源是在某一过程中的特定时刻专门使用的（例如某种特定的制作技术），而另一些资源是横向的，可以出现在不同的过程甚至子系统中（例如餐厅中照明的电灯）。

作为一个整体，再生产系统涵盖了在一家高档餐厅令食物和饮料等美食供应成为可能所必需的所有子系统，而且包括除纯烹饪外的许多过程和资源。要让烹饪行为能够再现，即令烹饪子系统发生，那就需要此前和此后的子系统，烹饪子系统必须与它们连接，而且我们将它们视为整体运营系统的一部分。

我们确认了四个对制成品进行再生产的子系统（根据它们包含的过程和使用的资源进行区分），以及第五个在餐厅中交付创造成果（创造和创新系统）从而令制成品的再生产成为可能的子系统：

在甜味世界再生产食物的子系统

在咸味世界再生产食物的子系统

在甜味世界再生产饮料的子系统

在咸味世界再生产饮料的子系统

对制成品进行原型设计的子系统

它们中的每一个都包括服务之前、之中和之后的其他子系统，它们共同构成了这些再生产子系统：

- 在服务之前，有获取产品的子系统（与采购系统相连），以及预加工、制作、短期储存和立即使用的子系统。

- 在服务之中，有交流、布置、欢迎（当顾客抵达时）、美食供应的呈现、制作和摆盘，以及向用餐空间的转移和服务的子系统。其中，我们找到了在甜味世界或咸味世界中烹饪食物或饮料制成品的不同子系统。

- 服务结束后，其他相互连接的子系统将发挥作用。它们包括交流（为了接收顾客的反馈）、告别或忠诚度的建立、清理以及短期和长期储存子系统。

在餐厅中再生产的制成品的性质和特征决定了系统之间的差异，包括负责烹饪的烹饪子系统，以及负责装盘等任务的子系统。此外，实际上的再生产系统可能会根据它涉及的是甜味还是咸味世界、烹饪的制成品是食物还是饮料而有所差异，其相应过程和资源都不同而且是特定的。它们在每种情况下都很特别，并且由特定阶段（在过程内）构成，因此可以根据这些标准将它们区分为不同的再生产子系统。

通过这种方式，我们可以看出餐厅中的一切事物与在那里发生的一切行为之间存在多么牢固的联系，且在每种情况下，餐厅里的一切是如何以特定的方式进行管理、组织、采购、烹饪、服务的，所有这些都会导致每个子系统的过程和资源产生差异，并基于每种美食供应（系统的焦点）定义每个场所的整体运营系统。

“高档餐厅举办一套仪式下的一系列仪式，
因为它拥有一套系统下的一系列系统。
整体性的服务在每张餐桌旁产生特定服务，
并通过子系统之间的协调成为可能。”

高档餐厅中的整体组织和运营系统

展示高档餐厅组织和运营流程的主要初级系统

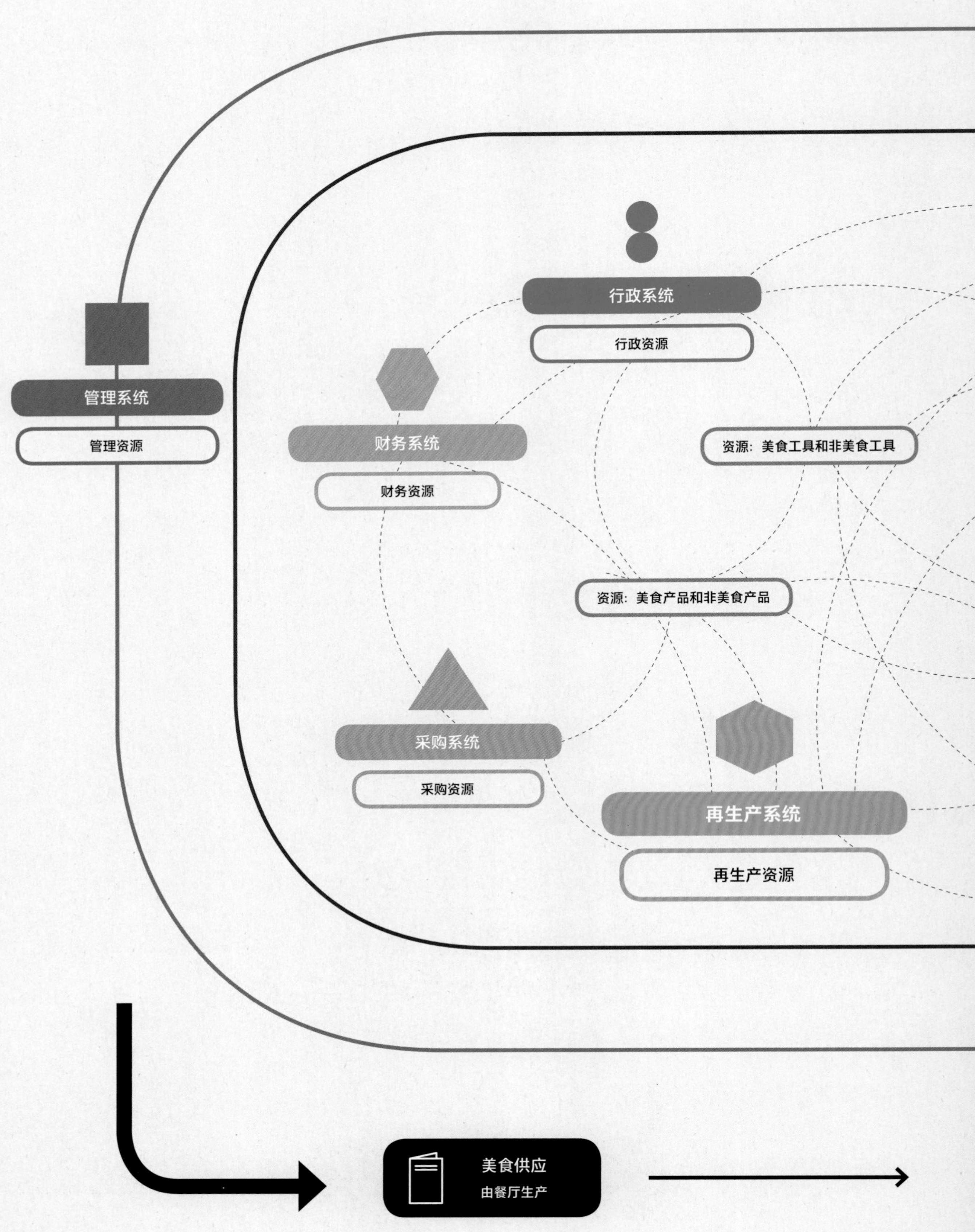

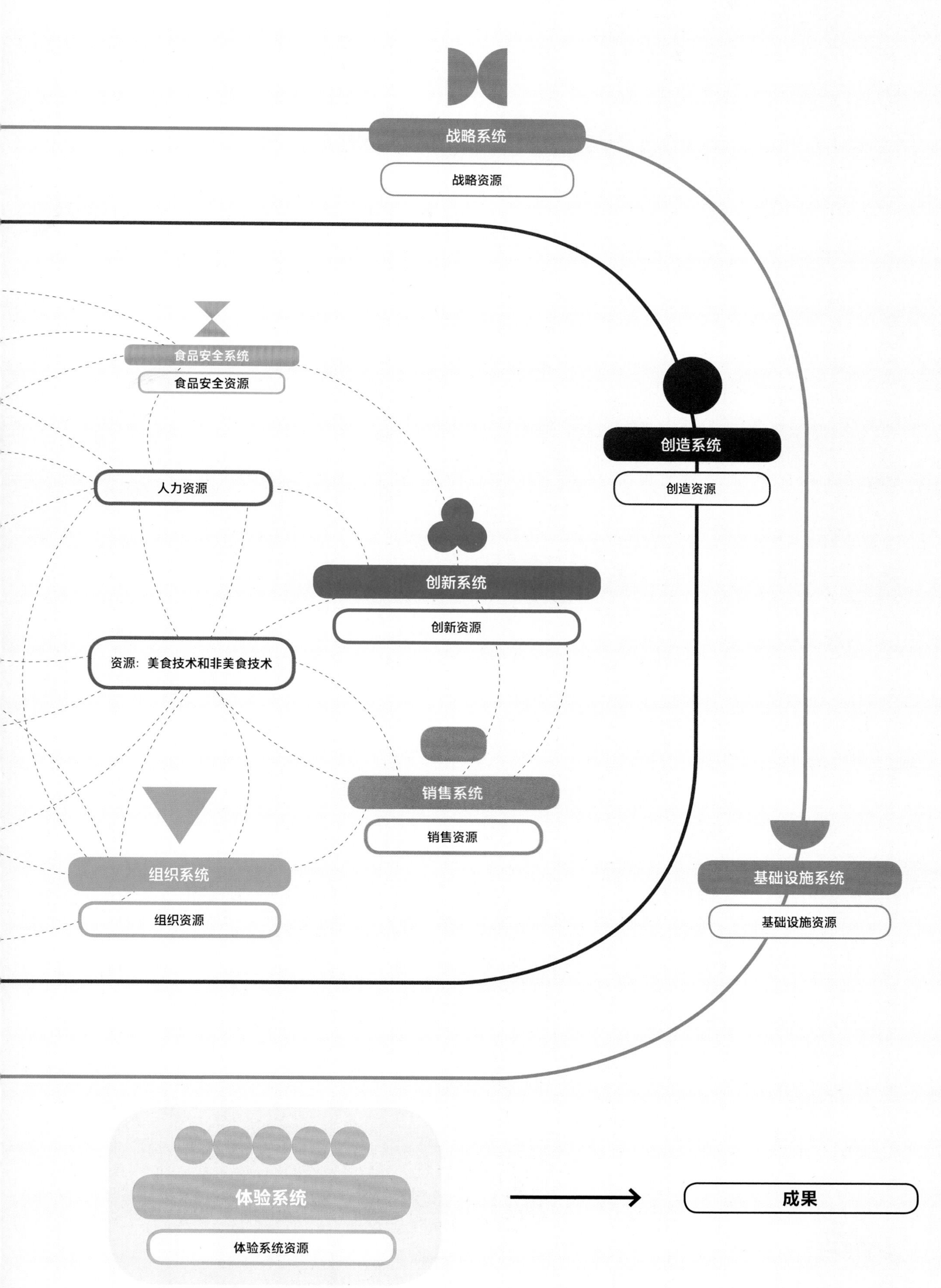
战略系统
战略资源
食品安全系统
食品安全资源
创造系统
创造资源
人力资源
创新系统
创新资源
资源：美食技术和非美食技术
销售系统
销售资源
组织系统
组织资源
基础设施系统
基础设施资源
体验系统
体验系统资源
成果

顾客在餐厅中的体验

理解过去以迈向未来……

THE

Gastronomic Regenerator:

A

SIMPLIFIED AND ENTIRELY NEW

SYSTEM OF COOKERY,

WITH NEARLY

TWO THOUSAND PRACTICAL RECEIPTS

SUITED TO THE INCOME OF ALL CLASSES.

ILLUSTRATED WITH

NUMEROUS ENGRAVINGS

AND CORRECT AND MINUTE PLANS HOW KITCHENS OF EVERY SIZE, FROM THE KITCHEN OF A ROYAL PALACE TO THAT OF THE HUMBLE COTTAGE, ARE TO BE CONSTRUCTED AND FURNISHED.

BY

MONSIEUR A. SOYER,

OF THE REFORM CLUB.

SIXTH EDITION.

LONDON:

SIMPKIN, MARSHALL, & CO., STATIONERS' HALL COURT:

AND SOLD BY

JOHN OLLIVIER, PALL-MALL.

1849.

品尝系统：进食和饮用系统

品尝

《牛津英语词典》

II. 4. 及物动词　通过味觉感知；感知或体验味道或口味。

如我们所见（见第190页），存在这样一套系统，它涵盖接待业职业人士制造美食供应的所有过程和资源。现在，我们侧重于观察在公共和私人领域进行品尝（进食和饮用）的用餐者或顾客如何也根据这套系统进食和饮用。

品尝系统，在某处进食或饮用

- 私人、家庭领域。取决于在家庭环境中一起生活的人数（无论是一个人单独烹饪和进食，还是一家人或者来到这个家庭进食和饮用的客人），进食和饮用烹饪内容的系统将采取不同的形式，每种形式都有自己的特点。然而，进食和饮用将共同拥有可用资源并创造一系列过程。一方面，必须有品尝资源：特定时间、特定空间、装盘工具（碗、盘子、玻璃杯）、服务工具（布菜匙、托盘、夹具），有助于品尝的资源（餐桌、餐椅），以及用于品尝本身的资源（刀叉、汤匙、玻璃杯等）。

由于存在这些可用资源，我们可以实施将进食和饮用的各个阶段连接起来的过程。例如，在典型的一天，制成品必须转移到餐桌上（或者它们将被食用和饮用的地方），并被放置在中间。然后人们必须坐下，饮料和食物必须放置在装盘工具上，然后进食和饮用（品尝）必须发生。在特殊情况下，所有制成品必须同时放置在餐桌上，让用餐者自己取食想吃的食物，或者食物也可以在厨房装盘后上菜，只有饮料需要在餐桌上“装杯”。

- 高档餐厅。高档餐厅创造一项与顾客开展对话的供应。它包括让顾客能够在餐厅中享受美食体验的所有子系统。引导顾客享受该体验是餐厅职业人士的责任，但这种体验对每位顾客而言都是独一无二的。品尝食物或饮料制成品对体验至关重要，但是空间本身、氛围、制成品周围的感觉等因素也同样重要。餐厅员工中的职业人士应确保提供适宜的品尝资源，但是作为体验的一部分，顾客将是执行某些过程的人。

- 体验，体验系统。顾客一旦做出参与体验的决定并在餐厅预订（或者无须预订），就由顾客自行决定去餐厅的方式。从受到欢迎、进入餐厅并就座的那一刻起，顾客可能就已经开始体验到品尝的感觉。甚至从预订的那一刻起，顾客就可以为自己的品尝系统做出决策，例如要求一张特定的餐桌或者换餐桌、与餐厅提供的品尝工具不同的工具、关掉音乐、改变温度或者调整照明等，所有这些要求都发生在他们开始进食或饮用之前。在做出品尝食物和饮料的决策时，系统作为一个整体被确定，因为该决策催生了被进食或饮用的制成品。在制成品抵达餐桌，当品尝开始的那一刻，由顾客决定如何安排提供给他们的工具（资源）并实施品尝所需的过程：如果制成品在装盘或“装杯”后进行转化或者以任何方式改变的话，制成品可能在餐桌上完成；如果这一步尚未完成的话，顾客需要自己装盘或者他们必须将制成品切成小块以便品尝等。

高档餐厅中的食物和饮料

在一家高档餐厅，食物和饮料制成品通常同时被品尝，而且当两者配对时甚至可能产生某种单一的体验。但是也存在这样一种系统，制成品只被进食或者只被饮用，例如在餐厅举行的品酒活动。

高档餐厅体验系统示意图

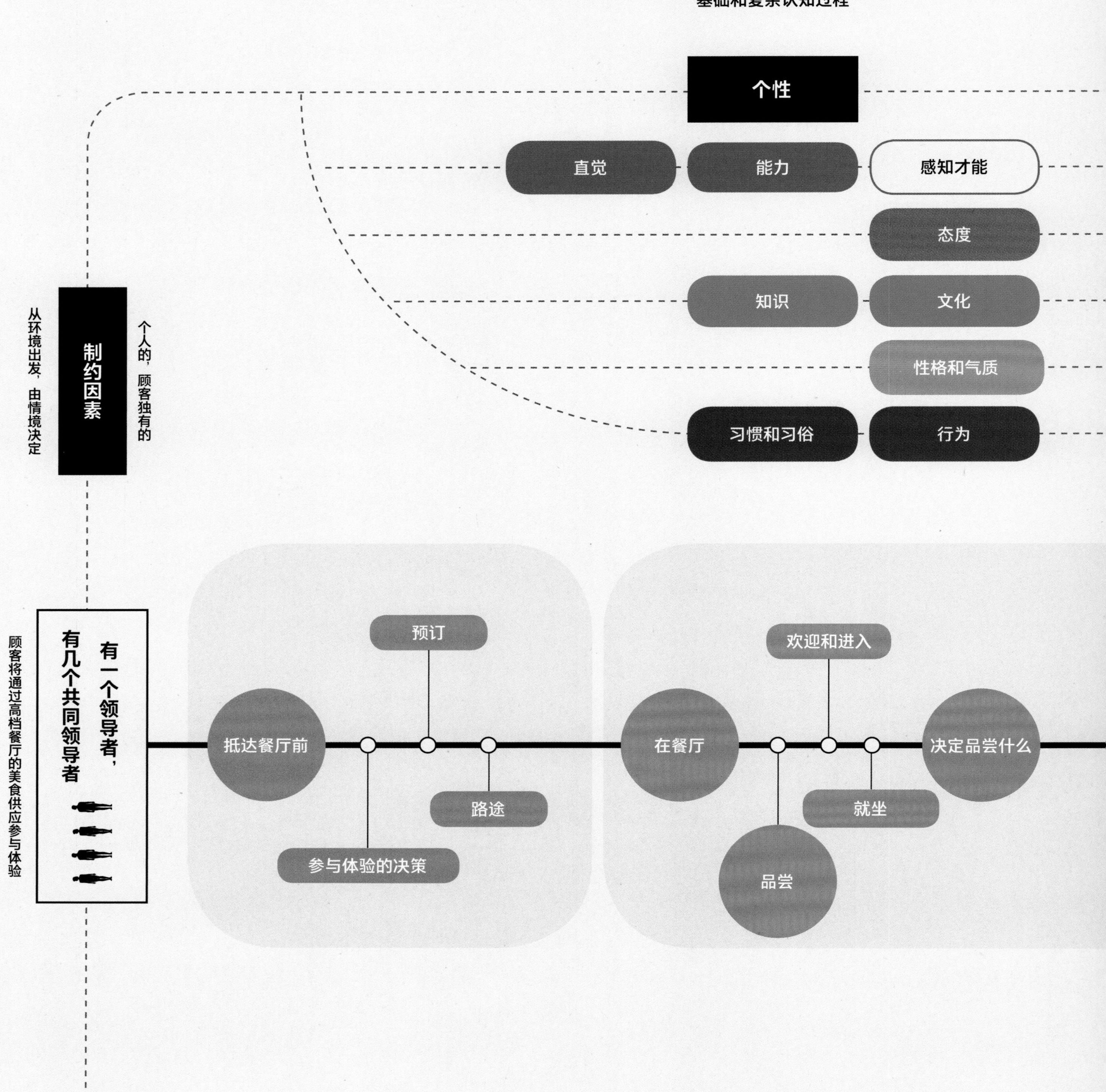
顾客的情况以及他们如何根据自己的以下情况行事：
基础和复杂认知过程
个性
直觉
能力
感知才能
态度
知识
文化
性格和气质
习惯和习俗
行为
从环境出发，由情境决定
制约因素
个人的，顾客独有的
顾客将通过高档餐厅的美食供应参与体验
有一个领导者，有几个共同领导者
抵达餐厅前
预订
路途
参与体验的决策
在餐厅
欢迎和进入
就坐
品尝
决定品尝什么

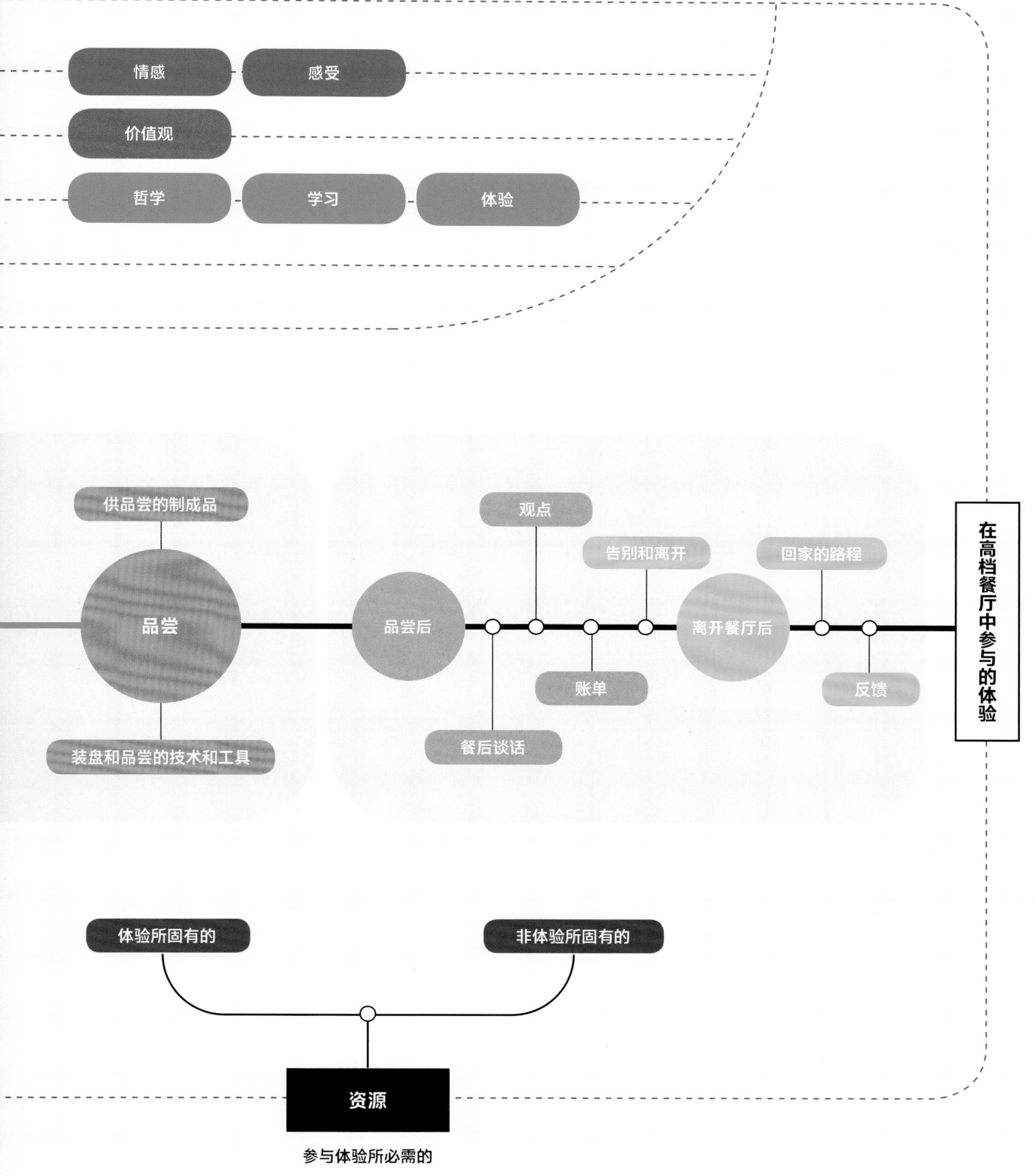

操作性认知子过程
情感
感受
价值观
哲学
学习
体验
供品尝的制成品
品尝
装盘和品尝的技术和工具
观点
告别和离开
回家的路程
品尝后
离开餐厅后
账单
反馈
餐后谈话
在高档餐厅中参与的体验
体验所固有的
非体验所固有的
资源
参与体验所必需的

CAPACIDADES RACIO

ÉL HOMBRE TIENE LAS

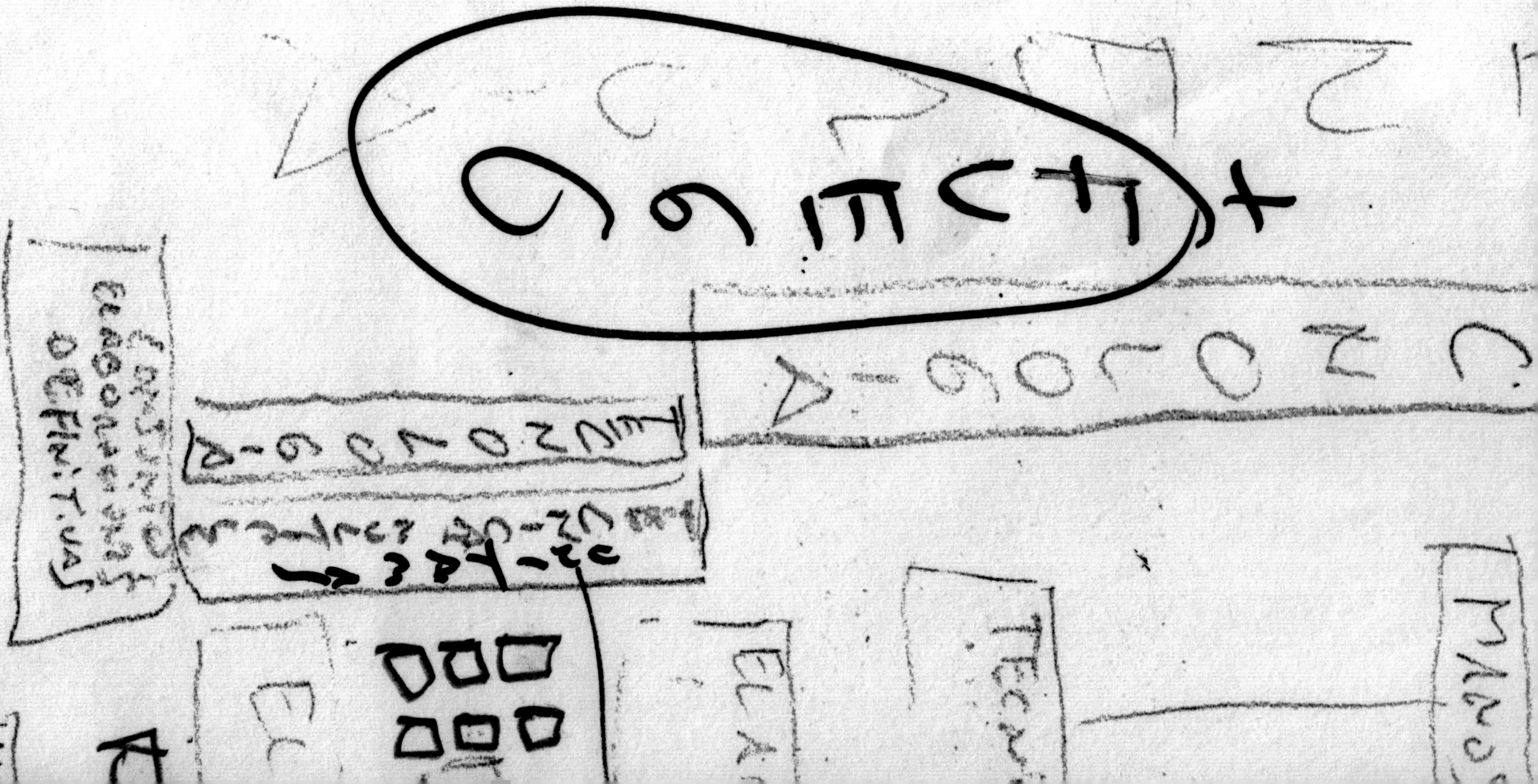

+FUEGO

CNOLOGIA

TECNOLOGIA

CONJUNTO ELABORACIONES DEFINITIVAS

MANOS

TECN

ELA

EL

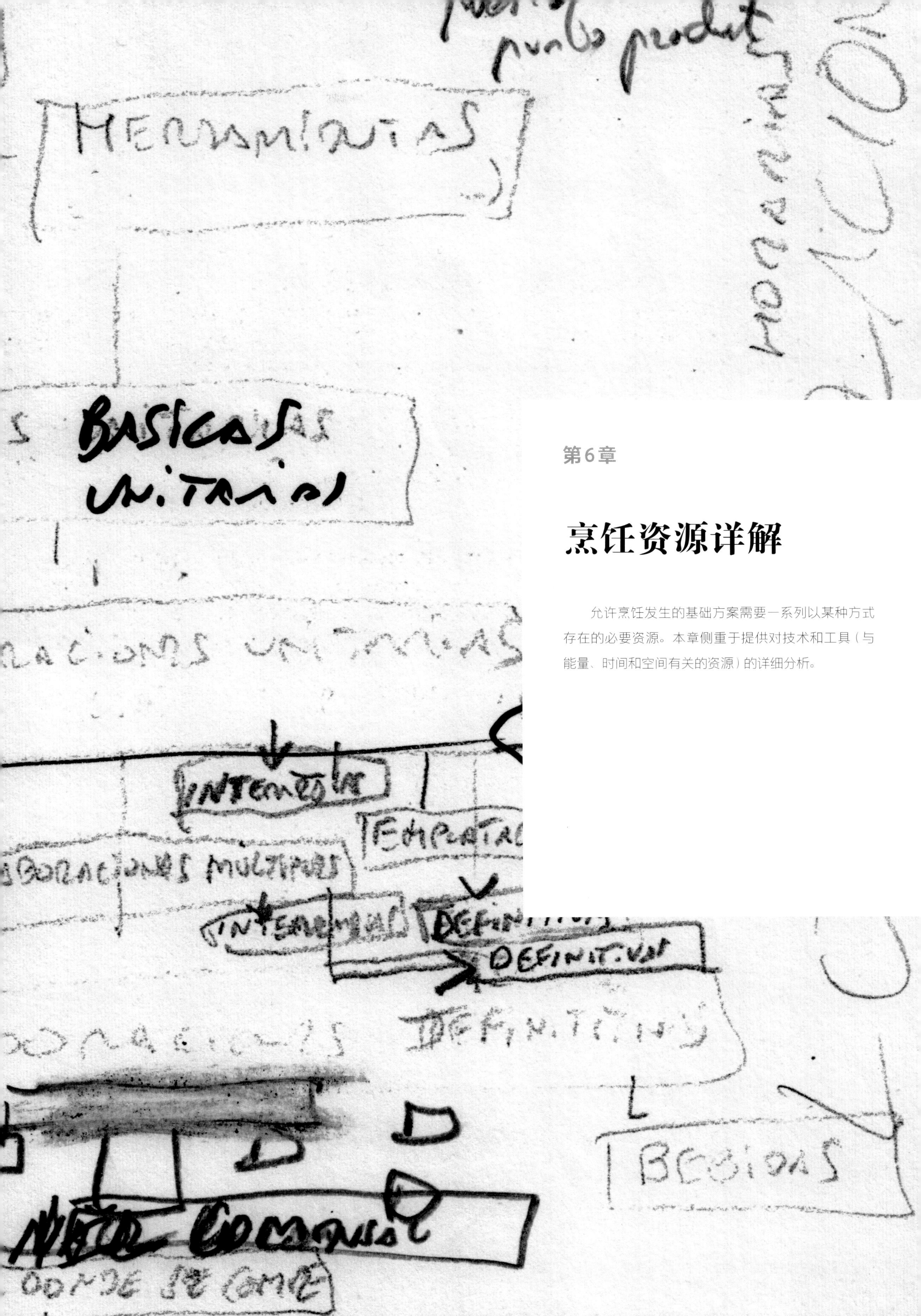

第6章

烹饪资源详解

允许烹饪发生的基础方案需要一系列以某种方式存在的必要资源。本章侧重于提供对技术和工具（与能量、时间和空间有关的资源）的详细分析。

食物产品：烹饪公式的起点

理解被我们视为烹饪中必不可少的元素的重要性，这使我们以一种相关联的方式来谈论它们，分析产品（我们将在此讨论）、工具、技术和第四种元素（对产品进行转化的结果：中间制成品或者供品尝的制成品）之间的关系。

产品（PRODUCT）

《韦氏词典》

1. 名词　某种被生产出的东西。

我们与产品的首次接触引出了词汇问题。当我们谈论“一种产品”或“多种产品”时，我们意识到这是行话中通常用于描述它们的术语，但它不是厨师用来指代可食用烹饪资源的唯一术语。

为什么智论方法学使用“产品”这个术语，而不是“食物”“原材料”或“食材”?

“食物”（food）一词在《韦氏词典》中的定义考虑了营养方面，但是没有考虑美食方面，因此是有限的。此外，从这个意义上说，食物可以是产品，但也可以是一道作为制成品的菜肴或饮料。用烹饪的术语来说，“原材料”的概念仅指需要食品工业进行转化或者大规模制造的产品，这就排除了进行制作而非生产的手工烹饪的可能性。它缺乏精确性。而“食材”指的是出现在菜谱中的任何经过制作或未经制作的产品，但是对这二者不加以区分。

智论方法学对“产品”的理解是什么?

没有产品就不可能烹饪，即使存在烹饪所需的其他元素。在烹饪和美食界，将产品视为一种资源并不常见，尽管业余厨师和职业厨师都以这种方式使用产品，并出于营养或享乐主义再生产以及创造制成品。

在高档餐厅的背景下，产品更有可能被视为一种资源，因为高档餐厅的概念更有可能存在于商业管理的框架内。在高档餐饮场所，产品令美食供应的日常再生产成为可能，而再生产发挥的作用直接影响顾客的体验。

智论方法学对产品的划分?

产品首先可以划分为两大类：美食产品和非美食产品（取决于它们是否仅用于烹饪）。美食产品又分为“可食用的”和“不可食用的”。后者包括工具，我们将在后面讨论。现在，让我们看看可食用美食产品，它们可以是：

未经制作的产品	未经制作的产品（Unelaborated products，简称UPs，又称Produce），既有天然的，也有人为的，前者意味着它们是野生的，存在于自然界并不受人类干预，后者的意思是它们是人类通过物种的驯化饲养或栽培的。
经过制作的产品	经过制作的产品（Elaborated products，简称EPs）是（业余或职业）厨师已经烹饪过（由食品工业生产或者由小型手工生产商制作的），或在制作过程中用作中间制成品的产品（例如面粉）。如果作为制成品被装盘上菜的话，它们有时可以直接被消费［例如渍海鲜（escabeche）中的淡菜］。

这两种类型之间的主要区别在于它们到达厨师手中的方式以及它们的用途。我们在这里设定的前提是，某种EP是已经制作过的，而某种UP至少需要预加工才能被消费。这两种类型的产品在“斗牛犬百科”项目中都会进行专门的讨论。

产品在烹饪和美食公式中的重要性：它们在烹饪系统中的角色

理解产品（无论是经过制作的还是未经制作的）的重要性在购买它们时得到最大的体现。知道我们要买什么东西来烹饪，这意味着我们要理解自己将使用的产品，也就是知道我们必须何时或者提前多久购买它、从谁那里购买、它可能的价格、在什么季节或月份品质最好，甚至是何时不能购买。产品的美食价值及其品质（排他性、可用性，但不一定与价格相关）也是该知识的一部分。

就管理高档餐厅而言，对我们选择的产品及其供应方式（每日、每周、每月……）的更深入的了解可以大大改善采购的计划和组织方式。

未经制作的产品（UPs；特别是天然的）完全取决于它们被获取时的地理区域、气候、地形、生态系统、季节性等因素，这让我们能够了解它们的起源。在这方面，对产品有更多和更好的了解还包括从历史的角度解释产品直至今日的演化。许多未经制作的产品曾游历世界，目前在远离其起源地的地方被饲养和栽培。一名厨师不可能熟悉世界上存在的每一种产品，因为它们有数百万种之多。然而，对于在自己的烹饪中使用的每种产品，他们可以有基本的了解。例如，番茄有超过一万个品种，认识全部的种类将会是一项非常乏味的任务。然而，如果厨师将番茄理解为一种有生命的存在，一种涵盖不同品种的植物，从而了解其成分等特征，那么这种知识可以在他们每次使用番茄时派上用场。

如果厨师投入精力去理解这些东西，他们就可以利用这种理解来激发自己的创造性才能。对产品的更多了解将增加他们的创造能力，因为如果他们理解这些作为潜在资源的产品，他们将会为每种产品想出更多的可能性。

至于烹饪中的再生产，以及餐厅日常供应的产品的选择方面，更多而且更深入地了解它们也可以被视为一种优势。这既适用于被选择并用来进行制作的产品（UPs，它们被融入供品尝的制成品中），也适用于获取时经过制作的产品（EPs，例如优质伊比利亚火腿和优质葡萄酒），它们在结构化食物和饮料供应的背景下装盘并在上菜时转化为制成品。作为在高档餐厅中进行再生产的资源，对产品知识的理解对于厨师而言非常重要，当然，这对于一线服务职业人员而言同样如此，这不只是因为他们依靠这种知识和理解向顾客提供信息，还因为当他们在厨房以外的空间进行制作时（通常是在顾客面前），这些可以增强他们作为厨师角色的作用。

对产品的理解在高档餐厅的交流策略中也起着重要作用。基于产品的交流可以强化提供给顾客的信息、强调特定元素以突出该供应，或者在不强调产品信息主体部分的情况下，令顾客能够理解（如果因为特定产品是本地的、有机的等而选择它的话）餐厅料理中包含和体现的哲学。

产品作为一种资源可以确定料理的特征

首先，某种产品或一类产品（同时包括UPs和EPs）的重复性或排他性会催生专门化厨师和专门化料理，它们出现在公共领域，尤其是高档餐饮部门。此外，特定类型产品的排他性（“自然料理”中的天然产品，“可持续料理”中的本地或有机产品，使用受宗教信仰限制的产品，“市场料理”中的季节性产品等）与具有特定意图甚至内在哲理的特定类型料理的生产紧密相连，这最终可以定义厨师的风格或者成为烹饪运动的重要特征。

下图反映的基本知识可以让我们更好地理解可食用的美食产品。

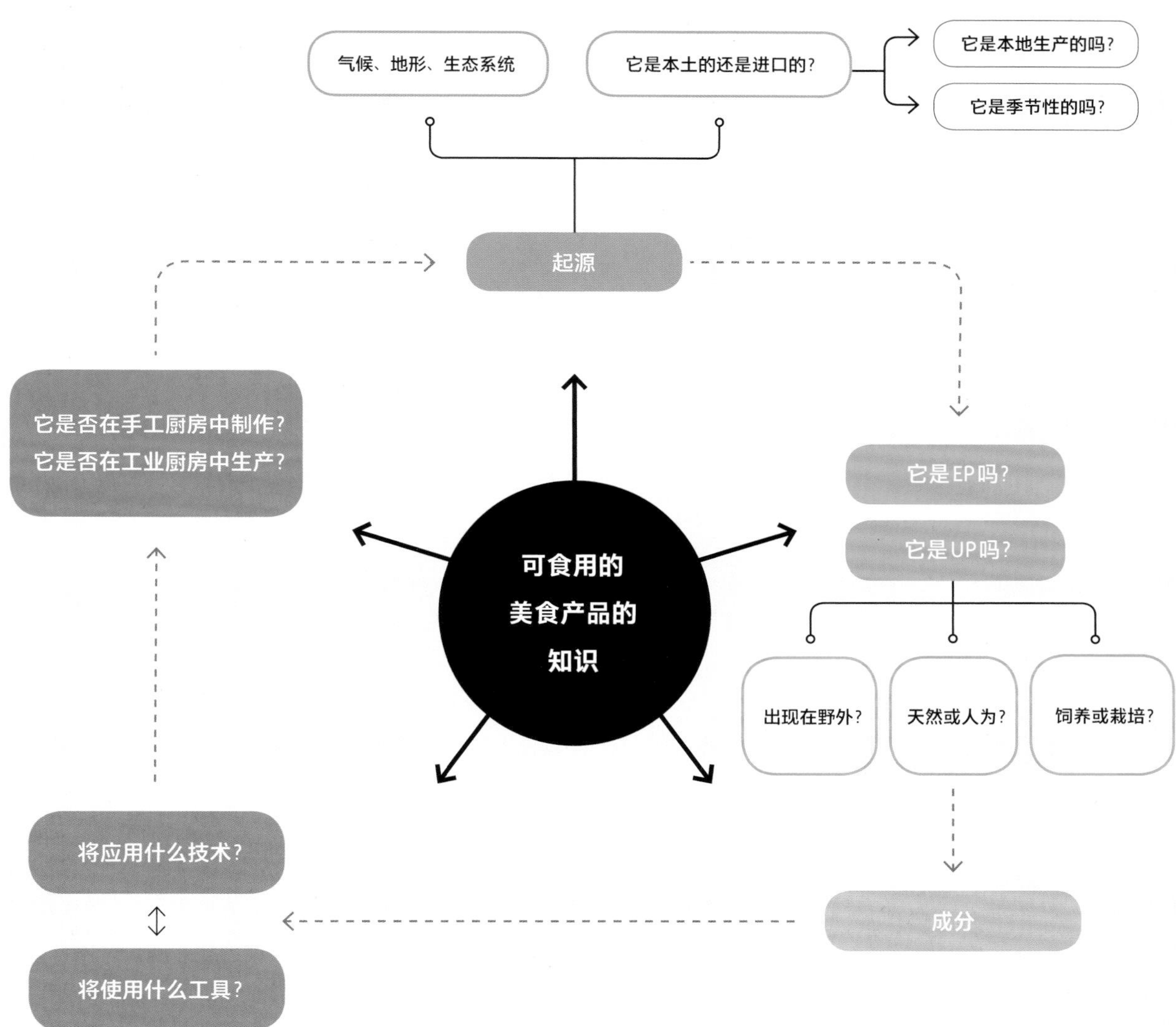

一旦你能够想象如何烹饪某种产品，你需要什么工具烹饪？

工具（还有器皿、设备、机械、餐具、刀叉等名字）是美食产品，但它们不可食用，因此我们不将其视为我们刚才解释的那种“产品”。和技术一样，工具在创造或再生产过程（业余的或职业的）中被用作资源，无论是处于营养目的还是享乐和愉悦目的，因此，它们是获得结果的手段的一部分。所谓结果，指的是中间制成品或供品尝的制成品，或者是食品工业中经过制作的产品。

作为资源，工具的种类和令其成为可能的技术一样多。它们也与技术并行发展，这要么是因为创造一种工具，令一种新技术成为可能，要么反之亦然，即因为开发某种新技术或者改进现有技术的念头需要设计出某种新工具。

工具（TOOL）

《牛津英语词典》

1. a. 名词　某种机械器具，在手工行业或工业中用于切割、敲击、摩擦的器具或在其他过程中对某样东西进行加工的器具。

正如《牛津英语词典》提供的定义所示，工具是可以在任何手工行业或工业中使用的器具。就美食领域而言，它们可以作为用于制成品的创造和再生产的资源，被进行烹饪的业余或职业厨师使用。

工具（TOOL）

《拉鲁斯词典》(*LAROUSSE*)

1. 单数名词　用于手工的器具，通常由铁或钢制成。
2. 一套器具。
3. 在完成一项任务时执行主动功能的身体部位。
7. 切割工具——一种进行切割的器具。
8. 机械工具——进行机械工作的机器，例如刨床、铣床和车床。

在分析词汇问题时，我们应该考虑一些细微差别。一方面，我们看到身体部位（在烹饪领域指手）可被视为工具。另一方面，工业也可以以特定方式使用工具，但是在这里，我们将讨论由工程师设计的机械，这是食品技术人员的科学知识的补充。《拉鲁斯词典》(*Larousse Dictionary*) 包含一项对“机械工具”的定义，也可以置于这种背景下。机械为生产新颖的经过制作的产品或改进现有的经过制作的产品的技术提供了有可能的新应用方式。

智论方法学对“工具”一词的理解是什么？

在我们使用智论方法学对资源进行分类的背景下，必须强调的一点是，工具属于不可食用的美食产品这个类别，因此它在系统内发挥特定的作用。换句话说，工具是进行预加工、制作或装盘甚至是转移和服务所需的资源，但是它们并不被消费，而且永远不会成为制成品。例如，进行制作所必需的炖锅或煎锅，也包括微波炉或传统烤炉，以及其他餐具和刀叉用品（如碗和刀）。反过来，当餐具和刀叉在体验系统中使用，令烹饪内容能够被进食或饮用时，它们还会作为品尝资源占据另一种位置。在这种情况下，当烹饪内容以这种方式被食用时，使用它们的人是用餐者或顾客。

智论方法学如何对工具进行分类

“斗牛犬百科”系列丛书中的一本书专门讨论了对工具及其不同类型的各种可能的分类方式。我们在这里列出在工具分类中需要考虑的一些主要标准：

1	根据使用它们制作的制成品的再生产过程的各个阶段，其可分为预加工工具、制作工具、储存工具、装盘工具、转移和服务工具以及品尝工具。
2	根据它们所应用的领域，无论是手工的还是工业的。
3	根据制造工具所使用的材料。
4	根据决定了它们的使用方式的技术。
5	根据它们是否专门在西方或东方社会中使用。
6	根据使用它们的人（在厨房中，在用餐空间中）。
7	根据使用它们所需的专门化程度。
8	根据使用它们所需的外部能量。
9	根据是否需要特定温度才能使用它们。

工具在烹饪和美食公式中的重要性

首先，我们可能理解一种技术并且拥有一种想对其应用该技术的产品，但是如果必需的工具不可用（除了厨师的手，它是唯一且始终可用的工具），整个过程都将不可实施。

自从第一批古人类发明了首个石材切割工具以来，技术和工具从未停止发展，从而使烹饪及其产生的结果得以进步。技术和工具之间的这种相互关系和依赖性意味着，随着时间的流逝和工具的发展，通常对于同一技术的应用，原始工具已经得到了改进或优化。回到最早使用工具的这些物种，最早的磨刀石条产生了数百种刀具，根据厨师所处理的产品，每一种都可以让切割技术应用得更加精准和适宜。

知道某种工具存在并不足以让我们总是能够使用它。有些工具需要我们在使用它们之前熟悉其工作方式，这是厨师可以学到的东西，就像他们通过使用相应工具学习并应用技术一样。

工具作为一种资源可以确定烹饪的特征

一方面，取决于工具的使用难度，某些工具的使用要求厨师必须掌握不同级别的知识。这种知识甚至可能是某种需要特定技术及技能水平的烹饪类型所决定的。某些工具（与特定技术相关）在专业厨房中更常见，而且尽管它们可能被业余厨师使用，但这不是常态。

另一方面，烹饪或厨师的某种风格也可能专门使用某种或某一类工具，这些工具总是与它们得以实施的技术相关联。和前面提到的工具一样，它们对得到的制成品的特征具有重要影响，这些特征常常以使用的工具命名（例如“烤炉”烘烤海鲈鱼或者“烤架”烤肉）。

正如我们在本节开始时提到的那样，制成品的再生产过程一旦完成，工具会继续存在直至品尝时，而且适用于品尝的目的。我们发现有一些工具（例如一把刀）既可以用于制作，也可以用于品尝。作为资源，它们的设计令食用或饮用制成品成为可能。根据用于品尝的工具的类型，制成品的某些特征可以从中推断出来，例如其质地、材料状态、易碎程度、品尝它需要吃几口、起源（例如东方或西方）等。

coolvacuum

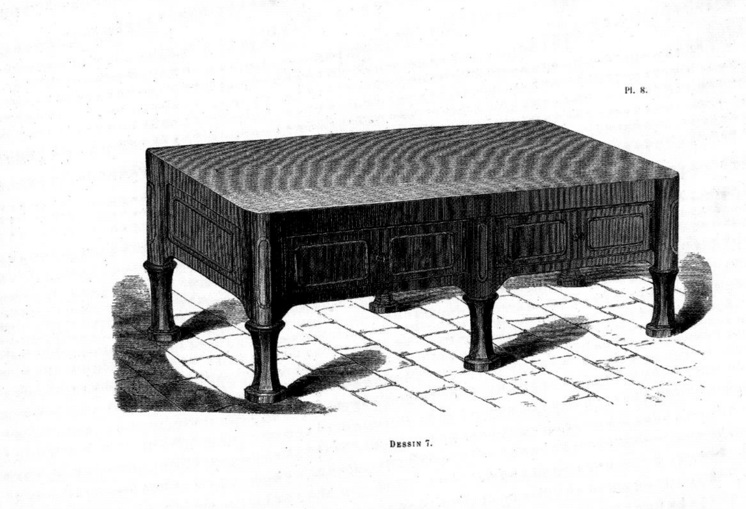
Pl. 8.
Dessin 7.

Pl. 3.
Dessin 2.

Eterna

如果没有技术，任何产品或工具都毫无用处。技术是烹饪必不可少的资源

由于我们将烹饪理解为在烹饪过程中使用资源并令结果成为可能的一种过程，所以烹饪技术必须加入本章节，因为资源改变了食物的消费方式，资源与工具的一起使用，令食物的转化成为可能，并为烹饪行为赋予意义。因此，为了理解烹饪公式，除了可食用产品和工具，我们必须解释完成烹饪公式的技术。

技术（TECHNIQUE）

《牛津英语词典》

1. 名词　任何行业、职业或领域的形式方面或实践方面。

智论方法学对“技术”一词的理解是什么？

在智论方法学的背景下，技术是美食资源，但是它们不同于产品类别（可食用的和不可食用的）。技术被用于再生产，但也用于在业余或职业水平上创造食物和饮料制成品，并通过工具得以实施。

自发明以来，这些必不可少的资源就导致人类的饮食方式不断衍化，如果没有它们，烹饪就不会存在。它们还是可以解释和学习的资源，因此厨师对它们的了解越多，厨师就越能在各种情况下更好地利用可用的产品。

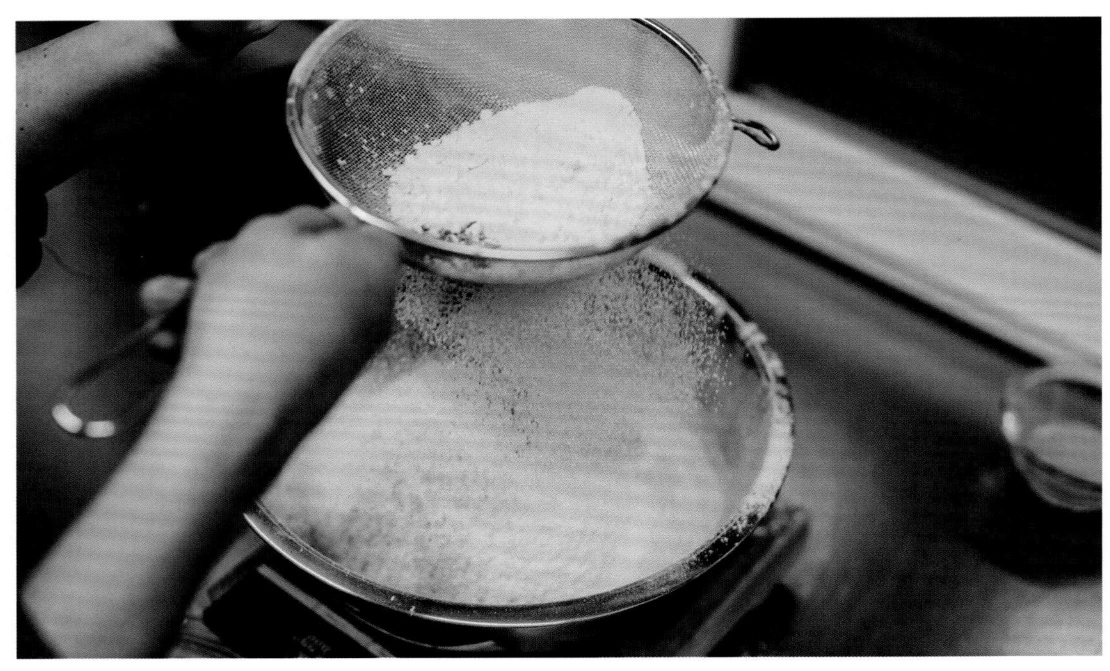

智论方法学对技术的分类

“斗牛犬百科”系列中的一本书专门讨论了对技术的各种可能的分类以及如何应用它们。我们在这里列出对它们进行分类时需要考虑的一些主要标准：

1	取决于它们的应用需要一次或多次操作，它们被视为简单技术或复杂技术。
2	取决于制成品再生产过程中应用它们的阶段，它们可以用于预加工、制作、储存、装盘、转移或服务。
3	取决于品尝之前流逝的时间，它们可能是供立即使用或者供储存的技术。如果是后者，应用该技术可以确保得到的制成品在不立即品尝的情况下也不会腐败（短期、中期和长期储存）。
4	取决于起源，起始技术是主要技术，而应用于新产品或新工具或者通过技术完善而衍化出的主要技术被视为衍生技术。
5	取决于它们对于制作过程而言是否必不可少，它们被视为基本技术或二级技术。
6	如果可以在不需要先行技术的情况下使用它们，那么它们是独立式技术，而那些需要先行技术才能继续实施的技术是后续技术。
7	取决于它们是否通过加热的方式转化，它们被视为“热”技术或“无热”技术。
8	取决于它们是得到中间制成品，还是包含制造供品尝制成品必需的一套技术，它们被视为中间技术或最终技术。
9	取决于它们的使用是否需要特定的温度。

我们可以继续在此列表中添加不同的技术分类标准，例如它们的应用难度如何，因为可能需要特定知识才能正确操作工具。

技术在烹饪和美食公式中的重要性

技术与烹饪本身的衍化平行发展，目前的种类已经数以千计。熟悉所有这些技术是不可能的。鉴于每种制成品都对应“一组流程和资源”，因此有多少种制成品，就有多少种技术。例如，“西班牙海鲜饭技术”这个名称指的是西班牙海鲜饭的预加工、制作、转移、服务和装盘所需的一系列技术。这项技术包括源自西班牙海鲜饭所有中间制成品的所有中间技术。因此，创造新技术意味着创造新的制成品（中间制成品或供品尝的制成品），而对于食品工业来说，则是新的经过制作的产品。

技术的世界十分庞大，因为即使对于“切割”之类看上去相当普遍和通用的技术，我们仍然注意到差异的存在。切割蔬菜，例如将卷心菜切成细丝（“julienne style”这个名称专门用来指将蔬菜切成细长条的技术），不同于将香蕉切片的“切割”技术。就连用于该技术的“刀具”也常常有所不同，它变得更加精确，更适用于制作过程所需的切割。

技术可被理解为资源，取决于它们是包含在手工类型的烹饪中还是食品工业的烹饪过程中，这两种技术会有极大的差异：在前一种烹饪类型中，厨师（无论是业余的还是职业的）自己进行烹饪，使用工具；而食品工业使用科技和科学知识，而且除了负责组合的厨师，还需要食品技术人员的服务。

正如我们对于可食用产品所解释的那样，对技术的理解直接影响在烹饪中创造和再生产的可能性，因为它拓宽了视野或者使过程系统化。然而，将技术理解为资源超越了以上的范畴。虽然无法想象有人能够了解每种技术的所有变化（因为它们有无数种可能性），但仍然有可能理解衍生出其他技术的主要技术。如果在向顾客提供信息的情境下特别强调这种知识，尤其是在以专门技术的使用为基础的专门化的情况下（我们接下来将讨论这一点），那么除了制作过程的知识，该知识还可能提升并改进高档餐厅中的交流系统。

技术作为一种资源可以确定料理的特征

技术可以学习。厨师（无论是业余的还是职业的）将技术作为资源使用以拓宽自己的烹饪知识，并通过使用技术增加能够得到的结果种类的兴趣和欲望。厨师掌握的技术越多，他们的烹饪就会有更多可能性，他们能够做出的制成品就越有可能是与众不同的。

职业厨师对技术使用（通常与使之成为可能的工具相关）的专门化，导致公共领域产生了专门化的美食供应，其中包括由此产生的制成品都将系统性地使用决定其特征的某种或某类技术。

烹饪过程中使用的技术对结果（中间制成品或供品尝的制成品）有直接影响，这些结果将因为在其制作过程中使用的技术的类型和数量表现出非常明显的特征。所得到的制成品的特征还会导致装盘（或“装杯”）技术的产生，装盘（或“装杯”）技术是被烹饪的食物或饮料的最终成分的决定性元素，而且甚至可能决定了食物或饮料如何被使用。至于装盘技术，如果发生在服务之前（制成品在厨房里装盘）或者紧随其后（如果制成品由一名此前已将制成品转移到用餐空间的服务人员分别进行单人份装盘，或者由顾客或用餐者进行装盘），我们观察到该特定料理所需的服务类型取决于所使用的技术。所有这些都可能被厨师选择作为料理的一部分，并且可能反映了一种理解烹饪的哲学或方式（例如“生食”料理）。

和工具一样，有些技术也不属于制作的范畴，且不是厨师或服务职业人员的任务，因为用餐者或顾客将技术用于品尝。虽然技术构成品尝过程而非再生产过程的一部分，但是有些技术适合于制成品的特点，并且令制成品（还是需要同时使用工具）能够被品尝。品尝技术为我们提供了关于被进食或饮用的制成品以及品尝情境的大量信息。在这种情况下，它们是令用餐者或顾客能够进食和饮用的资源。

数百万种烹饪技术：是的，数百万种！

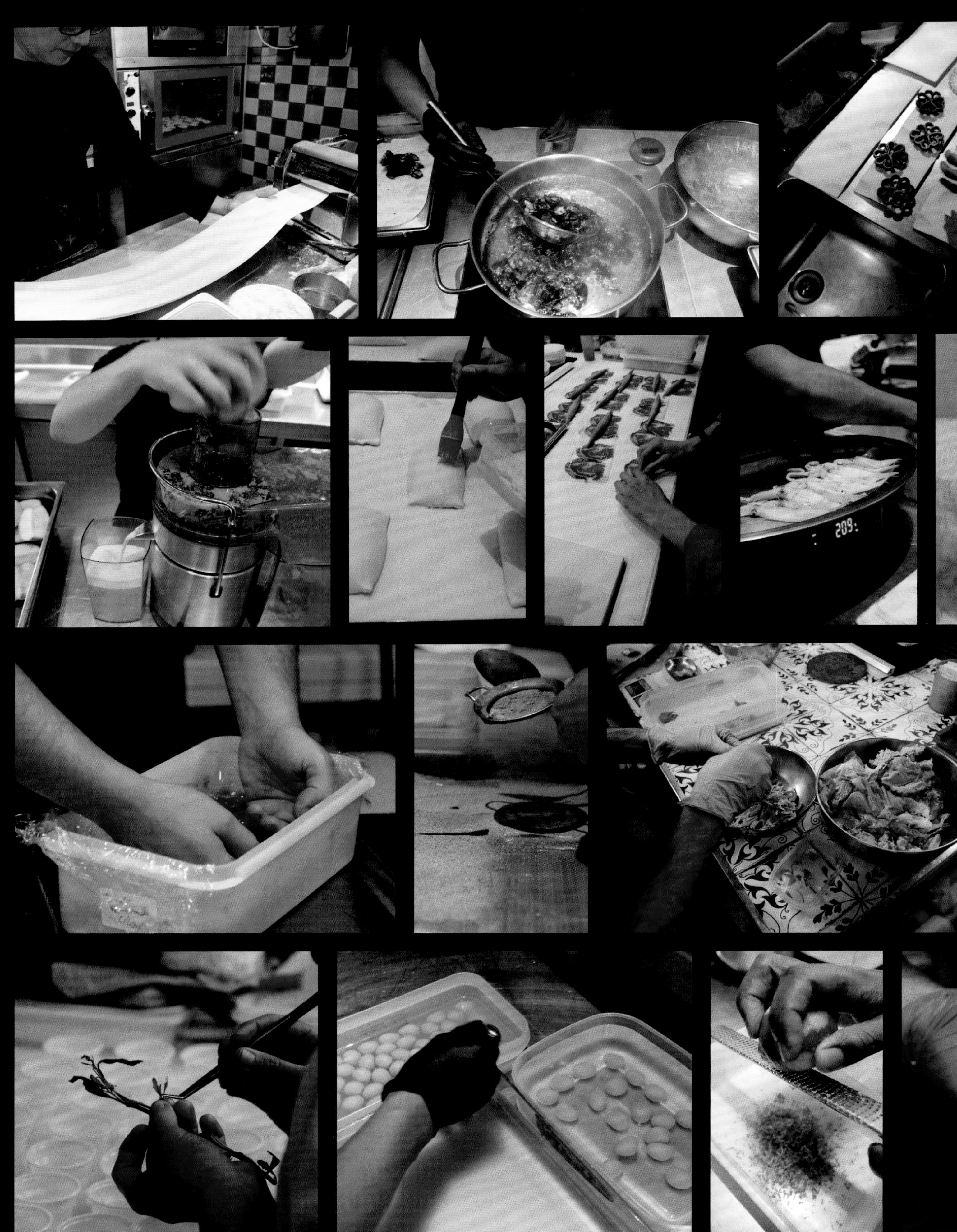

超越火与热，我们需要能源才能烹饪

无论我们烹饪什么或者我们如何烹饪，要想做出制造制成品所必需的行为，能源都是绝对不可或缺的。

► **能源是什么？**能源是一种自然资源，可能需要某种相关技术才能被提取和转化。它不被创造也不被毁灭，但是会被转化。能源本身不是最终产物。它是一种中间资产，被转化后用于最终产物的生产，从而满足人的需求。

► **能源从哪里来？**能源是可以利用的物理或化学现象。能源可以按照许多标准进行分类。我们重点介绍其中的三种，而第一种是使用最广泛的。

它的起源，即它是出现在自然界中还是经过转化。	•初级能源是那些从自然、物理或化学现象中产生的能源，它们没有经过转化。阳光、生物质、流水、风以及产生能量或放射性的矿物是初级能源的例子。 •次级能源是那些需要对初级能源进行有意的转化以获得目标能量形式的能源（电能、化学能等）。
可再生或不可再生，即对它的使用有没有造成资源枯竭的风险。	•可再生能源是指那些即使长期被持续开发，也不会产生资源枯竭风险的能源。水、风、阳光、地热、潮汐和生物质都是可再生能源。 •不可再生能源是指那些资源储量无法保证长期使用的能源。产生于化石燃料（煤炭、石油、天然气）的能量以及核能是不可再生的。
从环境的角度看是清洁还是肮脏，也就是使用它们是否会对环境有害。	•清洁能源是从环境角度看被高度重视的能源，因为开发和消费它们不会对环境造成有害影响。这些能源与可再生能源重合。 •从环境角度看肮脏能源被视为坏能源，因为它们对环境产生有害影响，并且因为开发它们会产生有污染的垃圾。

▶ **能源采取什么形式？**所谓能源的形式，我们指的是它的不同表现方式。我们说的并不是它来自的地方（它的来源），而是它在我们面前出现的方式。换句话说，我们能够“可视化”能源的方式。由于能源既不被创造也不被毁灭，它的所有形式都可以转化为其他不同的形式。因此能源不应当被理解为不同的形式。例如，声能可以导致热能的产生，而电能可以转化为任何其他被感知到的形式。

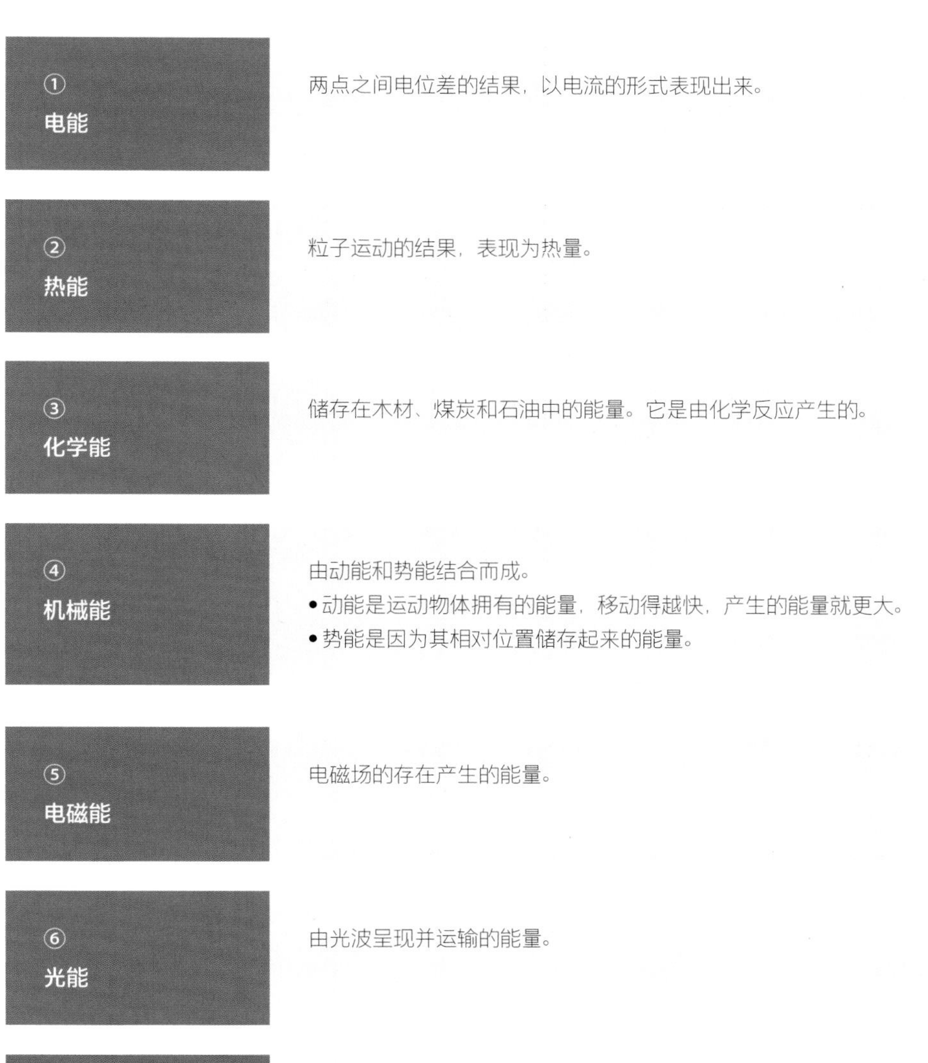

①
电能
两点之间电位差的结果，以电流的形式表现出来。
②
热能
粒子运动的结果，表现为热量。
③
化学能
储存在木材、煤炭和石油中的能量。它是由化学反应产生的。
④
机械能
由动能和势能结合而成。
• 动能是运动物体拥有的能量，移动得越快，产生的能量就更大。
• 势能是因为其相对位置储存起来的能量。
⑤
电磁能
电磁场的存在产生的能量。
⑥
光能
由光波呈现并运输的能量。
⑦
声能
分子运动造成的声波运输的能量。

烹饪中使用什么能源？

从理论上讲，任何能源都可以用于烹饪。有些是初级能源，有些是次级能源，在经过适当的转化之后，都可以成为烹饪中的能源。无论是初级还是次级能源，常常会不太明显。当我们想到令榛树上的榛子变干的能量时，很容易理解为此负责的是太阳能。然而，当我们使用烤箱烹饪时，理解烤箱内的热空气是能量转化和运输的结果则是更复杂的，这导致我们把握不住它的起源。

用于烹饪的初级能源是化石燃料，例如煤炭，它实际上是某些技术（例如烧烤）的应用所必需的。

另一种初级能源是风能，它自中世纪以来就在磨坊中用于将谷粒磨成面粉。它可以与其他技术相结合，通过抽取产品中的液体并对其进行干燥，并将产品转化成截然不同的东西。

至于太阳能，它通过持续将产品暴露在阳光下，从而令干燥技术得以实现。自史前时代以来，人类一直在用这种利用能量转化的干燥产品，目的是将产品保存更长的时间并延长其使用寿命。

如今，最常用于烹饪的次级能源是电能和天然气。电力为转化提供了无数种可能性，并为我们用于烹饪的大部分工具提供动力。但是，电力可以源自任何类型的初级或次级能源，因为它可以是水力、核能或地热发电，也可以由电池产生。天然气用作厨房中的热源。在火花的作用下，它以受控火焰的形式产生热量。它还有其他用途，例如用于加热自来水的锅炉。

什么形式的能量被用来烹饪？

我们显然需要某种能源来获取烹饪所需的能量，现在让我们思考这种能量以什么方式呈现才能让我们实施这一行为。正如我们在前面解释的那样，烹饪并不一定需要施加或传递热量，因为其他方式也能转化产品的物质。下面的方框展示了当我们烹饪时哪些形式的能量可以进行特定类型的转化。

表现为热量形式的热能

自史前时代以来，人类就一直在寻找能源供自己使用，不只是用于烹饪，还用于照明和供暖。外部能量的最早来源是火，它改变了古人类的生活并让他们得以进化。火是化学反应的结果，这种化学反应会导致剧烈的氧化，令可燃物质的炽热粒子或分子发出可见光。这种强烈的化学氧化反应也伴随着放热过程，即以热量为形式的能量释放到周围的空气中。因此，这种能量表现为热和光的形式。在这种情况下，来自火并用于烹饪的能量不是光能，而是热能，即表现为热量的形式。热的应用可以通过不同的方式“烹饪”产品：

- 与火直接接触会引起非酶褐变反应，就像美德拉反应一样。这是一种可以在室温条件下发生的高度复杂的化学反应的组合，且通常在烹饪过程中产生，它会导致食物颜色和气味的变化。此类反应还包括高温引起的直接焦糖化。
- 烹饪还可以通过火产生的热空气进行，就像用木柴烤炉烹饪。
- 火还可以将热量传递给液体，直接烹饪液体，或者借助热液体传递热量，以此来烹饪其他产品。

除了火，还有可以通过其他方法加热来烹饪，而且可以将热量从一个物体传递到另一个物体。然而，火是唯一本身产生热量即热能的初级能源。火释放能量的形式是通过模拟应用了技术的工具来实现的。这些工具产生热量并导致不同形式的烹饪，同时这些工具会将电能转化为热能。

通过运动表现出的动能

动能是每个人都会产生的能量形式，是身体移动时就会产生的能量。当我们手动应用任何技术或者使用某种需要能量来产生结果时，就会在烹饪中使用这种能量。黄油的制作是一个很好的例子：通过运动（敲打或摇晃）使奶油的脂肪部分凝结。通过这种方式，脂肪合并为一个单独的团块（黄油），释放出液体（乳清）。当产品被预加工以供使用，即为烹饪做准备时，也会使用动能而无须应用任何制作技术。

转化为热、冷、运动、光等的电能

电是最常用的能量形式，因为可以应用必要的技术对其进行转化，从而通过不同工具实现所有烹饪功能。电能是两点之间存在电位差的结果，这种电位差使这两点之间通过电导体形成电流。从历史上看，电能在烹饪中的使用历史相对较短，只能追溯到1900年。

- 电能在电烤箱和电磁炉等工具中被转换为热能。在电烤箱中，能量加热内部空气，并以此来烹饪产品和制成品。在使用电磁炉时，我们用第二种工具（煎锅、炖锅）将这种热量传递给食物。还有其他以电能运行的工具允许我们使用其他烹饪技术，例如电烤架。
- 当电能通过制冷系统转换时，还能产生负热量。在这种情况下，电力用于在冰箱、冷藏室、冰柜、冷藏柜、黄油搅拌器、冰激凌和冰糕机等并产生冷气。
- 电的另一种用途是产生动能，使用电动工具代替手工敲打。
- 微波炉将电能转换为电磁能和热能，它通过产生电磁场来烹饪产品内部。炉子产生的波导致产品内的水分子振动或旋转，并产生烹饪所需的热能。

当可以获得能量时，即可以获得必要的资源时，用于烹饪的能量形式取决于厨师打算应用的技术。正是这项技术决定了所需的能量形式，并决定了是否需要工具才能应用技术。

如果能量短缺，即资源短缺，那么可用能量的形式决定了什么东西可以或者不可以被烹饪，哪些技术是可行的，哪些技术是不可行的。

我们用来烹饪的每种技术都需要什么形式的能量？正如我们在下表看到的那样，能量的形式基本上取决于厨师打算进行的转化类型。

技术	
不烹饪	需要动能，因为产品或制成品的物质是通过以下操作进行的：去皮、切割、混合、研磨等。
不加热的烹饪	需要动能，因为产品的物质通过化学-生物反应进行转化：发酵、冻干、腌泡等。
加热烹饪	需要热能，因为热量转化产品或制成品的物质：烘烤，煮等。
干燥加热烹饪	需要传递热量的光能来转化产品中的物质：脱水，晾制等。

我们花在烹饪上的时间是必不可少的资源，但花在烹饪上多少时间决定了我们该如何烹饪

时间作为一种资源

正如我们已经解释的那样，使烹饪成为可能的资源并不总是美食的或者有形的。还有其他一些不同于产品、技术和工具的东西，但它们是绝对必要的，并且能够对过程和结果都产生决定性的影响。

从决定进行烹饪的那一刻起，直到制成品成为现实，时间是厨师（无论是业余厨师还是职业厨师，在公共领域还是私人领域烹饪）做出所有决定都会涉及的一项资源。即便制成品已经实现，时间仍然是品尝者（无论是厨师本人还是另一位用餐者）的一项资源，因为时间永不停止。事实是，在拥有大量时间的情况下，烹饪和进食的进行方式都不同于时间很少的情况。时间是一项制约因素。

我们知道，将时间当作一种资源，任何正在烹饪的人都知道有多少时间可以用来烹饪。因此，人们可以决定更加有效地运用时间，（在可用时间有限的情况下）使用经过制作的产品来加速制作过程、储存可在其他时间消费或用于制作的制成品，以及制订其他可缩短烹饪和进食时间的策略。

> “某种供品尝制成品的一次再生产所需要的时间是一回事，同一次服务或同一天、同一周内所有供品尝制成品的再生产所需要的时间就完全是另一回事了……”

时间作为一种指标

时间是一种物理量，按照发生次序对目前在我们周围发生的一切以及过去发生的一切进行排序。它还可以作为规划未来的工具。为此，我们根据在全球建立的一套度量单位系统使用特定的参考（小时、天、月、年、特定时间表，特定日期）。因此，我们可以对烹饪进行测量和排序：按照季节、月份、时段以及表示庆祝活动的特定日期，这些表示我们会以不同的方式进行烹饪。

这些参考单位提供了基于时间的视角，从中可以观察烹饪的现实和结果，并从不同的视角理解它和使用它。我们从以前“所需时间”的概念转变为将时间视为一种烹饪资源，以年复一年、在每天的相同时间或者拥有相同起始和结束日期的时间来进行参考。

这样，时间变成了一种测量工具，一种非物质性的场所，所有事物都伴随着它的单位和代码发生。我们将时间理解为一种指标，它使我们能够对烹饪进行测量和排序，因为它提供了共同的参考单位，从而令共同的思维方式成为可能，例如时段、一年当中的月份和季节以及标记节假日和庆祝活动的日历。

作为一种指标，时间在重复进行的情况中以及在具有特定相关特征的情况下为我们提供了特定的信息，这些信息会影响可用于烹饪的时间（而且还常常影响进食或饮用时间）。于是我们可以分析对于烹饪者和饮食者而言，在时间上有重要参考意义的某一特定时刻的各个方面。

- ▶ 这样的时刻可能持续时间很短，而且可能会在一天之内发生。时段就是这种情况，这导致特定制成品在特定时间被烹饪，因为这些制成品往往在特定的时段被消费。

举例： 黄油吐司（通常情况下）在早餐时吃。

- ▶ 这样的时刻可以涉及一段较长的时期，而它又是更大时间单位的一部分，例如月份和季节是自然年的一部分。月份和季节都周期性地重复出现，其特征会年复一年地影响烹饪和进食的方式。

举例： 我们可以说“季节性料理”或“市场料理”，因为某种特定的烹饪方式可能是季节性的结果或每个月份及季节市面上可用产品的结果。

这个时刻还可能是重要的事件，它在一天中发生，并作为节日或庆祝活动在社会层面（集体日历）或特定层面（个人、家庭或一群朋友）中重复进行。

举例： 杏仁牛轧糖是西班牙人庆祝圣诞节的典型制成品。

为了能够解释或者讲述你的料理故事，表达你自己，你必须有时间。如果你不暂时停下一会儿，如果你没有除了用于美食供应日常再生产之外的时间资源，那么想出某种深思熟虑的评论或者回顾已完成的工作将是困难的。如果厨师只专注于这种再生产，除了每周的休息日就不能长时间放松的话，那么他们就很难对自己的工作产生新的见解，很难质疑自己的体系或者花费精力向别人解释自己的工作。

TICKET

私人和公共领域的烹饪：两种伟大的烹饪场景之间的相似性和区别

虽然本书的目的是解释烹饪是什么，但我们需要指出的重点之一是区分发生在公共领域的烹饪和发生在私人领域的烹饪。为此目的，有必要阐明两者之间的基本区别，因为这两个彼此完全不同的料理领域始于彼此不同的资源（美食资源和非美食资源），而且两者在整个历史上都有自己的行为主体和时代。但是我们不能忽略这样一个事实，即它们具有相同的基础：两者都涉及为了营养的烹饪和为了享乐主义的烹饪，制造或再生产属于甜味和咸味世界的食物和饮料制成品。

知道某种特定的烹饪形式（及其结果）属于哪个领域还要求对相关领域有历史性的了解，因为私人领域中的烹饪导致了烹饪艺术的发展，它千百年来一直是上层阶级的专属，而且其起源和进化都要归功于这些精英人群在自己品尝的制成品中炫耀财富和权力的欲望。某些人能够体验到在私人领域进行品尝的乐趣，这造成的一个结果是，在将近十九个世纪后，烹饪艺术开始拥有价格，并（逐渐）变得可被“普罗大众”接触。这条历史路径显示了公共和私人料理之间的距离，以及它们在历史上进行了多少次交流。

如今，存在一种出现在家庭中的私人烹饪，其需求和执行者的差异极大，还存在一种公共烹饪，它在接待业中（尤其是公共餐饮业或食品服务部门）引入一系列不同的层次。至于高档餐饮部门，有两种面向公众的主要烹饪形式：一种对应为了营养的烹饪，其中可能包括享乐主义，但是使用其他水平的资源。它在传统上与劳动阶级相关联，被劳动阶级创造和消费，通常被称为“大众烹饪”。这种版本的烹饪已经以不同的格式进入餐厅，有些更传统，而另一些则更为精致；二是在公共领域发现的与烹饪艺术相关的烹饪，它继续在餐厅中以不同的形式进行再生产，并且以一系列不同的价格被消费。虽然我们谈论了两种主要的烹饪形式，但并不是说烹饪只有这两种形式。两者的混合还产生了其他变体，我们将在下一节讨论。

鉴于从公共和私人领域的角度来看，烹饪及其结果是由烹饪、进食或饮用的场所决定的，于是为了理解其特征而提出的基本问题是：被品尝的东西是在哪里烹饪的？

在私人领域烹饪

所谓私人领域，我们指的是属于一个或多个人的限制性的空间，而且在这个空间中无须为在这里消费的制成品支付费用。这主要对应私人住宅，所以说私人领域内的厨房是限制性进入的。换句话说，要想进入烹饪发生以及品尝烹饪结果的场所，必须与烹饪者有某种关系（家庭、合作关系、友谊）或者受邀加入。住宅除外的私人空间可能是私人飞机或船只、可以烹饪的私人交通工具，以及在没有受邀或者与主人无关时无法进入的其他场所。

1. 我们烹饪的空间，我们品尝（进食和饮用）的空间

首先让我们解释一下，进行烹饪的空间可能是开放的或者封闭的，而在私人领域中的品尝并不总是在与烹饪相同的空间中进行。以下选项是可能的：

- 首先，烹饪和品尝可能在同一空间进行，例如在家庭内部的厨房中，这是许多家庭日常的典型情况。在这种情况下，烹饪在封闭的空间中进行，品尝也在同一空间进行。

- 其次，房屋也可能有餐厅或者和厨房分开的其他内部空间（例如客厅或起居室），可以在这些空间中品尝制成品。在这种情况下，食物和饮料从其烹饪地点转移到另一处同样封闭的地点以供品尝。

- 第三种选择是，私人领域可能包括开放空间，例如，花园、屋顶露台或阳台。如果那里有烹饪必需的工具，有时可以在这种远离厨房的开放空间内进行烹饪。例如，如果在这里安装了一台燃气炉来烹饪西班牙海鲜饭，或者如果有烧烤架（固定的或移动的）可以烹饪肉类和鱼。在这些情况下，私人领域的烹饪在开放空间中进行。

- 除了在私人领域的室外空间烹饪，还可以在开放空间内进食，这种情况要么是因为制成品从室内厨房转移到这个空间，要么是因为它们就是在进食空间中烹饪的。例如，当烹饪内容在花园或者露台上被进食或饮用时，就会发生这种情况。

2. 业余厨师，职业厨师

一般而言，私人领域与日常或例行进行的家庭烹饪的复制有关，操作者是拥有各种层次的资源但没有特别的享乐主义意图（特殊场合除外）的业余厨师。在这里，我们发现厨师的技能或多或少地发展，开始具有不同水平和知识，以及对烹饪行为的思维方式。在许多情况下，他们的美食思维令他们以营养为目的进行烹饪，但也会使用他们买得起的最优质的产品进行烹饪，目的不仅在于滋养身体，还在于为进食和饮用这样的日常活动带来一定的愉悦感。

然而，私人领域并不仅限于业余烹饪。这个领域有两种类型的厨师：业余厨师和职业厨师。实际上，如今在这个领域中，仍然不断地有专业人士被雇佣来烹饪和服务，尽管这并不是最常见的选择，因为它不面向普通公众。由于经济资源的原因，并不是每个人都负担得起（甚至想要）聘请厨师或服务性的职业人士。然而，我们必须考虑这种可能性，因为烹饪、厨师以及服务的职业化起源于私人领域。尽管职业烹饪不是这里的首要类型，但是职业烹饪的根源就在这里。

自第一批以烹饪为职业的人在家庭、宫廷以及能够负担其服务的上层阶级的私人领域中烹饪以来。在之后的十八个世纪中，私人环境令职业人士能够创造和再生产不存在于这种环境之下的制成品。在这段时间里，这些制成品只在这些地方被消费。在这里，因为烹饪艺术是为了上层阶级的享乐而被上层阶级创造的，所以我们看到私人领域限制性进入的问题如何被再次强调。在每个历史时代，权贵和富人在这种情境下享受美食之乐，直到高档餐厅在公共领域出现（我们将在下一节讨论）。因此我们可以说美食学作为一种思维方式和现实，在这种私人领域诞生和发展，它一开始就属于这个领域。

3. 食物和饮料，甜味和咸味

正是在私人厨房中，才首次有可能制造用作食物或饮料、有甜味或咸味的专属制成品。专门化厨师首次出现的环境是家庭环境，因为他们进行制作的目的要么是为了在市场上出售结果，即经过制作的产品（例如面包），要么是让他们作为上层阶级家庭服务中的一部分（糕点师、酿酒师、糖果师等）。

4. 私人领域中不付款规则的一个例外：私人俱乐部

在私人领域中存在一个例外，它需要为制成品支付费用。俱乐部是只向会员开放的私人空间，会员除了支付保证进入的费用，还按照规定的价格支付自己消费的东西的费用。

5. 在私人领域烹饪并在该领域之外的不同空间品尝

对于在家烹饪的制成品，一种可能的后果是它被转移到远离私人空间的其他空间，并在那里接受品尝。当厨师做了一份西班牙煎蛋饼，然后带着它去乡村、高山或海滩旅行时，会发生什么？从本质上讲，厨师的烹饪仍然属于私人领域，因为那里正是制成品被烹饪的地方，但是厨师决定在公共空间消费烹饪结果，而且他不需要为制成品付费，因为烹饪者正是厨师自己。

6. 在不进行烹饪的私人领域品尝

制成品可以在不对它们进行烹饪的私人领域被进食和饮用。这种特殊选项发生在下列情况：

- 在向拥有外卖服务的公共餐饮或食品服务场所（公共领域）下订单时，或者在这样的场所（公共领域）付款购买已经烹饪且可以被品尝的制成品并将其带回家时。换句话说，来自公共领域的料理可以在私人空间消费。

- 在雇佣专业的餐饮服务时，当职业厨师在中央设施（中央厨房）内烹饪，随后将制成品转移到家中并进行服务，以换取预定价格的报酬时。

- 当烹饪由食品工业或工匠完成，并需要购买经过制作的产品，然后作为制成品在私人领域被品尝时（尽管它没有在私人领域烹饪）。在这些情况下，我们知道烹饪是在私人领域之外发生的，尽管品尝发生在私人领域。

“并非所有烹饪职业人士都在公共领域。”

在公共领域烹饪

所谓公共领域，我们指的是可以自由进入的空间，而这种自由进入依赖于对那里进行的消费支付价格。可以说，只要支付了账单，即在那里为品尝的制成品付款，那么每个人都受益于在公共空间发生并被消费的烹饪。有必要以更普遍的方式考虑公共领域，不只局限于高档餐厅，因为正如我们将在下面看到的那样，面包房里的糕点师、酒吧里的调酒师，以及咖啡馆、酒店厨房等场所的专业人员所做的烹饪也属于这个领域。

1. 我们烹饪的空间，我们品尝（进食和饮用）的空间

让我们假设厨师和顾客在同一场所，烹饪发生之处就是进食和饮用将要发生之处（例如一家餐厅或鸡尾酒酒吧）。然而应该指出的是，在同一经营场所内，进行烹饪的空间通常不是进食空间。专业厨房往往是专供厨师使用的空间，与顾客占据的品尝空间（制成品在这里消费）是分开的，尽管两者距离很近。有一种趋势是将厨房包括在用餐空间中，或者通过布局令顾客能够在用餐空间看到厨房，但两者仍然是截然不同的空间，有不同的人在做不同的事。如果制成品是在吧台上制作并消费的，即便这是同一个空间，厨师也位于吧台的一侧（不参与品尝），而顾客位于另一侧（不参与专业人员的工作）。如果我们思考厨房是开放的还是封闭的，我们会发现封闭式的厨房是常态。吧台是开放空间，即使它处在一个更大的封闭空间中，它也可以让顾客观察工作中的厨师。如果营业场所有露台或花园，那么有可能在开放空间里找到用餐空间、吧台或就餐区。否则，进食和饮用将发生在封闭空间内。

2. 职业厨师

在公共领域烹饪是职业性的，因为在餐厅烹饪和服务的人凭借这项活动领取薪水。公共领域不存在业余厨师，不过对于在这个领域工作的人，其职业素养可能表现出不同的水平。实际上，从历史的角度来看，高档餐厅这种公共领域出现的时间相当晚。在不到250年前的18世纪末，职业厨师（通才和专才）将他们的烹饪和美食知识转移到任何人都能进来品尝制成品的地方，这使得该领域得以存在。整个公共领域比高档餐厅的年代更久远，因为美索不达米亚文明就已经有了酒馆和小吃摊，它们在历史上的所有时期以不同的形式被复制。然而，这两者与餐厅的主要区别在于餐厅的问世以预先确定的特定价格进行供应，并且让顾客可以选择他们想要消费的东西。在公共领域，还存在另一个“行为主体”（食品工业），我们可以将它视为“公共职业厨师”，因为所有经过制作的产品都面向普通大众，并且可以通过付款得到。这个领域还包括职业和匠人厨师在制作或生产经过制作的产品时（目的是销售它们）呈现出的所有不同烹饪风格。它还包括整个零售部门，即为顾客提供应补给的行业，令顾客能够食用或者烹饪自己购买的东西。

3. 食物和饮料，甜味和咸味领域：超专业化

有些厨师的工作是在餐厅中制作特定的制成品。这里指的厨师包括在高档餐厅工作并专门制作糕点的厨师，但也包括在自己的面包店里制作面包的糕点师，在餐厅（还提供其他制成品）的酒吧制作鸡尾酒的酒保或调酒师以及在只制作饮料的场所制作饮料的人。这个类别还包括专家厨师，他们以工业规模生产葡萄酒或啤酒，无论规模如何，只要他们销售某种经过烹饪的产品就属于专家厨师。虽然他们可能会选择不同的途径来吸引消费者，但所有人都为自己的制成品定价，面向普通大众销售。有些公共餐饮或食品服务场所也专门制作以下类型的制成品：食物或饮料，甜味或咸味的制成品。目前，烹饪专门化是完全公共的，因为私人领域的业余厨师不太可能只烹饪食物或饮料，也不太可能只烹饪甜味或咸味制成品。

4. 在公共领域中有付款规则的例外：大使馆和机构中的集体用餐

“以付款换取自由进入”的规则存在例外，例如大使馆。这些公共场所在举办宴会时会限制进入，即便不用支付制成品的费用。学校、医院和监狱等机构的集体用餐不符合自由进入并付款换取消费品的规则，即便它们是公共的。这些例外让我们明白，并非所有公共领域都构成高档餐饮部门的一部分，而且有些供应制成品的方式被视为是在向特定用户提供服务，即并非所有人都可以使用这种服务。

5. 在公共领域烹饪并在该领域之外的不同空间品尝

这包括餐饮公司提供的公共料理，它们是专业人士在中央厨房中完成的，食物和饮料从中央厨房分发到订购它们的场所。这是公共料理，因为制成品有定价，尽管它们并未在公共领域内供应，因为它们注定要在公共餐饮或食品服务行业之外的私人情境中被消费。在某些情况下，就像食品工业以及出售经过制作的产品的匠人厨师所做的烹饪，顾客甚至可能将这种经过制作的公共料理产品变成一种中间制成品。当食品工业或匠人厨师的顾客不是在考虑直接消费，而是在考虑使用该产品烹饪以准备其他制成品时，就会发生这种情况。

6. 在海滩、花园等场所烹饪和进食

可以进行制作和品尝的公共场所包括海滩、花园、公园甚至森林。为了在同一场所进食，我们可以转移用于制作过程的未经制作的产品、经过制作的产品或中间制成品。例如，当我们带着一个在家自制或者在公共领域购买的三明治去海滩时，我们不是在烹饪，然而，如果我们带着面包和我们希望在三明治中结合和组合的产品，我们就会在同一场所烹饪和进食。

将价格因素引入品尝制成品的公式中，这为烹饪艺术带来了一个新的阶段。随着餐厅的开放，无论什么社会阶层，餐厅会为任何有支付能力的人提供服务，烹饪艺术逐渐扩展。这是与人类在餐厅中烹饪的两个领域所产生的差异密切相关的另一个重点。尽管目前的公共烹饪拥有范围非常广泛的供应，并且全世界都有普通大众负担得起的选择，但是这不应被视为过去的普遍情况，因为社会阶层毫无疑问且显而易见地决定能否获得数量最多、品质最好的食物和饮料。

如今，我们在价格方面能找到各种各样的选择，这让西式餐饮或食品服务行业的顾客能够根据自己愿意、花多少钱来决定吃什么或者喝什么，从而还能使他们能够在不同的品质和烹饪水平之间做出选择。根据顾客在去餐厅时支付的平均价格，我们发现了以下选项。

根据价格

场所

高档（最高价格范围）

这些对应高档餐厅，其思维模式和品质处于很高的美食水平。烹饪艺术在这里被创造或再生产，并且毫无疑问可以被认为是高级料理（无论是不是创造性料理），毫不基于大众烹饪呈现料理的意图。

中档

这些可能是高档餐厅，但是它们也可能是其他类型的场所，例如酒吧风格的餐厅和其他类型的非美食餐厅，其思维模式和品质处于中等美食水平。它们可能提供高级料理，但也可能提供高档化大众烹饪的制成品。

经济型

高档餐厅不在这个类别里，但是酒吧风格的餐厅和所有版本的非美食餐厅都在此范围里。在这个低价范围内，有最容易负担、最受欢迎的主食和以营养为目的的烹饪，尽管一定程度的美食思维可能得到保留，并且人们也可能关心烹饪的品质。

快餐和外卖食物

这是最低的价格范围，因为在此类场所中被烹饪的食物通常不在场所内被消费，而是被转移到另一个空间（私人的或公共的）被消费。大众烹饪的制成品以不同的水平制作，尽管它可能保留了一定程度的美食思维。该类别包括“非场所”，例如餐车。

在公共领域内以及公共餐饮或食品服务行业中，我们还会发现大量不同的场所。每个场所都属于某个特定种类，具有使其与众不同的特定特征。

酒吧、咖啡馆……

酒吧和咖啡馆这样的场所主要专门制作不同类型的饮料制成品，不过也可能向顾客供应其他类型的制成品。

酒吧风格的餐厅

酒吧风格的餐厅是这样一种场所，它拥有提供饮料的吧台，但是也提供一定大小的用餐空间或者将吧台当作进食空间。提供饮料和食物制成品，而且菜品供应可以按照菜单点菜或者定食套餐的方式进行。人们通常去那里喝酒（葡萄酒、啤酒、苦艾酒），但也可以用食物下酒。这种类型的场所可以提供各种品质的食物，即使它不是高档餐厅。

夜店

顾名思义，夜店是顾客在夜间经常出入的场所。许多夜店在夜晚之外的时间不营业。它们专门提供饮料制成品，通常称为“饮品”（drinks），但这包括各种鸡尾酒、烈酒等。它们通常不提供饮料之外的制成品。

咖啡馆

这种场所的名称来自它提供的主要制成品——咖啡。咖啡馆与休息时间的制成品消费密切相关，并且咖啡馆内的饮品可能搭配甜味或咸味食物。咖啡馆最繁忙的时间是早餐和下午茶。

＊海滩、花园等是公共空间，但它们不是经营场所。

其他专门化场所：巧克力油条店（chocolatería），西班牙甜豆浆店（horchatería）

它们都是典型的西班牙饮食店，其专门化供应基于一种特定的制成品［分别是一种浓稠的巧克力制品和一种使用油莎豆（*chufas*）制作的乳状饮料］。这些制成品通常可以在现场消费或者打包带走。

餐厅

作为经营场所，餐厅以多种不同的形式存在。将每种形式的烹饪和美食供应结合在一起的特征提供了其品质水平的信息。通常，根据这种美食供应，我们会发现不同范围的价格、制成品和空间等。此外，取决于它们生产并提供给顾客的料理的类型，以及它们是烹饪艺术还是大众烹饪的典型制成品，我们可以考虑是否将餐厅归类为“高档”餐厅。

集体用餐

集体餐饮/活动

在这里，我们指的是在中央厨房进行制作的职业厨师，并且食物和饮料随后被配送到雇佣其服务的地方（私人住宅、活动等）。

机构性

“机构性”类别指的是为了向一所机构（学校、医院、监狱等）提供服务而进行的烹饪。

零售

零售包括与消费者直接接触的所有商业场所，经过制作和未经制作的产品在这里出售。这些场所可能是工业生产（葡萄酒商店）或手工生产（面包店）的结果，并且包括杂货店和高级食品店，无论它们出售种类广泛的产品还是只出售一种或一类产品。

在公共领域烹饪

公共领域的烹饪源于不同的思维模式和品质，这让我们能够根据制成品的类型区分美食水平的高低。

根据思维模式/品质

高美食水平

在这里，被创造或被再生产的制成品构成以愉悦和享乐主义为目的的烹饪艺术和高档化大众烹饪的一部分。它可能是也可能不是创造性的烹饪，但它总是等同于高级料理，并表明整个系统（而不只是烹饪过程）的优秀。它可能不具有创造性，但是在再生产方面保持最高标准。高美食水平在公共领域的出现是最优秀的烹饪职业人员和最好的一线服务职业人员的工作相互结合的结果。

中等美食水平

我们继续将这种思维模式和品质称为高级料理。在这种烹饪中，被创造或被再生产的制成品可能构成烹饪艺术的一部分，但是也可能是大众烹饪或传统烹饪的高档化版本。这种思维模式和品质水平包括所谓的“高级成品料理”（*prêt-à-porter* cuisine），它以更简单的水平再生产被视为烹饪艺术或者极为高档化的大众餐食的制成品，让它们能够以更负担得起、就其市场而言更“民主”的价格向大众供应。

低美食水平

低美食水平对应较低的思维模式和品质水平，而且它绝不可能被视为高级料理。它所创造或再生产的不是烹饪艺术，而是相反的东西。它专注于为了获取营养的大众烹饪，而不是从品尝更高水平的制成品中获取愉悦感。它使用品质较低的产品，并进行水平较低的再生产。就价格方面，它还是最容易负担的。

在我们看来，以付款换取公共领域内场所的自由进入（无论是哪种场所）的概念似乎并不特殊，因为这是目前的常态。然而，就烹饪的演变以及通常由前文所描述的公共餐饮或食品服务场所提供的供应而言，这个概念改变了历史。实际上，正是这种跳板令社会所有阶层都能通过品尝来消费和享受，并让他们能够享用高级料理和烹饪技术。但是这也导致在劳动阶级之间发展出一种非常平易近人的烹饪风格，其目的是在公共领域提供营养。这种演变使烹饪在公共领域发展出数百种不同的版本从而成为今天的样子：一种在全球范围内供许多人进行休闲和享受的选择。

我们今天可以在什么地方发现烹饪行为？那些符合“付款换取消费”的描述的地方在哪里？下面的清单描述了我们能够在所有不同风格的场所（餐厅、酒吧、集体用餐等）找到各种价格、思维方式和品质的公共餐饮或食品服务行业的所有部门。

健康

医院、诊所等场所，为用户提供必要的服务。

住宅设施

所有与学生住宅设施或者老年护理设施相关的场所，为用户提供必要的服务。

体育

所有出现在体育空间（体育设施、健身房、体育俱乐部等）中的场所，为用户提供必要的服务。

街上

已经描述过的所有场所：酒吧、咖啡馆、酒吧风格的餐厅、夜店等。

接待业

酒店、汽车旅馆、客栈、度假村等地的所有公共餐饮或食品服务场所。

假期住宿

出现在露营地的所有场所，与村舍、公寓等关联。

夜间休闲

制成品的消费在其供应中作为一种娱乐活动的所有场所：酒吧、夜店等。

娱乐休闲

供应与赌博相关的所有场所：赌场等。

基于演出的休闲

供应与电影院放映的电影、剧场上演的演出等相关的所有场所。

文化

所有与博物馆、文化实体、艺术装置、图书馆、画廊等相关的场所。

教学/教育

位于中小学、学院、大学、学习中心等的所有场所，向用户提供必要的服务。

在哪里进食和饮用

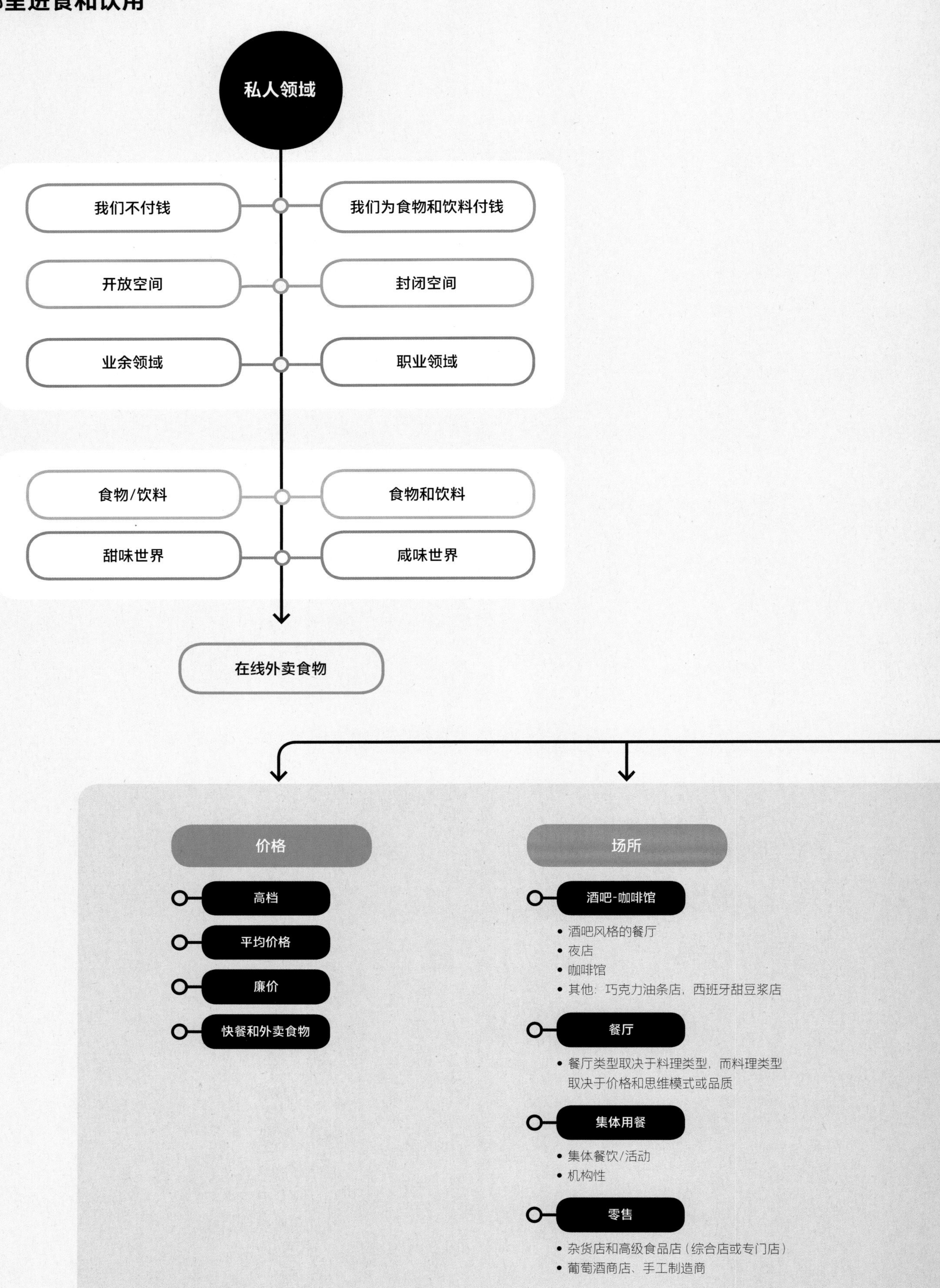
私人领域
我们不付钱
我们为食物和饮料付钱
开放空间
封闭空间
业余领域
职业领域
食物/饮料
食物和饮料
甜味世界
咸味世界
在线外卖食物
价格
高档
平均价格
廉价
快餐和外卖食物
场所
酒吧-咖啡馆
• 酒吧风格的餐厅
• 夜店
• 咖啡馆
• 其他：巧克力油条店，西班牙甜豆浆店
餐厅
• 餐厅类型取决于料理类型，而料理类型取决于价格和思维模式或品质
集体用餐
• 集体餐饮/活动
• 机构性
零售
• 杂货店和高级食品店（综合店或专门店）
• 葡萄酒商店、手工制造商

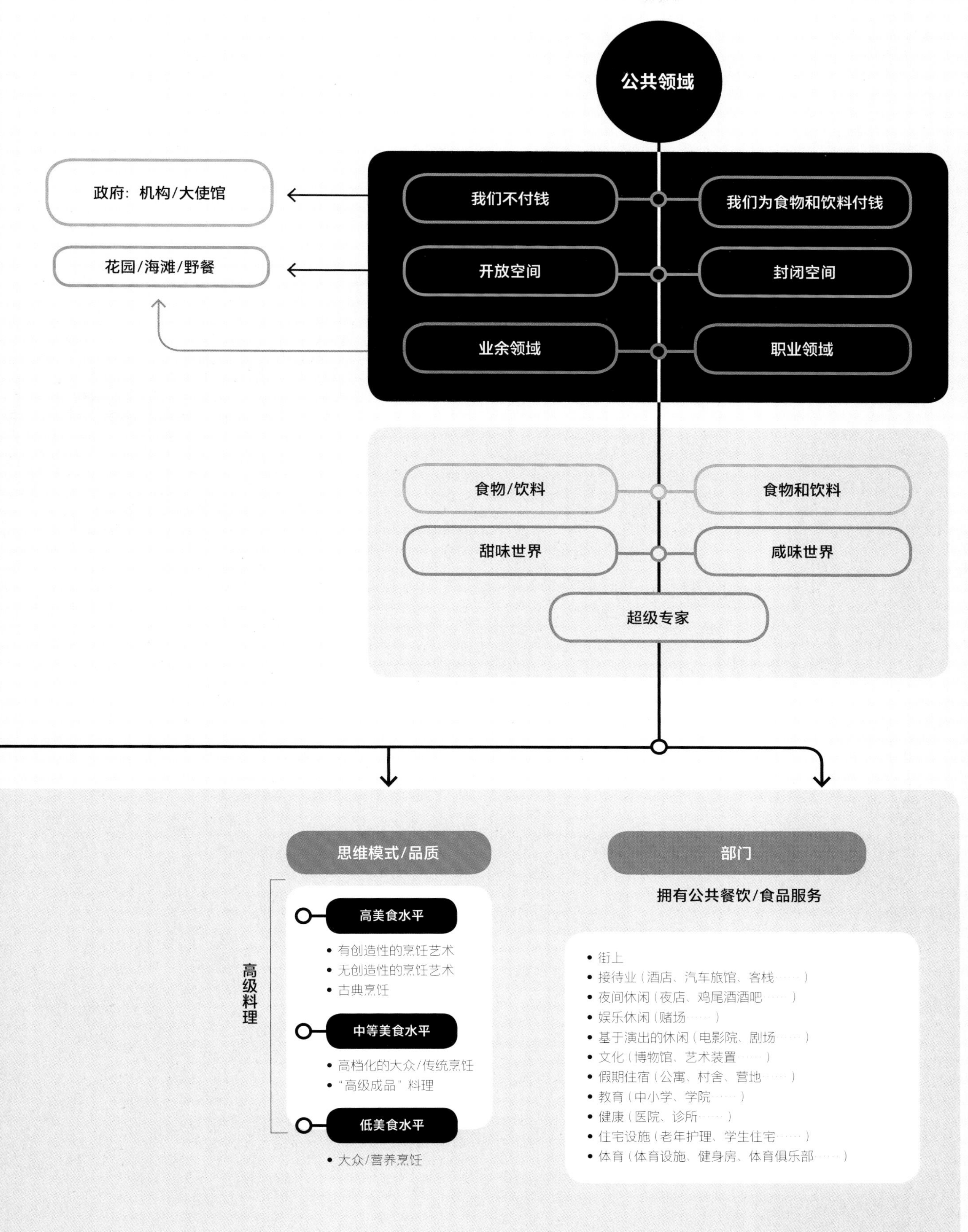
公共领域
政府：机构/大使馆
花园/海滩/野餐
我们不付钱
我们为食物和饮料付钱
开放空间
封闭空间
业余领域
职业领域
食物/饮料
食物和饮料
甜味世界
咸味世界
超级专家
思维模式/品质
部门
拥有公共餐饮/食品服务
高级料理
高美食水平
• 有创造性的烹饪艺术
• 无创造性的烹饪艺术
• 古典烹饪
中等美食水平
• 高档化的大众/传统烹饪
• “高级成品”料理
低美食水平
• 大众/营养烹饪
• 街上
• 接待业（酒店、汽车旅馆、客栈……）
• 夜间休闲（夜店、鸡尾酒酒吧……）
• 娱乐休闲（赌场……）
• 基于演出的休闲（电影院、剧场……）
• 文化（博物馆、艺术装置……）
• 假期住宿（公寓、村舍、营地……）
• 教育（中小学、学院……）
• 健康（医院、诊所……）
• 住宅设施（老年护理、学生住宅……）
• 体育（体育设施、健身房、体育俱乐部……）

餐厅

酒吧和咖啡馆

机构性

休闲

接待业/假期住宿

市场

私人领域

公共领域

“厨房”一词是指我们烹饪的空间，而“炊具”指的是用来烹饪的工具

厨房

厨房（KITCHEN）

《牛津英语词典》

1. 名词　烹饪食物的房间或房屋的一部分。

作为专门用于制作的空间，厨房的出现大概是人类在新石器时代采用定居生活方式的结果（我们可以说它是首个“洞穴”）。这使得人们有可能划出一个房间或者住宅的某一部分，专门用来准备制成品。在此之前，虽然人类烹饪过，但是他们每次都在不同的地方烹饪。烹饪只是一种行为，没有专用空间的概念。后来，灶台——点燃烹饪用火的地方——成了第一种“烹饪空间”，因为制作和品尝过程都围绕着它发生。

从史前时代至今，无论我们观察到什么烹饪文化，无论它存在多少不同的版本，厨房都是每个家庭私人领域中的特定空间。它的大小、在住宅内部（最常见的情况）或外部的位置以及它拥有的设备等都可能不同，但是它都会被认为是“厨房”，也就是烹饪制成品随后将被进食和饮用的地方。在私人领域存在各种类型的厨房，并且与本书考虑的许多其他问题一样，它们根据其所有者可用的资源而有所不同。

我们可以谈论各式各样的烹饪空间，从进行业余制作的最朴素的厨房到宫殿和城堡中的巨大厨房，后者由职业厨师负责，甚至在其内部拥有各种差异化的空间。一般而言，如果没有单独的餐厅，厨房对很多家庭而言还是进食和饮用的空间。因此，我们可以将其视为家庭的神经中枢，家庭成员经常聚集在厨房的餐桌周围。

厨房也作为公共领域内的空间存在。我们的意思是，这些空间是职业活动发生的地方，这些品质水平不一的活动对食物和饮料制成品进行再生产并向公众提供制成品。在这种情况下，厨房是一种工作场所，其中通常只发生烹饪而不发生进食（有些餐厅是例外，比如厨房里设置餐桌，可供顾客在此品尝，或者供餐厅员工在厨房里吃饭）。因此，该空间的设计（在公共领域的任何经营场址中，特别是在高档餐厅中）侧重于功能性，以便在服务过程中实现更高的效率。考虑到这一点，它可能呈现为岛状布局、流水线布局、船上厨房布局等。

就像家庭厨房随着时间的推移而发展一样，专业厨房在设计和人体工程学方面也取得了进步，并越来越注重于帮助在其中工作的职业人士完成任务。

虽然公共领域的选择范围也非常广泛，而且存在各种形状和设计的厨房，但是自19世纪奥古斯特·埃斯科菲耶为专业厨房建立了分级的“厨房团队系统”(kitchen brigade system)以来，人们更加注意餐厅厨房空间的整体布局，并对其进行更多的规划。厨房的高效设计令每位专业人士都在各自的区域和位置上，并让他们能够在工作时不干扰同一空间中的其他人员。

虽然餐厅内部的其他空间(例如吧台和餐室)可以用作“厨房”(当这些空间被用来制作或完成制成品时，见第181页)，但是从西方视角来看，我们不能说它们是厨房的替代品，因为它们不是专门制作制成品(尤其是食物)的职业人士在其中发挥自己作用的差异化空间。

在高档餐厅之外的公共领域，还有这样一些专业厨房，它们作为空间但违背了固定位置的逻辑，采取与业余和家庭厨房相反的路径，选择了机动性，我们可以将其归类为“流浪的空间”，因为它们允许每次烹饪在不同的地方进行。我们说的是流动餐车上的厨房，它们被合并在厢式货车或小卡车中，令厨房能够四处移动并保持机动性，尽管它们在特定车辆中始终保持固定位置。

同样，有些厨房还是临时性的空间，它们只在特定时期内(几小时或几天)存在于特定位置。集中供应餐饮的活动就是这种情况，厨师来到他们即将提供服务的地方，然后搭建厨房。

厨房是进行制作和转化的空间，对此做的分析值得专门写一本书。实际上，有几位作家一直致力于观察厨房如何在每个时期内演变并获得不同特征，如何采用某些形式的室内设计，如何在整体上使包括家庭和餐厅在内的地方变得更加重要或较不重要。

建筑学(ARCHITECTURE)

《韦氏词典》

1. 名词　建筑的技艺或科学。具体而言指设计和建造构筑物的技艺或实践，尤其是可居住的构筑物。

3. 名词　建筑产品或作品。

建筑学是设计构筑物的技艺。它取决于要建造的构筑物的性质，我们发现有些专业(即建筑学的分支)侧重于用途：民用建筑、水利建筑、军事建筑、海军建筑甚至宗教建筑。

厨房作为容纳它的构筑物内部的空间(无论是在私人领域还是在公共领域)，构成规划过程的一部分。在负责整体空间的设计时，建筑学在规划建筑的设计中将厨房纳入考虑范围。

室内设计(INTERIOR DESIGN)

《韦氏词典》

1. 名词　规划和监督建筑内部及其家具的设计及执行的技艺或实践。

室内设计在厨房中至关重要，因为它赋予厨房形式，对厨房进行修改，令厨房做好发挥其指定功能的准备。私人领域中厨房的室内设计是功能性的，但也会从美学的角度考虑，因为厨房是一个在其中花费大量时间的空间，而且还是一个家庭的烹饪(有时还包括品尝)活动发生的地方。在公共领域，厨房是一个工作场所，因此我们发现室内设计注重效率。在防滑地板中设置排水，使用坚硬但易于消毒的表面(避免使用多孔材料)，这些只是要考虑的部分要点。室内设计还必须为产品储存区域中的冰箱和冷藏室提供良好的布局，以防止冷链或热链出现中断。在设计该空间时考虑可追溯性和功能性而又不忽略美观方面是这个领域的挑战。

我们会在厨房中找到炊具，它们是设备、机器或工具

炊具（COOKER）

《柯林斯词典》

1. 名词　用于烹饪食物的某种大型金属设备，借助天然气或者电力发挥作用。

在私人住宅或公共场所的厨房中，我们会发现一种名为炊具的设备，它令热量得以提供，从而让我们能够使用煮和烤等技术。

和其他用于转化食物的工具一样，在私人领域和公共领域中使用的炊具存在差别。与在家庭和业余烹饪中使用的炊具相比，职业厨师倾向依赖更强大、更准确的炊具。

作为将热量传递到产品和制成品的工具，炊具最初包括一个装有燃烧余烬的燃烧室，上面放置一个火炉。随着时间的推移，设计的演变将炊具变成一种由火以外的能源提供能量的工具，使用天然气或其他燃料或者电力来加热燃烧器。除了顶部的不同燃烧器（其数量取决于大小），炊具还可以包含烤炉，在其中放置制成品和产品来烹饪。

目前，炊具带有不同的模块，可将直接热量分配到各个模块（通过燃烧器或感应区），但它们也可能包括烤架、铁或铬烤盘、油炸锅、隔水炖锅等，搭配组合炉、微波炉、用于真空低温烹饪的真空水浴锅、上烤式烤架或可倾斜的蒸煮锅等共同使用。

机械可以烹饪吗？

理查德·兰厄姆（Richard Wrangham）等科学家和李维史陀（Lévi-Strauss）等人类学家认为烹饪对人类至关重要，因为烹饪将我们作为一个物种与其他动物区别开来。虽然机器人厨师已经存在，它们被厨师用作加快制作过程或食物和饮料生产的工具，但是鉴于人工智能和自动学习的发展，我们可以思考它们在不久的将来会有怎样的存在。

倘若机器人不再是工具而是本身成为厨师，取代烹饪中隐含的人类因素，我们是否必须将它转化的意识和欲望以及代表这种行为的隐含思维模式联系起来，重新定义烹饪是什么？

“当我们说起烹饪、炊具或厨房时，
我们指的是不是一处空间、
一种设备或者一系列制成品？”

sammic
Josper

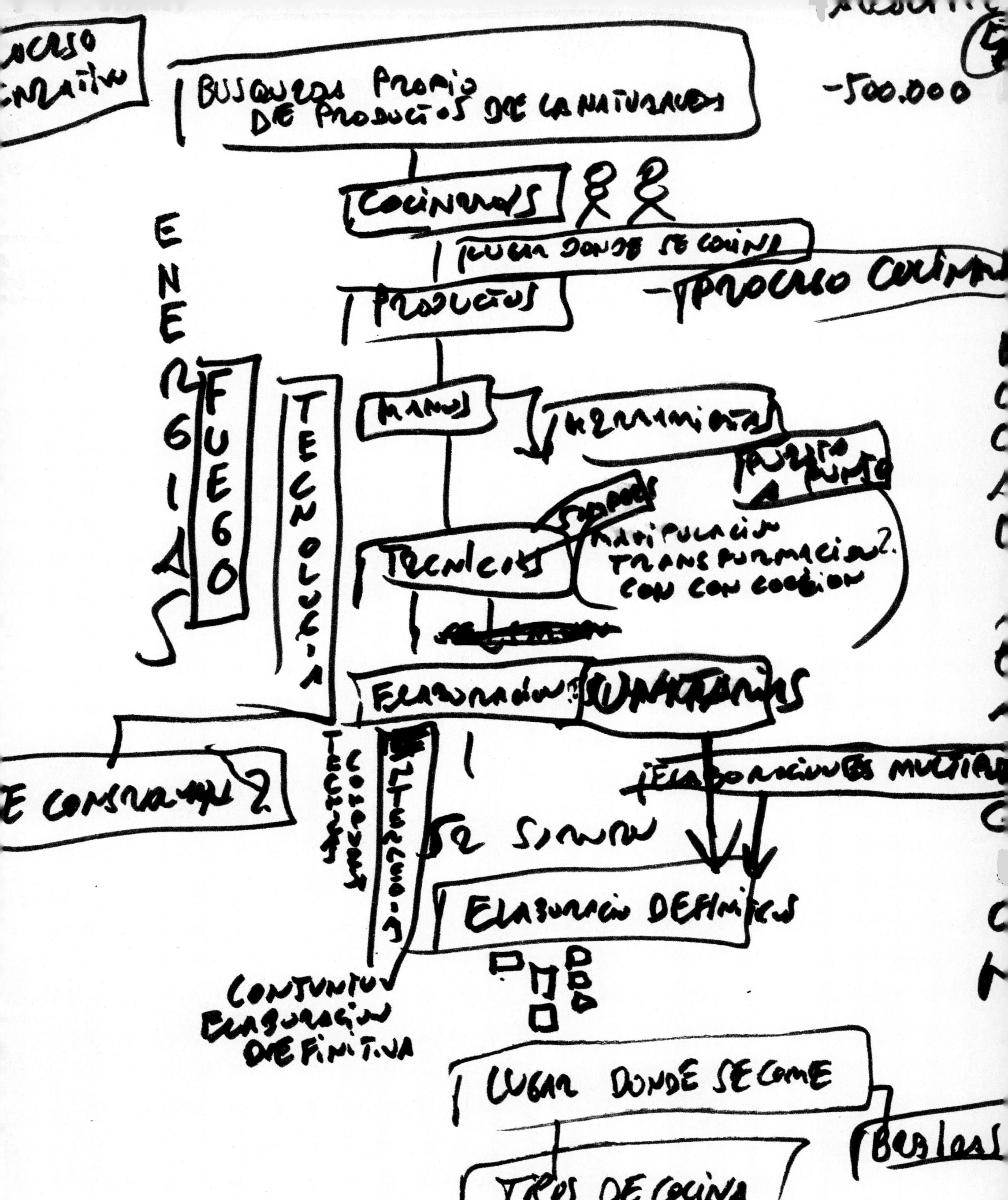

PROCESO CREATIVO

BUSQUEDA PROPIO DE PRODUCTOS DE LA NATURALEZA

-500.000

COCINEROS

LUGAR DONDE SE COCINA

PROCESO COCINA

ENERGIAS

FUEGO

TECNOLOGIA

PRODUCTOS

MANOS

HERRAMIENTAS

PUNTO A PUNTO

TECNICAS

MANIPULACION TRANSFORMACION ? CON CON COCCION

ELABORACION ? ELABORACIONES

ELABORACIONES MULTIPLES

SE CONSTRUYEN ?

TECNICAS CONCEPTOS

ELABORACION DEFINITIVA

CONJUNTO ELABORACION DEFINITIVA

LUGAR DONDE SE COME

BEBIDAS

TIPOS DE COCINA

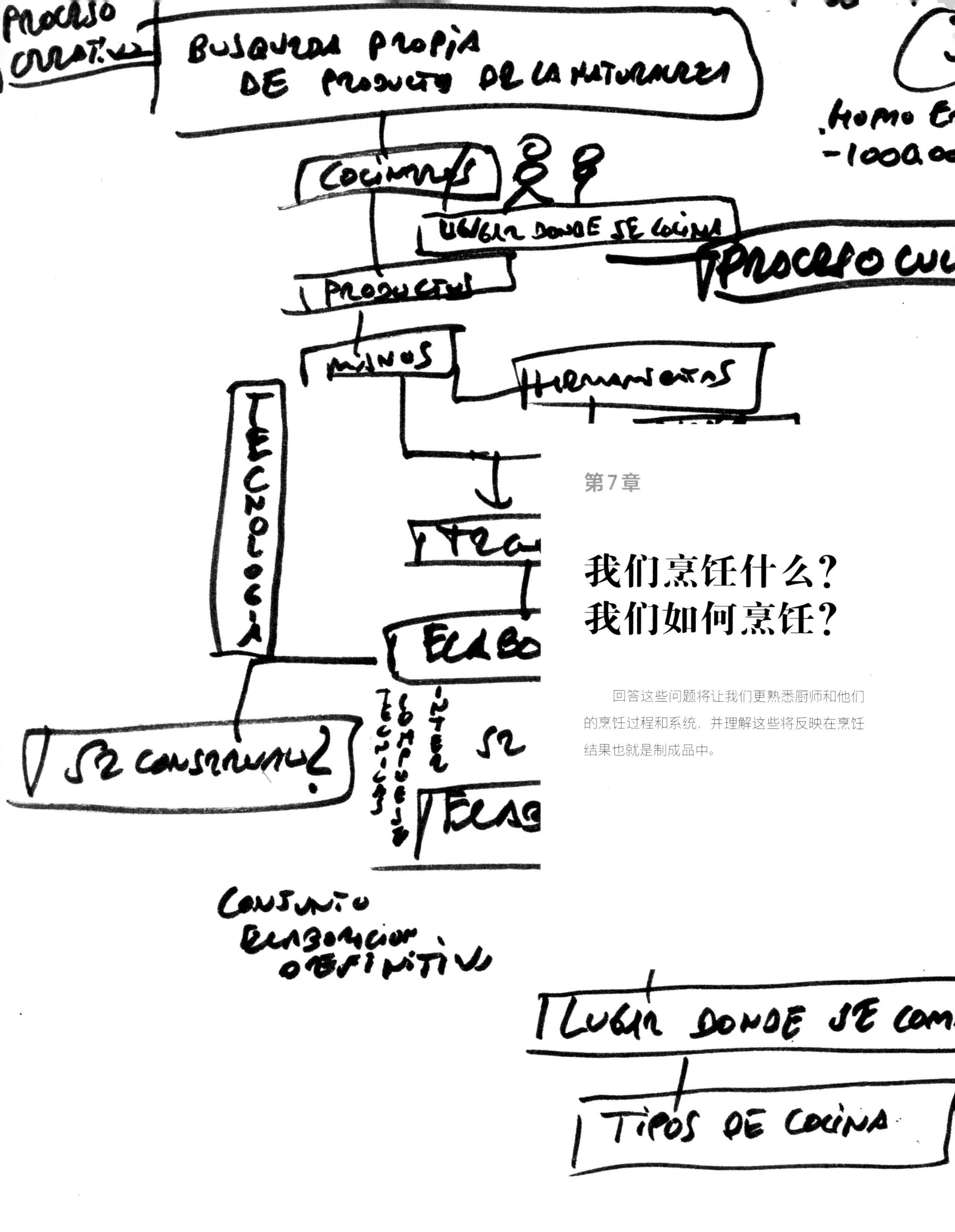

第7章

我们烹饪什么？
我们如何烹饪？

回答这些问题将让我们更熟悉厨师和他们的烹饪过程和系统，并理解这些将反映在烹饪结果也就是制成品中。

在烹饪方面，我们已经研究了很多制约因素，但是还有很多别的因素

正如我们此时已经看到的那样，人类并不总是以相同的方式烹饪，因为这种行为有无数细微差别，而所有这些细微差别都取决于厨师的决定，他们可支配的资源以及烹饪行为发生的背景。

因为烹饪是在系统结构内使用并执行资源的过程，所以我们必须处理与系统相关的制约因素，即每次执行烹饪时决定烹饪特征的不同方面，它将会是令烹饪成为可能的若干内部过程的结果。在理解了制约和定义烹饪行为的方面是多变的并取决于每种情况下的因素组合方式之后，我们可以断言烹饪以上千上万种方式发生（可被执行）。

烹饪作为一种行为，不局限于单一的静态模式。正如我们在之前的章节中指出的那样，我们烹饪的方式取决于谁在烹饪，以及他们在何地、为了什么目的以及何时烹饪。反过来，对于制约因素，有数百种反应。这些是基本因素，在它们创造的基础背景中，我们才可以开始分析特征。

任何厨师，都在有意识地对这些制约因素做出反应。有时，他们在这样做时并没有想到这些制约因素。在其他情况下，他们会响应一组特定的制约因素，这些因素将决定他们特定的烹饪行为及他们的烹饪方式。正如我们将在下面几页中看到的那样，对这些问题的每种反应都会引起不同的烹饪风格，所谓烹饪风格被理解为对他们采用的产品、他们应用的技术以及他们使用的工具的不同处理和使用。严格地说，每个系统和每个烹饪过程的制约因素将最终决定烹饪的特征。

根据我们已经解释过的内容，在接下来的几页中，我们还建议采用有助于我们更详细地了解烹饪现实的特征的视角，使用烹饪结果探讨我们烹饪什么的问题。我们可以进一步探讨此前提出的所有问题，将它们应用于系统的结果，即食物和饮料，以便更好地了解烹饪后获得的中间制成品或经过制作的产品。我们问一个问题：对于那些以食物和饮料为结果的系统，它们的特征可以推论到这些制成品上吗？或者更具体地说，烹饪内容的特征与令其成为可能的系统的特征相同吗？

叙述所有可能的烹饪方式并解释它们的每一种结果，这本身就是一项需要详细调查的劳动，而且它产生的内容超出了本书的范围。然而，在接下来的几页里，我们在图表中提供了对制约因素的有序分组，通过分别考虑它们的定义特征，这些分组可以作为烹饪的分类标准。

然而，我们在这里确实检查了那些我们认为对西方社会高档餐饮部门至关重要的制约因素。这些因素目前是有效的，而且产生了美食供应中不同种类的食物和饮料。我们通过使用它们分析料理并寻找特征，以确认烹饪及其结果（餐厅向顾客供应的食物和饮料）的特征，并以数百种可能的方式进行解释，但也可以解释为每个系统、每个过程和每种结果中的所有特征的总和。

烹饪和料理可能的制约因素，根据智论方法学进行分组

① 为什么/为了干什么？

根据……

- 制成品用作食物还是饮料
- 烹饪时的目的：创造或再生产
- 用于获取营养还是享乐主义或美食
- 烹饪是为了立即使用还是为了储存而进行
- 它是否有装饰性用途
- 它是专门化的还是通用的
- 它是在甜味世界还是在咸味世界里制作
- 食物和饮料之间是否存在相互作用
- 食物打算传达什么
- 能量含量
- 它是一位厨师自己的创造，还是另一位厨师的再创造
- 餐前准备或者服务时的制成品

② 谁创造/再生产

根据……

- 厨师的人数
- 厨师的年龄
- 厨师的职业素养水平
- 谁在餐厅烹饪
- 活动/职业（猎人、渔民、僧侣、水手）
- 组织：协会、学院、教堂、军队
- 菜肴的创造者
- 烹饪者的婚姻状态：已婚、单身、离异、丧偶
- 烹饪者的民族
- 烹饪者的语言

③ 创造/再生产发生在何处

根据……

- 公共或私人领域
- 进行创造的空间
- 进行再生产的空间
- 世界上发生烹饪的地方（无论是公共领域还是私人领域）
- 乡村或城市背景
- 气候区
- 大洲和地理区域
- 生物群系
- 地缘政治背景
- 生态系统
- 地理特征：岛屿、山谷、山、海湾、海，火山等
- 个人在其中烹饪的地理区域，无论其他人在同一区域烹饪什么

④ 时间

根据……

- 进行创造所需的时间
- 再生产供品尝的制成品所需的时间
- 创造某种制成品的年份
- 创造概念、方面、哲学问题等的年份

用于确定时间的共同参考：

- 时段
- 一年当中的月份
- 季节
- 节日和庆典的集体日历
- 假期和庆典的个人日历

⑤ 产品

根据……

- 产品来源地的相近性
- 天然或人造产品
- 产品供应商
- 主要决定性产品
- 市场料理（如果在市场上购买）
- 产品所属的世界
- 产品的性别
- 产品的生长状态
- 产品的形态（初级，次级……）
- 整个产品是否可消费
- 整个产品是否被消费
- 产品的成熟程度
- 产品物质的状态
- 食品、工业产品的使用程度

⑥ 工具

根据……

- 它是工业化的还是手工的
- 主要工具

⑦ 能量

根据……

- 能源及其来源
- 是否需要热能

⑧ 制作过程的特点

根据……

- 应用的科技水平
- 应用的科学水平
- 技术水平、厨师应用于烹饪的技能
- 产品的制作程度
- 制作中的难度水平
- 结果的创造性和创新性水平
- 应用的艺术水平
- 复杂性水平
- 品质水平
- 奢侈水平
- 价格水平
- 营销水平
- 自动化程度
- 改善水平
- 即兴创作水平
- 制作时的直接程度
- 知识水平
- 要表现出的爱意
- 需要的餐前准备水平
- 要表现出的灵魂、灵感和高超技巧
- 概念化程度
- 要提供的娱乐程度
- 活泼程度
- 烹饪时的幸福程度
- 满足"顾客口味"的水平
- 古怪程度
- 供品尝制成品中的平衡程度
- 成套制成品中的平衡程度
- 精确度、完美度、准确性
- 比例性
- 精致或朴素程度
- 简洁性水平
- 排他性水平
- 破碎水平（破碎与否）
- 制成品所需的咀嚼水平
- 制成品结构
- 短暂性水平
- 被视为制作还是生产
- 是否在开放环境中烹饪

⑨ 用于烹饪的技术

根据……

- 在供品尝制成品中应用的技术的数量
- 鸡尾酒专门化制作情境下的混合技术
- 决定性制作技术
- 简单或复合技术

⑩ 结果：制成品

根据……

- 赋予制成品的名字
- 结果是否是生的
- 中间制成品的数量
- 品尝制成品需要吃几口
- 制成品门类：习俗、古典或传统
- 功能：西班牙小吃、法式餐前点心、小吃、合餐菜肴、开胃菜、头盘或主菜……
- 菜单上的出现顺序
- 品味套餐的结构
- 是以单人形式还是以集体形式呈现在餐桌上
- 是不是基础制成品
- 激发的思考深度
- 激发的兴奋程度
- 字母表顺序
- 制成品创造于西方社会还是东方社会
- 东方和西方社会的常见制成品

感觉：

- 制成品的成分
- 制成品的形状
- 制成品的颜色
- 审美，制成品的美
- 气味，制成品的香味
- 制成品的质地
- 制成品的温度
- 制成品的易碎性
- 制成品的轻盈性
- 基本的口味-味觉-三叉神经感觉
- 制成品物质的状态
- 是否需要温度才能获得制成品
- 辛辣和调味程度
- 基本味觉的复杂性
- 三叉神经感觉的复杂性
- 制成品的体积
- 通感

⑪ 与进食者相关的

根据……

- 宗教义务和要求
- 与健康相关的义务和要求
- 基于原则或道德的限制
- 性别
- 用餐者或顾客的年龄
- 用餐者的人数
- 社会阶层
- 进食发生的空间
- 出行类型
- 进食时的位置和姿势
- 食用制成品所需的时间
- 食用一套制成品所需的时间
- 用餐者或顾客对制成品进行干预的程度
- 礼拜仪式要求
- 品尝工具
- 进食者（顾客-用餐者）的职业水平
- 顾客与美食供应方式（按菜单点菜、定食套餐、自助餐……）的互动
- 美食供应到达顾客时的形式
- 顾客是否有时间进食
- 进食者的记忆力
- 进食者的知识水平
- 体验是否是身体/心理/情感/精神上的

⑫ 产生的结果

根据……

- 烹饪风格和运动
- 烹饪趋势、创新和时尚

⑬ 高档餐厅料理的类型

根据……

- 美食供应的结构
- 服务的类型
- 顾客抵达的顺序：同时或者分阶段
- 餐厅餐桌的构造
- 餐厅餐桌的容量

⑭ 历史：烹饪的过去

根据……

- 人属（*Homo*）物种
- 智人（*Homo sapiens*）的时代
- 世界历史各时期的视角
- 当烹饪出现在历史中
- 根据智论方法学划分的高档餐厅历史时期
- 西方和地中海的古代文明
- 进行烹饪并用于烹饪的文化
- 融合程度
- 国际化程度
- 世界主义程度
- 现代程度：第二次浪潮、后先锋、发散（divergent）、互补（complementary）、本地……

结果是烹饪的类型→

对烹饪类型的理解和分类是复杂的，但如果我们以正确的方式看待它们，这并非是不可能完成的任务

烹饪风格的特征取决于烹饪行为中的制约因素。这让我们可以谈论烹饪的不同类型。我们从这样一个事实开始，即烹饪自史前时代以来就建立在一系列特征之上，这些特征的相互补充令烹饪拥有多样化和复杂的元素，以及丰富多样的结果。通过将烹饪理解为源自这种演变的现实，我们将展示如何分别观察烹饪的每个特征或者这些特征的结合，并解释它们如何导致不同类型的烹饪。

第一个问题显而易见：我们如何才能在如此众多的特征中确定烹饪类型？答案很清楚：通过每次关注不同的制约因素。它将成为我们观察到的识别特征，并让我们能够将一种类型的烹饪与另一种烹饪区分开。当我们提到某种类型的烹饪时，无论它是什么，我们通常在它前面加上一个形容词，这个形容词概括了一种或几种特征，它表达的事实将这种类型的烹饪与其他可能的“烹饪类型”区分开，而后者是由其他特征定义的。这些形容词是从不同角度观察烹饪产生的回应。我们常常不经意地将制约因素之一命名烹饪的标准，因为作为烹饪的发言人，我们选择特定的特征，并使用它来描述这种烹饪方式，具体地说是使用形容词。

举例，这种情况发生在当我们说一种烹饪风格是“素食”时（对厨师而言，制约因素可能是一种阻止他们使用动物产品的道德或者伦理信念），或者当我们指出烹饪是“大众化”（对于厨师，主要的制约因素是他们所属的社会阶层，这将他们认定为具有烹饪资源的人，但是目的主要为了营养的烹饪）或“手工式”时（主要制约因素是烹饪发生在食品工业以外，没有应用科学知识）。

通常而言，我们选择的形容词对应某种具体标准，该标准强调特定的特征。继续使用上面的例子，“素食”确认了烹饪不包括动物性产品；“大众化”表明这是某一类阶层的人创造的东西；而“手工式”指出这样一个事实，它是被一个或多个人手工制造的，而不是工业生产的。然而，单个形容词有时包括不同特征的总和，这些特征通过同时出现组合在一起，从而形成特定的烹饪类型。在这些情况下，当一种烹饪类型不只是由它的主要特征确定时，理解它就会变得更加复杂。因此，某些类型的烹饪需要比其他类型的烹饪有着更广泛和详细的解释。

举例，“高级料理”这个概念的某些固有特征衍生自一系列同时发生的制约因素（或标准），而且稍后我们将讨论这些因素（见第266页）。

如果想要识别出烹饪类型，使用标准是必需的，因为每个标准都让我们能够观察我们正在分析的烹饪现实的每一个方面，而每个方面又向我们提供了我们正在寻求的观点的一部分，以便完整地解释它。只有通过这种方式，我们才能理解“大众化”与其他形容词混合时的含义。正如我们进一步看到的那样，或者是“高级料理”作为特定烹饪类型的完整含义。

如果不从顺序开始，我们将永远无法了解烹饪的类型。对烹饪类型的特征进行分类需要使用标准，正如我们已经展示的那样，这让我们能够从不同视角理解这一现实。因此，为了能够了解“烹饪的类型”，我们需要事先了解使用哪些标准，对于这些标准，图表中包括的所有制约因素都可以用来确定最重要的特征。为了让这种解释尽可能清晰，我们将以非常著名的例子开始，这些例子已被确认属于受到广泛认可的烹饪类型。下面几页介绍了一些要点（我们认为是最基本的要点），它们让我们按逐个特征探讨烹饪特征，并且一次单独考虑一个标准。

“如果我们理解，我们就能排序和分类。”

烹饪类别和类型的一个例子：在这里采用的标准是“品尝制成品需要吃几口”

在本章节，我们将重点放在一种分类的说明性示例上，以展示我们在前几页解释的内容，从而让我们能够“一次一点”地认识烹饪，每次关注一种特征。在这里，通过应用“品尝制成品需要吃几口”的标准，我们得到了一个结果，即一种分类。我们发现，“需要吃几口”被分成几类，每一类都包含或表达了这种烹饪类型的特征（具体需要吃几口），从而区分所需口数的可能性（从最少到最多）。如果这些类别之一有显著的权重或者突出的影响，那么无论它被作为一种范例还是被模仿，是被集体承认还是本身被确认为一种概念，我们也可以将其视为一种烹饪类型。

一旦这种标准得到解释，这种分类得到考虑，就应该思考这些类别中的每一种烹饪、进食或饮用以什么形式实际出现，以便了解特定特征的含义。以这种方式，我们可以产生更多的知识，或者至少将我们拥有的知识连接起来，表明这种烹饪类型的特征之间存在联系。为了思考这一点，我们应该问问自己，例如：为什么某种既定的制成品只需要一口就能品尝？所有制成品都可以一口吃掉么？如果需要超过三口，会有什么变化发生？这种分类提供什么信息？它与其他哪些方面有所关联？

这就是选择每种标准时都应该会发生的事，而且如果投入时间和精力，最终将产生反思，有时还会产生与之相关的某些知识。因此我们强调这样一个事实，即对烹饪类型进行分类这一任务本身将会是一个不同的项目。我们在这里提供了一些例子，但是我们无法将它们纳入本书，因为这需要大量的时间和精力。

标准：根据品尝制成品需要几口

这种分类根据品尝一种制成品需要几口（小口喝，大口喝或咬）划分出四个烹饪类别。于是，我们找到了一种创造或再生产制成品的烹饪风格，它取决于……

它的品尝需要一口：如果制成品可以用一口品尝，我们说它是小分量的。

它的品尝需要四至六口：如果制成品可以用四至六口品尝，我们说它是中等分量的。

它的品尝需要两或三口：如果制成品可以用两或三口品尝，我们说它是相对小分量的。

它的品尝需要超过六口：如果制成品的品尝需要超过六口，我们说他是大分量的。

理解这种分类所需的关键术语的定义：

口（MOUTHFUL）

《牛津英语词典》

1. a. 名词　填满口腔的量；一次一口摄入的量（某样东西）。另：少量（某物）。

咬（BITE）

《牛津英语词典》

1. a. 名词　用牙齿切割、刺穿或伤害某物的动作或行为。

2. a. 名词　咬一口食物；另：小分量的餐食；小吃。

小口喝（SIP）

《牛津英语词典》

a. 名词　小口喝的动作；以这种方式少量摄入某种液体。

大口喝（SWIG）

《牛津英语词典》

2. a. 名词　“大口喝”这一动作；一大口饮料，特别是令人陶醉的含酒精饮料。

汤匙（SPOONFUL）

《牛津英语词典》

a. 名词　填满一汤匙的量；可以放在汤匙中舀起的量。

当我们应用“品尝制成品需要几口”的标准时，我们所做的是将“口”数作为参数，将“口”理解为一次吃下的食物分量，通常是很少的量，因为最大的一口也只能填满嘴而已。

口腔的大小是限制，但是品尝通常不会“填满”嘴巴，而是每次吃下较少的分量。在品尝过程中，每次我们将食物放入自己的口中时，我们都在吃一口，而每种制成品的品尝需要一定数量的“口”。我们可以通过“口”的总数确定制成品的大小，通常情况下还可以确定制成品的体积和重量（相对于其大小），而无须为每种制成品称重或评估。

- 一汤匙会被认为是一口吗？小口喝和大口喝呢？在进一步解释这种标准之前，我们必须阐明固体和液体制成品之间的区别，所以所有“口”都是一样的吗？对于固体食物，一口吃掉意味着将整个制成品放入口腔。要想吃不止一口，我们必须将制成品咬开。咬是将牙齿插入制成品的行为，目的是将其分开并取下一部分，这意味着“口”和咬是一样的。如果我们不咬，我们可以用手或合适的品尝工具将制成品分开或切开。然而，液体食物不需要咬这一行为，因此是分汤匙品尝的（如果提供汤匙的话），或者是小口喝或者大口喝的（如果不提供汤匙，则用玻璃杯、杯子、碗等器皿中直接送入口腔）。我们将这些等同于对固体食物的“咬”，即品尝液体制成品所需的“口”。所使用的品尝工具与品尝制成品需要几口直接相关。

- 咬和小口喝是摄入一口制成品的不同方式，取决于它们是固体还是液体状态。鉴于物质状态进行组合的不同的可能性——固体、液体、半固体、半液体等，制成品可以包括不止一种状态的物质，或者是不同状态的中间制成品的结果。因此，某种制成品可能需要四口品尝，其中两口是小口喝或大口喝，另外两口是咬。例如，一小杯西班牙冷汤，顶部放置一小块用伊比利亚火腿包裹的饼干。弄清了咬和小口喝或大口喝的区别之后，我们现在将它们都称为“口”。

除了供品尝制成品的状态，这种标准还有其他决定性因素。第一个因素指的是甜味世界和咸味世界之间的区别。通常而言，构成被我们视为烹饪中“甜味世界”一部分的制成品往往是单件，并且有各种大小。最小的品尝起来只需一口或两口（例如马卡龙），最大的（例如羊角面包）可能需要多达六口。最小的尺寸可等同于“咸味世界”的小吃的尺寸。咸味世界的制成品则可能拥有各种可能的大小，它们并不总是单件的，除非以这种形式装盘。在甜味和咸味世界中，一口可以是咬一口或喝一汤匙，小口喝或大口喝。

- 当我们用手指拿起制成品时，它会散开吗？当我们咬它时，它会散开吗？它能够被分裂吗？所有这些取决于它的温度、质地和脆弱性。品尝制成品所必需的口数在脆弱性、质地和温度中起一定的作用，它们之间也是互相关联的。但是为什么这三个参数如此重要？因为，取决于这些参数，制成品拥有的特定特征影响我们品尝它们的方式，并确定当我们吃第一口时（也许随后还有几口，这取决于制成品的大小），它们是否可能破裂、散开或崩塌。制成品小且易碎的事实可能意味着厨师将该因素纳入品尝的考虑中，那么它必须被一口吃掉以防破碎。当它是中等分量或大分量时，品尝它需要更多口，而我们很有可能需要在第一口之后将它放下（如果我们用手指将它拿起的话），或者它会在盘子里散开（尽管使用了品尝工具，厨师在装盘时大概预见了这种情况。）

以覆盖热巧克力酱的酥皮糕点为例：糕点非常易碎，拥有脆弱的片状质地，很容易破碎，此外，巧克力酱的高温令巧克力呈流质状，它可能从糕点上流下来。如果这种供品尝制成品的分量小，这枚糕点不太可能散开，巧克力也不太可能流下来，因为我们两口之内就会把它吃掉。但是如果它分量大，随着我们将它切割成一口的大小，它大概会在盘子里散开，酥皮的一部分破碎成小片，巧克力也随之流下。我们可以用成千上万个例子设想发挥作用的各种变量。

基于此，我们可以说“口”数为我们提供了供品尝制成品的类型的相关信息，具体取决于它是小分量、中等分量还是大分量：

- 小分量或相对小分量的供品尝的制成品往往是法式餐前点心、小吃或法式花色小蛋糕，不过任何类型的制成品都可以改造成小分量的，用不了几口就能完成品尝。它甚至可能不需要装盘。

- 中等分量的供品尝的制成品常常是西班牙小吃或者半份菜，后者将原来较大的分量变成较小的分量或者构成品味套餐的一部分。这里有两种选项：一种需要品尝工具，将制成品切成一口的大小，另一种可以通过咬或小口喝进行品尝，将制成品直接分离成每一口。

- 大分量的供品尝制成品大多需要装盘和品尝工具，以便将其分成数口。在例外的情况下，它们可以通过咬或小口喝被食用。

► 展示某种烹饪类型的极简主义或者某种制成品的简单或复杂程度的方法之一，是将它与最终制成品的极少“口”数或极少的元素（无论需要吃几口）联系起来。厨师对制成品应该拥有某种分量的决策基本上取决于餐厅的美食供应的结构，而在私人领域，这取决于品尝制成品的目的是日常活动还是节庆活动。

对于前者，有可能的美食供应结构如下：

- 包含在品味套餐中的制成品的分量与其“长度”直接相关。菜单越“长”，制成品的分量越小；相反，“较短”的菜单意味着较大分量的制成品。品味套餐中的许多制成品是中等分量的，不过也有小分量的，但是很少有品尝需要六口以上的。

- 当美食供应以按照菜单点菜的形式提供时，被划分为前菜和甜点的制成品往往是中等分量的，而被视为完整“菜式”的制成品（无论是头盘或主菜，还是组合成类的菜肴）往往是大分量的，需要品尝工具和单独装盘。

- 如果美食供应包括西班牙小吃和法式餐前点心，这些制成品将是小分量或中等分量的，而且在很多情况下不需要品尝工具。它们甚至可以直接用手指拿起，一口品尝一个。

- 一道菜的餐食将一系列小或中等分量的中间制成品安排在一个装盘工具中，它们被组合起来之后就不再是中间制成品了，尽管彼此仍是分离的。

- 在供应集体餐饮的活动中，小分量制成品可能适合于品尝空间，品尝空间很小常常无法入座，甚至无法倾斜身体。为了让品尝尽可能舒适，制成品是小分量的，最多中等分量，不会是大分量的。活动常常会提供小叉子或小汤匙这样的品尝工具，但就算是液体制成品也往往是直接从容纳它们的容器中直接品尝的。

- 在自助餐这种供应风格中，没有预先确定的分量，因为顾客会根据自己想吃多少以及想以什么方式吃而选择和结合制成品。

在私人领域或家中，与家人或朋友一起进餐时，作为午餐和晚餐的制成品往往是一盘的分量，也就是说品尝它们需要六口以上。至于早餐、茶或者午后零食，它们往往是中等分量的，一般需要四至六口（不过也可以更大）。当法式餐前点心和开胃菜这样的小分量制成品被制造出来时，是因为正在庆祝某件事或者一群客人聚集在一起。在这种情况下，制成品被制作成几口品尝的方便食用的形式，随后可能还有其他分量较大的制成品。

对于同一种制成品，当它出现在按菜单点菜的供应方式中时，它的烹饪方式不同于它出现在定食套餐或自助餐中的时候。它们的分量会改变，而且可能会有不同的结合方式。某种制成品的品尝需要较多“口”数还是较少“口”数，这一事实和它的成分有很大关系，这可能意味着某种均匀一致的供品尝制成品（例如意大利调味饭、肋眼牛排或奶油南瓜汤）的每一口都是一样的，或者每一口都是不同的。在后面这种情况下，取决于装盘制成品的结构和成分，每一口可能有不同的温度、质地和易碎性。

取决于被品尝的制成品有多少以及每种制成品的分量，一餐的总“口”数或多或少。考虑到目前为止我们已经解释过的内容，按菜单点菜（往往包括前菜、主菜和甜点）的一餐的“口”数可能多于品味套餐（包括许多小分量或中等分量的制成品，以达到按菜单点菜时的总“口”数），不过这始终取决于品味套餐中制成品的数量以及按照菜单点了多少道菜肴。咀嚼和分泌唾液的主题也与品尝一种制成品需要几口有关，因为这会影响它的味道。为了实现鼻后气味的感知，品尝者必须咀嚼，此时制成品释放的物质会提供关于其味道的更多信息。一般而言，每当我们谈论固体时，都会涉及咀嚼，这让我们思考制成品“裂开”的难易程度，并限制了品尝工具的使用和必需的“口”数。我们可以将它视为另一种标准。

这种分类产生的有关创造、再生产和品尝的反思

在创造制成品时，职业厨师可以使用“口”数作为创造的基础，特别是当成分指的不仅是中间制成品或供品尝制成品的成分，而且也是品味套餐的组成时。在这种情况下，他们必须计算向顾客供应多少食物，并在创造出的所有制成品与品尝它们需要的“口”数之间达成良好的平衡。这是塑造制成品，也是在创造过程中“设计”制成品的另一种方式，因此可以说这是一种创造技术。有些创造在只有一两口时比有十口时更神奇。这是一个主观视角，也是厨师使用它来标记其个人风格的一个非常重要的特征。

当厨师创造开胃菜、法式夹心糖或法式餐前点心时，他们想讲述一个故事，这个故事在顾客品尝仅仅一口或两口中就明白了厨师的意图，它们传递的消息可能包括容纳大量信息的不同对比（在质地、温度等方面），尽管它们的“解释”（品尝它们的几口）可能非常短。当按菜单点菜的菜肴被创造时，鉴于品尝持续的时间更长，使用一种制成品讲述的故事被扩充了，因为顾客拥有更多的空间去察觉对比，去理解厨师传递的消息。

再生产制成品的职业厨师通过复制制成品的实际分量来烹饪，并且知道品尝每种制成品需要多少口。然而，对于许多制成品，厨师可以根据烹饪它们的情景改变其分量并加以改动。例如，烹饪是为了提供集体餐饮的活动还是为了鸡尾酒派对，或者制成品是在品味套餐中还是在按菜单点菜的菜单中。

在家烹饪的业余厨师会再生产单人分量的制成品，这种分量往往比较大，或者如果制成品从厨房里端出来时没有装盘的话，就会以大分量上菜。例外是作为早餐和午后小吃准备出来的制成品，它们的分量较小，以及作为前菜准备的制成品，它们通常作为庆祝活动的一部分，品尝只需要很少的几口。

在品尝一道制成品时，用餐者或顾客可以决定多用几口或者少用几口，无论厨师一开始的想法是什么。例如，他们可能直接一次将西班牙冷汤小口喝完，尽管它是被设计成用汤匙喝的。对于被设计成需要多吃几口的三明治，他们也可以咬上寥寥数次就将它吃完。一般而言，除了这些例外情况，基于“口”数的分量就是我们在这种分类中详细说明的：一口是小分量制成品，两或三口是相对小分量，四至六口是中等分量，六口以上就是大分量了。

在这里，我们找到了顾客进行“烹饪”的一种情况，因为这种情况是由他们来决定如何品尝。例如，糕点主厨在创造一种法式夹心糖时结合了两种质感，意图是让顾客在两口吃掉它的过程中发现这一点，然而顾客却只咬了一口就把它吃完了。

关于不同烹饪类型的思考

在这里，我们思考了流行文化中的一些最著名的烹饪类型，并以访谈问答的形式探讨它们，对每一种烹饪类型及其烹饪风格都提出直截了当且非常具体的问题。随着对话的进展，我们开始探讨令不同烹饪类型得以诞生的决定性概念。作为汇聚了特定特征的概念，在某些情况下，我们将每种类型讨论到了极致。这让我们能够理解它们各自包含的特征。然而，最重要的是，它让我们能够清晰地理解定义之外或者与之不兼容的东西是什么。部分这些问题在本书的其他部分提出，但我们认为将它们纳入本章节是很重要的，因为它们是情境化的一部分。

什么类型的烹饪可以同时是食物和饮料？

» 正如我们在之前解释的那样，烹饪的结果制成品一旦完成，即可用作食物或饮料。有时，我们会发现一种制成品可以同时拥有这两种用途，例如柠檬汁（一种中间制成品，可以是饮料，也可以是其他食物制成品，如酱汁、酸橘汁腌鱼等调味料等的一部分）。由非专门化烹饪创造或再生产的制成品可以既是食物又是饮料。

存在咸味饮料吗？鸡尾酒属于甜味世界还是咸味世界？

» 葡萄酒很难定义，它是甜的还是咸的？其他制成品也一样，例如鸡尾酒，不过对它而言主导料理可能是厨师选择的任何味道，这意味着这种味道可以帮助我们定义它。但是实际上将它归入一种世界（甜味或咸味）取决于其感官特征，或者它在品味套餐或按菜单点菜的菜单的结构中占据的位置。帕尔马奶酪热饮（Parmesan infusion）是一种带咸味的饮料，但是它可以用在甜味和咸味世界的制作过程中。

某种以营养为目的的烹饪类型是否可能拥有美食思维？

» 以营养为目的并同时考虑享乐主义的烹饪类型是存在的，因为它拥有美食思维和意志。我们会发现它介于仅限营养的烹饪风格和完全追求享乐主义的烹饪风格之间，而它与前者的区别是在过程和结果中表现出的更高品质。使用优质番茄和橄榄油制作，并在家中食用以获取营养的沙拉就是一个清晰的例子。

是否存在以营养为目的的享乐主义烹饪类型？

» 可能存在这样一种烹饪类型，它以美食思维创造和再生产制成品，以享乐主义为目的，但是品尝者并不这样看待它。品尝者以纯粹的“营养”思维消费这些制成品。这不是“以营养为目的的享乐主义烹饪”。品尝者是以营养为目的来使用它的，但是烹饪者有不同的意图。

为了营养的烹饪等同于大众烹饪吗?

» 所谓的“大众化”烹饪传统上与以营养为目的的烹饪联系紧密。实际上，纵观历史，营养本身就与阶层或者资源密切相关，除了利用可用的资源做有可能做出来的食物，并无其他选择。

在这种情况下，填饱肚子和滋养身体是通过充分利用可用替代品的方法实现的，不可能思考进食和饮用行为的任何其他方式或用途。然而，我们现在不能仅以这种方式考虑为了营养的烹饪了。虽然烹饪继续以营养为目的的形式存在，但这也常常是选择的结果。在这样的情况下，它反映了一种思维模式，即与以营养为目的的饮食相关的一种意志，没有任何伪装，但并不一定是因为资源很少或有限。与前一种情况的区别在于，这是一种清楚明确的思维，任何以这种方式进食或饮用的人都是以营养为目的，并自主选择不同的品质水平。

“大众烹饪”的反面是什么？是“高级料理”？还是“上层阶级烹饪?”是否可能存在反义词?

» 很难说是这样，因为我们不能说“高级料理”或“上层阶级烹饪”(后者是以享乐主义为目的的第一种烹饪方式，是为富有或上层阶级创造和再生产制成品)是“大众烹饪”的反面，这意味着它们不能用作反义词。从历史上看，“高级料理”和“上层阶级烹饪”曾经是“大众烹饪”的反面，当时社会更严格地分为富裕阶层和贫穷阶层，而享乐的持续获取仅限于上层阶级，烹饪技术正是为这个阶层创造的。

是否存在“古典大众烹饪”?

» 不存在。形容词“古典的”不可以与“大众烹饪”一起使用，因为“古典的”是一个修饰语，描述的是“在整个历史中得到整理和复制的烹饪艺术”。“大众烹饪”是“传统的”，它等同于“古典”一词，因为大众烹饪的知识代代相传。

DIVES · EPVLO · QVOTIDIE · SPLEDIDE · VICTITAT ·

“大众烹饪”可以是创造性的吗？

» 纵观历史，“大众烹饪”证明了自身有能力具有创造性，因为它再生产的所有东西都是此前创造出来的，很多时候是在资源稀缺和亟须的情况下，但有时也归功于一定数量的可用资源。这导致数千种菜肴被视为大众烹饪的制成品。虽然“大众烹饪”通常以营养需求为指导，但我们不能否认享乐主义意图的存在，因为它无论是在品质还是在可用资源方面，都已经远远超出了单纯的营养目标。如果不是这样的话，全世界的成千上万种大众菜肴就不会被创造出来。

“大众烹饪”可以是艺术性的吗？

» 艺术性烹饪与“烹饪艺术”直接相关，但是很难否认某些类型的“大众烹饪”拥有艺术思维，却又不是“烹饪艺术”。我们需要建立这样一种观念，即烹饪的起源、根基和可能产生的思维模式之间存在差异。

“大众烹饪”可以是“现代”的吗？经过几代人之后，它会变成“现代传统烹饪”吗？或者它会变成“衍化后的传统烹饪”吗？

» “现代烹饪”与创造性以及职业世界息息相关。“现代”意味着“当下”，意味着今天，因此显然有一种现代的营养或大众烹饪类型，因为这正是目前正在被实践的。我们可以说存在一种现代传统烹饪类型，它继承自过去的几代人，并在今天被复制，但不能说存在衍化后的或者正在衍化的传统烹饪，因为如果它是传统的，那么关键就在于当它被复制时保持的忠实性。

“大众烹饪”可以是“衍化后的”或者“正在衍化的”吗？

» “衍化后的”或者“正在衍化的”意味着已经被创造的事物转变了，它涉及变化。因此，没错，“大众烹饪”可以衍化、改变和发展。有些并非正统的东西没有理由继续遵循过去的模式，并且它可能是衍化后的或者正在衍化中的。“大众烹饪”中存在衍化的一个很好的例子在于它的复杂性以及它转移到高档餐厅中的方式。

“大众烹饪”是正统的吗？

» 是的，“传统大众烹饪”是正统的，因为它基于编码过程并代代相传，而且它的区别性特征就在于此。一方面，被传承的真实食谱并不是正统的，因为每个人都拥有属于自己的烹饪这道菜肴的方式。即便就传统而言，我们也可以说每个家庭都有自己的“传统”。例如，西班牙式可乐饼（croquetas，即填充贝夏梅尔调味酱的西班牙油炸丸子）的食谱始于正统食谱，这让我们能够将西班牙可乐饼和其他可乐饼识别为同一种制成品，但是有不同的版本被制作和再生产出来，而且它们互相之间存在微妙的差异。另一方面，大众烹饪如果不是传统的或者不能被认为是传统的，那它就没有理由是典范的或正统的，但它是人们为了自身创造和再生产的，并且被人们融入了自己的文化里。

一种烹饪类型在什么时候变得“过时”？只有传统的才会变成过时的吗？古典的会不会变成过时的？

» 《韦氏词典》将“过时的人或事物”（anachronism）定义为“在时间顺序上错位的，尤其是来自前一个时代并在如今显得不协调的人或事物”，但这个词有不同的用法。一方面，它可以带有一定程度的负面含义，用来指不再被制作或再生产的食谱，例如那些来自中世纪的菜肴一样；另一方面，无论是传统的还是古典的，大众的还是烹饪艺术的，如果某种烹饪类型持续再生产属于另一个时代的制成品，而且这些制成品超越了它们被创造时的历史时代，那么这种烹饪类型就可以被视为过时的。这适用于传承到不同时代（从过去到现在），并在如今被消费（虽然不频繁）的业余或职业烹饪。这个因素令它看上去“过时”或者“属于另一个时代”。

让我们思考这样一道菜肴，它在过去的西班牙被称为“*caldo de restaurante*”（“餐厅肉汤”），现在名为“consommé”（“清炖肉汤”）。这道菜拥有至少三百年的历史，但它在今天仍然被再生产，而且不会被认为是过时的。可能发生的另一种情况是某种菜肴继续被再生产，但实际上被视为“过时的”。例如，法式焗酿龙虾（lobster thermidor），这道菜被认为是烹饪艺术和古典烹饪，但也被认为是过时的。为什么？因为龙虾的这种制作方式（肉先煮过，然后放入酱汁中烹饪）已经不受当代烹饪的青睐了，而且这种制作方式会被如今的创造性厨师认为是过时的。

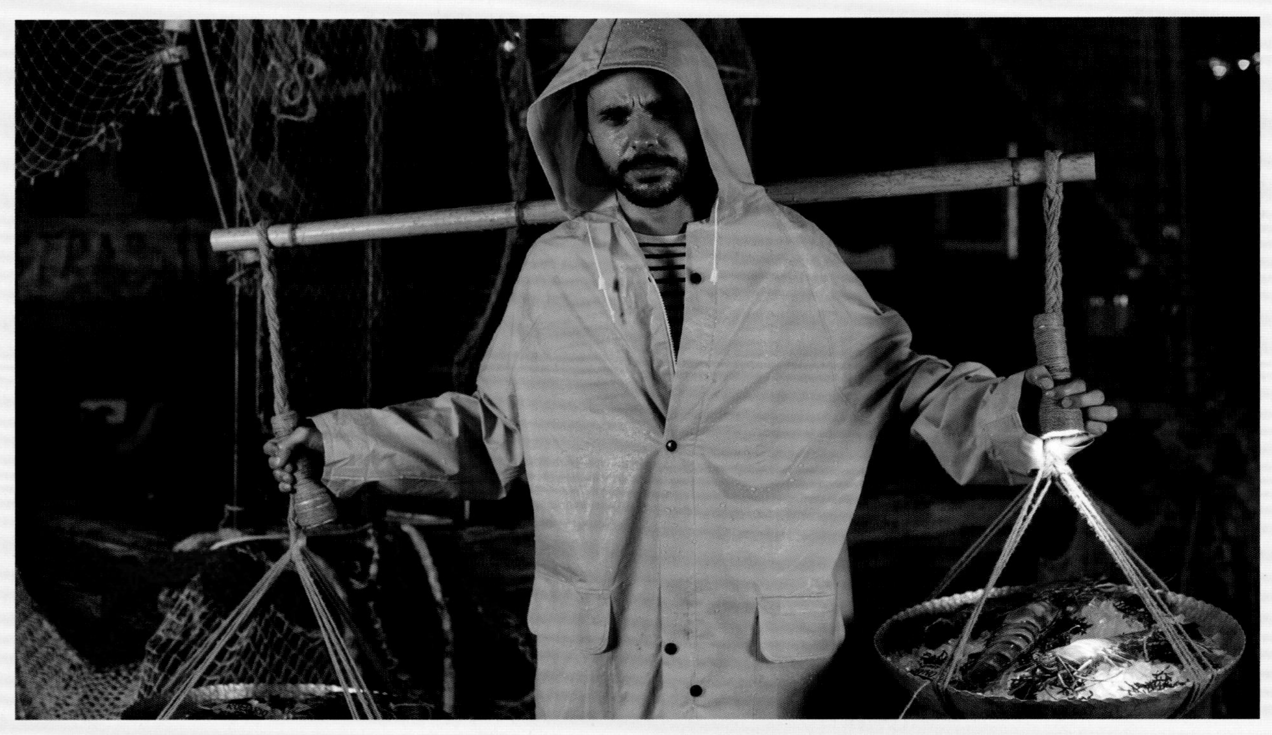

什么是“高档化大众烹饪”？

» “高档化”（refined）这个词用于修饰通过升级过程进行转化的任何大众烹饪，它的品质通过使用最好的产品得到提升，并衍化成为这样的制成品，即制成品起源于劳动阶级，但是如今在高档餐厅被消费，由那里的职业厨师制造，并在美食供应的结构中占有一席之地。大众烹饪的“高档化”被视为当代“高级料理”的一部分，并且可以通过付款来获得。

什么是“高级成品烹饪”？

» 这仍然是一个新概念。很难对它进行客观分析，而且存在很大的灰色区域，包括尚未确定的定义。使用智论方法学，我们将“高级成品”（prêt-à-porter）这个名字赋予任何创造和再生产其根源不在大众烹饪中的制成品。高级成品不是以营养为目的创造的，而且虽然它以享乐主义为引导，但是我们不能将其视为“烹饪艺术”。它的灵感来自烹饪技术中常用的技术、工具和产品，再被改造成模仿常用的技术、工具和产品的版本，但是品质和价格更容易负担，从而实现这种烹饪类型及其制成品的“民主化”（可能以西班牙小吃、共享拼盘等形式呈现）。它是一种非正式的烹饪风格，属于“高级料理”，但是我们不能将其视为“高水平美食”。这是因为要想面向更广泛的公众，它会舍弃高水平的高档餐厅中的美食供应的某些部分，例如一流的服务、高档餐具和玻璃器皿、杰出的装修和氛围等。它出现在使用这种高级成品概念设计的所谓小酒馆和餐厅中，或者与其他制成品类型（来自“高档大众烹饪”和“烹饪艺术”）结合，出现在高档餐厅美食供应的结构中。但是正如我们指出的那样，它仍然是一片灰色区域。

“高档化大众烹饪”可以是创造性的吗？“高级成品烹饪”呢？

» 高档化大众烹饪和高级成品烹饪的制成品都可以达到一定程度的创造性。正如我们多次指出的那样，这全都取决于我们在创造或者再生产这些制成品时的思维模式。

“高档化大众烹饪”可以是艺术性的吗？“高级成品烹饪”类型呢？

» “高档化大众烹饪”可以拥有美食思维模式，并且是高级料理，但是按照定义，它不是“烹饪艺术”。至于“高级成品烹饪”，“烹饪艺术”是它的灵感，所以艺术成分会得到或多或少的呈现。

是什么将“烹饪艺术”定义为特定烹饪类型的结果？

» 所谓“烹饪艺术”，我们指的是职业厨师以享乐为目的创造出来的一系列食物和饮料制成品。它始于私人领域（上层阶级的家宅），并在18世纪末伴随着高档餐厅的到来进入公共领域。自此以来，“烹饪艺术”持续被创造和再生产，而且它可在高档餐饮部门这一公共领域内通过支付款项而获得。它具有艺术性思维模式，并反映了其所在的历史时期内在的美的概念。它常常包含很高的创造性水平，尽管某种制成品要想被视为烹饪艺术，这一点并非不可或缺。这个概念不存在不确定性，而且不需要对立面就能解释它，这取决于它比较古老还是更加现代，以及创造和再生产发生的时刻而有所差异。“烹饪艺术”这一概念的起源实际上非常悠久。我们不知道这个术语是否曾被正式用于指代该烹饪类型，但是自15世纪发明印刷机以来，它就曾被记录在图书中。

我们可以将什么视为“古代烹饪艺术”？

» 这是自人类最早的文明以来在私人领域以享乐主义为目的创造和再生产制成品的职业厨师所做的工作的名字。职业厨师有含蓄的美食思维模式，并服务于富裕阶层，他们让富裕阶层享受品尝过程。修饰语“古代”横跨过去的所有时代，直到“烹饪艺术”食谱在19世纪的法国被编纂。

所以古典烹饪仅仅指“烹饪艺术”吗？

» 古典烹饪这种分类可以指发生在过去或者在某个遥远的历史时期创造或再生产的所有烹饪。但它不仅仅指“烹饪艺术”，因为烹饪艺术只代表了古代烹饪的一小部分，毕竟它是为富裕或上层阶级烹饪，这些人是少数。大多数古代烹饪是为大众服务的烹饪，即“大众烹饪”。

那么，什么是“古典（经典）烹饪艺术”？

» 如果我们以《牛津英语词典》为指南，我们会发现“classical”（古典的，经典的）这个概念不止一种含义。如果我们理解它的含义是“构成公认的标准或范例”（译注：此时译为“经典的”），那么我们就会相信，新菜烹饪法和科技情感烹饪法创造的烹饪艺术可以被视为经典（classical）烹饪艺术，因为它们在一定程度上是全世界许多厨师的范例，尽管它们属于历史上相对较近的时期。然而我们认为，为了将烹饪技术归类为“古典的（经典的）”，它必须经过几代厨师的再生产（大概是五代，尽管与时间相关的术语是模糊的，而且在这方面并没有共识）。因此，被我们归入“古典（经典的）”烹饪艺术包括20世纪的职业厨师基于奥古斯特·埃斯科菲耶编纂的法国食谱合集（《烹饪指南》，1903年）再生产的内容。

“传统烹饪艺术”存在吗？

» 我们不能将“烹饪艺术”归类为“传统的”。“传统”指的是在私人领域对大众烹饪食谱的数代传承，所以它在这里不适用。

什么是“现代烹饪艺术”，或者“当下烹饪艺术”或“当代烹饪艺术”？

» “现代烹饪艺术”“当下烹饪技术”或“当代烹饪艺术”是职业厨师为了享乐主义的目的不断创造新的制成品，并将它们添加到此前的制成品中，同时在高档餐厅里再生产制成品而产生的。“现代”描述了伴随20世纪两次先锋运动的所有烹饪，它们挣脱了之前出现过的所有一切，从而以不同的角度再次创造烹饪艺术。

烹饪艺术时下在什么地方出现？

» 烹饪艺术目前出现在高档餐厅，并且可以通过付款获取。然而，除了餐厅的用餐空间，它还可以出现在为了享受优质品尝体验而制作制成品的鸡尾酒酒吧以及其他种类的酒吧中，以及甜味世界和咸味世界的专家们的厨房里，这些专家制作并再生产被获取并在私人领域享用的烹饪艺术。换句话说，烹饪艺术进入餐厅并在其中继续成长，但它也出现在公共领域里其他类型的接待业场所中，而且至今还出现在私人领域中，尽管这种情况已经变得相当罕见。

只有“烹饪艺术”会出现在高档餐厅中吗？

» 高档餐厅目前供应的制成品中包括我们认为的烹饪艺术，但并不是只有烹饪艺术，其他烹饪类型也会出现，例如高档化大众烹饪和高级成品烹饪，而且可以将这些不同的风格混合在同一次美食供应中。思维模式是一方面，结果是另一方面，而这完全取决于作品的品质，无论是烹饪艺术高级成品烹饪还是高档化大众烹饪。

所有“烹饪艺术”都是创造性的吗，或者说它意味着创造性的结果吗？

» 所有烹饪艺术都是在过去的某一时刻创造出来的，但它并不总是具有创造性，也不始终意味着创造性结果。烹饪艺术能够以美食和艺术思维制作，但是它的价值和它作为艺术的分类是基于其再生产的卓越技艺，而不是基于注重具有创造性水平结果这一目标。

创造性烹饪艺术可以由私人领域的业余厨师生产吗？

» 这与我们已经给出的关于创造性以及厨师采用的思维模式的答案密切相关。虽然有些例外不允许我们直截了当地回答“不”，但是我们必须断言，业余厨师很难在私人领域生产“烹饪艺术”。

形容词“地方性的”和“世界主义的”可应用于大众烹饪和烹饪艺术吗？

» 如果我们将修饰语“地方性”赋予某种形式的大众烹饪，或者特定的某类烹饪艺术制成品，我们说的是制成品以某种方式在某个地理单元（地区）只有的某些特征。我们知道在这里，来自世界上某个地区的产品、技术和灵感将被利用起来。需要指出的是，要想被视为“地方性的”；大众烹饪和烹饪艺术都不必非得在起源地区进行再生产，它可以转移到世界的其他地方。如果我们将大众烹饪或者特定的一类烹饪艺术成品归类为“世界主义的”，那么我们说的是它们的流动性，我们指出了这样一个事实：它们从自身被创造的地方转移到距离不一的其他地方，这意味着再生产制成品可能受到文化因素的影响，并具有再生产它们的“目的地”的特征。

传统烹饪和烹饪艺术始终关乎品质吗?

» 烹饪艺术始终关乎品质。如果它不满足这个条件，它就不能被视为艺术；问题就会是：那它是什么？然而，“传统烹饪”在多种品质水平上进行再生产，具体取决于烹饪者和完成烹饪的地方，制作过程中使用的资源等。品质不是必不可少的条件，传统制成品可能是低品质的。

资源有限的国家或地区的厨师或料理能够创造出烹饪艺术吗？

» 需要阐明的事实是，当烹饪行为能够满足的其他需求得到满足时，烹饪艺术才会被创造出来。如果资源不允许享乐主义被当作唯一目的，烹饪将确保营养目的，而且甚至可能获得某种美食思维，但不会产生能够被视为烹饪艺术的制成品。这是国际烹饪至今仍然存在着的巨大差异的原因，因为

Altitonans ignis sedenum valatus edaci,
Intricat eloquiis hoc Babylonis opus

某些国家（有时候是国家内部的某些地区）在资源方面“富裕”或“贫乏”，这种情况的后果反映在它们的职业烹饪上。这一点在新兴或发展中国家的职业厨师身上可见一斑，这些国家如今正在创造烹饪艺术，并逐渐淡化历史上重要的烹饪中心的地位。旅游业也可以导致国家、地区乃至城市的财富增长。在这种情况下，如果可用资源增长或者资源优先用于创造烹饪艺术，那是因为存在负担得起享乐餐饮的游客市场。

作为一种烹饪类型的所谓“高级料理”的特征是什么？

» 虽然如今被广泛使用，但在19世纪末之前“高级料理”（haute cuisine）一词使用者寥寥，这正是很少有出版物在其标题或内容中包含这个词的原因。它一开始被用来描述19世纪重要酒店和餐厅的烹饪风格。从那以后，“高级料理”就成了在公共领域以最高品质水平进行的烹饪。它对应职业烹饪情境，并出现在高档餐饮部门的公共领域（烹饪并被品尝）。高级料理如今包括高档化的大众烹饪、烹饪艺术和高级成品烹饪。

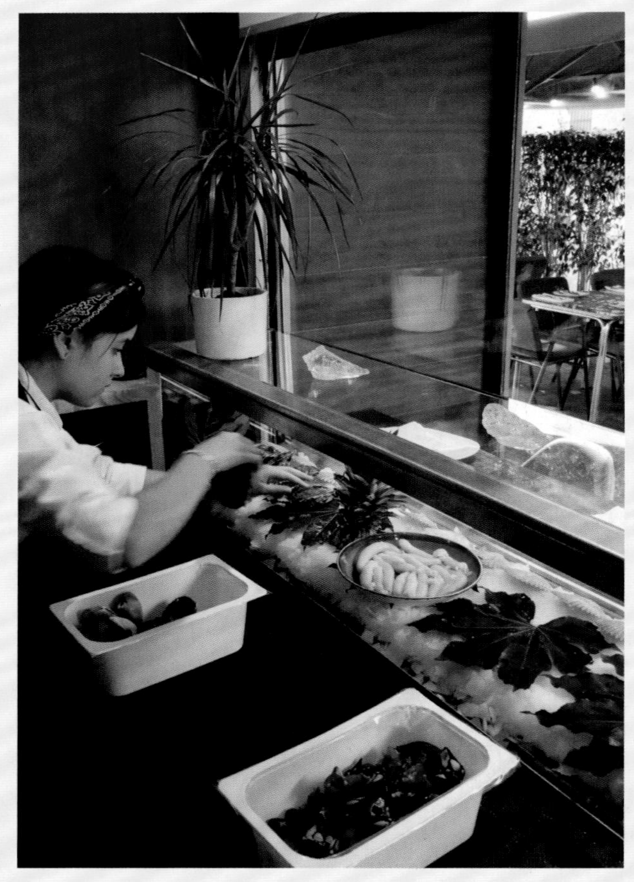

高级料理有反义词吗？

» 不存在低级料理的概念，我们也不能将高级料理定义为另一个术语的反面。就连曾经被认为是其反义词的大众烹饪，也已经成功地衍化和高档化，从而被纳入高级料理中。它并不仅被视为烹饪艺术的制成品，这意味着它不能只与这种烹饪类型相关联，因为这可能会引起混乱。如今我们发现有些高级料理餐厅供应起源于大众烹饪的高档化制成品，但是它们已经衍化得接近了高级所固有的烹饪艺术。要想找到高级料理的反面，唯一的方法是将它与以营养为目的的烹饪进行对比，因为后者的目标与高级料理完全不同，高级料理是为了乐趣或者包含于其中的任何东西而设计的（即便有些制成品的根源是大众烹饪，它们也变得高档化起来，以便提供乐趣）。

高级料理在什么时候是古典的？在什么时候是传统的？

» 虽然目前尚无清晰的共识，但我们可以断言，高级料理直到19世纪再生产创造性的烹饪艺术或20世纪就烹饪艺术被编成法典时，它是古典的。然而，它绝不可能是传统的。“传统”这个形容词指的是来自大众烹饪（没有经过高档化）的某种菜肴在被整理记录后传承至少五代人（尽管关于这个概念以及世代数目仍有争论），并至今仍根据最初的范例进行再生产。

古典烹饪艺术等同于古典高级料理吗？

» 通过将高档化大众烹饪视为高级料理，我们将不构成古典烹饪艺术的制成品纳入进来。因此，这两种烹饪类型并不对等，因为它们包含代表不同现实的制成品。

我们何时能够谈论现代高级料理？

» 现代、当代的高级料理是存在的，并且包括根植于大众烹饪的制成品，它们经过高档化以达成优秀的品质，并成为职业厨师在餐厅中制作的美食供应的一部分。至于烹饪艺术，现代高级料理创造制成品并再生产这些制成品，或者使用起源于20世纪烹饪运动、新菜烹饪法和科技情感烹饪法的产品、技术和工具。目前尚不确定20世纪60年代末至70年代初的新菜烹饪法如今是否被视为古典的，又或者因为它仍然如此之新，所以它还是现代的。

高级料理可以在私人领域实现吗？业余厨师可以生产高级料理吗？

» 第一个问题的答案是肯定的，只要烹饪者是职业厨师，为此目的受雇，并从公共领域转移到私人领域。然后，本来在高档餐厅制作的高级料理舍弃了这一背景，而转移到私人领域。美食资源的水平以产品、工具及技术的形式在当下变得可用，这使得业余厨师能在私人领域再生产高级料理。即便如此，这种类型的烹饪在私人领域也是不常见的，而且通常不由业余厨师执行。

享乐主义只存在于“高级料理”吗？

» 高级料理始终暗指享乐主义的思维模式，但这并不意味着美食思维不可能存在于无法被归类为高级料理的其他烹饪类型。换句话说，享乐主义并不是这种烹饪类型独有的，我们可以在最朴素的大众烹饪中找到美食思维（当它在庆典活动或节日情境中被消费时）。对于很多制成品，厨师在创造它们时只是简单地为了营养，但愉悦感也构成进食和饮用体验的一部分。这种界限出现在以营养为目的的烹饪中，例如快餐。当消费快餐的顾客将它视为一种“愉悦”时，我们面对的是营养享乐主义吗？从智论方法学的角度看，顾客的态度中存在快乐，因为他们品尝了自己真的很喜欢吃的食物，但我们不认为这里存在美食享乐主义。

在高档餐厅制作的东西是“高级料理”吗？

» 是的，但是其存在不同形式，因为正如我们所解释的那样，今天餐厅里的高级料理再生产属于烹饪艺术的制成品，但也生产其他种类，即起源于大众烹饪和高级成品烹饪并经过高档化，且如今已经进入高档餐厅美食供应的制成品。但是反之，有些制成品符合高档餐厅的高级料理，但是出现在其他类型场所的美食供应中，例如在新鲜农产品市场中的某个柜台出售的新鲜牡蛎。在这些情况下，我们提出这样的问题：当新鲜牡蛎还可以出现在另一种类型的场所中时，它是高级料理吗？

高级始终与奢侈和烹饪艺术相联系吗？

» 虽然高级料理通常以是否奢侈进行识别，但是将奢侈和烹饪艺术与高级料理联系起来的原因是，高级料理同时根源于这两者，而且它们共同描述了其起源的特征。从这个角度来看，奢侈与烹饪艺术和高级料理的联系是符合逻辑的，但是这是过去的情况，当时在富人家中被创造和再生产了千百年的烹饪艺术转移到餐厅（当时称为“奢侈场所”而非“美食场所”），首次让公众能够接触这种奢侈料理（通过付款获得）。今天的高级料理是重建和再思考过程的结果，这意味着我们谈论的不只是在餐厅和服务形式上与奢侈和烹饪艺术相关，并且继承了古典主义的仪式和礼仪的高级料理，而且是被我们称之为高级料理的更广泛多样的可能性，其中有奢侈的空间，但也有高档化大众制成品，即对“非奢侈”的高档化，它不是为了奢侈创造的，也不能被称为“烹饪艺术”。因此，美食是超越其起源的场所提供的东西的高级料理的概念。这是公共领域烹饪中最大的变化之一。它产生了灰色地带，在这些灰色地带中，这种转化以及它与我们讨论过的其他概念之间的关系可能会造成混淆。

营养、大众、高级料理和烹饪艺术是否交叉？

» 以上各种在极端情况（纯粹以营养和烹饪艺术为目的的制成品）下很难交叉，因为它们分别对应不同的意图和资源。如果使用最好的品质，营养烹饪中有可能存在特定的美食思维，即便它不涉及享乐主义，但是这不符合可被视为烹饪艺术的制成品。大众元素的高档化版本被转移到高级料理中，令为了营养创造出的制成品变得精致起来，并可被视为高级料理，但绝不可能是烹饪艺术。西班牙冷汤（一种变得高档的大众制成品）和西班牙式可乐饼（一种最终被大众消费的烹饪艺术制成品）是制成品可能在不同烹饪类型之间发生转移的良好示例（见第284页）。

皇家料理的例子是什么？

» 该术语涵盖了全部历史时期在皇家和贵族的厨房里创造和再生产的所有烹饪，直到18世纪的到来和法国君主制的瓦解，才将该烹饪类型带入了新的情境，例如高档餐厅。

什么特征可以代表“布尔乔亚烹饪”？

» “布尔乔亚料理”（或者说“布尔乔亚烹饪”）的名字来自它面向的公众：布尔乔亚，西方历史上出现的第一批中产阶级。它努力模仿在皇家或贵族宅邸中烹饪和消费的贵族或皇家料理。布尔乔亚烹饪模仿皇家料理，但并不严格复制它，因为它没有同样的资源。它是可敬的，但是简单得多。这种烹饪类型的范例是厨师于尔班·杜布瓦（Urbain Dubois）在他1870年出版的《布尔乔亚新菜烹饪法》（*Nouvelle cuisine bourgeoise*）一书中设定的，书中对曾经面向贵族的制成品的食谱进行改造，令制成品可被中产阶级负担。

什么是新菜烹饪法？什么是科技情感料理？

» 贯穿不同的历史时期，出现过不同形式的新菜烹饪法，因为每一种形式都是新的料理。1742年，一位名为梅农（Menon）的法国作家出版了一部烹饪专著，并将“新菜烹饪法”（nouvelle cuisine）一词作为第三卷的标题。20世纪的新菜烹饪法表现为第一次美食先锋运动，它在20世纪60年代

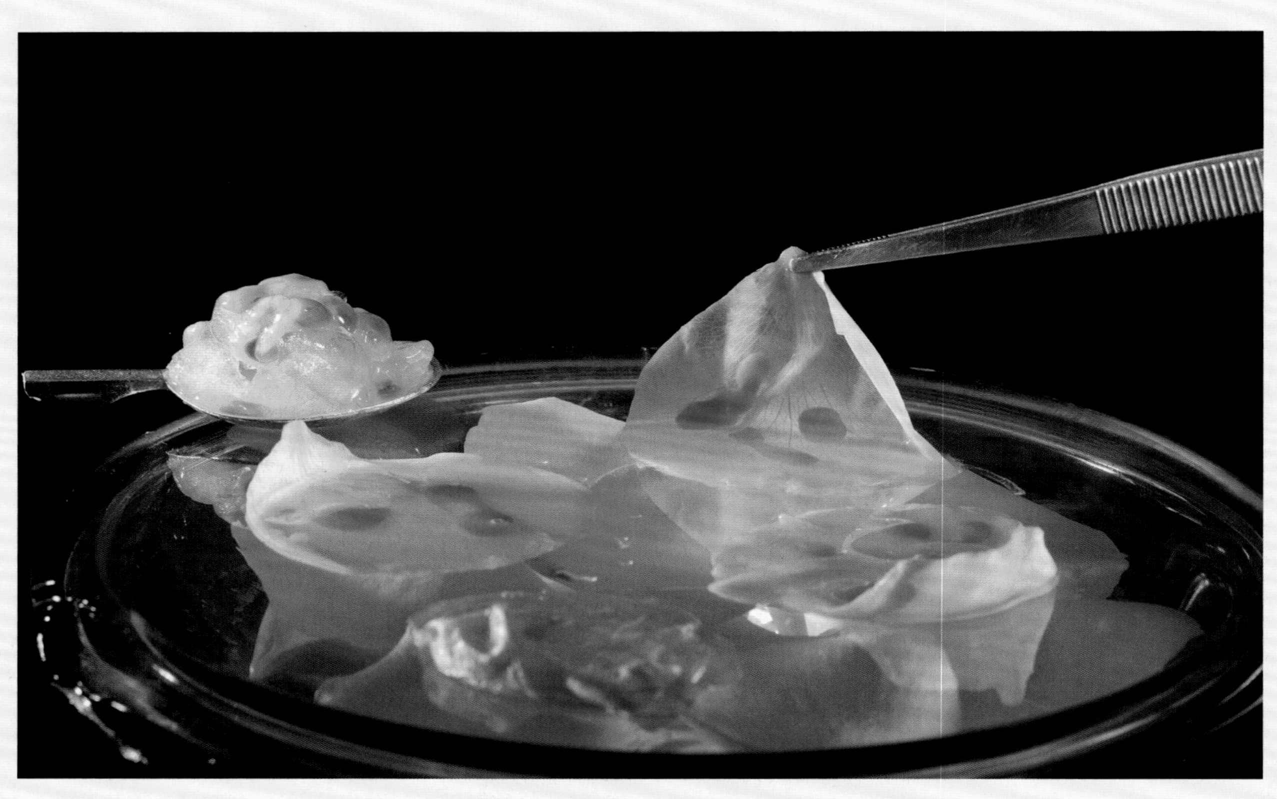

始于法国，它的神经中枢最终发展成为一场烹饪运动（见第300页）。另外，科技情感料理则代表了20世纪的第二次美食先锋运动。它起源于20世纪90年代的西班牙，后来也发展成为一场运动（见第300页）。

什么烹饪类型对应“高水平美食”这一术语？它必须拥有什么特征？

» “高水平美食”暗指伴随品尝体验的一流服务和氛围。在制成品方面，它意味着那些起源于大众烹饪的制成品的全面高档化，并包括它最初对应的烹饪艺术。

在不生产高水平美食的情况下可能存在美食思维吗？

» 美食思维和意志令波盖利亚市场埃尔奎姆小吃吧（El Quim de la Boquería）和匹诺曹餐厅（Pinocho）这样的场所有可能出现高水平的大众烹饪高档化的制成品。产品的选择以及正确的技术及工具知识从一开始就对最初为了营养的烹饪进行了高水平的高档化。这里有一种思维模式，但我们不能将其视为高水平美食，因为氛围并不特别奢华。这里没有豪华的服务！没有专门的餐室！这不是高水平美食，但它很棒，这就是它拥有非常清晰的美食思维的原因。如果我们要问它是不是高级料理，它的高档化程度是否足以让它被如此定义，我们就会进入一片灰色地带。因此，一方面，思维模式可以提升某种曾以营养为目的并起源于大众的烹饪风格。此外，如果它变得高档化，并被转移到职业烹饪的情境中（拥有完美的产品以及适宜的技术和工具知识），我们就可以认为它是为了享乐主义的烹饪。另一方面，除了思维模式、知识、产品、技术和工具，如果还有为了享乐主义设计的服务、氛围、特定的场合和品尝空间，我们就会发现它满足高水平美食的定义。

我们建议使用几个主要标准来定义厨师或餐厅涉及的烹饪类型

正如我们在第250页提到的那样，有数百种标准可以应用到烹饪中，以理解烹饪各种各样的特征。在接下来的几页里，我们重点介绍那些我们认为对理解可能的烹饪类型至关重要的标准。通过应用这些标准，我们获得了一些类别（我们列出了通过这种方式可能产生的一些类别，但没有列出全部），它们被我们识别为烹饪类型并构成流行文化的一部分。

① 根据它是为了营养还是为了享乐主义

我们在之前的章节中详细论述的要点之一（见第80页）就是出于营养目的和出于享乐主义而烹饪之间的巨大差异。

为了营养的烹饪：在最严格的意义上使用营养这个词，即通过进食和饮用来滋养身体，不带任何其他意图。

考虑享乐主义且为了营养的烹饪，因为它拥有美食思维和意志：这涉及不同的产品、技术和工具，制成品将会是可负担范围内的最佳品质，而且将在更透彻的了解下使用。

为了享乐主义的烹饪：一种追求愉悦的坚定决心，正是这一点让我们可以谈论美食，谈论餐桌旁的享受。取决于不同的历史时期，为了享乐主义烹饪的艺术性和创造性的程度也有所不同。

② 根据它的创造、再生产和消费背后的目标

可以定义烹饪类型的另一个标准是进行烹饪的目的，即创造或再生产。正如我们在为了创造的烹饪（见第94页）和为了再生产的烹饪（见第106页）的章节中解释的那样，这是个复杂的主题，因为创造者并不总是再生产，而再生产的人也并不总是在消费或者创造，使用这些变量可以搭配出所有可能的组合。

为了创造的烹饪

为了再生产的烹饪

为了消费的烹饪

被创造、再生产和消费的烹饪

被创造，未被再生产，但是被消费的烹饪

不被创造，但是被再生产和消费的烹饪

……

③
根据其专门化程度

我们在一个单独的章节中探讨烹饪专门化（见第304页），其中包括一些基本的专门化（食物和饮料、甜味和咸味世界、储藏、装饰等），不过在这里我们将其视为产生烹饪类型的标准。

专门化烹饪，由专才厨师创造或再生产

非专门化烹饪，由非专才厨师创造或再生产

……

④
根据它用作食物制成品还是饮料制成品（烹饪世界中的一种基本专门化）

作为个体，我们可以进食和饮用自己烹饪的制成品，也可以消费别人为我们烹饪的制成品。取决于构成制成品的食物或饮料的用途（见第60页），我们可以区分不同的烹饪类型。

被创造、再生产和消费的烹饪——用作食物

被创造、再生产和消费的烹饪——用作饮料

⑤
根据它是为甜味世界制作的还是为咸味世界制作的（烹饪世界中的一种基本专门化）

当我们使用“烹饪”这个词时，人们通常会想到咸味世界，或者来自两个世界的制成品的混合。但是存在一些令这种专门化与众不同的差异，并且其可以产生代表特定料理类型的特征。

被创造、再生产和消费的烹饪——甜味世界

被创造、再生产和消费的烹饪——咸味世界

在甜味世界中创造，然后转移到咸味世界的烹饪

在咸味世界中创造，然后转移到甜味世界的烹饪

……

⑥
根据它是在公共领域还是在私人领域

鉴于形容词“公共”和“私人”指的是非常具体且定义明确的情境，这种区分是最清晰的一种。然而，正如我们在专门探讨这两种烹饪风格的章节中解释的那样（见第225页），纵观历史，我们在这两个领域都见到了显著的差别，它们都以与人类历史相同的速度衍化，且目前代表着与一开始非常不同的现实。

在公共领域被创造、再生产和消费的烹饪

在私人领域被创造、再生产和消费的烹饪

在私人领域被创造，并在公共领域被再生产和消费的烹饪

……

⑦
在公共领域中的什么地方？

在公共领域内，烹饪以许多不同的版本存在，它们具有鲜明的特征，让我们能够谈论在不同的时间和空间内由不同的行为主体实施的烹饪类型。

在酒吧风格餐厅、咖啡馆、非美食餐厅等场所中的烹饪

高档餐饮部门中的烹饪

机构中的烹饪

集中供应餐饮的烹饪

食品工业烹饪

社交俱乐部烹饪

……

⑧
根据社会阶层

整本书提到了各种社会阶层，尤其是在讨论营养和享乐主义的章节中（见第80页）。将社会阶层作为分析烹饪类型的标准，这需要探索每个阶层的烹饪和就餐方式有什么差异和特定特征。从历史的角度看，中产阶级是一个很新的概念。

由劳动阶级创造、再生产和消费的烹饪

由富裕或上层阶级创造、再生产和消费的烹饪

由劳动阶级创造，并由富裕或上层阶级再生产和消费的烹饪

……

⑨
根据它是职业的还是业余的

这一点和烹饪者（见第136页）、厨师身份（见第140页）以及他们是在创造还是在再生产直接相关，这将决定烹饪的结果和类型。某种烹饪类型的复杂性水平以及它的演化能力都是由烹饪者决定的。

由业余厨师创造或再生产的烹饪

由职业厨师创造或再生产的烹饪

……

⑩
根据它是正统或典范的还是衍化的

一方面，该标准与烹饪的再生产直接相关，取决于它是否忠实地再生产创造之初的烹饪类型，即严格地遵循食谱典范。另一方面，如果这种烹饪类型是衍化的结果，无论是因为新产品的加入，还是技术和工具的改良或者对最初食谱的高档化，它就是另一种烹饪类型。

正统/典范烹饪

衍化/演进烹饪

⑪
根据其结果的创造性水平

本书第96页讨论了烹饪结果的创造性水平。它可以从根本不存在（我们看到典范烹饪就是如此，它根本不需要再阐释，只需再生产即可）到非常高的水平（通过所有的中间版本）。

创造性烹饪：被创造出来的烹饪。在创造性这个概念中，存在不同的水平（从很高到很低），还存在再阐释水平。所有这些都在讨论烹饪创造性的章节（见第96页）得到解释。

非创造性烹饪

……

⑫
根据精致和高档化程度

这与上一个标准（见第96页）紧密相关。当我们将一种起源于营养目的（比较朴素）、一开始没有高档化野心的烹饪类型与更追求享乐的思维联系起来时，它就会变得高档化或者更加精致。因此，一种烹饪风格可以起源于大众，然后在再生产中获得精致感。这导致精致化或高档化的大众烹饪风格。与最初的正统食谱相比，这种风格面向不同的公众并被不同的厨师制作。

精致/高档烹饪

纯朴/朴素烹饪

⑬
根据其结果的艺术水平

这是定义烹饪艺术的标准，见第263页。这是一种拥有艺术思维的享乐主义烹饪，它追求美以产生愉悦感，与营养的概念相距很远。

具有艺术或烹饪艺术成分的烹饪

不具有艺术成分的烹饪

⑭
根据其品质水平

品质水平（低、中等、高）指的既是烹饪的过程，也是烹饪的结果，它与美食思维和意志的存在与否、社会阶层以及本书探讨的其他要点相关。品质决定了某种特定的烹饪类型能否被视为高级料理。

低品质烹饪

中等品质烹饪

高品质烹饪

⑮
根据其奢侈水平

作为一种标准，考虑奢侈水平有助于我们理解烹饪艺术和公共领域中高级料理的衍化。烹饪艺术的起源与此有关，而后者模仿此前仅局限于私人领域富裕阶层的奢侈。然而，在今天定义奢侈是不容易的，而且这种标准绝对是主观的，因为这取决于个人对奢侈的认知。某种烹饪风格的奢侈水平与它出现在公共领域时的品质和价格密切相关，而且它是论述美食供应的一个重要制约因素。

奢侈水平极高的烹饪

奢侈水平高的烹饪

奢侈水平低的烹饪

无奢侈水平的烹饪

⑯
根据它是否有“签名”（名义上的）

当一种烹饪风格被认为是“签名的”（signature），换句话说，当在名义上与一个名字或特定的人相关时，它毫无疑问与一种有影响的个人风格相关，这种风格可能是某位职业厨师构建的。该主题参见专门讨论烹饪风格和运动的章节（见第300页）。如果一种烹饪风格被认为是“签名的”，那它是以名义上的方式进行概念化的：它有自己的名字和标识。通常不会提到“非签名”烹饪，但这是根据此标准创造出的一个类别。

签名/名义烹饪

非签名/非名义烹饪

⑰
根据它在世界上的什么地方被创造、再生产和消费

如果代表一种烹饪的制成品是在特定地区被创造的，那么这种烹饪类型可被视为地方性的。根据它在什么地理单元中被识别，它可以是本地的或国家的。与此同时，这种单元还将出现在以气候为特征的特定地理背景中，它们将呈现独特的生物群落区。世界上发生烹饪的特定地方在烹饪的过程和结果中（并因此在烹饪类型中）都产生特征。此外，烹饪风格伴随人类迁徙和移动。它们从一个地方转移到另一个地方，并在不同于创造它们的地方的其他地点被再生产，并在消费方式上成为代表文化多元主义和世界主义的料理。

本地烹饪、地方烹饪、国家的烹饪：在其起源地创造、再生产和消费的烹饪。

世界主义烹饪：经过转移之后，在起源地之外的地方进行再生产和消费的烹饪。

……

⑱
根据它在什么历史背景中被烹饪

使我们能够区分烹饪类型的基本要点之一是历史背景，我们将在第434页探讨这个主题。历史可以将烹饪以多种方式进行划分，但这些方式全都表明历史时期对制成品的创造、再生产和品尝产生的重大影响。结果是我们可以区分出不同的烹饪类型。

传统烹饪：起源于大众烹饪，并经过三至五代人的再生产。

古代烹饪：与最早文明中出现的特定烹饪方式相关，被称为“古代的”。

古典烹饪：与来自烹饪的古典时代的烹饪艺术相关（虽然“古典”可能有不同的含义，但它通常指的是在20世纪被埃斯科菲耶编纂并被相当多代厨师再生产的烹饪艺术）。

现代烹饪：当今烹饪风格的名字。这个形容词在每个历史时期都被用过，当时的每种烹饪形式都是“现代”的（尽管我们将20世纪的烹饪运动归类为最现代的烹饪风格；从那以后，再也没有任何其他如此规模的开创性料理）。

另一种从时间视角定义它的方式是：

过时烹饪：属于另一个时代，但在如今被再生产。

当代烹饪：在现代被创造和再生产的。

结语

考虑到烹饪从进行第一次制作过程至今积累下来的许多不同层次的特征，如果不从一开始就意识到我们思考的是一个无疑十分复杂的领域，那就很难正确地看待烹饪，同时对它进行整体上的观察并努力地理解它。

自烹饪诞生以来，已经发生了很多事情，使我们可以谈论和识别烹饪类型，按特征细分烹饪，每次都从不同的角度关注烹饪。即便如此，正如我们已经看到的那样，即使我们希望单独研究它的特征以便用新的方式理解它，但很明显的一点是存在的东西（烹饪艺术、高级料理、大众烹饪、传统烹饪和这里探讨的其他风格）是行为和决策的结果，而行为和决策常常产生互相重叠的风格，这种风格在其他情况下允许我们对比并识别出相反的风格，让我们理解存在的东西是什么，为什么一种事物不可以是别的事物。

作为概念，烹饪类型是由产生烹饪过程或者独特结果（不同于所有其他结果）的某种显著特征或者特征组合区分的。每种用来理解烹饪现实的标准都以单独和个性化的方式表现出独特性。而且虽然烹饪类型在现实生活中并不独立存在（一种烹饪风格不只是“大众的”，尽管我们可能选择这一特定特征去定义它），但是它可以提供许多答案，并令烹饪本身被整理和分类。

如果我们使用同样的标准对不同的制成品进行情境化，那会怎样？

为了确认同一种制成品是否可能反映不同的烹饪类型，我们对特定制成品应用了在前几页探讨的主要标准。这让我们能够对它们进行情境化，理解它们是随着时间衍化的，而且会对不同于创造它们时的原始概念的其他概念作出反应。

我们首先在这个领域，在消费这些制成品的公众以及制作它们的厨师中观察到了变化……我们看到，就像烹饪不是静态的一样，制成品也不是静态的。然而，对于某种来自私人领域、起源于大众烹饪的制成品，与其他变化相比，变得高档化并且可转移到更精致的公共领域，这是简单得多而且更可行的。为了享乐主义而创造的烹饪艺术变得大众化，从而转化为某种在高档餐厅之外的消费选择，这种情况是极为罕见的。

传统番茄面包（PA AMB TOMÀQUET，即涂抹番茄的面包）

① **根据它是为了营养还是为了享乐主义**：它是为了营养的制成品或生存料理，但衍化赋予了它享乐的一面。上面放置蔓生番茄并淋有特级初榨橄榄油的扁面包可以算作享乐主义，因为它超出了简单的营养概念。

② **根据它的创造、再生产和消费背后的目标**：它在加泰罗尼亚地区被创造，据估计起源于6世纪。如今它的日常再生产不仅发生在加泰罗尼亚，也在其他地方发生。它的烹饪是为了作为供品尝的制成品直接消费，但它也可以是中间制成品。

③ **根据其专门化程度**：它本身不符合专门化，不过作为经过制作的产品，面包需要经过专才厨师（面包师）的烹饪。

④ **根据它用作食物制成品还是饮料制成品**：用作食物的制成品。

⑤ **根据它是为甜味世界制作的还是为咸味世界制作的**：为咸味世界制作的制成品。

⑥ **根据它是在公共领域还是在私人领域**：它最初属于私人领域，但是如今同时在私人领域和公共领域被消费。在公共领域中的什么地方？它出现在西班牙的几乎任何高档场所，在美食供应中行使这种或那种功能。

⑦ **根据社会阶层**：它起源于最贫穷的阶层，但如今被所有社会阶层再生产和消费。

⑧ **根据它是职业的还是业余的**：最初是业余的，如今业余和职业厨师都进行它的再生产。

⑨ **根据它是正统/典范的还是衍化的**：除了进行再生产的典范食谱，还有各种衍化后的版本，它们使用不同类型的面包，或者将番茄涂抹、摩擦或搓碎使用以及其他改变。

⑩ **根据其结果的创造性水平**：它不是创造性料理，它是传统的。

⑪ **根据精致和高档化程度**：这种制成品目前属于高档化的传统大众烹饪。有些烹饪艺术制成品是受到这种大众食谱的启发创造出来的，但它们不是一回事。

⑫ **根据其结果的艺术水平**：不是艺术结果。

⑬ **根据其品质水平**：它拥有任意的质量水平，取决于使用的产品，质量可以从最低到最高，涵盖全部范围。

⑭ **根据其奢侈水平**：这种制成品与奢侈无关。

⑮ **根据它是否有“签名”（名义上的）**：它不对应“签名烹饪”；它的创造者是未知的。

⑯ **根据它在世界上的什么地方被创造、再生产和消费**：它是在加泰罗尼亚被创造的，并且是地区性的。它也在其他地方被再生产和食用，但它是加泰罗尼亚烹饪的制成品。

⑰ **根据它在什么历史背景中被烹饪**：它是当代的，因为它在当下被制作。它是传统的，因为它的食谱已经传承超过五代人了。

传统墨西哥鳄梨酱
（GUACAMOLE）

① **根据它是为了营养还是为了享乐主义**：为了营养的制成品或生存料理，但衍化赋予了它享乐的一面，带有美食思维。

② **根据它的创造、再生产和消费背后的目标**：最初在墨西哥被创造，如今在墨西哥国内外生产，包括西方（见第425—425页）。它是为了在墨西哥国内外以及西方世界进行直接消费而烹饪的，可以是供品尝的制成品，或者用作中间制成品。

③ **根据其专门化程度**：它没有对专门化做出回应，尽管它可能出现在专门再生产墨西哥料理的餐厅中。

04 **根据它用作食物制成品还是饮料制成品**：用作食物的制成品。

⑤ **根据它是为甜味世界制作的还是为咸味世界制作的**：为咸味世界制作的制成品。

⑥ **根据它是在公共领域还是在私人领域**：它最初属于私人领域，但是如今同时在私人和公共领域消费。在公共领域中的什么地方？在几乎任何高档场所，在美食供应中行使这种或那种功能。它不只是在墨西哥餐厅（在墨西哥之外的地方专门做墨西哥料理的制成品），也不只是在餐厅（也在酒吧）。

⑦ **根据社会阶层**：它起源于最贫穷的阶层，但如今被所有社会阶层再生产和消费。

⑧ **根据它是职业的还是业余的**：最初是业余的，如今业余和职业厨师都对它进行再生产。

⑨ **根据它是正统/典范的还是衍化的**：尚无典范食谱，但就其食材和所需的制作技术而言，在食谱上有一些共识。

⑩ **根据其结果的创造性水平**：它不是创造性烹饪；它是传统的。

⑪ **根据精致和高档化程度**：食谱以及烹饪的精致程度将决定这一点。

⑫ **根据其结果的艺术水平**：不是艺术结果。

⑬ **根据其品质水平**：所有品质水平。

⑭ **根据其奢侈水平**：无。

⑮ **根据它是否有“签名”（名义上的）**：它不对应“签名烹饪”；它的创造者是未知的。

⑯ **根据它在世界上的什么地方被创造、再生产和消费**：它是在墨西哥被创造的，并且是地区性的；它也在其他地方被再生产和食用，但它是墨西哥烹饪的制成品。它极具世界主义精神：尽管它的起源深深根植于墨西哥，但是在引入它并再生产和消费它的许多不同的国家，它会和当地的烹饪习惯共存。

⑰ **根据它在什么历史背景中被烹饪**：它是当代的，因为它在当下被制作。它也是传统的，因为它的食谱已经传承超过五代人了。它在西班牙还没有被视为传统本土制成品，因为它的再生产还没有持续五代，还处于被整合的过程中。

传统菜炖肉（COCIDO，即鹰嘴豆和肉类炖菜）

① **根据它是为了营养还是为了享乐主义**：一开始是为了生存的制成品，是为了营养被创造的，它目前呈现的某些形式被认为拥有美食思维。

② **根据它的创造、再生产和消费背后的目标**：菜炖肉是陶瓷出现后作为一大类制成品被创造的，其目的是制作菜炖肉所用的食材（例如动物的多筋部位、豆类等）意味着需要煮很长时间。有很多以西班牙不同地区来命名的菜炖肉（每个地方都有各自的可用产品）。它在西班牙的不同地区进行日常再生产，特别是在一年当中最冷的那几个月。作为一种供品尝的制成品，它的烹饪是为了直接消费，而且它通常被认为是一道用汤匙吃的丰盛菜肴。

③ **根据其专门化程度**：它不符合专门化，但是它可能出现在专门再生产西班牙地方食物的餐厅中。

④ **根据它用作食物制成品还是饮料制成品**：用作食物的制成品。

⑤ **根据它是为甜味世界制作的还是为咸味世界制作的**：为咸味世界制作的制成品。

⑥ **根据它是在公共领域还是在私人领域**：它起源于家庭中的私人领域，但如今它也出现在公共领域的餐厅中。什么地方？它出现它出现在供应传统西班牙料理的餐厅中。

⑦ **根据社会阶层**：它起源于劳动阶层，如今以不同的地区版本构成传统西班牙大众烹饪的一部分。它目前在公共领域被所有社会阶层消费。

⑧ **根据它是职业的还是业余的**：最初是业余的，如今它也被职业厨师制作。

⑨ **根据它是正统/典范的还是衍化的**：肉炖菜没有典范食谱，因为西班牙每个地区和每个人都有制作它的方式（马德里风格、阿斯图里亚斯风格、坎塔布里亚风格等）。基本食谱没有不同，其有很多共同特征，但有一些细微的变化。

⑩ **根据其结果的创造性水平**：它不是创造性烹饪，它是传统的。

⑪ **根据精致和高档化程度**：它可以在公共领域做成高档化的版本，变得更加精致，但它通常是一道非常朴素的菜肴，绝不是烹饪艺术。

⑫ **根据其结果的艺术水平**：不是艺术结果。

⑬ **根据其品质水平**：表现为不同的品质水平。

⑭ **根据其奢侈水平**：无。

⑮ **根据它是否有"签名"（名义上的）**：它不对应"签名烹饪"，它的创造者是未知的。

⑯ **根据它在世界上的什么地方被创造、再生产和消费**：名为菜炖肉的制成品在地区和国家层面都是西班牙的，但是作为一种制成品（通过在液体中煮制），它在其他文化中使用当地食材进行再生产。

⑰ **根据它在什么历史背景中被烹饪**：古代历史背景，因为自从发现新石器时代使用陶瓷进行烹饪后，产品就有可能以这种方式煮熟。它的起源与最早的文明有关，但是它持续被再生产，这让它成为当代制成品。它还是传统西班牙制成品，因为它的食谱已经以多种地方版本在西班牙的不同地区被超过五代人传承了。

豌豆球（PEA SPHERES）

① **根据它是为了营养还是为了享乐主义**：它是享乐主义的，是为了产生愉悦感而创造的。

② **根据它的创造、再生产和消费背后的目标**："球形豌豆意大利饺和薄荷味豌豆沙拉872号"在2003年创造于斗牛犬餐厅。这种技术在全世界得到再现。这种供品尝的制成品由两种分别装盘的主要中间制成品构成。

③ **根据其专门化程度**：它不符合专门化。

④ **根据它用作食物制成品还是饮料制成品**：用作食物的制成品。

⑤ **根据它是为甜味世界制作的还是为咸味世界制作的**：为咸味世界制作的制成品。

⑥ **根据它是在公共领域还是在私人领域**：在公共领域中的什么地方？高档餐厅。

⑦ **根据社会阶层**：它是为中高阶层的顾客创造的，这样的顾客是米其林三星餐厅的目标群体。它的根源在于富裕阶层，因为斗牛犬餐厅的价格不是普通人能够轻易承受的。这种餐厅类别和劳动阶层的距离很远。

⑧ **根据它是职业的还是业余的**：来自职业厨房的制成品，由职业厨师在餐厅中再生产。如果有必需的工具和适当的知识，它可以在私人领域进行再生产，此时我们会发现一位"烹饪发烧友"，他在自己家里置办了一套球化的设备，但这不是常态。

⑨ **根据它是正统/典范的还是衍化的**：目前作为中间制成品进行再生产，但没有成为典范。

⑩ **根据其结果的创造性水平**：结果具有非常高的创造性水平。

⑪ **根据精致和高档化程度**：最高的，因为这是创造性烹饪艺术。

⑫ **根据其结果的艺术水平**：结果表现出最高的艺术水平，构成烹饪艺术的一部分。

⑬ **根据其品质水平**：最高品质，高级料理和高水平美食的典型特征。

⑭ **根据其奢侈水平**：所用产品不奢侈，奢侈的是创造过程。

⑮ **根据它是否有"签名"（名义上的）**："签名"烹饪。它是斗牛犬餐厅的创意团队发明的，团队成员是费朗和阿尔韦特·亚德里亚，以及奥里欧·卡斯托。

⑯ **根据它在世界上的什么地方被创造、再生产和消费**：这样的制成品没有被再生产。这种技术被复制以制作中间制成品，并融入不同于在斗牛犬餐厅创造出的意大利饺的制成品。它无疑是世界主义制成品，它不属于任何地区，而是一个国际项目，不对应任何特定地域。

⑰ **根据它在什么历史背景中被烹饪**：现代的，因为它的存在还不到20年，而且也是当代的，因为它目前正在被再生产。它不是传统的，因为它还没有被数量足够多的世代再生产。我们不知道它将来能否获得足够持久的成功。

制成品在烹饪背景中流动，从一种烹饪类型跨越到另一种烹饪类型，穿越一开始定义它们的边界

接下来，我们提供一张图表，其中包含三种供品尝的最终制成品：西班牙式可乐饼、西班牙冷汤和蜜桃梅尔芭。其中两种（西班牙冷汤和西班牙式可乐饼）起源于某种非常具体的烹饪类型，但是其中一种（西班牙冷汤）经历的高档化和另一种（西班牙式可乐饼）经历的民主化导致它们可以在任何背景下以不同品质和奢侈水平进行再生产，无论是公共背景还是私人背景，是职业的还是业余的……而且二者都可以构成高档餐饮部门美食供应的一部分。

每种制成品都与我们在前面列出的重要标准划分的类别相关。

- 可以看出，西班牙式可乐饼和西班牙冷汤这两种制成品属于许多类别。虽然它们一开始是相反的，但它们都超越了创造之初的概念，在新的类别找到了一席之地（例如，西班牙式可乐饼是供富裕和上层阶级享乐而创造的，但是目前可以构成为了营养的中产阶级烹饪，而西班牙冷汤的转移方向恰好相反）。

- 对于转移的可能性，蜜桃梅尔芭这种制成品是个例外。如我们所见，它并未发生广义上的衍化，它仍然和一开始的特征相关联。我们不能断言当初创造它以及目前再生产和消费它的现实发生了改变。它仍然是一种古典制成品，它是为了在公共领域和职业领域的享乐设计的。它在面向被创造时的目标群体以外的其他公众时尚未被转化。

“不是祖母发明了西班牙式可乐饼，
也不是埃斯科菲耶发明了西班牙冷汤。”

制成品

蜜桃梅尔芭

西班牙式可乐饼

西班牙冷汤

营养用途	—	享乐用途
用作食物的制成品	—	用作饮料的制成品
来自咸味世界	—	来自甜味世界
专门化	—	非专门化
私人领域	—	公共领域
劳动阶级	中产阶级	上层阶级
正统/典范	—	衍化的
非创造性	—	创造性
低品质	—	高品质
不奢侈	—	奢侈
大众烹饪	—	高级料理
创造者未知	—	“签名”，名义上
过时的	—	当代
古代	—	现代
传统	—	古典
地区的，国家的	—	世界主义的

根据社会阶层的烹饪风格

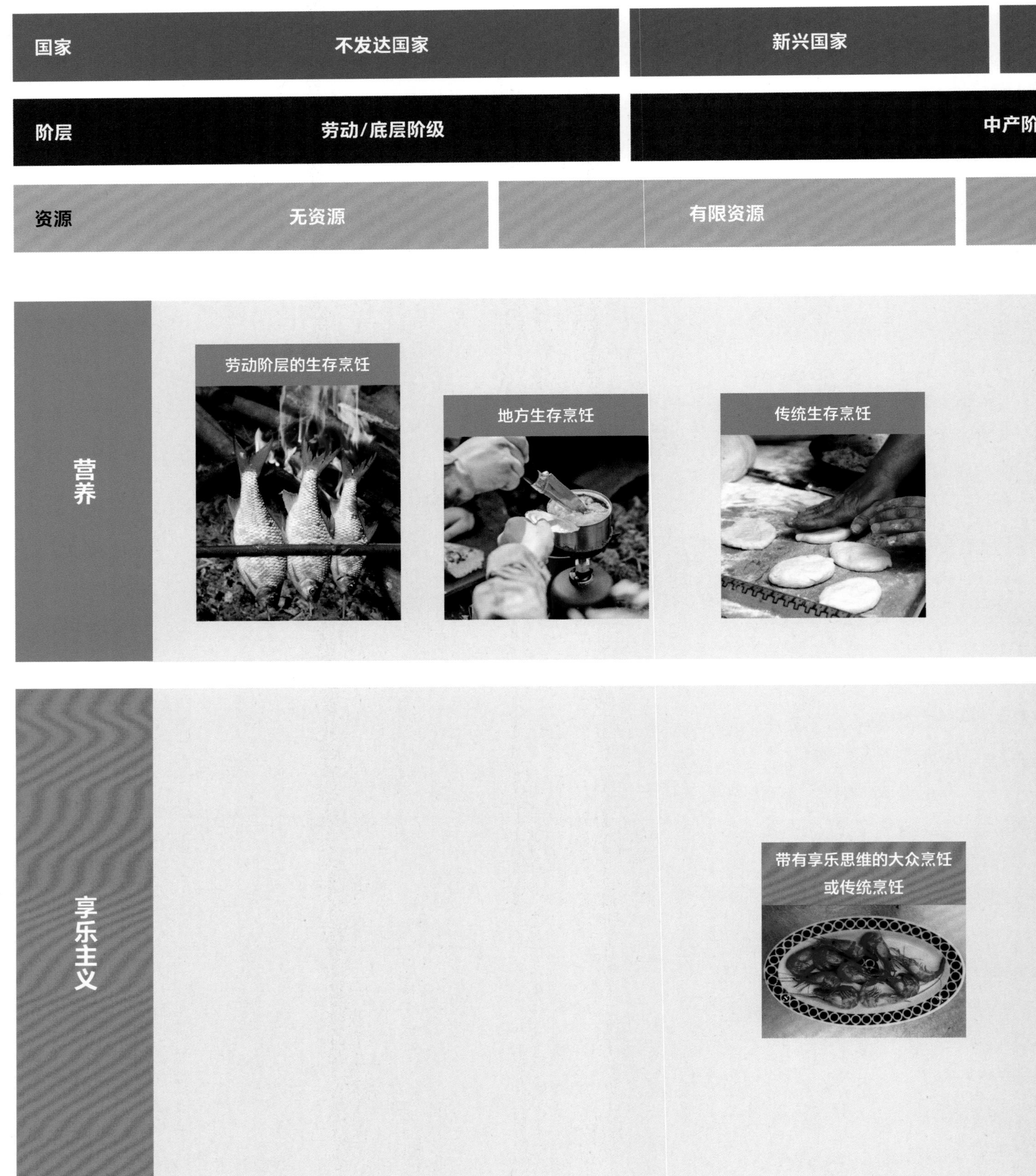

发达国家

富裕/上层阶级

资源需求得到满足

资源过剩

那么这个汉堡是什么？

当我们根据社会阶层分析不同的烹饪类型时，会存在许多灰色区域。

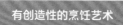

高级成品烹饪

高档化的劳动阶级烹饪

没有创造性的烹饪艺术

有创造性的烹饪艺术

古典烹饪

我们将制成品视为结果：它们的特征是什么？我们可以在什么基础上定义它们？我们怎么知道它们是小吃、菜肴还是鸡尾酒？

正如我们在前面解释的那样（见第53页），烹饪是在制作过程中使用工具对特定产品应用技术的结果。烹饪是相互重叠的不同阶段构成的过程，而且它取决于被创造或再生产的是什么，可能需要制作特定的中间制成品。这些中间制成品在这个过程中叠加累积，直到获得最终结果（供品尝的制成品）。因此，正如本书开头定义的那样，我们可以将烹饪理解为所有烹饪结果、所有被创造和再生产的制成品的总和。

创造或再生产制成品的制作过程一旦完成，制成品即可作为独立单元，包含制作过程的内在特征。而随着时间的推移，它们被典型化，每种制成品都被赋予一种特征，这种特征是在定义它们时最相关的或者在使用或品尝制成品的情境中最重要的特征。于是，以焦糖布丁（crème caramel）为例，我们会说，它首先是甜的，但我们大概不会说它是冷的制成品，因为如果我们必须只使用一种标准定义它的话，温度不是最相关的特征。通过将它描述为“甜的”，我们将它纳入我们在前面提到的两个世界（甜味和咸味）之一，从而通过将它指认为属于其中一个世界来构建它的分类。

目前，制成品在烹饪图书中被分类，这些书整理了它们的制作过程，这样做的基本目的是指导每种制成品的再生产过程，而不是为它们建立秩序。此外，厨艺书混合使用标准（按照季节性产品分类、按照制成品在美食供应中的位置，例如“前菜”“主菜”等分类、通过产品类别分类……），而且这些标准有时还重叠。换句话说，制成品分类的原则对应每个作者的意图。在每本书里，作者在整理制成品时优先考虑特定标准，没有一个适用于所有制成品的等级系统。因此，对于这些层次、类别和制成品类型，目前不存在广泛的共识或类型学。

这种分类工作（为料理和制成品的类型建立通用秩序）之所以不存在，原因很容易解释：这是一项高度复杂的任务，需要非常出色地选择标准，优先考虑那些能够提取最相关特征的标准，这些标准应该比起修饰作用的首个形容词更能够解释烹饪的过程和结果。

A MARCHAR
CLIENTE

当美食供应的结构确定了烹饪的内容、量以及任何烹饪（点菜烹饪、套餐烹饪、自助餐烹饪等）时

当公共领域和私人领域都进行烹饪时，得到的制成品将被赋予一种结构，这种结构一开始是厨师决定的，并且分别由餐厅或私人家庭提供的美食供应或餐食组成。先澄清智论方法学中使用的“供应”和“餐食”这两个词的定义：“供应”是在公共领域提供的东西，这是考虑到它的提供以付款为交换条件，而餐食是在私人领域制作的，不用支付款项。

我们想回答的重要问题是：是供应或餐食决定了供品尝制成品的顺序，还是它们被消费的顺序决定了供应或餐食？正如我们在前几页看到的那样，这些是紧密相关的点，它们以关联的方式起作用，而且取决于其设计，它们为用餐者或顾客对供品尝制成品的顺序做出决策的可能性或不可能性设置了限制。

高档餐厅中美食供应的结构

首先，让我们思考餐厅为顾客制作的食物供应的结构，这种结构至关重要，而且是决定性因素，尽管刚开始可能看不出这一点。就供应结构留给顾客的选择而言，我们需要讨论两个大类。

- 其中一类供应结构让顾客能够选择自己想吃的东西，并按照自己想要的顺序进食。在这一类中，包括来自点菜菜单的选择和来自自助餐的选择。点菜选择是从菜单上列出的一系列食物和饮料制成品中做出选择，这使得顾客能够决定吃什么和喝什么。通常而言，制成品会在菜单上分成不同的类别，例如“前菜”“肉类菜肴”“鱼类菜肴”“米饭菜肴”等。餐厅以这些类别组织自己的菜单，而这些类别会根据菜单侧重的标准而有所差异。此外，餐厅可能有不止一份菜单。例如，一份菜单列出食物制成品，另一份补充菜单列出饮料、葡萄酒和水。自助餐是自由选择权最大的选项，因为服务人员不在场，这意味着顾客本人必须从头到尾决定自己接下来吃什么以及吃多少。

> “制成品供应的组成也是厨师的创造。”

这也发生在巴西风格的烤肉餐厅（*rodizio*），在这种餐厅中，侍者为餐桌送上不同部位的烤肉，让顾客决定自己想吃什么以及吃多少，然后侍者就会为他们服务。此外，中央吧台有搭配烤肉的配菜，可以让顾客无限自助取用。这种供应类型还包括西班牙小吃餐厅，因为顾客决定品尝什么和以什么顺序品尝。

最后，允许顾客选择吃什么的另一种选项是每日套餐或周末定食套餐，厨师通过类别（前菜、头盘、主菜、甜点等）搭配出几种数量固定的选项，让顾客从中选择吃哪一种。

- 另外，有一种供应结构不允许顾客决定自己将要吃下的东西的顺序，即当品味套餐需按照厨师建议的顺序进行设计时，例如在Etxebarri和Mugaritz这样的餐厅。

这种套餐可短可长，而且根据其长度，它将包含不同种类的制成品，而且根据它包含的制成品的数量，这些制成品的分量可大可小。在集中供应餐饮的鸡尾酒派对上也无法选择吃东西的顺序，在这

样的场合，制成品是逐渐供应的，并且需要按照提前选定的顺序，所以没有给品尝它们的顺序留下空间（只能选择要不要吃某种制成品）。

综上所述，我们可以区分点菜和定食套餐供应，以及它们相应地分别对厨师和顾客的选择范围进行的扩张或压缩。如今，能够选择在餐厅消费什么对我们来说似乎很正常，但是我们应当指出，从历史的角度来看，这是一个相对较新的现象。

19世纪餐厅的出现带来了许多伟大的革命，其中之一是顾客可以选择消费什么，因为他们得到了一系列选项。在餐厅之前的场所例如小酒馆和旅馆中，选择受到更多限制，更像现代的定食套餐。

在餐厅运营方面，通过限制选项，定食套餐可以更好地计算产品需求，这些需求通常可以提前组织，从而降低成本和价格。为某种群体或活动准备的定食套餐也可以根据顾客而定，这给了餐厅组织资源的机会。另外，点菜菜单令人难以预测顾客会在特定的某一天点什么。虽然可以进行估计，而且最受欢迎的制成品可能是已知的，但是这取决于每一天对制成品的需求是多少。

就像我们将看到的那样，烹饪方法根据供应结构而有很大差异，而供应结构还以某种形式决定补给和计划、厨房里的时间安排以及整个餐厅的整体组织。

私人领域中美食餐食的结构

在私人领域和家庭领域，制成品的顺序和用餐者做出决策的机会也是有差异的。在这里，无论制成品的顺序和数量如何，主要的差异在于用餐者不必为它们付钱。在市场采购时要为产品付钱，但作为工作成果的制成品是不要钱的。进食者在自己的家里、家族成员或者朋友家里，或者自己受邀做客的其他家庭的家中。

“当你到别人家做客时，你是按照菜单就餐还是吃的定食套餐？”

我们现在提出一个问题：在私人领域，谁决定被品尝的制成品的顺序、数量和类型？在这里，会有一种被厨师施加的结构，厨师会将制成品进行单人份装盘并上菜，或者将制成品摆放在餐桌中央，让每个用餐者按照自己喜欢的顺序装盘，自助选择任何想要的制成品。

- 就相似性以及不同状况而言，先装盘的选项对应的是餐厅的定食套餐，这使用餐者几乎没有做出决策的机会。
- 将制成品摆在餐桌上共同享用，这种方式可以看作私人领域的点菜或自助餐选项，因为存在一系列可能性，而就餐者是选择吃什么和吃多少的人。

在私人领域，餐食结构也会让被消费的制成品发生数量变化。制成品可能是一道头盘和主菜、单独的一道菜，或者未单独装盘的合餐选项。一切都取决于厨师在烹饪时的决策以及稍后进食的用餐者的决策。

le pot au feu

JAMBON DE PARME 7,50

AVANT

CRUDITÉS DU JARDIN 4,50
COCHONAILLES DE LA FERME 7,50
PATÉ DE GRIVE AUX BAIES DE GENIÈVRE 6,80
TOURTE AUX POIREAUX 4,50
SALADE "POT AU FEU" St Paul de Vence 4,50
ŒUFS À LA COQUE AUX MOUILLETTES 4,00
OMELETTE AU LARD 4,00

BROCHETTES DE COQUILLES St JACQUES et LANGOUSTINES 8,50
CUISSES DE GRENOUILLES SAUTÉES PROVENÇALE 8,50

DEMI COQUELET POÊLÉ AUX MORILLES 9,50
ENTRECÔTE VILLETTE GRILLÉE BEURRE VIGNERON 8,50
GIGOT SUR TOAST AU ROQUEFORT 9,50
ANDOUILLETTE D'ANDUZE GRILLÉE 8,50
ROGNONS ET RIS DE VEAU SUR LA BRAISE AU JAMBON DE MONTAGNE 9,50
(chaque mets est accompagné de pommes à la cendre et de salade de saison)

APRÈS

LES DEUX FROMAGES 2,50
CLAFOUTI DE POMMES 4,00
MARQUISE AU CHOCOLAT 4,50
TARTE FEUILLETÉE AUX FRUITS 4,50
SALADE DE PRUNEAUX AU PUNCH 4,00
COMPOTE DE PÊCHES 4,00
BABA GRATINÉ AUX AMANDES 4,50

LES GLACES

"NANOUTCHKA" (Sorbet citron - Pamplemousse Poché au sirop arrosé de Vodka 4,50
"THYEN WONG" (Sur glace vanille MANDARINE DE CHINE et sauce groseille au cognac 4,50
"CRÉOLE" (Glace vanille sauce chocolat chaude Amandes grillées au sucre 4,50

TAXES et SERVICE COMPRIS 15%

COUVERT 2,00

estanque floral
flauta de mojito y manzana
almendra-fizz con amarena-LYO
empanadilla de nori
palet de hibiscus y cacahuete
ravioli de pistacho
"macaron" de parmesano
porra de parmesano
chip de aceite de oliva
bloody-mary
corteza de bacalao
tortillita de camarones
langostino hervido
gamba dos cocciones
codornices con escabeche de zanahoria
cerillas de soja
tiramisú
crema de caviar con caviar de avellana
porra líquida de avellana
tarta de trufa
papillote de endivia 50%
tarta de foie
blini de Saint-Félicien
lechecillas de caballa
angulas al vapor
"ceviche" de lulo y molusco
taco de Oaxaca
gazpacho y ajo blanco
tártar de tomate
guisantes 2011
ninyoyaki de liebre
capuccino de caza
becada con guanábana
risotto de moras con jugo de caza
ravioli de liebre con su boloñesa y su sangre
fresas calientes con consomé de liebre
castañas miméticas
blini de yogurt
dólar Saint-Félicien
gruyère al kirsch
terrón de azúcar al té y lima
nem floral
"filipinos"
sake helado
caja

按订单烹饪

可以根据特定要求按照订单烹饪，事先知道什么将被烹饪以及烹饪多少。在这种情况下，烹饪者都会响应特定需求，这与那种伴随时间推移而产生的烹饪需求是不同的。这种烹饪方式的主要特征是，它可以实现资源的提前计划，不只是美食资源，还包括其他资源，例如完成特定制成品所需的时间以及制作和交付这些制成品所需的人力资源。

按订单烹饪是举办宴会时的操作，对将要烹饪和呈现的制成品有事先约定，因为这种事件没有即兴创作的空间。提前委托举办宴会旨在确保当天的秩序和控制，用提前的计划保证到时能够提供特定的食物和饮料。

在一家高级餐厅里，当计划好套餐并与顾客达成协议，选择了特定制成品（例如公司的圣诞节晚宴），而且提前告知用餐者的偏好，这样菜肴的选择就不是随机的，而是在顾客来到用餐场所之前就已经计划好的，这种情况下也会发生按订单烹饪。

同样在公共领域，但这次是在零售部门，我们发现按订单烹饪出现在许多专才厨师的营业场所中，例如面包、酥皮糕点和蛋糕的烘焙师，他们常常同意按订单制作制成品，或者只对提前下的订单提供服务。

按订单烹饪的一个例子可能是当餐厅里的一名顾客从点菜菜单列出的供品尝制成品中进行选择时。在这里发生的是一个请求被立即执行，该请求始于这位熟悉特定食物或饮料供应并做出关于品尝制成品的特定决策的顾客。这种情况的反面是品味套餐，没有任何类型的请求被设想出来，甚至没有即刻的请求，因为品尝者只是接受厨师生产的供应制成品。只有在食物过敏或不耐受的情况下才允许更改品味套餐，顾客没有机会根据自己的偏爱或喜好下订单。

类似的情况也出现在艺术和设计学科。从职业的角度来说，厨师、艺术家和设计师有时候都按订单工作。这些职业人士是根据一位或多位顾客或客户的特定需求或欲望来工作的，这要么是因为前者为后者定制自身的工作，要么是因为后者想提前规定厨师制作什么，或者规定其他人绘画、雕刻或设计什么。

“按订单烹饪涉及提前通知，
这让进行此类烹饪的厨师能够更好地
计划烹饪过程并按照需求进行更改。”

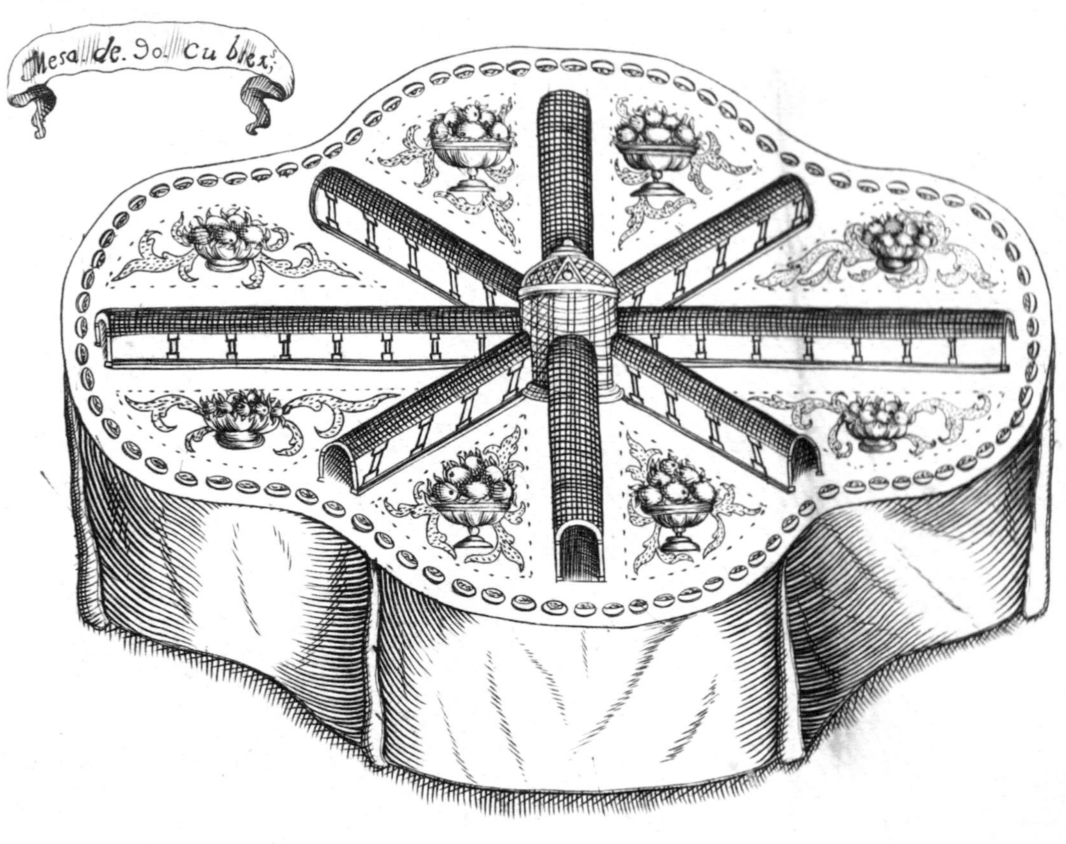
Mesa de. 90. cu bier;s

一家高档餐厅可以提供多少种烹饪类型？

正如我们多次说过的那样，由于历史事件永远改变了人们对烹饪艺术的获取能力，所以智论方法学关注的焦点是西方社会的高档餐厅。为上层阶级享乐而创造的制成品以一种可用付款交换的形式向公共领域转移，这不可逆转地改变了世界各地的烹饪和餐饮方式。这发生在仅仅两个世纪前。从那以后，高档餐厅就树立了自己作为一种机构的身份，并被一系列特征定义，正是这些特征让它在庞大的烹饪世界里占有举足轻重的地位。

这种思考解释了本书进行的所有工作。现在让我们看看在高档餐厅中可以找到多少种烹饪类型。这一点导致我们考虑了其他关联因素：在餐厅烹饪的食物和饮料是否定义了该餐厅？餐厅被定义的方式是否决定了它的烹饪风格和在其中制作的制成品？此外，必须提出这个问题：烹饪及其结果是唯一定义餐厅或者体现其特征的东西吗？以及，我们在什么基础上定义高档餐厅？

可以制作不止一种烹饪类型的高档餐厅

在相同的美食供应和相同的餐厅品尝体验中，甚至在相同的制成品中，我们都能找到不同的烹饪类型，在这些烹饪类型中，创造性的烹饪艺术与品质水平不一的传统和高档化的大众烹饪制成品相结合，但甜点不是在餐厅中制作的，它结合了手工与工业生产。可被结合的烹饪类型的数量与烹饪过程以及最终供品尝制成品中（以及它们的中间制成品中）出现的可识别特征一样多。

我们知道，餐厅可以通过特定的烹饪类型来定义（例如，根据它是高度专门化的或者非专门化），这种烹饪类型是餐厅有意选择的。在此基础上，餐厅构建了自身供应的话语，这可能是共同的常识，也可能由餐厅本身传达。然而，在有些情况下，尽管存在某种基于餐厅特征的清晰标注的烹饪风格，但其中的某些制成品并不对应这些特征（例如，在餐厅里使用最好的产品和无可挑剔的技术制作一种手工烹饪制成品，它也包括由餐厅购买的工业生产的甜点）。

通常而言，除了明显在最前沿餐厅并且如此定义先锋烹饪的情况，几乎所有其他内容都可以拼在一起，我们几乎总能找到混合物。如果在前沿餐厅供应常规面包，或者用小推车将一系列精选奶酪带到餐桌旁呢？这些东西符合先锋烹饪吗？下面是同时提供不同烹饪风格的餐厅的两个例子。

所以，是否因为存在某种类型的餐厅，所以存在某种类型的烹饪？还是因为存在某种类型的烹饪，所以存在某种类型的餐厅？

烹饪类型和餐厅类型之间的关系是一种类似第22条军规的情境：一方面，我们可以说两件事是完全一致的，因为显然存在一种定义餐厅类型的烹饪类型；另一方面，我们可以说有些餐厅的美食供应基于某种烹饪类型，这很容易识别，因为其特征非常明显而且清晰可辨。

例如，如果我们将一家餐厅定义为秘鲁日式（*nikkei*）料理，那是因为我们将会用它来描述餐厅制作的烹饪和制成品的首选形容词，在这种情况下，这个形容词最能定义它。就算我们可以说它是创造性的或者素食的，但我们一开始还是会使用另一个形容词，我们认为这个词才能最好地描述它。

例如，如果我们将一家餐厅定义为素食的，那是因为这是我们将会用它来描述餐厅制作的烹饪和制成品的首选形容词，在这种情况下，这个形容词最能定义它。就算我们可以说它供应夏季烹饪或者高度复杂的烹饪，但我们一开始还是会使用另一个形容词，我们认为这个词才能最好地描述它。

“斗牛犬餐厅是一家提供创造性烹饪的创造性餐厅，
但是，它只提供烹饪类型吗？
它‘只是’创造性的吗？”

巴塞罗那，成立于1970年

CAL'ISIDRE餐厅

在它的网站上，这家餐厅如此定义它提供的烹饪：“加泰罗尼亚-地中海市场烹饪。传统加泰罗尼亚和地中海烹饪的融合，佐以现代细节，使用最好的应季和本地农产品烹制。我们寻找最好的应季产品，在传统烹饪和我们进化的烹饪之间找到完美的平衡。”这个定义是根据所考虑的标准识别不同烹饪类型的出色例子。

我们可能在CAL'ISIDRE餐厅找到的烹饪类型：

- ▶ 本地食物烹饪。
- ▶ 应季产品/季节性烹饪。
- ▶ 传统烹饪。
- ▶ 现代烹饪。
- ▶ 传统加泰罗尼亚烹饪。
- ▶ 普罗旺斯烹饪。
- ▶ 高档化大众加泰罗尼亚-地中海烹饪。
- ▶ 高级料理——加泰罗尼亚或高档化传统衍化烹饪（高级料理）。
- ▶ 衍化大众烹饪。
- ▶ 高级料理——公共领域有世界主义特色的地方性高档化传统烹饪。
- ▶ 传统公共领域食物和饮料，甜味和咸味，高档加泰罗尼亚或地中海烹饪，本地食物和季节性烹饪。
- ▶ 古典烹饪艺术。
- ▶ 此外，我们必须考虑根据甜味世界或咸味世界制作标准对制成品进行分类，而且必须要知道该场所是否存在只制作一种类型的甜味或咸味制成品的专才厨师。
- ▶ 而且，我们还必须考虑根据制成品被用作食物还是饮料对制成品进行分类，而且必须知道该场所是否存在只制作一种类型的食物或饮料的专才厨师。

……

＊ 还有很多种类型，直到烹饪的所有可能特征都得到讨论。

巴塞罗那，成立于2011年

TICKETS餐厅

这家餐厅如此定义自己的烹饪：“理解美食与西班牙小吃世界的一种新方式。在Tickets餐厅，当代小吃和传统西班牙小吃共同为用餐者提供有趣的体验。令人愉快的用餐方式让任何品尝者化身戏剧和马戏团主题的杂耍演员、一名高歌戏剧插曲的明星。舞台本身就是生活的舞台……”在这个定义中，我们根据所考虑的标准识别不同类型的烹饪。

我们可能在TICKETS餐厅找到的烹饪类型：

- 拥有享乐主义-美食思维模式的烹饪。
- 当代小吃和传统（目前的）西班牙小吃的烹饪。
- 高级料理-高档化传统地区烹饪。
- 高级料理-高档化当代世界主义烹饪。
- 拥有创造性思维的烹饪艺术。
- 公共领域的甜味和咸味高档化的都市食物和饮料，拥有艺术思维的当代西班牙小吃的烹饪艺术料理。
- 此外，我们必须考虑根据甜味或咸味世界制作标准对制成品进行分类，而且必须要知道该场所是否存在只制作一种类型的甜味或咸味制成品的专才厨师。
- 而且，我们还必须考虑根据制成品被用作食物还是饮料对制成品进行分类，而且必须知道该场所是否存在只制作一种类型的食物或饮料的专才厨师。

……

＊还有很多种类型，直到烹饪的所有可能特征都得到讨论。

厨师可以发展自己的风格并施加特定影响。如果风格相似的厨师联合起来，他们可以创造烹饪运动

烹饪风格和烹饪运动

简单地解释什么是烹饪风格以及什么是烹饪运动，这是一个复杂的任务。虽然风格和运动的概念都首先在艺术领域使用，且已经衍化并应用于烹饪领域，但是仍有机会观察其定义的所有局限性以理解它们的变化。就本书而言，先让我们确定以下含义：

► 烹饪风格是厨师（职业厨师或业余厨师）的个人印记，出于与烹饪过程或被烹饪制成品有关的一个或多个原因，它令厨师的工作及其结果可被识别。换句话说，一种烹饪风格是由以特定方式烹饪某种东西的某人所固有的特征的总和决定的。它不需要是创造性的或者创新性的（不过可以通过决策使其成为二者之一），因为风格与创造性并不矛盾。遵循古典或传统的公式而没有发明任何新东西，但是以特殊方式进行烹饪的厨师，也可能拥有自己的风格。

问题是：20世纪之前为什么没有烹饪运动？还是它们曾经存在，但是没有留下记录？

一场运动始终与某种独特哲学的创造相关。

就职业厨师而言，其风格甚至可以体现在他们创造和再生产的制成品的烹饪过程之外。对于公共领域中的烹饪，存在多得多的变量可能导致特征鲜明的印记，例如与餐厅的组织、管理以及餐厅中的服务人员、用餐空间、美食供应结构和所选品尝工具等事项相关的变量。在任何情况下，厨师都必须能够（由于他们拥有在创造或再生产并以某种方式管理业务，为自己制作的制成品设计特定服务类型等方面上的才能）制定一种可以被任何人感知到的独一无二的（或者至少是独特的）工作方式。

当厨师拥有一种特定的烹饪风格，并且可以将其传达给合作的厨师团队，从而在餐厅实现自身的风格时，或者当他们的风格可以激励或者影响其他厨师的工作时，那么我们就可以说这是一种有影响力的个人风格。此外，一种烹饪风格可能包括一种话语或哲学，这是厨师在整个职业生涯中有意传达的信息，并且这些信息体现在他们用自己的作品构建的东西中。

► 我们需要建立的与风格有关的第一个区别是，一场运动始终与某种独特哲学的创造和存在相关，这是不可分割的必要条件。该现象的发生是数量不定的厨师们有影响的个人风格聚集起来的结果，这些厨师既有创造性也有创新性，他们对烹饪有相同的理论观念，并在特定的点上成功创建了一种整体话语（除了每个人特有的话语），并通过共同的联系理解烹饪并根据这种哲学发展烹饪。

任何参与烹饪运动的人都希望挣脱自己的时代，即令自己的工作产生独特、可区分和独一无二的结果，从而让烹饪不同于此前的一切（尽管让烹饪的根源可能在那里）和此后的一切（尽管让烹饪可能会对厨师的工作施加影响）。

烹饪运动与一群意图相似的厨师的不同之处在于，除了上述条件，烹饪运动还有自己的一套规则，这套规则相当于一种宣言，将关键的创始思想写下来，这超出了审美和形式。

如果20世纪之前存在烹饪运动，那它们没有留下记录。然而，20世纪下半叶见证了两批先锋开创者的创造，它们最终发展成了烹饪运动。

第一场烹饪运动名为新菜烹饪法（*nouvelle cuisine*），出现在20世纪60年代中期。在充满古典主义和烹饪典籍的法国，一系列拥有相反方向的有强烈个人风格的厨师的到来被认为是一场“革命”。

第二场烹饪运动在1994年始于斗牛犬餐厅，伴随着一项标志性的创造——“质感蔬菜总汇”（textured panaché）。这种制成品为质疑之前用于烹饪和就餐的产品、技术和工具打开了闸门。就这场运动而言，它的起点非常明显，并以费朗·亚德里亚为体现，他与斗牛犬团队一起带来一场对整个餐厅体验的理解方式的革命，其超越厨房和食物，探究它们周围的一切。在最后的三四年里，不同厨师加入并贡献了他们的愿景，使这场运动得以发展并壮大。

烹饪风格、运动和流派

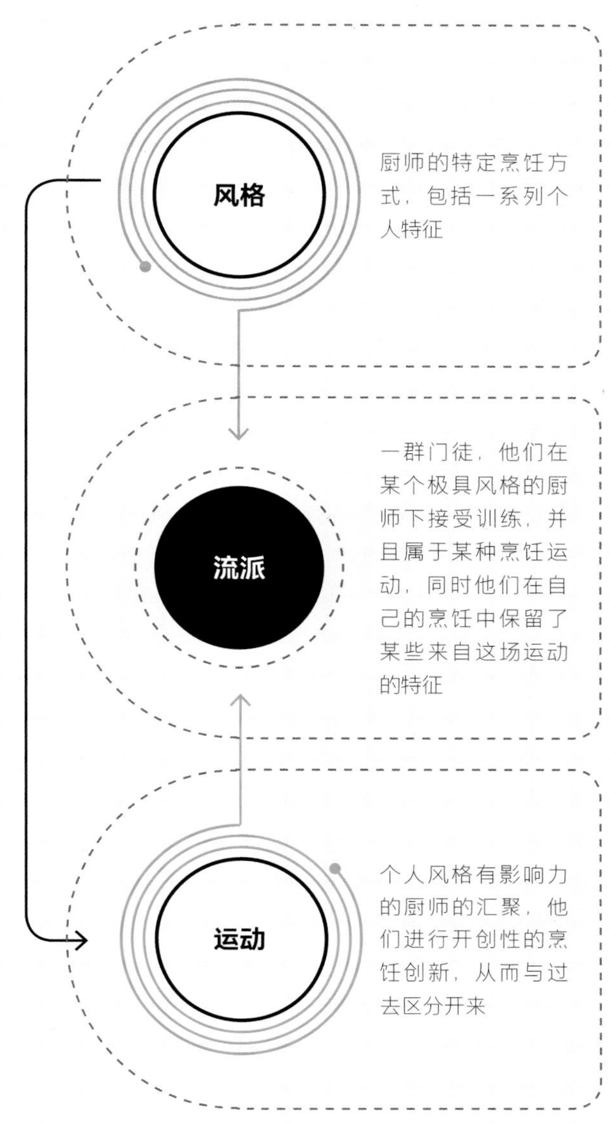

风格
厨师的特定烹饪方式，包括一系列个人特征
流派
一群门徒，他们在某个极具风格的厨师下接受训练，并且属于某种烹饪运动，同时他们在自己的烹饪中保留了某些来自这场运动的特征
运动
个人风格有影响力的厨师的汇聚，他们进行开创性的烹饪创新，从而与过去区分开来

“签名烹饪”定义了由某位职业厨师执行的烹饪风格，该职业厨师因为自身的烹饪引起人们的兴趣并且拥有无可置疑的重要性而享有一定的声誉。这是一个非常著名的表达方式，已经使用了四十年的时间，其用来制定某种特定的烹饪方式，它意味着烹饪的结果——制成品——与某位特定的厨师相关，这可能使此人成为一种有影响的风格的创造者。所有烹饪风格都有创造者，但是这种表达方式强调了这样一个事实，即烹饪者的个人风格反映在他们的工作结果中，而这种风格可以被消费者识别。

烹饪趋势、时尚和创新

作为引导消费态度的现象，烹饪趋势、时尚和创新的持续时间是有限的，具体时长不确定，而且情况各异。只有少数时尚可以留下并成为习惯。大部分新鲜事物都会在一段时间后逐渐消失，然后被其他趋势或时尚取代。

- 某种烹饪趋势表明对某种制成品、产品、特定工具或工具、哲学思路等的需求出现了一次高峰，并且是伴随着构成烹饪系统的任何因素的消费或需求的增加产生的，这些因素出现在制作、品尝、服务、氛围创造、特定装饰的选择等过程中。一种趋势可以自发形成，导致某种无法预先决定或预测的烹饪类型在某一段时间内被反复消费，这种情况从来不存在原因。烹饪趋势还可能起源于厨师的个人风格，如果趋势的特征之一得到明确定义并被增强的话。趋势并不总是引入新的因素，它们可能复活过去的某种因素，以不同的方式使用或呈现，从而让自身在“目前”吸引人。

- 而时尚是对趋势的巩固。换句话说，趋势是时尚的先驱，而且通常是已经积累了一段时间的需求和消费的合并。当烹饪系统的一组特定特征（由产品、制成品、技术、工具、服务等提供）与某种集体性的用途、思维方式或习惯相关联，而且在相当长的一段时间内，人们对其消费或使用的热情都相对增加时，我们可以将其视为一种时尚，或者说它正在时兴。

- 虽然形成时尚所需的时间往往比较长，但它的存在并不遵照某种特定原因，而且它可以自发出现，从而产生一种在特定时期内被反复消费的烹饪类型，就像趋势一样。时尚是在给定的时间内兴起，随后保持或消失的事物。它要么成为一种思维方式，并在某种程度上作为一种习惯融入日常生活，要么因为需求减弱而消亡。

- 最后，创新的概念指的是融入烹饪系统和其结果的某种不同事物，在最好的情况下，它会引起消费者的注意。与趋势和时尚不同，创新并不一定会成功。它可以不留痕迹地出现和消失，甚至无法创造出可被视为趋势的足够大的需求。我们在这里加入创新的概念，是因为在很多情况下（但不是全部），趋势始于某种创新并被融入烹饪系统中。如果它变得成功，它可以被视为一种趋势，并且可以巩固成为一种时尚。

烹饪趋势始终存在，它们从私人领域转移到公共领域，反之亦然。这在如今的烹饪中是找不到的。

烹饪或品尝过程的任何要素都可以单独存在或者与其他要素结合，成为一种趋势或时尚。

寿司作为一种创新绝不是成功的，但是它后来作为一种趋势获得了成功，并被巩固成为一种时尚。

我们已经解释了，就像趋势和时尚一样，创新的出现可能是因为某种因素的变化，或者是由于某种新的或者来自过去的因素被融入了烹饪系统的任何部分（包括其结果）。我们已经说过，构成系统一部分的任何事物都可能获得成功并被消费者要求，但是实现这一目标又需要什么呢？某样事物被归入这两个类别之一并被视为一种趋势或时尚的条件是，它被数量相当多的人要求（无论是在烹饪中还是在饮食中），并且这种情况持续足够长的时间，能够在它发生的社会中产生反响。

烹饪创新、趋势和时尚

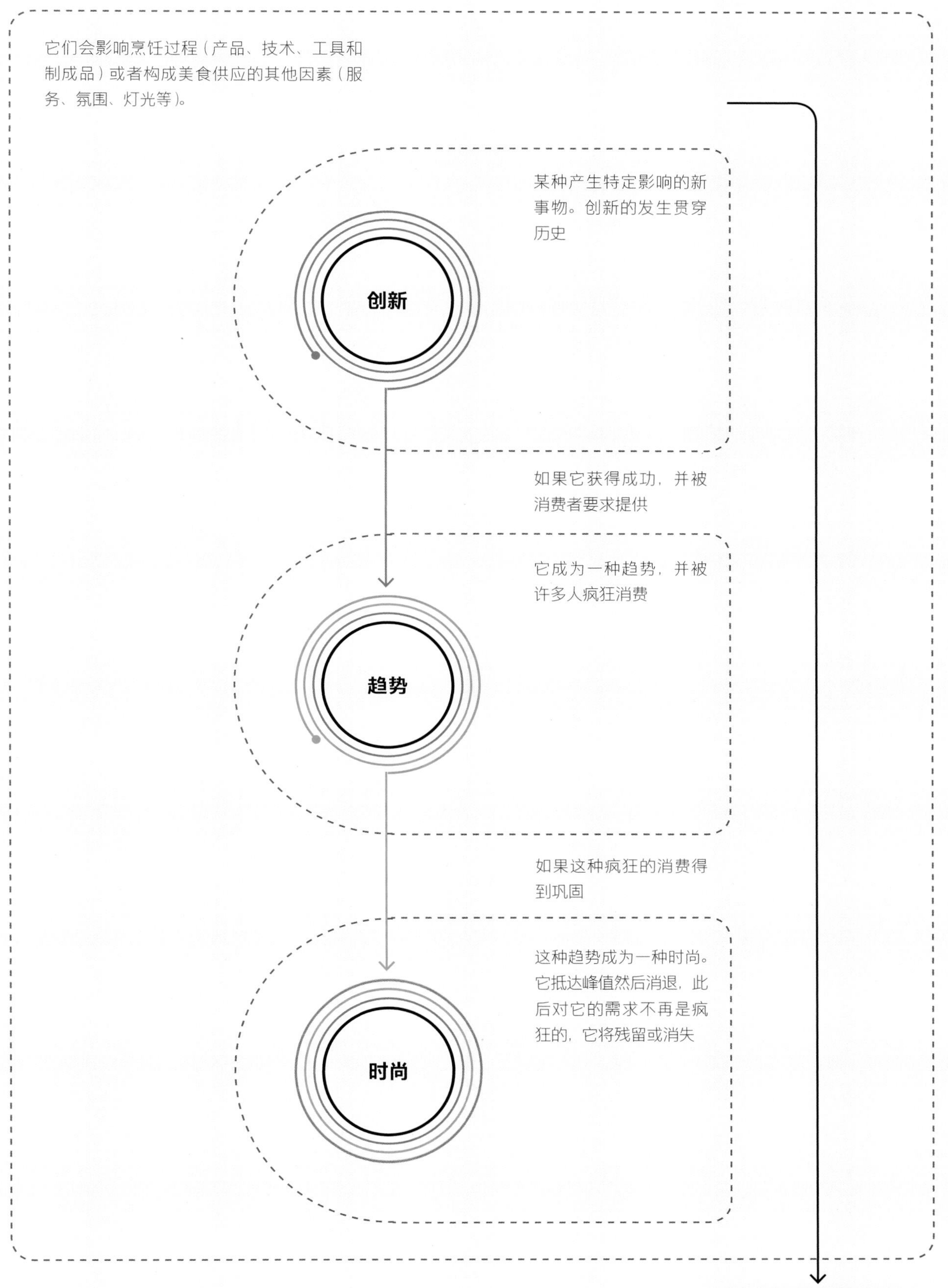
它们会影响烹饪过程（产品、技术、工具和制成品）或者构成美食供应的其他因素（服务、氛围、灯光等）。
某种产生特定影响的新事物。创新的发生贯穿历史
创新
如果它获得成功，并被消费者要求提供
它成为一种趋势，并被许多人疯狂消费
趋势
如果这种疯狂的消费得到巩固
这种趋势成为一种时尚。它抵达峰值然后消退，此后对它的需求不再是疯狂的，它将残留或消失
时尚
它们是短暂的、偶然的
结束

我们烹饪一切还是烹饪一些特定的东西？

专门化（SPECIALIZATION）
《牛津英语词典》

1. 名词　使某种事物变得专门化的行为或过程。

专门化（SPECIALIZE）
《牛津英语词典》

4. a. 不及物动词　专注于特定学术或职业门类、艺术流派、技能能，或者成为相关方面的专家。
4. b. 不及物动词　局限于提供特定的产品或服务。

专业，特产（SPECIALITY）
《牛津英语词典》

5. a. 名词　学问或研究的某种特别主题：学术、科学或者专业工作的分支，当事人在其中是专门的人才。
5 c. 名词　某种产品或服务，尤其是某种食品，尤其是当它拥有某个特定的人、公司、地点等的特征，或者由特定的人、公司或地点生产或出售时。

烹饪中的专门化始于特定的意图

烹饪中的专门化是对一种特定特征的响应，厨师事先理解这种特征并进行相应的创造和再生产，旨在以这种特定的方式而非任何其他方式烹饪。其意图是专门化烹饪的重要组成部分。

专门化在烹饪中的起源

- 新石器时代：专门化的第一种形式。专门化始于新石器时代，当时动植物物种的驯化（分别通过最早的农业和畜牧业形式）令资源盈余首次成为可能。结果，对前景的预测以及中长期储存带来了一种在当时不同以往的烹饪形式。它允许立即消费以外的用途存在，由此产生了保存行为，实现了经过制作的产品（磨碎的小麦、面粉、面包、奶酪……）的转化。从历史的角度看，这是我们从特定的经过制作的产品中首次发现对某种专门化烹饪方式的明显兴趣和意图的迹象。突然之间，人们可以获得不是自己亲手制作的新制成品，它们以经过制作的产品的形式在市场上被购买或交换。这为我们指出了第一批专门化烹饪形式的社会影响。

专门化在烹饪中的发展

- 职业专门化始于皇家和贵族的厨房。自新石器时代生产经过制作的产品并用于交换和出售之后，在私人领域诞生了第一批职业专门化的形式。这种职业专门化要想发生在上层阶级的厨房里或在他们家中的私人领域，必须存在丰富的手段和资源。千百年来，服务精英阶级的厨师逐渐建立起这种高度专门化的烹饪风格，这种烹饪风格在属于甜味和咸味世界的食物和饮料制成品中创造和再生产烹饪艺术，并搭配装饰性元素。之所以有可能这样做，是因为他们可以在烹饪时不仅仅考虑营养，而且为了品尝时的愉悦感和享乐进行创造和再生产。

虽然我们将用特定章节更详细地解释这些内容，但在这里必须指出的是，专门致力于根据特定类型制成品进行创造和再生产的厨师带来的四个主要专门化类别应做以下区分：

- 首先，第一大类专门化将职业厨师分成两种，一种是用作食物的制成品的创造者和再生产者，另一种则专注于创造和再生产用作饮料的制成品。饮料的专门化出现在最早的古代文明中，第一批专家开始以独特且前所未有的方式生产啤酒和葡萄酒。我们可以观察到，从那时起直到我们达成如今饮料制成品领域（除了前面提到的啤酒和葡萄酒，还有咖啡和鸡尾酒等其他制成品）的高度专门化，那些致力于创造和再生产这些制成品类型的厨师已经与专注于食物的厨师区分开了，后者被我们称为主厨，并与高档餐厅相关。

- 专门致力于某种制成品的厨师带来的第二大类专门化将甜味世界与咸味世界区分开来。一方面，我们发现了创造和再生产甜味制成品的职业人士。所谓甜味制成品，我们指的不只是所有在一餐结束时作为甜点和花色小蛋糕食用的制成品，还包括在茶点和早餐中用作主要食物的甜味制成品。另一方面，有些职业厨师创造和再生产各种版本的咸味制成品。

- 除了前面提到的，还存在为了装饰用途的专门化，它与甜味世界的制成品紧密相关（但并不仅限于甜味世界）。专门进行装饰的人常常已经是甜味或咸味世界中高度专门化的厨师，而且他们常常成为使用某种或某类产品（例如巧克力、糖和冰）进行装饰的大师。

- 最后，有些厨师专注于制作供短期、中期和长期储存的产品或制成品，它们可能是食物或饮料，属于甜味或咸味世界，而且通常与装饰用途无关。例如糖果师、熏制师、腌制师等。

► 高档餐厅中的专门化始于18世纪末。随着餐厅的出现和此前不存在的高档餐饮领域的创建，职业厨师在私人住宅中制作的专门化烹饪艺术制成品被转移到公共领域。虽然在此前的公共领域中存在来自手工烹饪专门化的制成品，但它们是大众烹饪的制成品。

专攻酱汁、烤肉、鱼类等的厨师已经存在于上层阶级的厨房中，但是职业厨师逐渐进入餐厅的公共厨房并在其中开展工作，这一事实在某种程度上促进了那里的专门化。这套系统原本从所属的贵族和皇家烹饪风格衍化而来，职业烹饪中的专门化通过奥古斯特·埃斯科菲耶创造的团队系统得到正式确立。这种变化意味着，作为餐厅中的空间，厨房将根据某种等级进行组织，这种等级取决于每个团队制作的制成品，其厨师专攻特定的制成品、产品、技术和工具。

餐厅的衍化见证了大量专攻某一特定烹饪风格的场所的出现，这些场所通常对大众烹饪制成品进行再生产，或者复制不能被视为烹饪艺术的其他风格。餐厅专门化的例子包括比萨餐厅（专门做一种特定的制成品）、米饭餐厅（*arrocerías*，专门做大米这种特定的未经制作的产品的餐厅）、海鲜餐厅（专门做特定的一类未经制作的产品）、烤肉餐厅（专门使用一种技术和一种特定的工具）以及意大利或墨西哥餐厅（专门做来自某特定国家的大众制成品）。

目前，我们发现在高档餐厅中除了总厨和致力于咸味世界的整个团队，还有一位来自甜味世界的厨师（无论有没有团队）专注于这种类型的制作。在其他情况下，厨师在高档餐厅之外专门制作此类制成品，并通过街边的其他场所向公众供应，例如许多糕点师、葡萄酒和啤酒专家、巧克力大师以及专门制作糖果和冰激凌等制成品的厨师。

如今，专才厨师并不经常创造新制成品，因为虽然专门化烹饪是完善技巧的机会，但这也意味着厨师的选择在产品、技术和工具方面受到限制（这或许正是驱动专门化的动力）。正是出于这个原因，很少有厨师在保持高度专门化的同时生产创造性料理。专门化且具有创造性的烹饪工作，这样的例子可以在分别由大厨安赫尔·莱昂（Ángel León）和维克托·阿金索尼斯（Víctor Arguinzoniz）经营的Aponiente餐厅和Etxebarri餐厅中找到。Aponiente餐厅使用各种类型的技术和工具，但是专门使用来自海洋的产品，而Etxeberri餐厅使用各种不同的产品，但是专攻与烧烤架工具相关的烤肉技术。

▶ **食品工业，20世纪初以来的专门化烹饪。**自新石器时代以来跨越所有历史时期直至今日，小规模生产商（通常称为手工业者）继续专门生产一种或多种制成品。取决于时间点和在世界上的地点，这些手工业者专门从事的制成品或经过制作的产品可能会在市场、小型自有场址或者通过小型商业中间机构出售，但它们的能力和生产规模始终是有限的。

食品工业在20世纪的到来是一种烹饪动因，它改变了专门化的历史，并巩固了经过制作的产品在烹饪市场上的地位，同时产生了新的消费形式。大型专门生产商利用与此前的手工业生产截然不同的工业过程，并雇用高度专门化的职业厨师和食品技术人员。工业化食品生产如今覆盖所有品质和价格范围，而且工业制作产品的供应门类非常广泛。

与食品工业问世之前的那些产品一样，食品工业问世以来的产品在不同的水平和规模上，并通过中间机构（在这里是整个零售部门）向消费者供应，且无须通过餐厅部门就可以被消费。它们可以通过支付款项来获取，这意味着食品工业属于公共领域的烹饪。

▶ **餐厅中的专门化：在专门化中始终有品质吗？**必须指出的是，专门化不只与高级料理或者更高的品质水平有关，因为有些专门化餐厅再生产来自大众烹饪的制成品，而且在此过程中并不使用有品质的产品。快餐就是一个例子，例如专门做汉堡的连锁快餐厅，它们当然不代表最高品质的牛肉，尽管该连锁餐厅遍布世界各地，而且有意专攻这些制成品。

▶ **业余烹饪可以是专门化的吗？**对于家庭烹饪，我们发现有些业余厨师特别擅长某种专业，他们在这方面的烹饪水平很好，并被普遍认为是“好厨师”。尽管他们从未有意进行过这方面的培训，这种技能也令他们被视为专才厨师。

今天的厨师或烹饪风格在什么方面专门化？

专才厨师是基于制作过程的特定特征进行创造和再生产的人，从如今的制作过程来看，这些特征可能包括：

① 使用某种特定的中间制成品或经过制作的产品。

② 再生产某种供品尝的制成品。

③ 再生产某类供品尝的制成品。

④ 使用特定的某种未经制作的产品。

⑤ 使用特定的某类未经制作的产品。

⑥ 使用某种特定的制作技术。

⑦ 使用某一系列特定的制作技术。

⑧ 使用某种特定的制作工具。

⑨ 使用某一系列特定的制作工具。

⑩ 选择只创造或再生产属于甜味或咸味世界的制成品。

⑪ 选择只创造或再生产只用作食物或饮料的制成品。

⑫ 制成品的装饰性使用，包括拥有装饰用途（也可能是可食用的）的制成品的创造或再生产。

⑬ 储存使用，包括不立即消费也不会腐坏的制成品（可储藏的食物）的创造或再生产。

并非所有制成品都相同，它们也不实现相同的功能

中间制成品、装盘制成品和供品尝的制成品

正如我们之前解释过的那样，烹饪是在制作过程中使用工具对特定产品应用技术的结果。烹饪作为一个整体并始终取决于所创造或再生产的内容，可能需要制作数量不等的中间制成品。

中间制成品被积累起来，直到获得预期目标，然后它被装盘。当制成品被放置在适当的支撑物上以转移到用餐者或顾客面前的那一刻起，就被视为装盘制成品，而当饮料被放置在它将被饮用时所在的容器中的那一刻起，就被视为“装杯”制成品。在装盘和品尝这两种行为之间，如果不再结合其他中间制成品或者不再进行转化，那么装盘或“装杯”制成品就相当于供品尝的制成品。

大虾配蛋黄酱

即使被设计成供品尝的单一制成品，某种中间制成品也可以在不同的支撑物上被装盘。例如，煮熟的大虾和蛋黄酱可以是出现在不同容器中的中间制成品，尽管它们被认为只是一种供品尝的制成品（“大虾配蛋黄酱”），无论它们是否在同一容器中被装盘。换句话说，这两种中间制成品——大虾和蛋黄酱——是作为供品尝的制成品被烹饪的，尽管它们是分别被装盘的。

面包黄油

制成品可以在厨房由厨师装盘，在用餐空间由服务人员装盘，或者在例外情况下，由顾客自己装盘。这给我们提供了一个重要视角，因为根据服务的类型（见第338页），我们可以观察到，有些装盘风格可以按照我们选择的任何方式进行：例如，在法式服务中，一旦呈上所有可用的中间制成品，就由顾客本人决定哪些中间制成品将构成供品尝制成品的一部分。

牛排配薯条和芥末酱

在这本书里，我们探索了装盘制成品被临时改变的可能性，因为服务人员（见181页）或者用餐者或顾客（见第152页）中的任何人都可以使用工具对装盘制成品应用更多技术（例如添加调味品或酱汁，或者改变其“熟度”）。因此，供品尝制成品是被进食或饮用的制成品，不再进行进一步的改变，是制成品送入口中之前的最后一版。

中间制成品的不同层次

取决于用到中间制成品的制作过程的复杂程度，中间制成品可以分为一级、二级和三级三个级别。以装盘制成品“番茄酱通心粉”为例，我们可以观察到：

- 它包括两种一级中间制成品，它们（煮熟的通心粉，以及番茄酱）在制作过程的最后阶段被放在一起。
- 这些中间制成品又是用提前准备好的二级中间制成品制造的。对于通心粉，它始于一种经过制作的产品，必须先将通心粉煮熟，再倒掉水然后放置备用；对于番茄酱，我们在油煎的酱汁底料中加入切碎的番茄，并将其烹熟。
- 我们可以加入一个更低的层次，涉及三级中间制成品，它包含在二级中间制成品中。酱汁含有去皮切碎的大蒜，它们被加入去皮切碎的洋葱中，然后加热软化，而番茄被热水烫后去皮并切碎。所有这些三级中间制成品凑在一起就构成了番茄酱。

接待中（上菜服务之前）制作的中间制成品

必须牢记的一点是，中间制成品并不总是在餐前准备之前的某个阶段就已经做好了的。这取决于被制作的中间制成品被储存起来的可行性（见第114页）。它能否经历一段时期（或短或长）的储藏，取决于它的脆弱程度。如果某种中间制成品因为过于脆弱而无法储存（迅速降温或升温、质地易碎等），那么它必须在餐厅的接待时间内烹饪，即在制作过程中烹饪。在餐厅中，完整的制作过程受服务时间和顾客反馈的制约，这产生了一种完全不同的烹饪方式。由此导致的挑战是，这种直接性在烹饪和专业技能方面对接待期间所需的时间控制提出了要求。

第二次“先锋运动”发生在20世纪末，我们将在后面提到它（见第450页）并将其称为科技情感烹饪法。它成功地将质地和温度的脆弱性、结构和成分发挥到了极致。此外，那些在用餐者眼前改变或消失的短暂易逝之物的价值被强调。但是，有些中间制成品无法提前做餐前准备或者储存备用，就需要开发一种在很大程度上需要这些中间制成品的料理，以下意味着需要实现以下情况：厨师在餐厅接待期间的协调必须无懈可击，而服务持续的整个过程将非常迅捷繁忙，因为供品尝制成品需要的每一个可被归类为脆弱或短暂的“步骤”（中间制成品）都需要在当时立刻制作。

什么将表明某种制作过程包括数量较多或较少的中间制成品？

包含在供品尝制成品中的中间制成品提供了不同的信息：

- 我们可以根据供品尝制成品需要的中间制成品的数量理解其复杂程度。我们在第118页讨论了这一点。
- 烹饪所需时间不一，具体取决于供品尝制成品所需的中间制成品的数量，以及烹饪者是现场制作所有中间制成品还是用已经烹饪好的经过制作的产品代替。经过制作的产品的使用大大减少了整个制作过程所需的时间。

装盘制成品的成分类型：是否可能识别出构成供品尝制成品的中间制成品？

制成品的成分指的是它的装盘版本，所谓成分，我们的意思是支撑物上构成制成品的元素的组合。这些元素包括中间制成品、经过制作的产品和未经制作的产品。

主要有两种可能性，它们之间存在微妙的区别：成分可能是可识别的（我们可以识别出构成制成品的部分或全部中间制成品、经过制作的产品或未经制作的产品）或者不可识别的（无法识别出任何类型的中间制成品或产品）。

- 当成分完全均匀一致时，不可能识别出不同的中间制成品。制作过程可能导致一级中间制成品在供品尝制成品中变得不可识别（完全无法识别，此时它们变成了二级或三级中间制成品），而所采用的制作技术对中间制成品的转化方式使得制作过程结束时不可能在最终成分中识别出不同元素。例如，在奶油蔬菜汤中就会发生这种情况，一级中间制成品（所用的每种蔬菜，它们被去皮、切碎并煮熟，然后混合在一起）在制成品被品尝时无法被识别。

  必须指出的是，虽然它们不能被识别，但是制作装盘制成品所必需的中间制成品（一级、二级或三级）的确构成了其成分的一部分。

- 当橄榄油和搓碎的帕尔马奶酪被放在汤上时，情况发生了改变，它们浮在均匀一致的成分上面，并且是可识别的。在这种装盘制成品中，我们可以识别放在制成品顶部的中间制成品或经过制作的产品。在这种情况下，我们能够识别出成分中的部分元素，但不是全部。

- 当最终成分并不均匀一致时，那是因为它呈现出了异质元素。在这种情况下，我们可以说存在一级中间制成品，它们在品尝时可识别为已融入并构成装盘制成品的一部分，并且在包含它们的工具中占有特定的位置。在这里，成分在组成元素之间确立位置关系，这影响了它们的顺序、彼此之间的距离以及体积。

在这些情况下，我们会识别每种元素固有的特征，这些元素将作为最终单元加入供品尝制成品中，不再进行进一步的改变。该制成品的成分可以基于以下事实：构成它的中间制成品拥有不同的质感、温度、气味或香味、料理或基本味道；它们可能具有独特的脆弱性或轻盈感；或者需要特定“口”数才能被摄取或品尝；它们还可能呈现不同的颜色和形状，甚至处于生的或不生的状态，并结合在同一道供品尝制成品中。

可以在构成装盘制成品的中间制成品中识别出不同特征的一个例子是惠灵顿牛排配安娜土豆（potatoes Anna）、煎珍珠洋葱（glazed pearl onions）和波特酒酱汁（port sauce）。从黏稠的酱汁到包裹在酥松面皮中的多汁牛肉，这些中间制成品呈现出各种不同的质感。这里还有不同的颜色：酱汁的棕色，包裹在淡金色酥皮中的牛肉内部的粉色，以及珍珠洋葱可识别的白色。此外，酥皮与土豆的脆弱性不同，而且虽然煎珍珠洋葱可以一口吃掉，但其他中间制成品需要更多口，例如牛排和土豆。

在装盘制成品中呈现具有特定特征的中间制成品的另一个例子是酸橘汁腌鱼。我们可以在其中找到的中间制成品包括腌海鲈鱼（不生的），甜玉米干（不生的）和切片洋葱（生的）。此外，同一装盘工具上还有各种基本味道。例如酸味（来自青柠）和咸味，以及不同的颜色（黄色的甜玉米、紫色的洋葱及粉白色的鱼）和形状（块、条等），并将鱼肉柔韧多汁的质感与甜玉米和洋葱的脆爽结合在一起。

除了已经提到的可能性，有时中间制成品在最终成分中起装饰作用（见第232页），无论它们是否可食用。这一点尤其适用于来自甜味世界的糕点制作领域中的烹饪（见第316页）。

正如我们已经说过的那样，我们首先承认在某些情况下，供品尝制成品的特征是该制成品内部的一个统一单元，然而在其他情况下，我们会发现每种中间制成品都呈现出自己的特征，所有这些特征都容纳在装盘制成品的成分中。无论如何，装盘制成品的成分都将包括所有中间制成品（例如手工制作的番茄酱）、所有用作中间制成品的经过制作的产品（例如意大利面）和所有未经制作的产品（例如被我们加入制成品的罗勒叶），它们都在制作过程中被使用，并且在制成品装盘并等待食用时已经加入其成分中。

装盘制成品的构成可以呈现出富于艺术性的外观

在艺术的视觉语言中，元素的组织可以理解为形成视觉构成，如一幅画。在烹饪方面，这一点被应用到制成品及其装盘上。从这个意义上说，烹饪中的构成意味着组织和确定制成品装盘时融入其中的不同元素（中间制成品、经过制作的产品和未经制作的产品）之间有待建立的关系。

当装盘工具是容器而不是盘子时，构成的概念会变得复杂起来，例如使用的是某种玻璃杯的话［这种创新是新菜烹饪法引进的（见第450页），并被科技情感烹饪法巩固］。这种构成的概念出现于视觉艺术，但也是烹饪中的日常现实。构成供品尝制成品的元素的排列可能是厨师想通过被品尝的食物或饮料传达给顾客或用餐者的一部分信息。

制作咖啡的人和制作牛排的人一样吗？酿造葡萄酒或制作沙丁鱼的人呢？制作面包或者酿造啤酒的人呢？这些人都是厨师吗？

在本书开头，我们谈到了被视为食物的制成品和被我们称为饮料的制成品之间的区别，并解释了它们之间的相似性和差异，同时定义了它们。接受食物和饮料并满足生理需求或者享乐主义的供品尝制成品的前提之后，我们认识到当它们将被品尝时，它们都是某种制作过程的结果，因此它们都被烹饪过。解释了这一点之后，我们现在根据供品尝制成品的使用方式关注专门化料理的现实，从历史的角度来看，这是烹饪专门化最重要的分支之一。有些厨师只创造和再生产用作食物的制成品，但还有一些厨师专门创造或再生产（或者生产）用作饮料的制成品（尽管根据他们制作的饮料，这些厨师有不同的称呼）。

手工专门化，工业专门化

在餐厅部门这一公共领域（其中存在手工烹饪），尤其是在高档餐厅中，我们发现烹饪食物的职业厨师不同于烹饪饮料的职业厨师。在一家按照制成品地区进行专门化的餐厅，也存在食物和饮料的分别，因为厨师烹饪食物，而一线服务员工制作饮料。虽然存在例外，例如服务人员可能在用餐空间制作食物或者厨师偶尔在厨房制作饮料，但是这种专门化结构往往是餐厅的常态。例如，橙汁由服务人员制作，但是用在雪芭里的鲜榨橙汁则是厨师准备的（如果这些厨师只制作甜味世界的制成品，正如我们将要见到的那样，那么我们说他们专攻甜味世界）。在高档餐厅之外，当我们谈起在接待业其他场所中的手工烹饪时，我们观察到专门化以制成品为基础。我们将制作鸡尾酒的人称为酒保或调酒师，将制作咖啡的人称为咖啡师等。在通过食物制成品进行专门化的世界中，拥有特定名字的专才职业人士包括烹饪面包的面包师、烹饪甜食、糖果和饼干的糖果师、烹饪酥皮糕点和蛋糕的糕点师、烹饪巧克力的巧克力师及烹饪冰激凌的冰激凌制作者……如我们所见，高度专门化的职业人士在甜味世界中是主流。

在食品工业中，我们会发现被生产的烹饪，无论生产规模是大是小。其中包括拥有特定名字的专才，例如制作葡萄酒的葡萄酒酿酒学家，或者制作啤酒的啤酒酿酒师。有些人可能没有作为专才的特定名字，此时我们称他们为食品技术人员，他们的工作与食品工业中厨师的工作相结合，以获得用作饮料的制成品。许多用作食物的制成品也由专才技术人员和厨师的工作生产，该团队通过结合两种职业的知识获得结果。例如，在生产火腿、奶酪或烟熏三文鱼时，食品技术人员和厨师的知识都被需要并被应用到生产中。技术人员的工作可能会被添加到完全工业化的过程中，让烹饪和生产实际上由专门为此设计的机器执行。

此外，在涉及专才的地方，我们提出了烹饪的边界在哪里的问题。我们可以设想这样一个例子，一位侍酒师买了一瓶特定的葡萄酒，令其熟化（该决策直接影响产品），通过拔掉木塞打开酒瓶（技术），然后用特定工具上酒（技术），将它“装杯”至品尝工具（葡萄酒杯）中，从而将它变成“装杯”或装盘制成品。当我们说起烹饪中的创造而不只是再生产时，会发生同样的事情。创造食物的厨师和创造饮料的厨师是不同的。

专门化烹饪在用作食物的制成品中

专门创造和再生产用作食物的制成品的烹饪者通常被称为厨师（cook），如果是在餐厅，会被称为主厨（chef)。如果除了制作食物，他们还专攻甜味世界而非咸味世界，我们会说他们是糕点厨师或主厨、面包师、冰激凌制作者或糖果师。

所有烹饪食物的厨师都要面对他们所用材料或物质的所有可能的状态，因为“食物”的定义适用于所有这些状态：

- 为了谈论固体食物制成品，我们必须思考固体这一概念下的广泛质地。如果为了品尝一种食物，我们必须切割它或者用其他品尝工具将它送入口中并咀嚼它时（因为它多多少少是结实的），那么它就是固体。

- 液体制成品的质地多少有些黏稠，但可以饮用或者使用汤匙等品尝工具小口喝。

- 固态液体是出现在前面两种状态之间的灰色地带中的所有食物，因为构成它们的中间制成品呈现出不同的固体和液体状态。果冻、胶质球、泡沫和浓汤（purées）属于这一类。

- 液态固体也是不同状态的材料结合而成的食物，这种情况下是液体制成品伴随固体元素，后者是大小不一的中间制成品。

质地比较虚无的制成品也被认为处于团体和液体的边界上。这个类别不包括气态元素，而是重量轻的或者只能短时间维持的固体，例如极度脆弱的巧克力泡泡，它是如此精致，以至于用手一碰就会融化。

专门化烹饪在用作饮料的制成品中

专门创造和再生产饮料制成品的厨师不止有一个名字。关于他们能否被称为“厨师”存在普遍的争议，因为这个名字总是与咸味世界的食物制成品相联系。因此，正如我们前面所解释的那样，专门创造和再生产饮料的人将根据他们制作的特定制成品得名。专攻饮料的“厨师”没有对应专攻食品的“主厨”或“厨师”这样的通用名字。所以我们在这个领域找到的专才是酒保、咖啡师、葡萄酒酿酒专家等。

专攻饮料的厨师着重于制作液体、带有固体的液体，或者含有气态中间制成品的液体。

- 液体制成品是被饮用的制成品（由于其质地和密度)。在可以饮用的众多液体中，我们发现有果汁、水、浸剂、混合液体、浓汤状液体、发酵液体、蒸馏液体等。

- 有些饮料除了是液体，还包括固态中间制成品，例如当它们搭配冰、新鲜水果（混合饮料或鸡尾酒中）或油橄榄等时。

- 最后，有些饮品除了是液体，还包括气态成分，例如当它们搭配泡沫时，像啤酒或者某些当代鸡尾酒。

“在食品工业中，一方面存在食品技术人员，另一方面存在专门进行组合的厨师。”

固态液体制成品

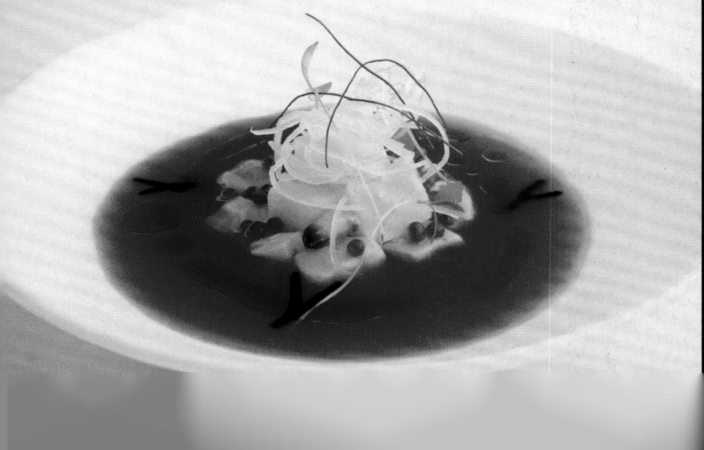

夜态固体制成品

味道是两大烹饪世界——甜味世界和咸味世界——的起因

正如我们在前面讨论专门化的章节中提到的那样，烹饪的一种主要分类（从职业角度而言，但是也在图书和食谱、相关文献、场所等方面）是根据制成品的味道以甜味或咸味为主，将被创造和被再生产的制成品分成两个世界（可理解为两个领域或两大类群）。因此，我们将咸味和甜味制成品区分开，但我们必须解释的一点是，将它们归入其中一个世界也是思考其用法的结果。所谓用法，指的是它们加入品尝的时刻以及它们在其中扮演的角色。正如我们将看到的那样，有些基本上没什么味道的制成品构成了咸味世界的一部分，就是因为它们扮演的角色。在本章节，我们将解释将制成品划分到不同世界背后的原因。

虽然可能使用相同的资源，但咸味和甜味烹饪在整个烹饪和美食的历史中都有其各自的话语，它们在各个级别上都有专门化行为主体（从高级餐厅到小型手工餐厅），其客户、时代以及供品尝和消费的场所也有所不同。重要的问题是，它们从何时开始被视为两个领域，这种分割是在历史上的什么时间点出现的。因为我们知道，在中世纪的烹饪中，甜味世界和咸味世界之间并没有太多的区分。

在很大程度上，烹饪和糕点制作是被分开考虑的，仿佛因为它们的专门化，它们就不再是烹饪了。因此，我们不希望将这种区分视为破裂。来自这两个世界的制成品构成作为整体的烹饪的一部分，并互相补充。在理想情况下，咸味和甜味世界结合在同一顿午餐或晚餐中，它们先后出现，呈现最佳的品尝体验，就像是同一场戏剧的不同幕一样。

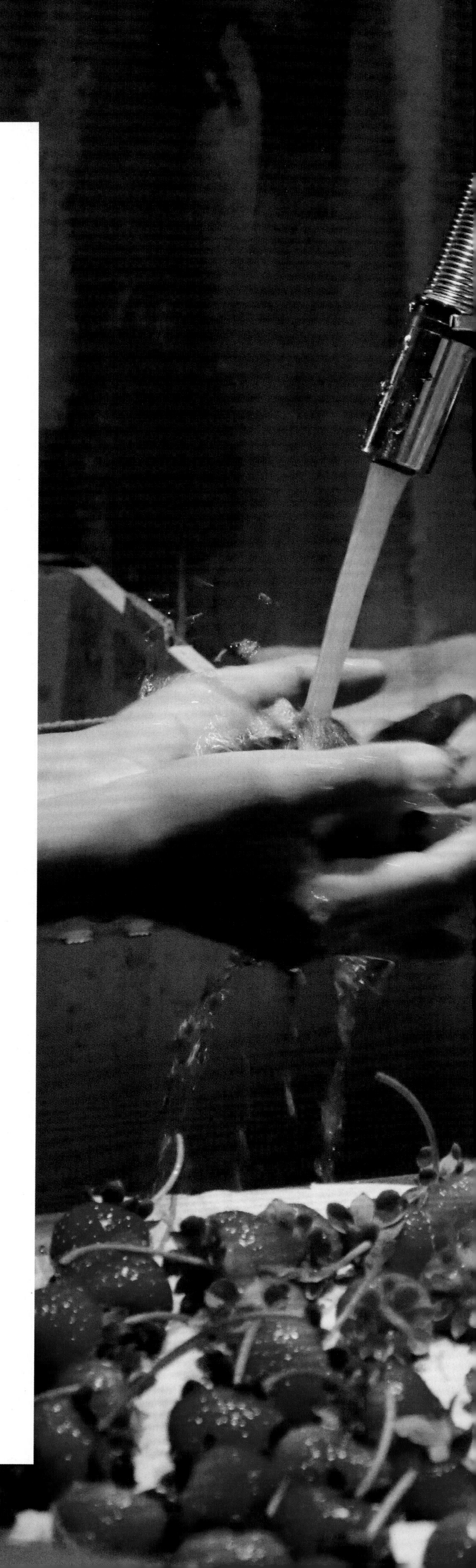

什么是咸味世界？

所谓“咸味世界”，我们指的是历史上被创造和再生产的一系列用作食物的制成品，而且它们的主要味道或口味是咸的（例如盐味或香料味），虽然也可能包括其他口味或味道。然而有些制成品并不符合主要味道是咸的这一规则，例如奶油南瓜汤或蜜瓜火腿，但也属于这个世界。这样的例子让我们不能概括地说来自咸味世界的制成品不包括其他味道。咸味世界制成品在一天当中的任意时间品尝，但它们通常是主要制成品，在午餐和晚餐中有更强的存在感。

什么是甜味世界？

所谓“甜味世界”，我们指的是历史上被创造和再生产的一系列用作食物的制成品，而且它们的主要味道或口味是甜的，虽然也可能包括其他口味或味道。与咸味世界不同，在这里很难找到制成品会打破主要是甜味这条规则。只有极少数主要是咸味的制成品属于这种特例。这些制成品可以在一天当中的任意时间消费，但它们通常出现在对应早餐和下午茶的时间段。如果它们出现在午餐或晚餐，它们会作为收尾方式出现在一餐结束时，即被称为甜点。

甜味世界的制成品被划分为不同的门类，首先是甜点（品尝结束时食用的甜味制成品）这个通用概念，而甜点又包括酥皮糕点、果馅饼、冰激凌、巧克力、果酱、糖果、甜面包等。糕点制作（法式糕点）或许是最著名的甜味主导烹饪专门化领域，但它不是唯一的。糖果师、冰激凌制作者和巧克力师也是甜味世界的专才厨师。

甜味世界的制成品在哪里烹饪和品尝？

正如我们已经解释过的那样，为了理解甜味制成品，必须知道这些产品或制成品是否存在特定空间，即制作、出售或供应它们的地方。除了烹饪甜味世界制成品的餐厅厨房，在公共领域还有一个高档餐饮部门之外的区域可以找到它们。专攻甜味世界的厨师在其中制作制成品的空间通常被称为面包房，它往往与零售或分销区域相邻，如果可能的话，它可向高档餐厅的消费供货。除了在自己的经营场址出售工作成果，甜味世界的专才还通过专门（例如蛋糕店）或普通（市场、美食商店等）零售场所出售工作成果。

“甜味和咸味世界之间的边界
有时由制成品的使用方式决定，
而不只是由主要的基本味道决定。”

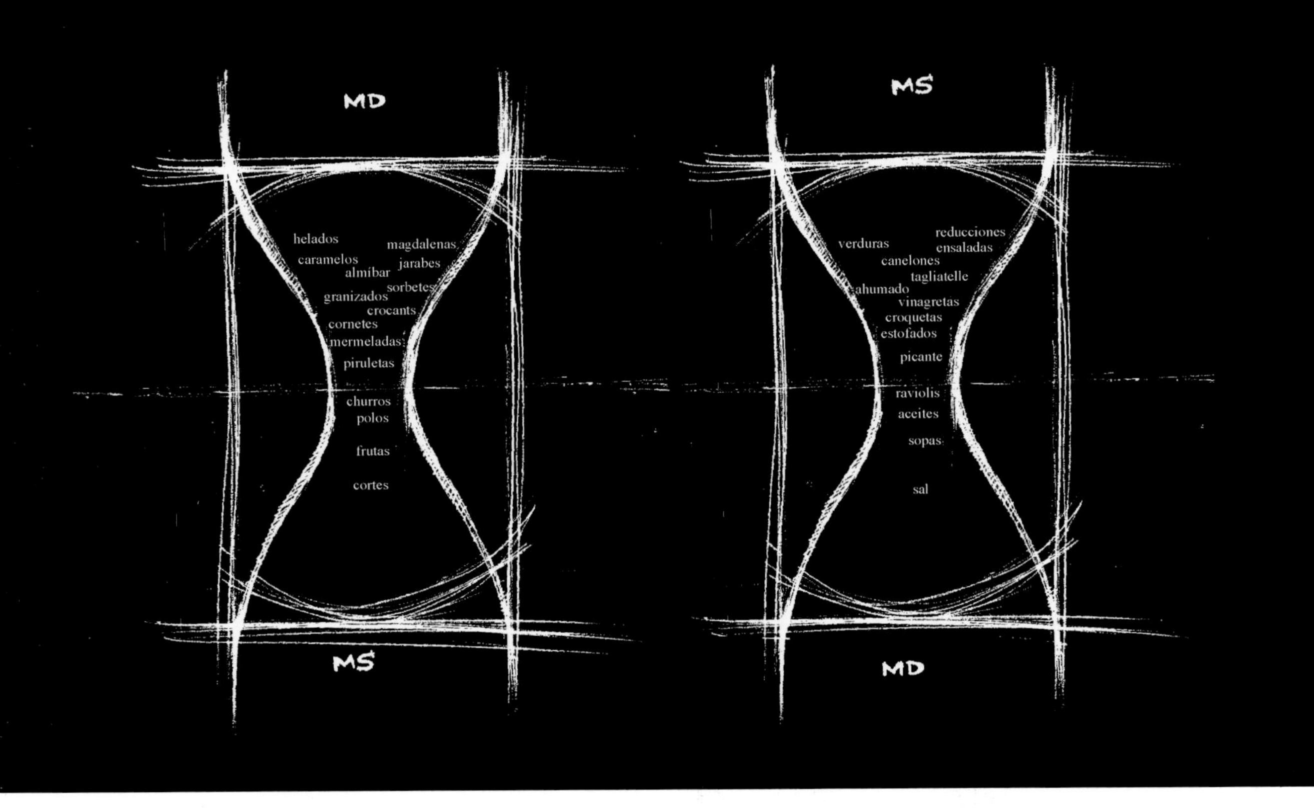

甜味世界/咸味世界的共生：技术、产品、中间制成品甚至术语都在这两个世界之间来回交叉。

甜味世界和咸味世界之间的共生

纵观历史，这两个世界之间有许多交叉之处，而且这两个专门领域的厨师在进行预加工、制作和储存时，都会使用由专攻相反味道的厨师创造且通常使用的工具来应用相应技术。这意味着糕点师可以使用通常由主厨使用的技术，只要他们能够使用它创造新的中间制成品，从而赋予其意义。同样地，这两个世界共用而且始终共用特定产品（经过制作的和未经制作的），这些产品从一个领域传递到另一个领域，为专才厨师提供新的创造机会。

交换发生，允许咸味世界创造出的某种制成品可以在甜味世界中重新诠释，反之亦然。概念和知识也一样，来自一个专门领域的厨师可以从另一个领域中借用它们，并呈现在各自世界的制成品中。

为什么要区分甜味和咸味世界？

这个问题的答案受到双重原因的支持。首先，通过区分甜味世界和咸味世界，我们可以指出，分别在这两个世界创造和再生产制成品的厨师是高度专门化的，并且其职业特征基于制成品的主要味道，即甜味或咸味。其次，将这两个不同世界概念化的第二个原因的根据是，品尝体验是这两部分构成的一个序列：一部分是甜点上来之前的一切，另一部分是甜点本身。正如之前解释过的那样，这并不意味着在第一个阶段（咸味）只存在这种口味，甜味阶段同样如此。然而，这种顺序并不体现在通常占据主导口味的每个阶段上。

我们将会看到，主要或主导味道这一主题产生了不同的矛盾或问题，因为它将显然的甜味（甜菜根酸奶汤）或位于中间（香煎橙汁鸭胸）的制成品划入了咸味世界。在许多类似的情况中，品尝时刻有助于我们确定它们属于哪个世界，以及制作它们的是什么烹饪类型。

甜味世界和咸味世界的概念得到区分的历史有多长？

20世纪90年代，“世界”（worlds）这个术语伴随着科技情感烹饪法出现于斗牛犬餐厅。对它的理解是，顾客在餐厅的品尝体验真的是两个不同的“世界”。对于每个世界，在很多情况下，厨房里有不同的专才，而且根据专门领域，每个世界都有自己的制成品。在此之前，我们的确谈论糕点师和糖果师的概念，但是不会基于在品尝体验中的特定用途谈到涵盖不同基本口味的制成品的两个世界之间的差别。

这两个世界的共同之处是，尽管饮料偶尔在这两个世界中制作，但它们创造和再生产的大部分制成品是食物并且用作食物。然而，搭配甜味或咸味世界制成品的饮料的作用常常是搭配某种味道，这意味着在搭配其中一个世界时，饮料本身（无论其主导味道或口味如何）也会变化。

在甜味或咸味世界中分类制成品的困惑

在其中一个世界工作的专才厨师烹饪的是食物制成品和饮料制成品，但这两个专门领域如何融合在一起？

- 对于食物，区分哪些类型属于哪个专门领域似乎更容易，因为它们与品尝体验的不同时刻相关联。例如，在一餐中作为头盘（entrée）或主菜被品尝的烤鱼，或者至少是作为属于一餐第一部分的制成品，归入咸味世界。水果沙拉往往在一餐结束时食用，属于甜味世界。主导味道以及它们的品尝时刻与它们的专门领域一致。

- 然而对于饮料，它的主导口味以及品尝时刻与它所属世界之间的对应关系就没有那么明显了。首先，它的基本口味并不明显，例如，葡萄酒是甜的还是咸的？我们将它划入什么领域？如果我们将它视为咸味世界制成品的佐餐物，那它就属于那里，但它并不是只属于那里，因为葡萄酒可以搭配不只是来自咸味世界的多种食物。它还可以搭配甜点。至于鸡尾酒，我们可以根据它何时被品尝（餐前、餐后、餐中……）判断它们属于哪个世界。番茄汁呢？它是咸味的，但如果它被单独饮用，而不是搭配其他制成品呢？

如我们所见，这是一种基于专门化（一方面是甜味世界和咸味世界，另一方面是食物和饮料）的重叠标准，并不总是能够实现完美的对应。

> “根据一天当中我们进行品尝的时刻，
> 我们使用这种或那种标准混合食物
> 和饮料中的味道。
> 这是一件复杂的事。”

BODEGA
1900

我们烹饪装饰元素吗？我们吃它们吗？

与品尝平行进行或者作为品尝的补充，装饰是烹饪得到的制成品的可能用途之一。这意味着制成品（大众烹饪和烹饪艺术、食物和饮料、甜味和咸味）在整个历史上进行过装饰，目的是修饰和品尝制成品。但是还有一些中间制成品被创造出来，在最终成分中用作装饰元素，它们不被品尝，尽管是可食用的。装饰存在于烹饪中，而且可以被视为一种专门领域，因为它通过食物和饮料或者通过烹饪结果追求美。

“烹饪中的装饰可以是‘丑陋的’：烹饪中的装饰和在艺术中的装饰一样，取决于观察它的人。”

装饰在烹饪艺术中的进化

烹饪中的装饰通常是修饰供品尝的对象。根据这个概念，合乎逻辑的是，烹饪的装饰用途应该在烹饪艺术中呈指数级发展，与此相关联，它成了一种烹饪专门化形式，而在大众烹饪中表现得更低调，在这里装饰主要与假日和特定庆典相关。有时以奢侈为基础并接近铺张，有时提倡简洁和干净的线条，烹饪艺术追求每个历史时期定义的美的概念，并将它传递到用餐者的盘子里，且或多或少地强调制成品的装饰。

- ► 伴随着古典法国料理的诞生及崛起，17世纪初装饰性制成品（食物和饮料）的黄金时代到来了。这一历史时代的领军人物是玛丽-安托万·卡雷姆（Marie-Antoine Carême）——“山形蛋糕”（pièce montée，字面意思是“山形呈现”）的创造者。“山形蛋糕”是一种大型多层蛋糕，有装饰性和观赏性。在当时，宴会的概念与一种特定的服务类型相关，它是法式服务和俄式服务的杂糅。未装盘的制成品端到餐桌，成为一场盛大的自助餐，每个就座的用餐者从中选择。对装饰的痴迷延伸到了其他元素上：桌布、服务以及品尝工具也非常华丽和奢侈，与制成品相一致。在大约200年的时间里，装饰受到极大关注。

- ► 烹饪艺术在18世纪末改变了自己所处的背景，转移到了公共领域。厨师将自己的知识转移到该领域，但没有转移贵族宴会的排场。宴会的概念没有完全消失，但是与“铺张”装饰相关的富丽堂皇逐渐消失。

▶ 当代烹饪的领军人物是奥古斯特·埃斯科菲耶，他通过简化和编纂制成品为餐厅烹饪带来了重要改变，并使用一种新的方式理解烹饪过程和服务的各个方面。与上一个世纪的装饰紧密相关的浮华大大减弱了。

▶ 烹饪方面的下一个突破是在20世纪下半叶出现的“新菜烹饪法”，它消除了夸张装饰的概念，这种装饰风格在将近四个世纪以来一直是法国烹饪的特色。它“不打扮”制成品的决心让制成品的艺术性得以保留，但是厨师通过将装饰融入菜肴中来发展这一点，并以一种全新的方式尝试制作“美丽的料理”。我们观察到的主要变化是，这种供品尝的美丽的制成品是单独装盘的，而且几乎总是被全部食用（没有不能吃的装饰元素）。在20世纪出现的第二场烹饪运动（科技情感烹饪法）通过从内部的本质上装饰制成品，继续着这条修饰制成品的路线。

▶ 如果我们从当下的视角看待装饰这个主题，我们会发现它与专门化紧密相关，特别是在甜味世界中。我们会看到加工巧克力和糖的大师，例如罗维拉（Rovira）和埃斯克里瓦（Escribà），他们制作的制成品实际上是雕塑，它们可以被品尝，但也扮演了装饰物的角色。至于冰雕师，他们制作的制成品不是为了品尝的装饰性制成品。其他专才包括雕刻水果和蔬菜的厨师，使用具有装饰功能的酥皮糕点的厨师以及糖雕大师。

▶ 今天，我们还可以发现安多尼·路易斯·阿杜里斯（Andoni Luis Aduriz）和罗加兄弟（Roca brothers）这样的烹饪艺术创造者，这些职业厨师并不专攻装饰性制成品，而是制作极为美丽的制成品。制成品中存在装饰，但装饰是制成品内在的一部分。高级料理已经摒弃了“主要产品+配菜+装饰元素”的理念，而装盘制成品已经变成单一实体，作为一个整体概念被装饰。供品尝制成品被含蓄地装饰，因为它本身就是美的。

“在20世纪，新菜烹饪法消除了基于饮食内容的铺张和丰裕的装饰。”

大众烹饪中的装饰

在私人家庭领域进行再生产的大众烹饪类型中，制成品也会被装饰。但我们不将它称为专门化，因为它是业余烹饪。在这里，装饰制成品是与节庆如圣诞节和生日相关的节日氛围的一部分。同样的制成品不会为了日常消费进行“修饰”，但是在特殊场合，它会作为庆祝的一部分得到装饰。

Escribà
RECETAS SANAS PARA CADA DIA
LA PASTA CLÁSICA
LA COCINA ASIÁTICA
LA COCINA ITALIANA
LA PARRILLA CLÁSICA
BUFFET FRÍO CLÁSICO
LA COCINA MEDITERRÁNEA

通过突出供品尝的制成品中的主要产品进行烹饪：基于产品的烹饪

为了解释什么是“基于产品的烹饪”，我们需要以一种非常具体的方式安排讨论，因为有数个要点确定并定义该类别。首先，我们必须指出所有被创造和再生产的烹饪都是以产品为基础的，因为没有产品就没有烹饪过程。烹饪无法在没有它们的情况下进行。但是这种类别指的是拥有下列特征的烹饪风格。

制作过程和品尝时刻关注的重点是所用的产品，无论它是什么，而不是用来转化产品的技术和工具。在这里，技术和工具服务于产品，对于怀着这种意图烹饪并对产品进行相应处理和转化的厨师，产品是他们优先考虑的对象。但是对于品尝者而言同样如此，他们将在最终制成品中完全意识到产品的存在。为了理解这种烹饪类型，我们必须特别关注烹饪过程以及最终结果（供品尝制成品）的特征。然后，我们将看到该产品就是实际的烹饪，产品通过自己的处理过程及其结果为自己发声。

基于产品的烹饪：制作过程

以基于产品的方式烹饪的厨师几乎总是始于某种未经制作的产品，它们会经受特定程度的制作。这可能意味着该产品在不施加热量的情况下可以进行转化，或者使用以不同程度和不同方式使用热量的技术进行转化。但它始终是可识别的，因为它没有与其他产品结合。在任何情况下，都必须减少用来烹饪产品的中间制成品的总量。

基于产品的烹饪与制作程度紧密相关，因为一种产品的制作程度越高，它在最终制成品中的“可识别”特征就越不明显。例如，对于肋骨牛排，决定性主产品的使用非常明显，没有人会怀疑肉是其特征。然而，使用了牛骨的清炖肉汤（consommé）却在第一印象中丢失了这种显著性，这正是它的制作程度造成的，而且因为它与其他产品进行了结合，这些因素叠加起来，导致牛骨“消失”。因此，如果某种烹饪风格将主要产品当作制作过程的核心，对它的处理程度让品尝者仍能识别其特征，那么这种烹饪风格就是基于产品的烹饪。

基于产品的烹饪的结果：供品尝制成品

在基于产品的烹饪中，产品不但是烹饪过程的核心，而且还是供品尝制成品的核心，尽管它在某种程度上可能伴随其他产品或制成品。换句话说，当烤肋骨牛排搭配土豆泥和鸡蛋黄油酱（béarnaise sauce）时，它仍然是基于产品的烹饪，因为品尝体验的核心出现在单一产品中，而供品尝制成品的整体感并没有消失。

关键在于，应该存在一种可识别的主要产品，它通过一种或多种感官（有时是视觉，有时是味觉和嗅觉，有时是其他感官）凌驾于成分中可能加入的所有其他产品。然而，它不能与其他产品混合或结合得过于深入，以免其物质溶解在盘子、杯子里或者食物或饮料中。在同一种制成品中，没有其他产品能够与这种显著性相提并论，如果存在这样的产品（例如作为二级产品的蛋黄酱搭配作为制成品主产品的鱼类），它将“伪造”真正的基于产品的烹饪。

让我们思考一种供品尝的制成品——牡蛎。它被打开然后搭配柠檬上菜。还可以对它进行其他程度的制作，对该产品进行相对于其原始状态的转化，而其中间制成品的数量不会太多，从而使制成品的味道占据主导，且不会“溶解”进其他味道。“大虾刺身配焦糖化虾头移液管”就是这样，这道来自斗牛犬餐厅的制成品使用了不同的技术，包括一种特定的品尝工具（移液管），但是它将单一产品作为核心，尽管这种产品在同一种制成品中呈现出不同的版本。

作为专门领域的基于产品的烹饪

虽然基于产品的烹饪着重于使用某种特定的未经制作的产品、某一类同样的产品或者用在产品身上的某种技术或工具，但是除了在做“基于产品的烹饪”，厨师还可能在做“专门化烹饪”。这发生在公共领域的场所，例如海鲜餐厅、烤肉餐厅和鱼类餐厅。

“在肋骨牛排和清炖肉汤之间，
主产品牛肉的制作程度是不同的。
那么，它们都是基于产品的烹饪吗？”

主产品：番茄

主产品：鲭鱼

主要决定性产品：洋蓟

主要决定性产品：牡蛎

主产品：草莓

程度极浅的制作

程度浅的制作

深入制作后

“自然”在烹饪中实际上意味着什么？以下是一些基本的说明

很难严格按照字面意义解释自然烹饪，因为烹饪（作为过程与结果的结合）是人类而非自然完成的。正如我们已经说过的那样，自然提供产品，有时还进行转化，所以我们将它视为一名“厨师”。但是人类进行的制作过程不是自然的，它是之前不存在的事物，被创造出来，并将自然当作产品的提供者。因此，当我们提到“自然烹饪”时，我们指的是使用自然产品的烹饪过程，而且这些过程与健康主题密切相关。

农业和畜牧业开始于新石器时代之前，所有烹饪以及烹饪生产的食物都是自然的。自然产品尚未被“混杂”，不像后来那样在驯化中通过育种和杂交创造出新的品种。在250万年的史前时代和历史中，人类一直在努力改良自然，让它满足人类自己的需求，让自然提供的产品更可食用或者更好吃。随着时间的推移，我们消费的自然（野生）产品的总量已经大大减少，人类饮食中的人造（栽培或饲养）产品越来越多。因此，如果我们要解释“自然烹饪”这一概念，就必须说明以下几点：

- 自然产品是所有直接来自自然，没有被人类制作过的产品。换句话说，它是保持原始状态的物种，即在所有可用的产品中，此类产品所占比例非常小。无论是动物还是植物物种，自然产品都是没有经过驯化，即可以被称为“野生的”。

- 人造产品是所有已被驯化的产品。换句话说，这些产品存在于自然，但它们是人类干预一种或多种被栽培或饲养的动植物物种的结果，得到的是饲养产品（被驯化的动物物种）或栽培产品（被驯化的植物物种）。它们构成了如今可消费产品的绝大部分。

- 还有另一种形式的人造产品，它们不存在于自然，不是被饲养或者被栽培的，而是人类在自然之外创造的。它们是合成产品，使用更简单的物质通过化学过程获得。合成产品被视为经过制作的产品，而自然产品、饲养或栽培的人造产品是未经制作的产品。合成产品的一个例子是阿斯巴甜，一种化学制造的低热量甜味剂。

考虑到这一点，就产品而言，“自然烹饪”是所有在制作过程中只使用自然产品（即不是由人类饲养或栽培）的烹饪。在私人住宅或餐厅里，在公共或私人领域的任何方面，厨师都可以决定以自然的方式进行烹饪。然而，这个决定可能会限制他们能够烹饪的制成品以及生产这些制成品的必需产品的来源地。

绝不应该将“自然烹饪”与“新鲜烹饪”相混淆，后者指的是几乎没有转化产品的制作过程，它位于预加工和制作之间的边界上，但其关键是对产品进行更好地布置或准备，令产品只需很少的改动就可以品尝而不需要许多中间制成品，且制作程度较低。

基于前面的解释，我们可以思考“自然烹饪”更有利于或者更适合人类健康相关需求这一观念的争议。这一观念假设任何“自然”的东西都不含杀虫剂，尽管这是一个处于“有机”和“生态友好”等标签之下的完全不同的概念，我们将在关于可持续烹饪的章节中讨论这个概念（见第380页）。某种东西是自然的，因为它是出现在自然中的产品，这是一回事，对环境更友好的“自然”概念是另一回事。两者之间的重叠是混乱的另一个来源，例如，当“自然”这个词被用作描述一种酸奶的形容词时。在这种情况下，其概念不是“来自自然”，而是没有混合其他产品或者基本没有进行制作。

鉴于几乎没有什么我们所知的产品与自然创造它时处于同样的状态，所以关于该术语的普遍接受的观点与其经验可行性并不相符。即使一株番茄看起来是自然产品，但我们所知的这种植物其实是野生番茄被驯化的结果，而野生番茄的果实既不肥厚、美味，也不能挑起人的食欲。自新石器时代以来，我们人类为了文明延续和满足口味，已经改良了许多产品。植物物种和动物物种都被驯化以供人类消费。这就是这个问题引起的讨论如此有趣的原因。历史上的文明之所以能够定居在一个地方发展壮大，为它的人口带来经济增长和福祉，避免资源紧缺时期发生的饥荒，部分原因就在于人为饲养和栽培的产品。

考虑到所有这些，我们发现自己面对的是一种进行日常创造的烹饪现实，但更特别的是，它还进行再生产，并养活了全世界超过70亿的人口。而且我们认为，如今我们所吃的一切都应该是自然的。在资源有限、人口增长的世界，人类在自然中占据更多空间。于是，基于人工产品（饲养和栽培）与合成产品（由人类创造）的消费这一选项正在被研究，从今往后，在应对地球正在经历的人口爆炸以及目前和未来需要喂饱的人口数量方面，它将发挥非常重要的作用。

生物学、农艺学和动物饲养学

生物学（Biology），《韦氏词典》

1. 名词　涉及生物和生命过程的知识分支。

农艺学（Agronomy），《韦氏词典》

1. 名词　涉及大田作物生产和土壤管理的农学分支。

动物饲养学（Zootechnics），《柯林斯词典》

1. 名词　研究动物驯化与繁育的科学。

作为一门研究生命体的科学，生物学可以确定哪些产品被我们认为是真正的自然产品，以及哪些产品尽管在自然环境中被栽培和饲养，但是根据其进化历程，它已经成为人造物种，如果不是人类的创造，它根本不会存在于自然界中。

另外，农艺学和动物饲养学（决不应与农业和畜牧业相混淆）是分别致力于从土壤和动物物种中获得最大产量的科学。农艺学倾向关注种植植物物种的土壤的研究，而动物饲养学侧重于充分利用动物品种和物种，同时兼顾它们的福利。

这三门学科将知识转移到栽培或饲养中，将未制作产品（就生物而言）用于烹饪。它们存在的事实有助于加强这样的观念：任何被饲养或栽培的东西都不是自然的，因为它们都暗示着人类的干预，这也被理解为知识的应用。作为生物学内部的专门领域，生态学（见第381页）在这里也被视为对“自然”的概念提出质疑的知识提供学科。

“为了喂饱全世界的七十多亿人，我们可以只烹饪自然产品吗？”

生产出的栽培或饲养产品

服务紧随烹饪行为之后：服务人员、类型和时间

什么是“服务”，谁是“服务人员”？

服务（SERVICE）

《牛津英语词典》

IV. 19. a. 名词　服务、帮助或提供好处的行为；倾向他人的福利或利益的行为。
V. 27. a. 名词　在餐桌旁服侍或端上食物的行为；完成这件事的方式。

服务（SERVE）

《牛津英语词典》

III.31. 及物动词　在餐桌旁服侍（某人）；因此，先摆放食物，再帮助（某人）就餐。
33. 及物动词　放置食物（在餐桌上），上菜。

术语“服务”或“服务人员”指的是在公共或私人领域完成组织任务的一组职业人员，这些任务包括令品尝得以发生的服务行为（在这里指的是呈上食物和饮料，即上菜），以及其他任务，例如在品尝体验中向用餐者或顾客提供陪伴、解决疑问以及提供指导。在大多数形式的服务中，如果制成品没有在餐厅里单独装盘，那么私人住宅或餐厅中的某位服务人员还可能承担完成供品尝制成品的最终烹饪步骤（切割、添加酱汁、装盘等）的任务。私人住宅中的家政人员可能包括一支职业团队——一名厨师和一名服务人员，或者可能只有一个人，既要负责烹饪也要负责呈上制成品。虽然我们正在解释服务的概念以便在公共和私人领域理解它，但我们将把注意力集中在高档餐饮部门。

作为厨房和餐桌之间的纽带，服务是一个专业领域，有时高度职业化，因为它对在高档餐厅和某些私人住宅中伴随品尝的仪式来说至关重要。在这两个领域存在各种水平的职业素质。实际上，服务起源于家庭领域中的上层阶级服务。就服务本身而言，它不是烹饪，也不只在厨房中发生，它是职业厨师可以依靠的支持，令厨师的工作成果能够送到用餐者或顾客面前。

假如用餐者或顾客进行服务呢？

当某种美食供应的结构呈现为自助餐的形式，即顾客从餐厅陈列的制成品中现场选择自己将要消费的种类时，我们能否认为这里存在服务？服务存在并发生，即使是由客户自己承担这一角色，服务仍体现在自助服务的概念中。顾客将自己选择的饮食装盘和“装杯”，并将它们带回餐桌。这种服务类型让餐厅顾客来使用技术和工具，当美食供应的结构是菜单点菜或定食套餐时，这些技术和工具通常由一线服务职业员工执行和使用。

什么是服务类型？

考虑到服务是在厨房以外进行的，因此探讨服务这个主题可以提供厨房的外部视角，尽管两者之间联系密切。因此，有必要分析服务的类型，以便在许多情况下理解为什么以某种方式或者使用某种食物进行烹饪，这对应着特定的服务类型。所谓“服务类型”，我们指的是高档餐厅设计的照料客户的方式，或者个人希望在自己家中的餐桌旁被服务的方式。对于餐厅，这包括在用餐空间中发生的所有事情，还包括欢迎和介绍，以及对美食供应的呈现和解释，从顾客抵达到离开，服务将始终伴随着顾客。

服务人员致力于用餐者和顾客与厨房之间的交流，并以每种餐厅类型的相应形式或者在自家雇佣这种服务类型的人选择的形式呈上相应制成品。根据呈上的是食物还是饮料或者二者皆有，以及是否存在饮料和食物的紧密配对，服务方式各有不同。服务类型被选择和设计，以适应食物和饮料供应，但也是为了适应用餐空间或餐室、将会出现的制成品数量、它们的装盘方式（在盘子这样的单人工具上还是在大托盘这样的集体工具上），以及烹饪是否会在用餐者或顾客面前进行。

都有什么服务类型？

► **俄式服务**：制成品放置在小推车（名为“guéridon”）上，由侍者在顾客面前装盘。这种风格出现在奢侈餐厅或者被认为很高档的餐厅。它还存在于世界上的其他地方，但如今在西方国家已经不流行。

► **桌边服务（Guéridon service）**：这需要服务人员在小推车上制作制成品，当着顾客的面在用餐空间中烹饪。这是橙香火焰可丽饼（crêpe Suzette）的制作和上菜所需的服务类型。

► **英式（English）服务或银质服务（silver service）**：侍者使用自己的工具从大托盘上取走制成品的一部分，将制成品放入顾客的盘子里。这在需要一名侍者进行多人多次服务的宴会或活动中很常见。

► **法式（French）服务或管家服务（butler service）**：侍者将制成品放在托盘或大餐盘中，每位用餐者或顾客自助取用自己想要的分量。如今已不再使用。

► **古典法式服务**：这种服务类型起源于17世纪举办的大型宴会，在这样的场合，制成品按照习惯被装盘在餐桌中央和边缘的共用工具上，然后用餐者自己取用想吃的食物或饮料，并将自己要吃的分量装盘。

▶ **美式（American）服务或装盘服务（plated service）**：食物按照单人份分别装盘。它是在废止许多年之后，由新菜烹饪法引进的创新。如今它是主流的服务类型。

▶ **自助服务**：自助餐风格的服务形式，出现在特定类型的餐厅，顾客从自己的座位上起身，选择自己想吃的东西。

▶ **混合服务**：上述服务类型的组合，其中存在不止一种服务类型的特征。

服务形式将决定制成品以及顾客本身的机动性：他们是否需要起身，还是可以一直坐在同一个地方？

上面的解释间接地说明了这样的现实：不同的服务类型已经得到了一个蕴涵其特征的名字（俄式服务、美式服务等），但是还存在其他一些服务类型，它们并没有特定的名字可以让它们与特定形式联系起来。例如，一家餐厅用盘子为顾客上菜，但是需要顾客自己把盘子端到餐桌，这是什么服务类型？这是一种混合型服务，结合了自助服务的特点，但是没有特定的名字。同样，饮料服务的类型也没有特定的名称。例如，对于只消费饮料的服务，就不存在对应“美式服务”的称呼。

▶ 如果服务发生在餐桌之外的地方：例如发生在吧台，意味着侍者在这里服务，或者顾客可能自己拿取制成品，不需要被服务。

▶ 根据服务出现在何处，服务向何处完成：其他形式可能是根据被烹饪的制成品进行设计的，而且它们可能针对其脆弱性或大小进行了特别改良。

在谈论不同的服务类型时出现的一个问题是，在厨房中进行再生产的制成品的不同呈现方式以及不同服务类型之间存在怎样的直接关系？是服务类型适应不同的制成品形式，还是最终制成品适应服务类型？

我们可以想象自己前往一家新菜烹饪法风格的高档餐厅。在这家餐厅，制成品不在厨房装盘。如果我们细看菜单，我们可能会好奇什么制成品能够以不装盘的不同方式上菜。很可能很少或者根本没有。这个例子说明餐厅的烹饪风格生产的所有制成品都是按照可用的服务类型设计的，如果是美式服务，就意味着端上来的制成品已经提前在厨房装盘了。否则的话，制成品无法向和顾客供应。换句话说，在厨房制作的制成品被改造以适应餐厅中的可用服务类型，并且会进行相应的设计，根据背景，这意味着特定形式的机动性或者机动性的缺乏。

服务如何在历史中衍化？

服务人员的作用发生过重大改变。例如，虽然餐厅领班（maître d'hôtel，又称maître d'）如今在餐厅这一情境中变得非常重要，但这个职位其实起源于皇家宫廷，并在酒店业风生水起。他们作为服务人员的地位在酒店餐厅得到巩固。在那里，他们按照仪式礼节安排餐桌服务。对该职位的认可度和重要性的推动者之一是奥古斯特·埃斯科菲耶，古典法国料理的大厨和领军人物，他不仅编纂了食谱，确定了厨房团队的等级次序，还强调了餐厅领班在餐厅结构中发挥的作用。

时至今日，餐厅领班的职责仍然包括管理和协调服务人员、计划和安排用餐空间和就餐场所，迎接顾客并指引他们来到餐桌以及与总厨一起负责餐厅供应的食物和饮料，确保它们呈现最高品质。埃斯科菲耶还更加重视侍者，让他们积极参与盘子的布置、切割肉类或者在食物上倒酱汁。

“对于伴随品尝体验并在很大程度上定义品尝的仪式，服务至关重要。”

MENJADOR
MARTINI
BODEGA

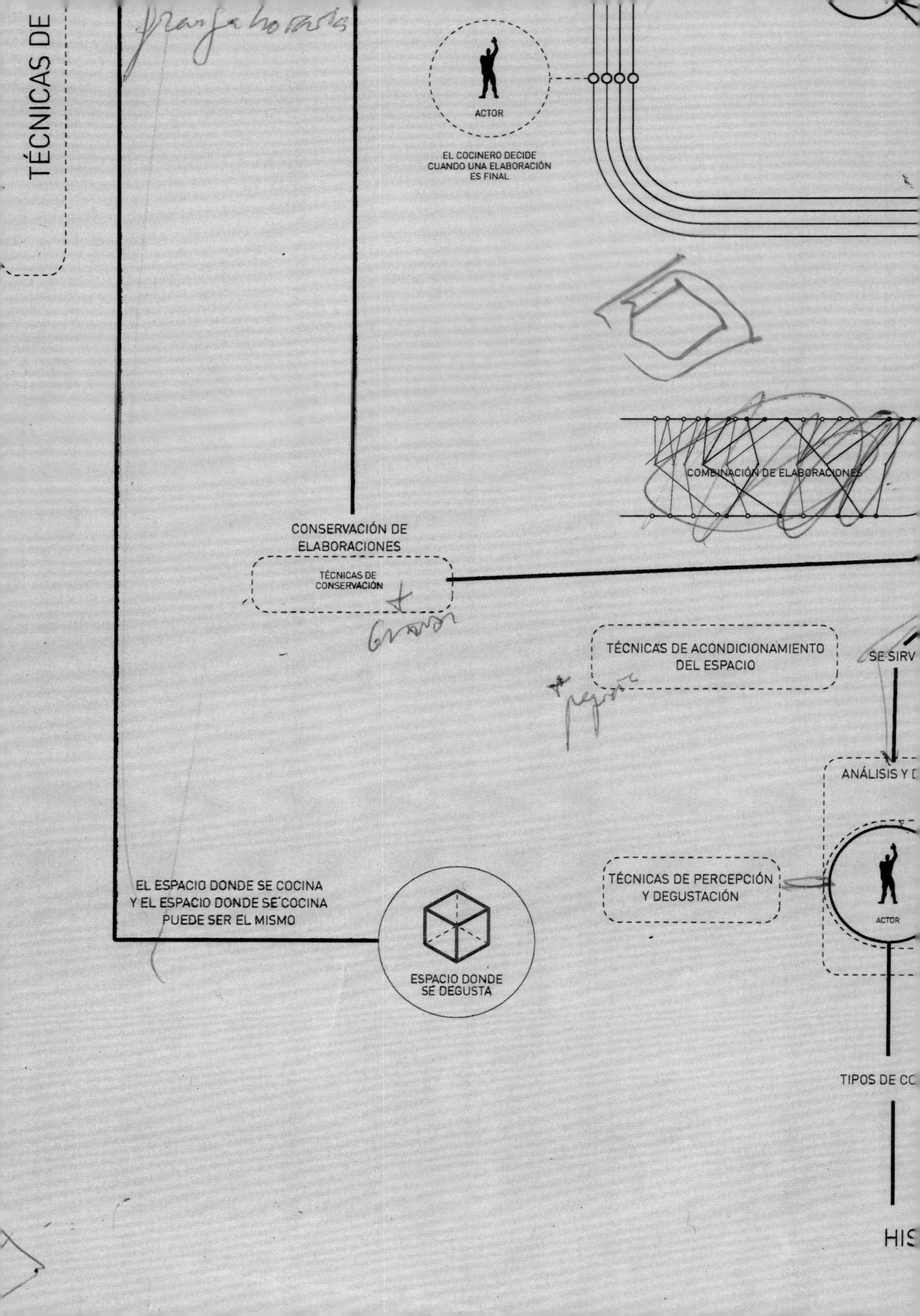

TÉCNICAS DE

ACTOR

EL COCINERO DECIDE
CUANDO UNA ELABORACIÓN
ES FINAL

COMBINACIÓN DE ELABORACIONES

CONSERVACIÓN DE
ELABORACIONES

TÉCNICAS DE
CONSERVACIÓN

TÉCNICAS DE ACONDICIONAMIENTO
DEL ESPACIO

SE SIRV

ANÁLISIS Y D

TÉCNICAS DE PERCEPCIÓN
Y DEGUSTACIÓN

ACTOR

EL ESPACIO DONDE SE COCINA
Y EL ESPACIO DONDE SE COCINA
PUEDE SER EL MISMO

ESPACIO DONDE
SE DEGUSTA

TIPOS DE CO

HIS

第8章

考虑到我们前面所说的，烹饪可以具有不同的意义

现在，我们考虑烹饪与其他部门、领域和学科的关系，并建立相似之处和隐喻，以便从不同视角观察烹饪，并拓宽我们在前几章建立的对烹饪行为的认知。

烹饪的构建方式和语言一样

在开始本章之前，我们先将烹饪视为一种语言。与我们用来彼此交流的语言一样，它是逐渐建立的并始于微小单元的结合，然后随着时间的推移，产生了数以百万计的结果和可能的意义。

产品、技术、工具：**料理的DNA**

我们之前已经解释过，人类开始喂饱自己的行为汇聚三个要素，这使我们可以将这种行为视为烹饪时，人类就开始制作制成品了：至少使用一种工具（可以手动使用，手本身也可以是工具）对一种或更多产品应用一种或更多技术。从被我们视为烹饪所需的最小单元的这三种因素的结合中，出现了无限的可能性，它们通过创造数百万种新结果（即中间制成品或最终制成品）拓宽了烹饪的范围。

当我们建立烹饪与语言的相似性时，用于烹饪的第一个产品、第一个技术和第一个工具将相当于语素［词汇意义的最小或构造单元——词位（lexemes），或者语法意义的最小或构造单元——词素morphemes］，它们通过各种组合，令语言能够增长丰富度和差异性，从而创造出词语。

词语和制成品：**从最小的单元到结果的构建**

中间制成品和词语在隐喻上是对等的，因为它们是元素结合的结果，其本身并不总是提供意义或者产生结果。没有产品可以应用某种技术，没有工具可以借助其应用，就相当于一个词素没有词位令其有所指一样，都不能为它们所属的现实增添任何新的东西。然而，当我们将某种制成品和词语与其他制成品或词语结合起来，从而将它们变成更复杂的现实时，它们都可以继续创造意义。

词语和制成品：**构建更复杂的现实**

制成品和词语本身都是结果，但是当它们分别与其他制成品和词语结合，构建出成为定食套餐或点菜菜单的东西时，它们可以在更高的层次上产生更多结果。

- 当我们通过连接不同的构造单元构建词语并将它们转化为结果时，它们又与其他词语连接，形成句子。要想产生不同的句子，有成千上万种可能的组合方式，或者只需改变一下所用词语的顺序，就能让句子有不同的含义。对于英语，“主语、动词、宾语”结构可以比作最终制成品所需的中间制成品，它们在这个过程中建立了秩序，并从中得到一种结果——句子。

- 从这个角度看，不同组合中的中间制成品（本身不被品尝，但用在其他制作过程中）的数量指数级在可被创造或再生产的最终制成品的总数上倍增了。被创造的中间制成品的种类越多，就会产生越多的供品尝的结果。

中间制成品像话语中的句子一样累积：构成结果一部分的元素

但是如果我们连接句子，或者继续这个隐喻，连接中间制成品，会发生什么？我们会得到什么类型的结果？

- 当句子以有序的方式连接起来时，它们会产生更好的结果。这就是推理、解释、问题、结构化观点、叙事、诗歌、散文、研究文章、小说等的构造方式。通过连接由词语构成的句子，我们能够彼此交流、理解、提出问题……换句话说，它们产生的意义远远超出了单个词语所体现的概念，而且它们常常需要其他句子来产生有意义的最终结果。

- 同样，当供品尝制成品累积起来创造其他更好的意义时，就像餐厅的品味套餐和点菜菜单一样，它们在品尝中创造了一段话语。为此，一系列供品尝的最终制成品——无论它们属于什么领域和类型——构建了一段话语，在这段话语中建立的秩序为它赋予了整体上的意义。

作为个人习语的烹饪：每个人特定的表达方式

个人习语被定义为每个人表达自己的说话方式。换句话说，它是每个人对口语的使用，这反映在词汇和语法的特定选择以及他们用来构建句子的具体单词上。语调和发音也是个人习语的一部分。在书面语言方面，个人习语对应的是写作风格。本质上，它的功能是让一个人能够与周围的人交流，这包括表达做事和思考的方式，同时还要表达他的品位和需求。每个人在自己说的语言中使用个人习语，反映自己的个人特征，并以一种他们独有的方式使用这种或者这些语言。个人习语会基于许多因素发生变化，例如个人的年龄增长、与其对话或交流的人，当然还有他们的知识和经验以及他们在成长和发展过程中所处的文化、家庭和社会环境。

让我们继续关于语言的隐喻。在口语表达方面（在很大程度上是实用且日常的），我们可以将每个人的烹饪方式视为一种个人习语。导致我们做出这种类比的相似之处在于正如我们在说话和交流想法时那样，我们人类有自己的行事方式，并根据我们所处的情况构建出某种结果，因此烹饪者在制作时（无论是在创造还是在再生产）也以独特的方式表达自己。因此，个人习语将定义厨师烹饪的个人风格，甚至定义他们的烹饪类型。

就像我们选择词语构建自己的个人习语一样，我们选择产品、技术、工具以及中间和最终制成品，而且作为厨师，我们以特定的方式使用或制作它们，让我们所做的事以及做事的方式来定义我们的风格，从而让这种烹饪方式不同于其他烹饪方式。在这里，我们谈论的是职业厨师，也包括我们一直都熟悉的烹饪风格：我们在家做的烹饪，无论是为了营养还是为了享受品尝过程。简而言之，制作过程是由我们的知识和经验、年龄以及我们向其提供烹饪的群体决定的（而不只是受到影响）。它发生的背景至关重要，这决定了我们的可用资源以及我们通过食物构建的信息类型。

艺术这门学科也使用这个术语，在实践方面总结画家作品特征的不是词语，而是画笔笔触的使用，这让我们能够谈论毕加索或杜尚的个人习语。

烹饪的基因组
我们如何开始构建这种“语言”

打个比方，当我们将烹饪作为一种语言去寻找它的起源时，我们发现它的基因组（将这种活动与人类进行的所有其他活动区分开来的东西）在构造单元——产品、技术和工具——进行结合的第一时间就已经规定好了。

烹饪的DNA一开始是我们的古人类祖先设计的，他们首次以转化为目的将产品、技术和工具结合起来，其结果是制成品。为了做到这一点：

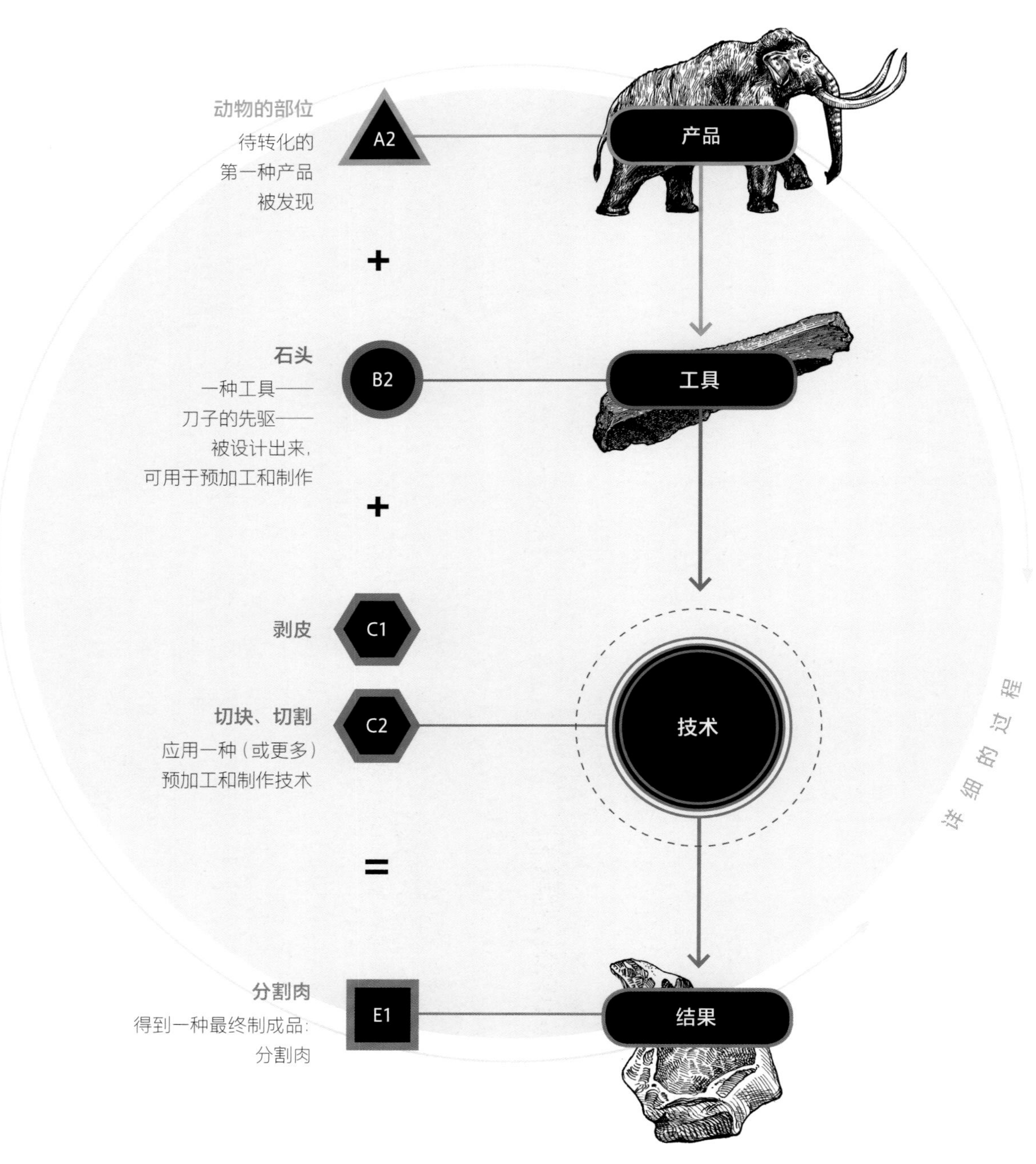

从烹饪作为一种语言的起源到它的衍化巩固：**史前里程碑回顾**

回到这段讨论所基于的隐喻，这种起源逐渐衍化，以扩张烹饪的基础，就像语言不断且逐步地扩张一样。这些创新的重要性在两个主要时期得到发展：旧石器时代和新石器时代。观察在每个时期出现的产品、技术和工具的总数，让我们可以了解烹饪构建的渐进性质，它就像语言一样不断融入意义，直到我们今日所知的一切最终实现。

▶ 旧石器时代

自然界中未经制作的产品在烹饪后会变得可食用。打猎和捕鱼开始，由此产生新的营养形式。

通过将新材料融入烹饪工具，古人类发现，除了创造在打猎和捕鱼中为我们提供补给的特定工具，它们还有其他功能。例如：

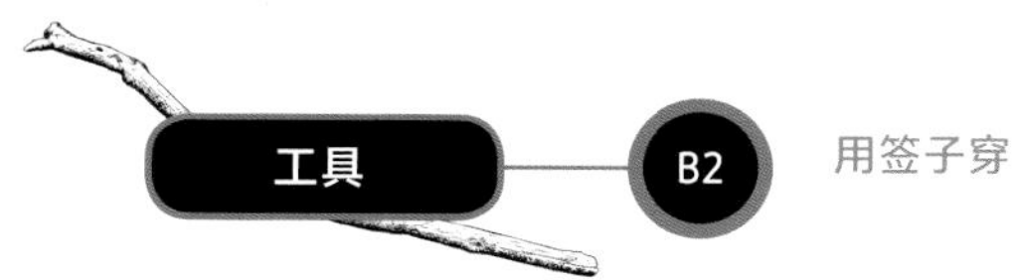

随着新工具的创造，可应用技术的数量随之增长，起推动作用的还有新产品，它们的制作导致了新需求。学会用火让古人得以创造出新技术，而观察自然及其现象让他们能够模仿在自然中发现的技术，从而能够转化食物。例如：

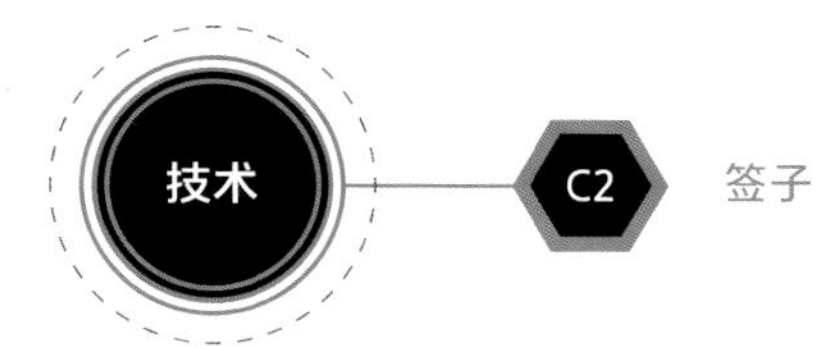

作为结果的制成品继续累积并扩大范围，许多制成品得到完善，或者作为中间制成品（D）用在其他制作过程中。

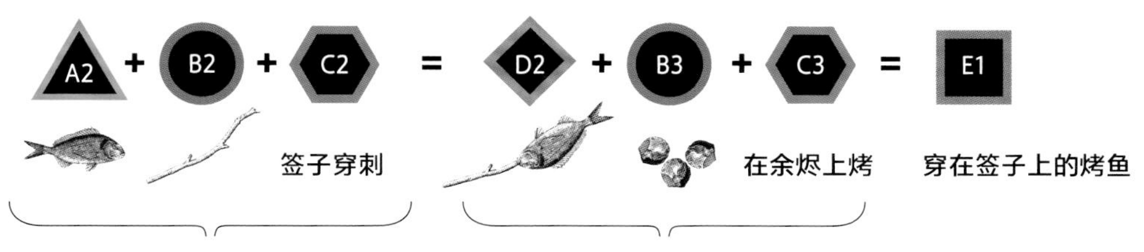

▶ 新石器时代

通过控制动植物物种的生长和繁殖以获取未经制作的产品，历史上首次出现了食物生产的积极参与。人类学会了改变产品的特征、大小等。驯化动物的喂养得到控制，这让动物能够产生更多脂肪，并改变了动物的构成，新的可食用产品持续被发现（A）。

随着新材料的发现（以陶瓷为代表），工具（B）的数量也增加了。用于盛放和储存的容器等工具被创造出来，以满足特定需要，还出现了公共工具。

陶瓷的发展扩大了在这一时期出现的热烹饪技术的范围。与新产品的发现相关，许多新技术得到发展，包括腌制保存技术，我们知道这源自人类对盐及其性质的发现。

整体而言，制成品的数量，无论是中间制成品（D）还是最终制成品（E），都继续增长，而且通常变得越来越复杂。

用于服务（F）和品尝（G）的工具以及将它们应用的技术都在增加，而且变得更加多样化。

语言学

作为一门研究人类语言的科学，语言学探讨意义的创造，从人类的起源开始并跟随其后的衍化。人类用来进行交流的自然语言是逐步构建的，学习语言意味着逐渐了解融入该语言的每个单元的含义。

语法是这门科学的一个分支，它是研究一门语言所使用的词语的结构。它还研究发生在这些词语上的事情，以及它们组合成句子的方式。基于这项研究，可以认为语法规定了一门语言的口头和书写实践需要使用的一套标准和规定。

想象一道菜肴

象征性思维是人类在心理上描绘周围环境以及其中元素的能力，而其应用于烹饪领域时，它被认为是想象烹饪结果的能力。因此，当我们想象一个装有制成品的盘子或杯子时，我们会在脑海产生一个画面，尽管它存在于心理层面，但仍然对我们提出了一种具体的反应。通常而言，当我们在心里想到某种具体的制成品时，那是因为它对我们有吸引力，即我们倾向品尝它。然而，相反的情况也可能发生。想到某种特定的制成品可能导致我们完全拒绝它，因为它的吸引力可能极其微弱甚至根本不存在。在进行创造时，我们应用于烹饪领域的这种象征性思维就会出现。

在新石器时代，新的烹饪“字母”被创建，以对应新的中间制成品，而它们又将形成新制成品的一部分。

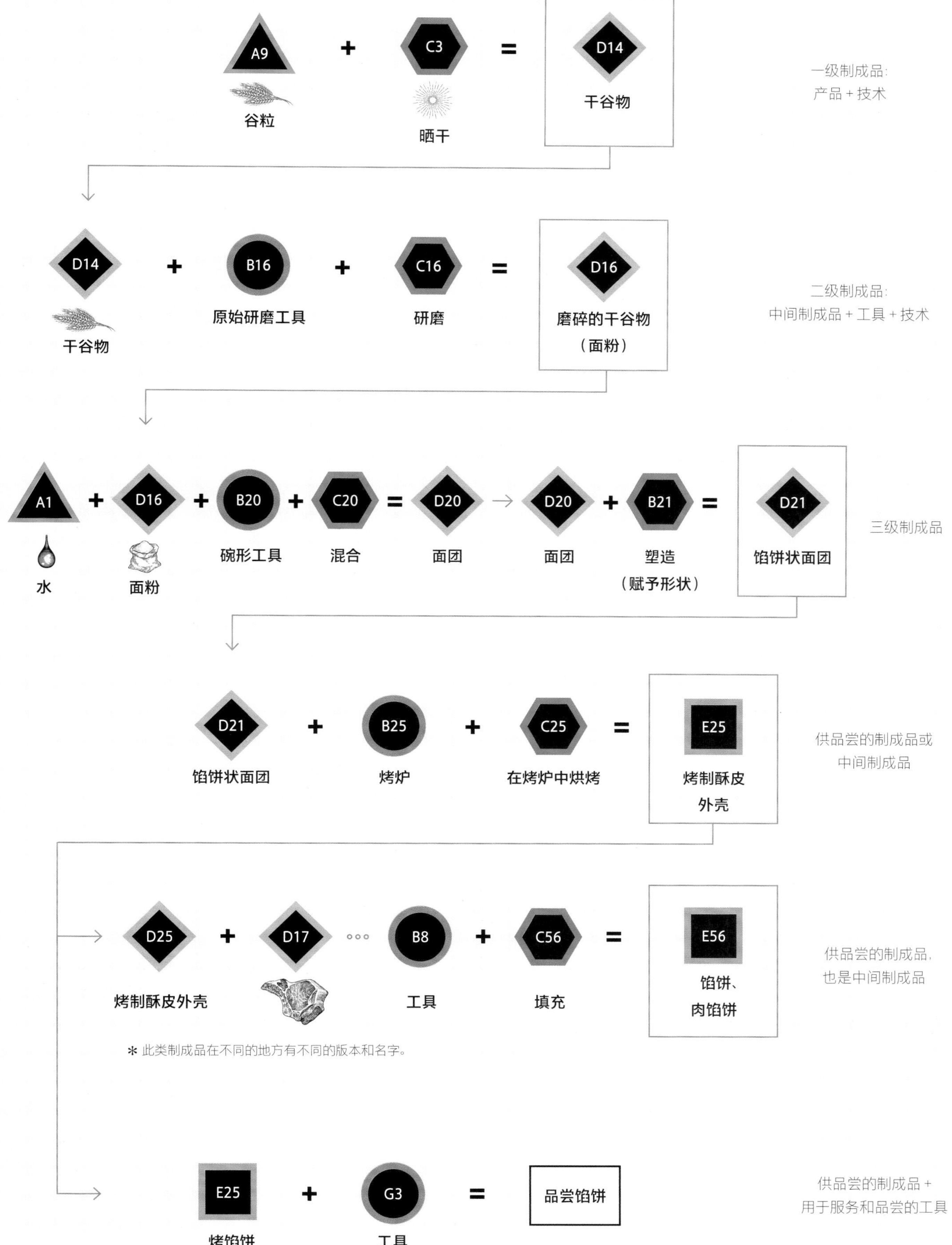

这只是一个例子，但是在多种多样的烹饪字母表中，其可以得到数以百万计的变化。

ZENITH
TICKETS

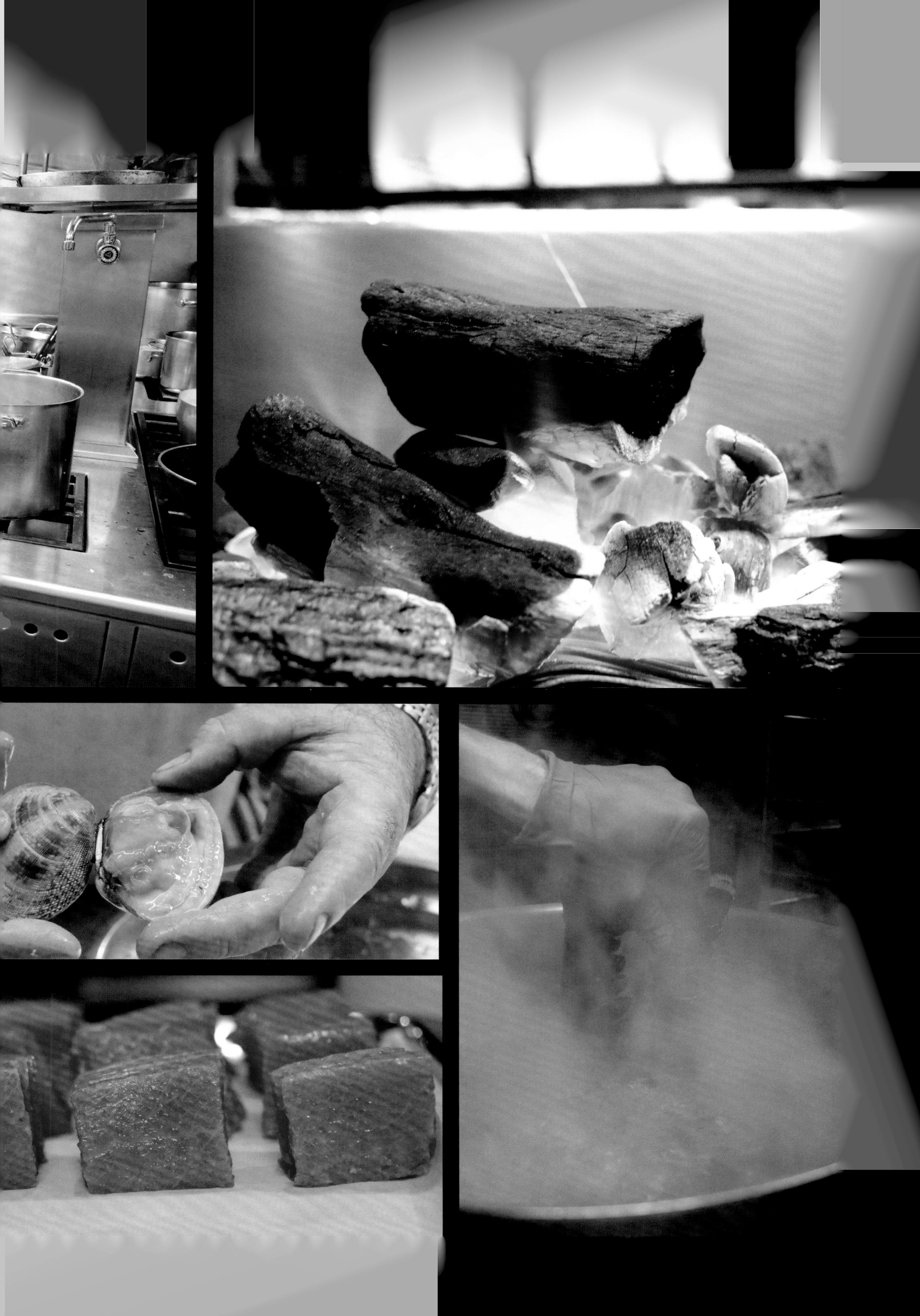

用于理解烹饪和美食学的词典

什么是语言？

语言（LANGUAGE）

《韦氏词典》

1. a. 名词　由一个社群使用并理解的词语、由发音以及将词语组合起来的方法组成。
b. 1. 名词　由发声器官的动作产生的可听、清晰、有意义的声音。
b. 2. 名词　一种通过使用可理解其意义的常规符号、声音、手势或标记来交流思想或感受的系统性方法。
2. a. 名词　口头表达的形式或方式。

出于本书的目的，语言被理解为人类表达自我并与其他人交流的能力。语言被视为一套代码和符号，我们为它们指定特定的含义，而这些含义随着时间的推移逐渐增加和扩大。我们认为它是一种动态机制，在整个历史中不断衍化和变革。

人类主要以两种方式交流：口头交流是较早的形式，然后是书面交流，它是从表达语言的需求中产生的，并涉及图形符号的使用。而且，人类与其他人交流的方式可以学习，这意味着它代代相传，而且还是累积而成的。

语言是在不同层次上构建的，包括语法（语言元素的组织和组合）、音韵（语言产生的声音）、形态（语言的结构）和句法（词语的组合以创造意义）等。然而，考虑到人类的语言能力和语言研究是千百年来逐渐累积形成的，因此我们并不总是研究语言的所有层次。

我们已经解释过，人类语言是从智人的认知和识别开始构建一种口头语言时发展起来的。语言大概是作为社会生活的结果得到了巩固，而在我们接近文明的新石器时代，社会生活得到了显著的发展。

这种工具（语言）诞生于描述某种共同现实的需要，它让人类能够与同伴分享这种现实。构成语言的元素创造了共享参考。复杂口语的诞生被认为可能开始于大约十万年前，不过这一点存在激烈的争论，一些科学家认为它发生在两百万年之前。随着时间的推移，它得到了图形表示的补充。开发了全世界首套书写系统的苏美尔人（大约六千年前）为图形标识系统铺平了道路，这种系统为它使用的每个符号分配含义。

于是，第一批书写形式被创造出来，而且与语言的口头版本不同（从小就通过模仿来学习），它们将会通过教育系统进行教学。

什么是词典？什么是词汇？

语言的口头和书面形式都使用词语，它们是被分配意义的单元，该意义被共同接受，并一起用作描述或传达现实的描述符。

语言中的整套词语构成它的词典或词汇，并且拥有书面表示形式和口头表达形式。通过语言，人类使用词语进行交流，这些词语具有交流可能拥有的所有可能的用途，而且自从史前时代首次形成以来，这些词语就一直在呈指数级增加。

词典（LEXICON，名词）/词典的（LEXICAL，形容词）

《韦氏词典》

1. 名词　一种书籍，其中含有一门语言中按照字母表顺序排列的词语及其定义。
2. a. 名词　一门语言、单个言语者或一群言语者，或者一门科目使用的词汇。
2. b. 名词　一门语言中的全部语素。
1. 形容词　与一门语言的语法或结构相区别的词语或词汇，又或者与其相关的。

词汇（VOCABULARY）

《韦氏词典》

1. 名词　单词或单词和短语的列表或集合，通常按字母表顺序排列，并加以解释或定义。
2. a. 名词　语言、团体、个人或者工作或知识领域内使用的词语总和。
2. b. 名词　可用的术语或代码的列表或集合（如在索引系统中）。
3. 名词　表达性技术或设备的提供（如某种艺术形式的）。

随着人类的进化，在语言发展的所有领域中，伴随着每一次创新，语言都通过扩充其词典实现增长。词典的规模不断增大，因为描述新的现实需要越来越多的术语。通过这种方式，随着对现实的认识不断提高，人们一直在添加与特定单词相联系的意义。考虑到新的概念将继续出现而且将需要新的意义，因此词典以及语言所使用的词汇的增长和扩张没有可预见的尽头。

烹饪、美食学和高档餐饮的词典或词汇

早期人类在能够通过语言进行交流之前就拥有烹饪的能力。共用语言的出现将令烹饪习惯、用法和知识可被转移和学习，包括但不局限于对所用产品、技术和工具的描述。结果，语言已经成为人类之间转移烹饪知识的媒介，而人类创造词语描述这一现实的每个方面。我们的理解是，词典是逐渐被创造的，而且考虑到烹饪是为了获取营养的日常活动，我们认为会出现一套特定的词汇，以便对烹饪以及所有相关元素进行解释：产品、工具、技术、空间、时间、互补作用等。这部早期烹饪词典逐渐发展，直到伴随着首批文明的出现，它开始以书面形式被表达。

从那时到现在，对于同时拥有交流和烹饪能力的人类，在发达语言的框架内，使用词典和词汇的一部分来描述涉及烹饪的人类现实的每个元素和因子。因此，合乎逻辑的是，应该存在一套日常烹饪词汇，还应该创造和发展另一部词典，用来在职业世界中对烹饪进行不同层次的描述和交流，从最基本的烹饪过程到可被视为烹饪艺术的结果。随着烹饪知识和应用的进步，技术和专用词典也有所扩张，而且描述的现实越复杂，其意义的层次也越丰富。换句话说，有一部特定的词典可以被我们归入烹饪的，另一部词典可被描述为美食学的，还有一套专门用于高档餐饮部门的词汇。

所谓“烹饪词典”（culinary lexicon），我们指的是语言中的这样一部分，它的使用将对烹饪的解释和烹饪行为融为整体。然而，当我们思考烹饪行为产生的词汇时（烹饪背后是饮食，这里存在除了简单的营养的其他动机，且被整个生态系统所包围），我们就在谈论美食学词典。

作为美食学词典演变的一部分，在作为我们研究重点的西方社会中，某个历史时刻的到来导致了美食学的转变，令美食学出现在高档餐饮部门这一公共领域。这种新的现实还导致了一套专用词汇表的创造，它让我们可以谈论高档餐饮部门的词典，主要是指18世纪末以来发展出来的高档餐饮职业领域的术语（词语）。因为烹饪艺术转移到高档餐饮部门中首先出现在法国，所以这套专用词汇的很大一部分起源于法语。随着新的方面和特征加入烹饪以及饮食行为，词典的演变已经得到扩展并将继续下去。这些行为涉及或导致的元素越复杂多样，我们越需要与我们想要描述的现实相适应的特定词典。尽管烹饪、美食学和高档餐饮的语言非常丰富，但应该强调的是，仍然需要对许多含义进行编纂并达成一致，这将有助于该领域的统一并改善其内部的交流。如果我们创造一部词典，它应该让我们能够理解彼此并达成最大的共识。

语言的问题：语言不止一种

人类之间的交流始于史前时代，并延续至今，且发生在我们这个物种迁徙到的每个地方。因此，语言能力以相同的方式存在于世界各地，但是它体现在逐渐发展的不同语言中，其中的许多语言拥有共同的根源。

在了解了烹饪、美食学和高档餐饮词典之后，我们发现自己面临着在语言之间进行翻译的困难。尽管就其含义而言存在相同的词语，但每个词汇单元都被分配了不同的口头和书面表达。例如，对于未经制作的产品，虽然我们作为一个物种共享词汇表述，但是如果我们要使用另一种语言交流的话，就必须使用翻译过的词语描述它。技术和制成品被分配了不同的名称，这让它们很难被整理排序。

语言（LANGUAGE）

《牛津英语词典》

1. a. 名词　由特定国家、人民、社群等使用的口头或书面交流系统，通常由在常规语法和句法结构中使用的词语组成。
2. a. n. 交流某些事物的词语形式；表达的方式或风格。
2. b. n. 特定领域、学科、职业、社会团体等使用的词汇或词组；行话。
2. c. n. 文学作品的风格；（亦）文件、法规等的措辞。
6. n. 人类交流的方法，通常是口头或书面的（但也包括手语），包括以结构化和常规方式对词语（或手势）的使用；（亦）词语。

我们应该指出，职业烹饪中的大多数术语来自法语——一种源于拉丁语的罗曼语。这是因为在几个世纪以来，法国在职业烹饪中起领导作用。新烹饪现实的编纂和命名是以这种语言开始的，因为它们始于法国。

从语言到数学

从数学的观点看待烹饪

词汇（MATHEMATICS）

《韦氏词典》

1. 名词　数字及其运算……相互关系、组合、归纳、抽象以及空间……配置及其结构、度量、转换及归纳的科学。

烹饪可以具有数学性，因为其过程的应用或者其阶段的总和可以用数学表示。为此，数字、比例、图表、代数等被使用，从先验知识和预期理解开始，这让信息可被传达、交流、记录、表达和发展，以获得特定结果。

代数	代数是数学中使用数字、字母和符号来执行算术运算的部分。正如数学可以通过代数进行编码一样，烹饪也由可量化且保持一定顺序的程序和元素组成。从这个意义上说，代数提供的语言有助于我们理解烹饪的结构：令烹饪成为可能的阶段、元素和行为。
烹饪公式	从数学的视角看，烹饪的另一种表示形式可以使用公式的概念。公式是一种方程式或规则，在数学对象或数量之间建立关系。通过将得到的制成品本身视为成分，我们可以将烹饪理解为一个公式，构成该公式的成分之间存在某种特定关系。换句话说，特定的混合物或成分（制作制成品所需的产品）和执行它所需的指令（必须执行的技术、需要的工具、时间等）也可以视为对象和数量之间的一种关系。
烹饪食谱	此外，烹饪能够通过食谱来整理其结果，食谱将为了获得特定制成品而必须采取的步骤以及它们的顺序汇编起来。食谱是规定制作内容以及制作方式的特定注释的总和，包括获得特定结果（制成品）的所有必需指令。我们将烹饪视为一种食谱，因为它将制作制成品所需的产品、技术、工具和时间的所有相关信息汇聚在一起。

作为一种算法的食谱

▌算法（ALGORITHM）

《韦氏词典》

1. 名词　一种用于在有限数量的步骤中解决数学问题的程序，它经常涉及某种操作的重复。

▌食谱（RECIPE）

《韦氏词典》

2. 名词　使用各种成分制作某种东西的一套指令。

如我们所见，思考食谱和算法之间的类比意味着首先将食谱理解为一套有序的操作和过程，这套操作和过程是获得结果（制成品）的指南。就像每种算法一样，每个食谱都导致特定结果，即某种以前制作过而且可以再生产的制成品，因为它已被编码。这种相似性适用于“再生产”烹饪，在这种烹饪中，我们遵循现有的既定算法，它列出了生产制成品这一最终结果所需的步骤和时间。但是，当我们发明新的算法（食谱），为有序且清晰定义的步骤提出新的大纲时，这种相似性也可以应用于创造性烹饪。到目前为止，这种数学上的类似是可行的。然而，当我们将食谱称为算法时，会出现一系列必须首先解决的困难，下面我们将处理它们。

首先，烹饪领域内部的术语尚无统一规定。如果对于食谱使用的术语缺乏这样的共识，那么寻找和识别它们就会困难得多，这意味着以连贯的方式整理食谱成了一项艰巨的任务。

如果我们以斗牛犬餐厅的298号食谱“咖喱鸡”为例（见第358页），我们会观察到如下现象：

- 关于产品，没有已确立的类别可以让我们对它们进行适当的分类。因此，当我们谈论该食谱中的配料时，我们发现油与冰激凌稳定剂或蛋黄混为一类。鉴于我们谈论的是经过制作的、未经制作的、经过加工的和未经加工的产品，所以这些产品中的每一种都属于不同的类别。

- 如果我们看一下工具，就会发现该食谱没有根据工具的用途（装盘、拿取等）指定类别，而且虽然提到了平餐盘、汤匙、细网筛或碗，但它们没有被划入某个设备类别，例如玻璃器皿、刀叉餐具等。

- 技术同样如此，因为没有根据它们是制作技术、预加工技术还是储存技术，或者根据它们是简单、复合或衍生技术对它们进行范围上的分类。它们在烹饪过程中被提及，而且被命名了它们各自涉及的动作，但是没有专门对它们进行排序或鉴定。

语言显然存在问题，因为每种名称（产品、技术、工具）内部都有不同的可能性，这会造成混乱。让我们看看出现在同一食谱中的一些特定的例子：

- 食谱提到了鸡汁，但它也可能被叫作“鸡酱”“浓缩鸡高汤”等。

- 同样的事情还发生在椰奶身上，它可能被称为“椰汁”“椰浆”等。

最后，食谱作为一种算法被各种行为执行时的结果，也没有清晰的名称。换句话说，就像其中的阶段没有得到统一规定一样，它们也没有结果。通常而言，食谱用来描述菜肴或者烹饪菜肴的方式，但是如果相关食谱是为了再生产鸡尾酒或者夹心软糖呢？重点在于，并非所有可被烹饪的制成品都能称为“菜肴”。

一般而言，我们使用“制成品”这个术语指代所有烹饪结果。

在这里，情况变得复杂起来，即便我们已经建立共识，烹饪就是制作，而它的结果（无论是什么）就是制成品。其食谱包括一系列阶段和行为，它们的整体形成过程并产生结果。那么，我们是否在食谱的每个步骤制作制成品？我们能够区分在不同阶段得到的结果吗？

- ▶ 供品尝的完成制成品往往由不同的制成品构成，它们是中间结果。

至于我们的298号食谱，咖喱鸡包括咖喱冰激凌、混合大蒜油的鸡汁等。

- ▶ 中间制成品也是更早的制成品进行结合或转化的结果。这就是说，有些制成品构成其他制成品的一部分，因为制作过程是一个链条，每一次链接都产生结果。这取决于这些中间制成品的性质，我们可以将它们称为一级制成品、二级制成品、三级制成品等。

看看咖喱鸡的食谱，就可以证实一种制成品通常由不同制成品组成，后者是烹饪它的过程产生的中间结果。因此，我们看到混合大蒜油的鸡汁包括浓缩鸡汁（它来自炖鸡翅，而它来自切碎的鸡翅；鸡翅切碎并油煎；鸡翅油煎并稀释；炖鸡翅；鸡汁冷却，去除油脂并浓缩；浓缩鸡汁）和大蒜油（由切碎的蒜瓣和其他蒜瓣在油中焖制而成）。在这种情况下，我们发现咖喱鸡包括几种中间制成品：咖喱冰激凌，混合大蒜油的鸡汁等。

- ▶ 有些中间制成品的制作是预加工过程的一部分，发生在餐前准备或者即将上菜前或上菜时，或者构成在厨房进行装盘过程的一部分。

鸡汁是一种在餐前准备中制作的制成品，而将它与大蒜油混合并加热，是在即将上菜前进行的一种中间制作。

- ▶ 无论在什么情况下，作为装盘制成品离开厨房并等待端上餐桌的结果可能甚至还没有完成。它可能是一种中间制成品，必须添加一种或更多制成品才能成为供品尝制成品。因此，我们必须分清供装盘、供上菜和供品尝的制成品，并且明白在特定情况下，如果还需要其他中间制成品的话，会由服务人员甚至顾客本人完成它们的制作。

总之，正如我们所见，我们需要对组成食谱的每个领域（产品、技术、工具）进行分类，并使用一种在某些参数内正确定义的约定语言。如果我们掌握共同的意义，并且烹饪领域的所有职业人员都怀着同样的目标以同样的方式使用这些意义，那么编纂和理解将变得更简单。

咖喱鸡

（高级料理食谱的典型格式）

年份：1995
门类：**西班牙小吃**
温度：**冷/冰冻**
季节：**全年**

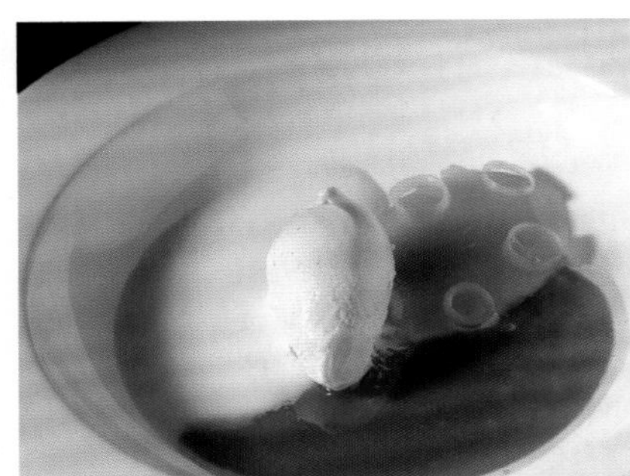

4人份

咖喱冰激凌

500克牛奶
80克蛋黄
10克咖喱粉
2.3克冰激凌稳定剂
盐

1. 将牛奶煮沸。加入咖喱粉并搅拌。将其从热源上拿开，盖上锅盖，浸泡5分钟。
2. 用打蛋器在碗中打散蛋黄。
3. 将少量咖喱牛奶加入蛋黄中并用刮铲搅拌，直到所有物质充分溶解。加入冰激凌稳定剂。
4. 逐渐加入剩余的咖喱牛奶，逐渐加盐调味。
5. 加热到85℃。
6. 将其从热源上拿开，迅速过滤，中断烹饪过程。
7. 冷冻12小时。
8. 将冰激凌放入冰糕机，并在-8℃~10℃下保持冷冻。

鸡汁

1.5千克鸡翅
200毫升白葡萄酒
250毫升橄榄油，油酸度0.4
1250毫升水
即溶玉米粉
盐

1. 将鸡翅切成小块。
2. 用少许橄榄油煎炒鸡翅，先用大火，再用中火。不时翻动，确保它们均匀变色。应煎至几乎变脆。
3. 去除油脂，加白葡萄酒稀释。充分搅拌，以回收所有的焦糖化汁液。
4. 用小火焦糖化液体，直到液体完全蒸发。
5. 当鸡汁开始变成棕色时，加水。
6. 放在中火上烹煮。持续观察。
7. 将火调小，慢煮30分钟。
8. 过滤，静置冷却，令脂肪凝固。去除脂肪。
9. 用煮沸的方式浓缩，直至柔滑并充分入味。用细网筛过滤。
10. 加盐调味，如有必要，加入少许即溶玉米粉增稠。

苹果汁

500克澳大利亚青苹果（Granny Smith）

1. 在炖锅里煮一锅开水。
2. 将苹果去核，切成8份。
3. 将苹果块浸入沸水中5秒。控水，冷却。
4. 将苹果块榨成汁，然后将苹果汁倒入细长的容器中。
5. 放入冰箱静置，令杂质在顶端凝结。这样做可以更容易地去除杂质。
6. 用细网筛过滤苹果汁。

苹果冻

300克苹果汁（在上一个制作过程中准备）
吉利丁片（每片重2克）×1.5片（提前在冷水中水化）

1. 加热四分之一的苹果汁，将吉利丁片溶解在苹果汁中。
2. 从热源上拿开，加入剩余苹果汁，混合均匀。
3. 放入冰箱静置凝固至少3小时。

椰奶

800克椰子1个

1. 劈开椰子。
2. 分开椰壳和椰肉。
3. 剥皮，只留下白色部分。
4. 在室温下榨出椰奶，过滤。
5. 放入冰箱冷藏。

大蒜油

150克葵花籽油
50 克大蒜

1. 大蒜不去皮切碎。
2. 浇葵花籽油，将大蒜覆盖。
3. 在70℃下油封1小时。
4. 将大蒜在油中冷却，然后过滤。

小洋葱圈

1个小洋葱

1. 将小洋葱切2毫米厚的片。
2. 留下16个直径1厘米的洋葱圈。

完成与呈现

有两种不同的呈现方式：A和B

A

1. 将苹果冻打散，形成一个直径2厘米、厚1厘米的圆盘，然后将它放在浅碗中央。
2. 在苹果冻上放4个洋葱圈。
3. 用甜点匙制作1个咖喱冰激凌丸子，放在圆形苹果冻中央。
4. 在苹果冻周围，浇1汤匙用热大蒜油稀释的鸡汁。
5. 最后，在鸡汁上淋1汤匙热椰奶（60℃）。

B

1. 将汤盘底部分成三个辐射状分布的部分。将苹果冻放入其中的一个部分，然后在上面摆放4个小洋葱圈。
2. 用大蒜油稀释鸡汁。加热并将1汤匙这样的鸡汁倒入另一部分。
3. 用椰奶（提前加热到60℃）填充第三部分。
4. 用甜点匙制作1个咖喱冰激凌丸子。将它放在盘子中央，也就是椰奶、鸡汁和苹果冻的交汇处。

用于数字食谱的分类类别

我们在这里所说的类别将建立完美的基础，在这种基础上，基于每个人都能够理解并且可以轻松传播的共同概念，可以构建出一种秩序。如果食谱中的每个元素都有确定的类别，那么到底是谁规定了特定制成品被获取的烹饪过程就没那么重要了，因为它们每次被提到的方式都将是一样的。这将允许我们就许多共同类别达成共识，所有厨师都将以同样的方式理解它们，以便在编纂食谱时使用通用公式。

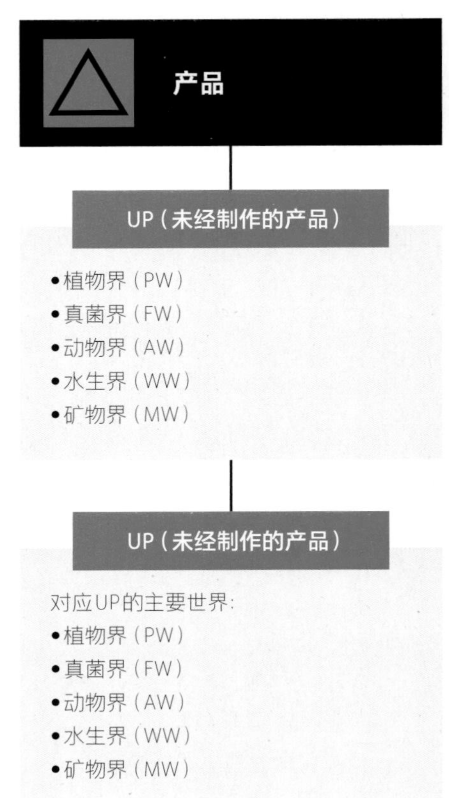

应用于食谱的类别必须涵盖对组成元素进行分类的结果，而且一定包括用于烹饪的产品、技术和工具。除此以外，还有中间制成品、装盘制成品和供品尝制成品，每一种都有自己的类别。如下所示，我们提到的每个类别都包括子类别，它们又将其中包含的每个元素排序，进一步提升了精确水平。

- 在产品类别中，可以进行一次主要的子分类过程，这将创建两个子类别：未经制作的产品和经过制作的产品。在每个子类别中，我们发现了产品可能性的不同世界，可在其中增添其形态（一级、二级、三级等）。

- 在技术类别中，根据使用它们时烹饪过程所处的时间点，存在5个对技术进行分类的子类别。于是，我们拥有预加工技术、制作技术、储存技术、装盘技术及一级转移服务技术。预加工、制作和储存子类别进一步区分了构成它们的技术，这些技术是中间性的，并且包括在每个类别中产生更低层次的不同方面，直到应用装盘和服务技术。

- 工具中存在6个子类别，它们与烹饪过程中使用它们的特定时间有关，此外还涉及它们在烹饪中的功能：一方面是用于预加工、制作和储存的工具，此外还有用于装盘、转移、服务和品尝（由用餐者或顾客使用）的工具。

- 中间制成品作为一个类别被分成下列子类别：在餐前准备中制作，并继续构成另一种制成品的一部分；在服务中制作，并构成另一种制成品的一部分；构成在厨房装盘的制成品的一部分。所有这些还可以是一级、二级、三级甚至四级（或者更多）制成品，还有装盘制成品和供品尝制成品等类别。

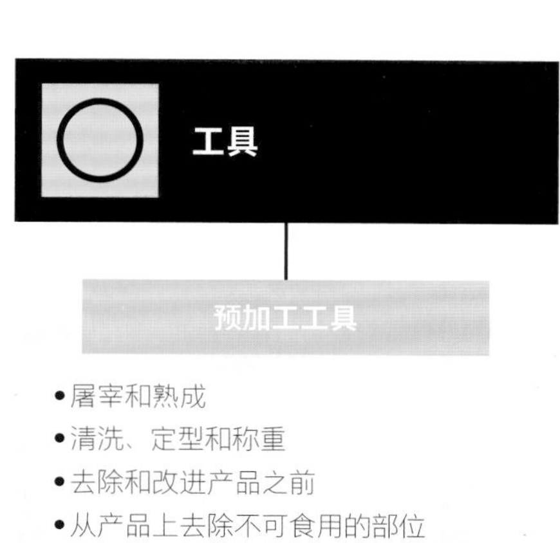

工具

预加工工具

- 屠宰和熟成
- 清洗、定型和称重
- 去除和改进产品之前
- 从产品上去除不可食用的部位

制作工具

- 通过处理进行转化
- 不加热的化学-生物转化
- 加热而不烹煮的转化
- 加热烹煮的转化

装盘工具

- 装盘
- 呈现
- 共用
- 单人使用

转移和品尝工具

- 准备空间
- 布置餐桌
- 转移制成品
- 装盘制成品上菜
- 品尝时唤起注意
- 饮料服务
- 鸡尾酒服务
- 品尝后唤起注意

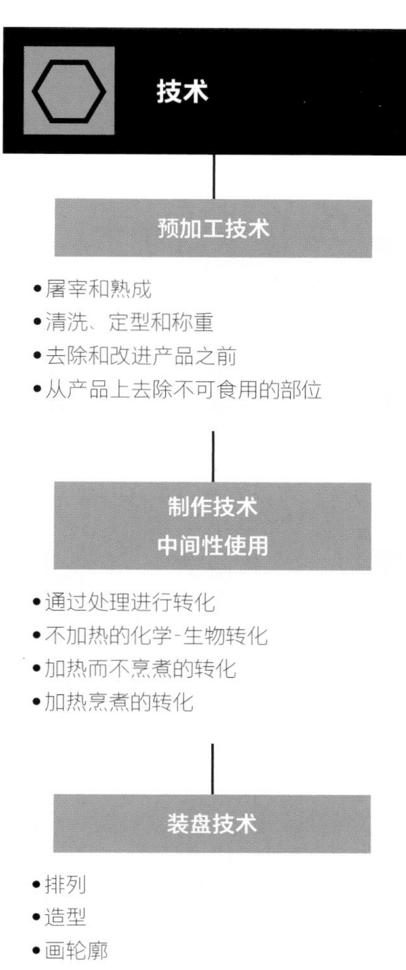

技术

预加工技术

- 屠宰和熟成
- 清洗、定型和称重
- 去除和改进产品之前
- 从产品上去除不可食用的部位

制作技术 中间性使用

- 通过处理进行转化
- 不加热的化学-生物转化
- 加热而不烹煮的转化
- 加热烹煮的转化

装盘技术

- 排列
- 造型
- 画轮廓
- 浇注
- 喷或洒

转移和服务技术

- 准备空间
- 布置餐桌
- 欢迎和照料顾客
- 转移制成品
- 装盘制成品并上菜
- 解释和建议
- 品尝时唤起注意
- 饮料服务
- 鸡尾酒服务
- 品尝后唤起注意

告别

- 立即使用
- 长期储存

准备

中间制成品

- 餐前准备中
- 服务时
- 装盘时

装盘制成品

- 直接上菜
- 用餐空间中的制作或装盘
- 餐桌旁的制作或装盘

供品尝制成品

- 直接品尝
- 与其他供品尝制成品结合或转化

＊供储存的制成品不包括在这些分类类别中。

根据智论分类类别进行结构化的食谱

使用斗牛犬餐厅的咖喱鸡食谱，我们现在提供前面解释的类别的示例。

— 产品、工具、技术和制成品，使用同样的颜色编码：

— 各自对应蓝色、黄色、绿色和橙色

— 每种制成品的装盘对应紫色

这种分类在下面几页的应用考虑了每个类别的不同层次——一级、二级、三级和四级，通过每种中间制成品线性推进，直到获得最终的供品尝制成品或烹饪过程的结果。

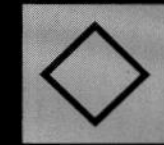

最终的供品尝制成品 咖喱鸡

空间/作者	再生产	用途/门类	特色技术
斗牛犬餐厅/费朗·亚德里亚	斗牛犬餐厅	食物/西班牙小吃	解构
创造年份	**位置**	**季节**	**基本产品**
1995年，编号298	罗赛斯/加泰罗尼亚/西班牙/欧盟	全年	UP鸡肉/EP咖喱粉
创造性水平/创新性结果	**高档餐厅类型**	**制成品类型**	**餐前准备**
高水平	科技情感烹饪法	复合/复杂制成品	4人份

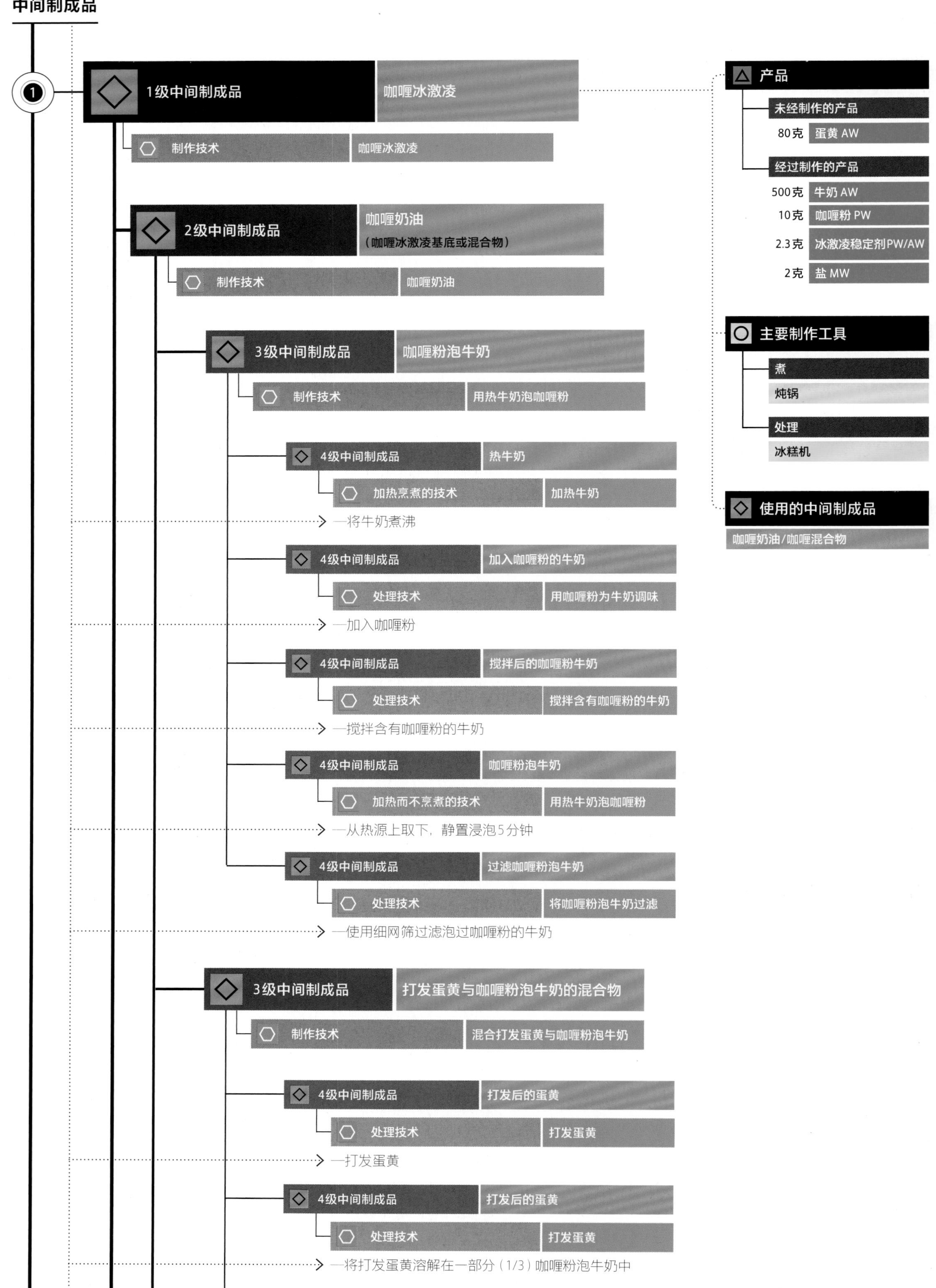
中间制成品
1
1级中间制成品
咖喱冰激凌
制作技术
咖喱冰激凌
2级中间制成品
咖喱奶油
（咖喱冰激凌基底或混合物）
制作技术
咖喱奶油
3级中间制成品
咖喱粉泡牛奶
制作技术
用热牛奶泡咖喱粉
4级中间制成品
热牛奶
加热烹煮的技术
加热牛奶
—将牛奶煮沸
4级中间制成品
加入咖喱粉的牛奶
处理技术
用咖喱粉为牛奶调味
—加入咖喱粉
4级中间制成品
搅拌后的咖喱粉牛奶
处理技术
搅拌含有咖喱粉的牛奶
—搅拌含有咖喱粉的牛奶
4级中间制成品
咖喱粉泡牛奶
加热而不烹煮的技术
用热牛奶泡咖喱粉
—从热源上取下，静置浸泡5分钟
4级中间制成品
过滤咖喱粉泡牛奶
处理技术
将咖喱粉泡牛奶过滤
—使用细网筛过滤泡过咖喱粉的牛奶
3级中间制成品
打发蛋黄与咖喱粉泡牛奶的混合物
制作技术
混合打发蛋黄与咖喱粉泡牛奶
4级中间制成品
打发后的蛋黄
处理技术
打发蛋黄
—打发蛋黄
4级中间制成品
打发后的蛋黄
处理技术
打发蛋黄
—将打发蛋黄溶解在一部分（1/3）咖喱粉泡牛奶中
产品
未经制作的产品
80克 蛋黄 AW
经过制作的产品
500克 牛奶 AW
10克 咖喱粉 PW
2.3克 冰激凌稳定剂PW/AW
2克 盐 MW
主要制作工具
煮
炖锅
处理
冰糕机
使用的中间制成品
咖喱奶油/咖喱混合物

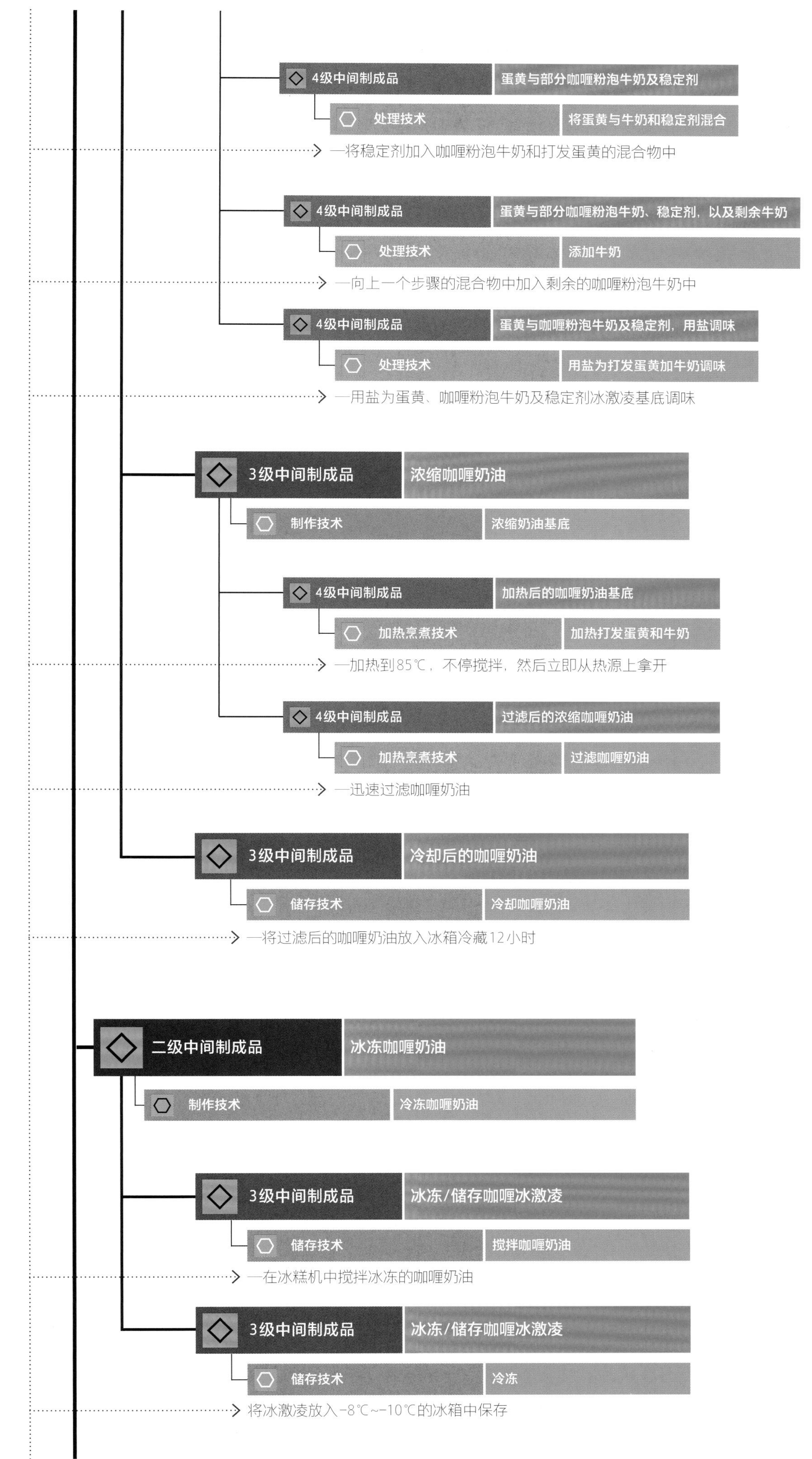
4级中间制成品
蛋黄与部分咖喱粉泡牛奶及稳定剂
处理技术
将蛋黄与牛奶和稳定剂混合
—将稳定剂加入咖喱粉泡牛奶和打发蛋黄的混合物中
4级中间制成品
蛋黄与部分咖喱粉泡牛奶、稳定剂，以及剩余牛奶
处理技术
添加牛奶
—向上一个步骤的混合物中加入剩余的咖喱粉泡牛奶中
4级中间制成品
蛋黄与咖喱粉泡牛奶及稳定剂，用盐调味
处理技术
用盐为打发蛋黄加牛奶调味
—用盐为蛋黄、咖喱粉泡牛奶及稳定剂冰激凌基底调味
3级中间制成品
浓缩咖喱奶油
制作技术
浓缩奶油基底
4级中间制成品
加热后的咖喱奶油基底
加热烹煮技术
加热打发蛋黄和牛奶
—加热到85℃，不停搅拌，然后立即从热源上拿开
4级中间制成品
过滤后的浓缩咖喱奶油
加热烹煮技术
过滤咖喱奶油
—迅速过滤咖喱奶油
3级中间制成品
冷却后的咖喱奶油
储存技术
冷却咖喱奶油
—将过滤后的咖喱奶油放入冰箱冷藏12小时
二级中间制成品
冰冻咖喱奶油
制作技术
冷冻咖喱奶油
3级中间制成品
冰冻/储存咖喱冰激凌
储存技术
搅拌咖喱奶油
—在冰糕机中搅拌冰冻的咖喱奶油
3级中间制成品
冰冻/储存咖喱冰激凌
储存技术
冷冻
将冰激凌放入-8℃~-10℃的冰箱中保存

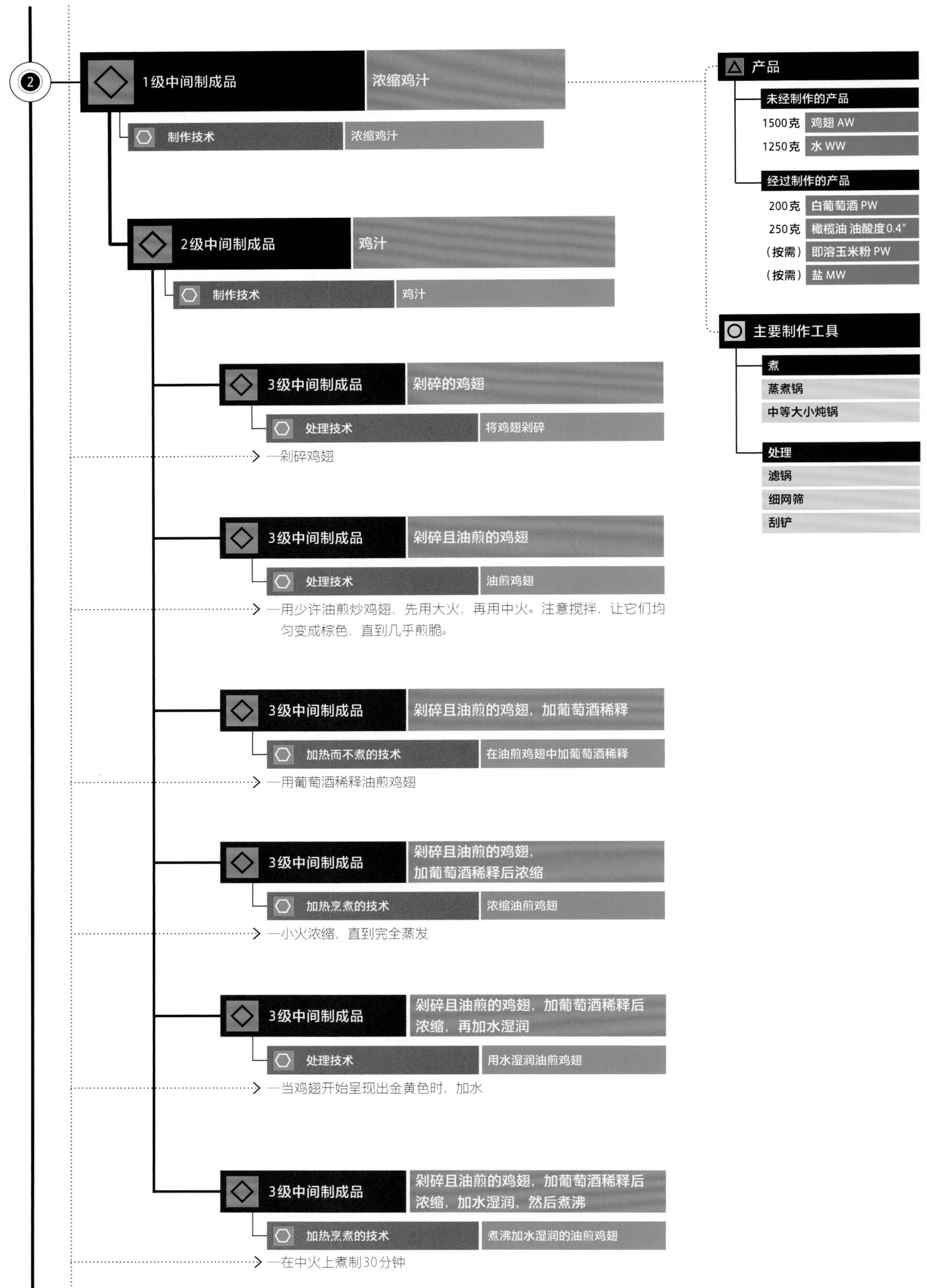
2
1级中间制成品
浓缩鸡汁
制作技术
浓缩鸡汁
2级中间制成品
鸡汁
制作技术
鸡汁
3级中间制成品
剁碎的鸡翅
处理技术
将鸡翅剁碎
—剁碎鸡翅
3级中间制成品
剁碎且油煎的鸡翅
处理技术
油煎鸡翅
—用少许油煎炒鸡翅，先用大火，再用中火。注意搅拌，让它们均匀变成棕色，直到几乎煎脆。
3级中间制成品
剁碎且油煎的鸡翅，加葡萄酒稀释
加热而不煮的技术
在油煎鸡翅中加葡萄酒稀释
—用葡萄酒稀释油煎鸡翅
3级中间制成品
剁碎且油煎的鸡翅，加葡萄酒稀释后浓缩
加热烹煮的技术
浓缩油煎鸡翅
—小火浓缩，直到完全蒸发
3级中间制成品
剁碎且油煎的鸡翅，加葡萄酒稀释后浓缩，再加水湿润
处理技术
用水湿润油煎鸡翅
—当鸡翅开始呈现出金黄色时，加水
3级中间制成品
剁碎且油煎的鸡翅，加葡萄酒稀释后浓缩，加水湿润，然后煮沸
加热烹煮的技术
煮沸加水湿润的油煎鸡翅
—在中火上煮制30分钟
产品
未经制作的产品
1500克 鸡翅 AW
1250克 水 WW
经过制作的产品
200克 白葡萄酒 PW
250克 橄榄油 油酸度0.4°
（按需）即溶玉米粉 PW
（按需）盐 MW
主要制作工具
煮
蒸煮锅
中等大小炖锅
处理
滤锅
细网筛
刮铲

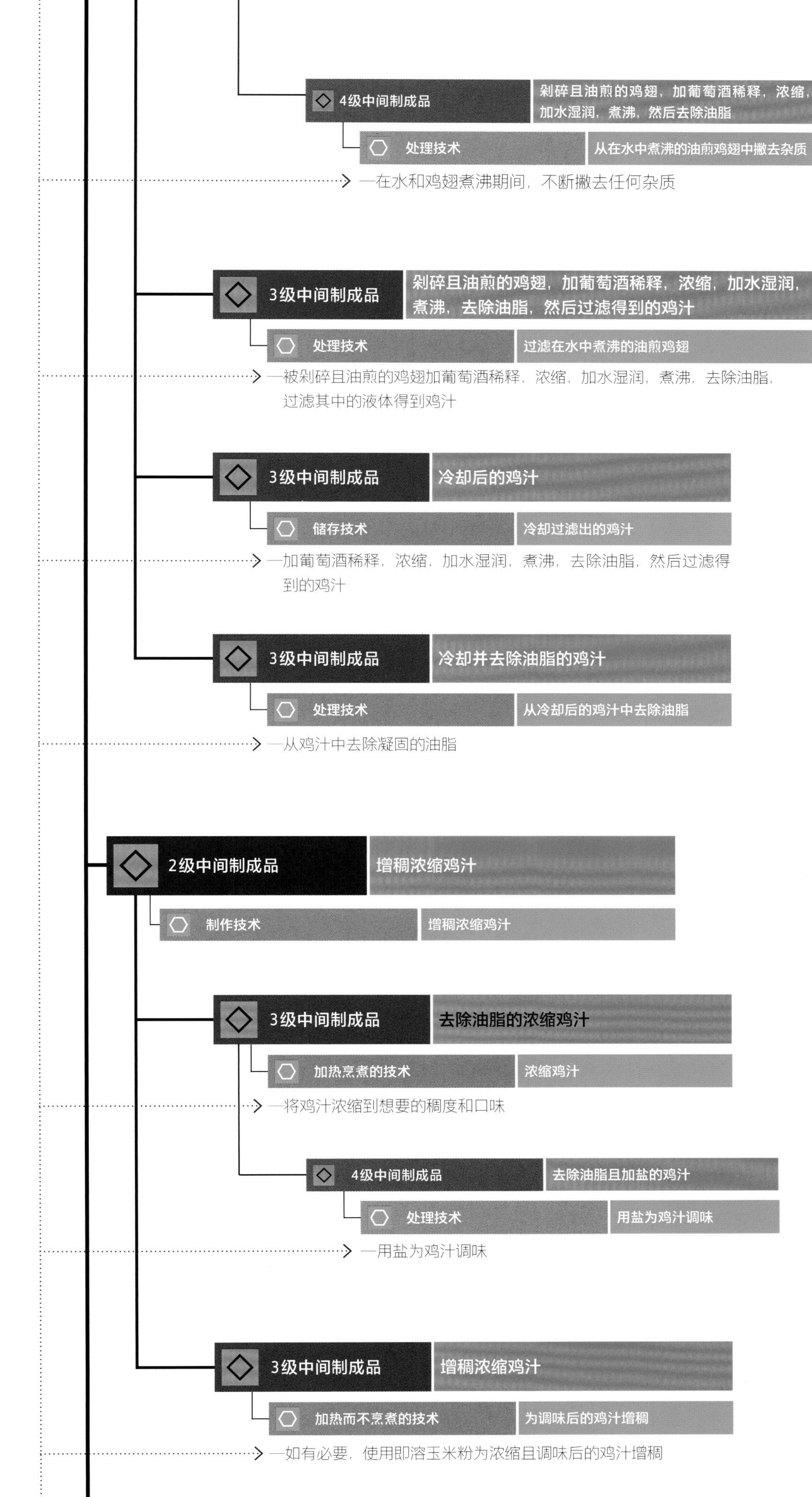
4级中间制成品
剁碎且油煎的鸡翅，加葡萄酒稀释，浓缩，加水湿润，煮沸，然后去除油脂
处理技术
从在水中煮沸的油煎鸡翅中撇去杂质
一在水和鸡翅煮沸期间，不断撇去任何杂质
3级中间制成品
剁碎且油煎的鸡翅，加葡萄酒稀释，浓缩，加水湿润，煮沸，去除油脂，然后过滤得到的鸡汁
处理技术
过滤在水中煮沸的油煎鸡翅
一被剁碎且油煎的鸡翅加葡萄酒稀释，浓缩，加水湿润，煮沸，去除油脂，过滤其中的液体得到鸡汁
3级中间制成品
冷却后的鸡汁
储存技术
冷却过滤出的鸡汁
一加葡萄酒稀释，浓缩，加水湿润，煮沸，去除油脂，然后过滤得到的鸡汁
3级中间制成品
冷却并去除油脂的鸡汁
处理技术
从冷却后的鸡汁中去除油脂
一从鸡汁中去除凝固的油脂
2级中间制成品
增稠浓缩鸡汁
制作技术
增稠浓缩鸡汁
3级中间制成品
去除油脂的浓缩鸡汁
加热烹煮的技术
浓缩鸡汁
一将鸡汁浓缩到想要的稠度和口味
4级中间制成品
去除油脂且加盐的鸡汁
处理技术
用盐为鸡汁调味
一用盐为鸡汁调味
3级中间制成品
增稠浓缩鸡汁
加热而不烹煮的技术
为调味后的鸡汁增稠
一如有必要，使用即溶玉米粉为浓缩且调味后的鸡汁增稠

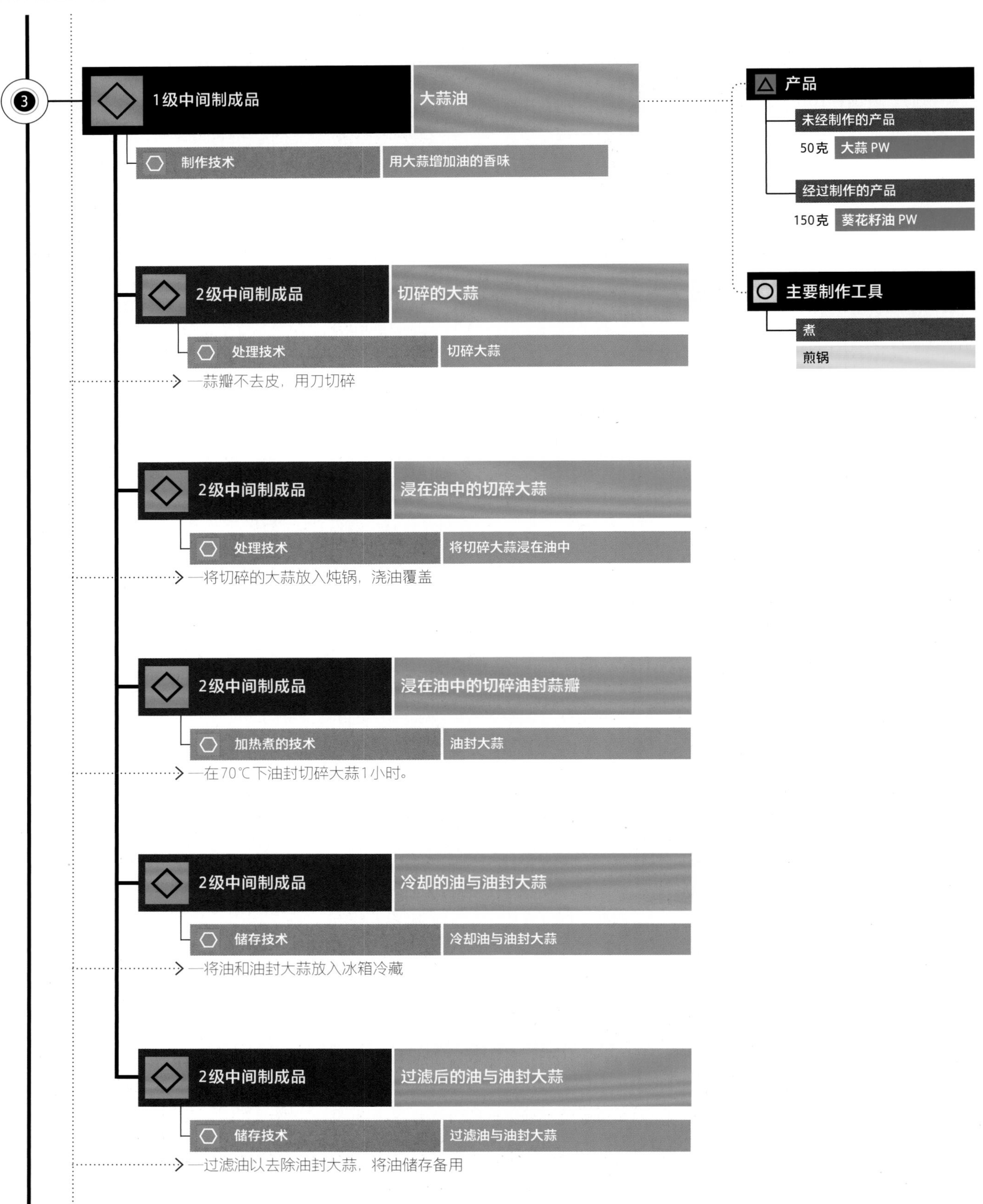
3
1级中间制成品
大蒜油
制作技术
用大蒜增加油的香味
产品
未经制作的产品
50克
大蒜 PW
经过制作的产品
150克
葵花籽油 PW
主要制作工具
煮
煎锅
2级中间制成品
切碎的大蒜
处理技术
切碎大蒜
—蒜瓣不去皮，用刀切碎
2级中间制成品
浸在油中的切碎大蒜
处理技术
将切碎大蒜浸在油中
—将切碎的大蒜放入炖锅，浇油覆盖
2级中间制成品
浸在油中的切碎油封蒜瓣
加热煮的技术
油封大蒜
—在70℃下油封切碎大蒜1小时。
2级中间制成品
冷却的油与油封大蒜
储存技术
冷却油与油封大蒜
—将油和油封大蒜放入冰箱冷藏
2级中间制成品
过滤后的油与油封大蒜
储存技术
过滤油与油封大蒜
—过滤油以去除油封大蒜，将油储存备用

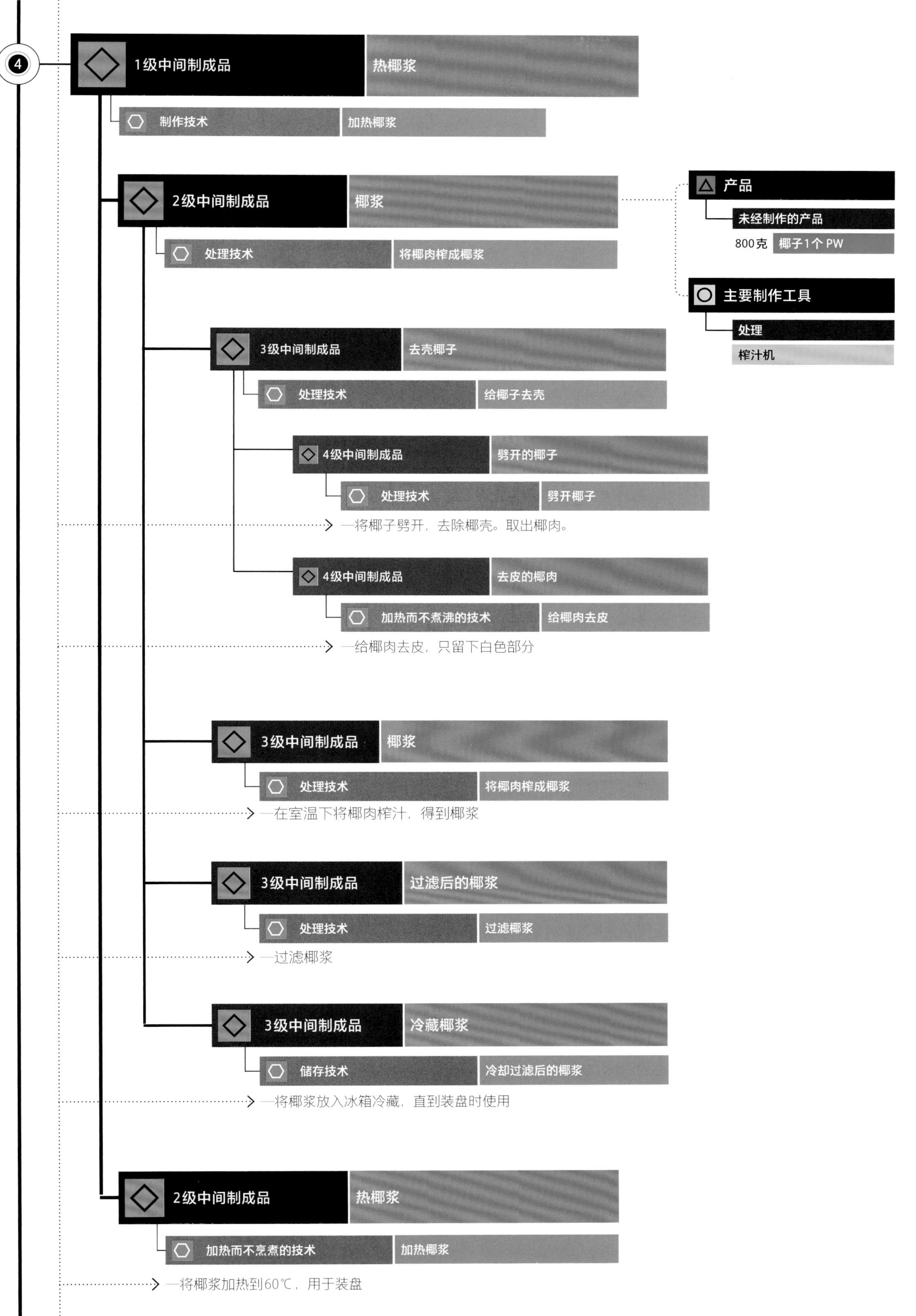
4
1级中间制成品
热椰浆
制作技术
加热椰浆
2级中间制成品
椰浆
处理技术
将椰肉榨成椰浆
产品
未经制作的产品
800克
椰子1个 PW
主要制作工具
处理
榨汁机
3级中间制成品
去壳椰子
处理技术
给椰子去壳
4级中间制成品
劈开的椰子
处理技术
劈开椰子
—将椰子劈开，去除椰壳。取出椰肉。
4级中间制成品
去皮的椰肉
加热而不煮沸的技术
给椰肉去皮
—给椰肉去皮，只留下白色部分
3级中间制成品
椰浆
处理技术
将椰肉榨成椰浆
—在室温下将椰肉榨汁，得到椰浆
3级中间制成品
过滤后的椰浆
处理技术
过滤椰浆
—过滤椰浆
3级中间制成品
冷藏椰浆
储存技术
冷却过滤后的椰浆
—将椰浆放入冰箱冷藏，直到装盘时使用
2级中间制成品
热椰浆
加热而不烹煮的技术
加热椰浆
—将椰浆加热到60℃，用于装盘

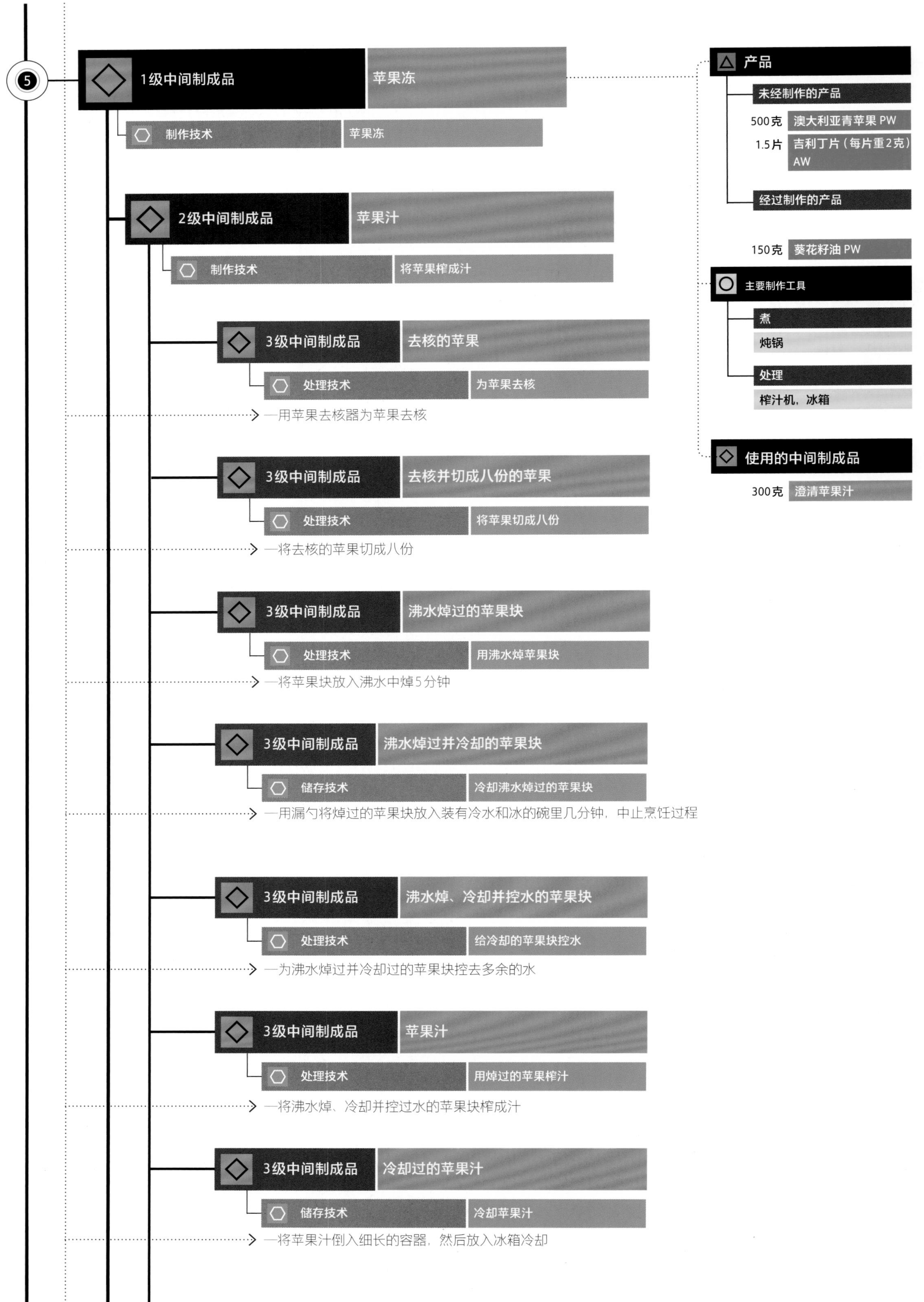
5
1级中间制成品
苹果冻
制作技术
苹果冻
2级中间制成品
苹果汁
制作技术
将苹果榨成汁
3级中间制成品
去核的苹果
处理技术
为苹果去核
—用苹果去核器为苹果去核
3级中间制成品
去核并切成八份的苹果
处理技术
将苹果切成八份
—将去核的苹果切成八份
3级中间制成品
沸水焯过的苹果块
处理技术
用沸水焯苹果块
—将苹果块放入沸水中焯5分钟
3级中间制成品
沸水焯过并冷却的苹果块
储存技术
冷却沸水焯过的苹果块
—用漏勺将焯过的苹果块放入装有冷水和冰的碗里几分钟，中止烹饪过程
3级中间制成品
沸水焯、冷却并控水的苹果块
处理技术
给冷却的苹果块控水
—为沸水焯过并冷却过的苹果块控去多余的水
3级中间制成品
苹果汁
处理技术
用焯过的苹果榨汁
—将沸水焯、冷却并控过水的苹果块榨成汁
3级中间制成品
冷却过的苹果汁
储存技术
冷却苹果汁
—将苹果汁倒入细长的容器，然后放入冰箱冷却
产品
未经制作的产品
500克 澳大利亚青苹果 PW
1.5片 吉利丁片（每片重2克）AW
经过制作的产品
150克 葵花籽油 PW
主要制作工具
煮
炖锅
处理
榨汁机，冰箱
使用的中间制成品
300克 澄清苹果汁

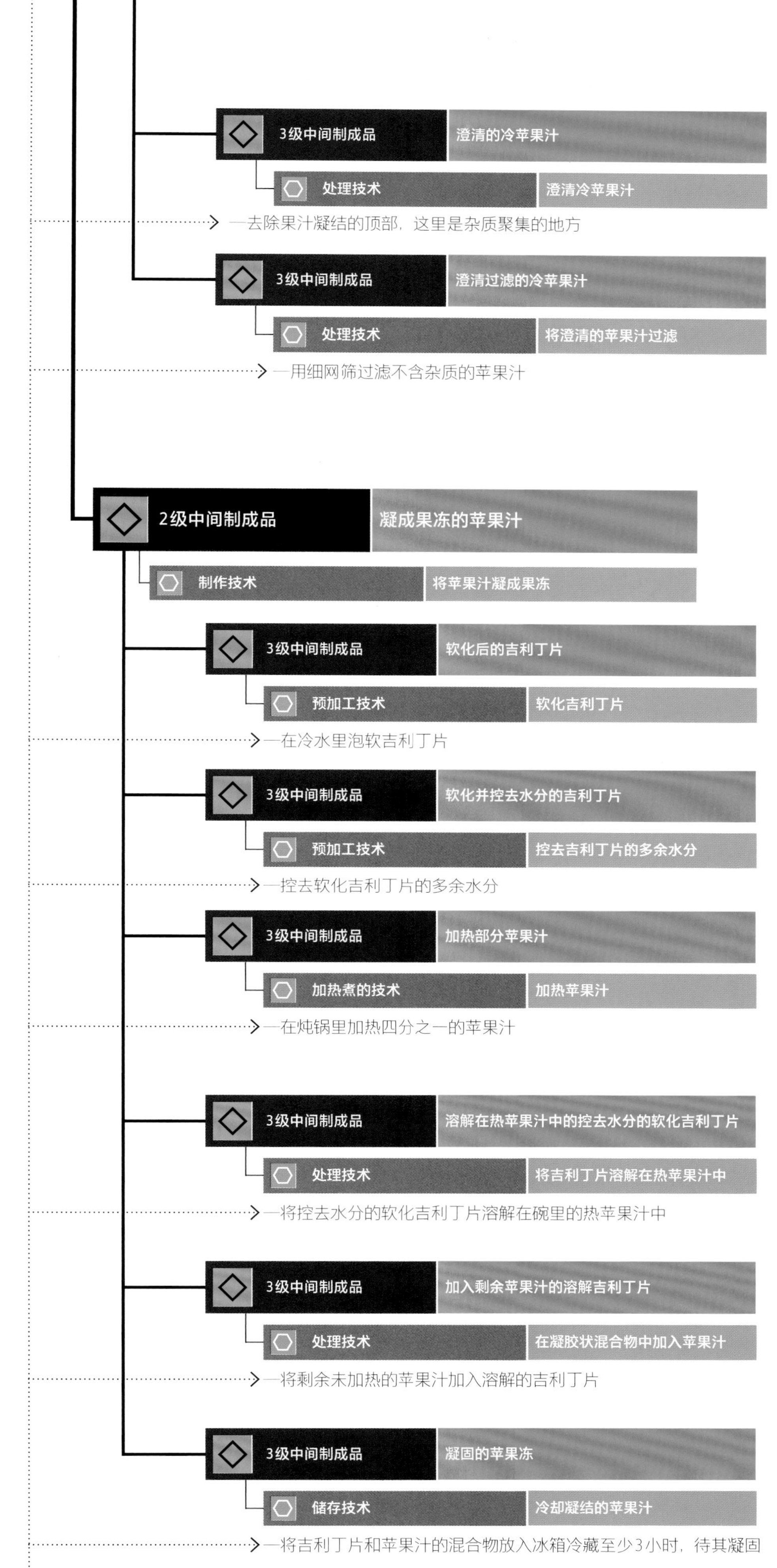
3级中间制成品
澄清的冷苹果汁
处理技术
澄清冷苹果汁
—去除果汁凝结的顶部，这里是杂质聚集的地方
3级中间制成品
澄清过滤的冷苹果汁
处理技术
将澄清的苹果汁过滤
—用细网筛过滤不含杂质的苹果汁
2级中间制成品
凝成果冻的苹果汁
制作技术
将苹果汁凝成果冻
3级中间制成品
软化后的吉利丁片
预加工技术
软化吉利丁片
—在冷水里泡软吉利丁片
3级中间制成品
软化并控去水分的吉利丁片
预加工技术
控去吉利丁片的多余水分
—控去软化吉利丁片的多余水分
3级中间制成品
加热部分苹果汁
加热煮的技术
加热苹果汁
—在炖锅里加热四分之一的苹果汁
3级中间制成品
溶解在热苹果汁中的控去水分的软化吉利丁片
处理技术
将吉利丁片溶解在热苹果汁中
—将控去水分的软化吉利丁片溶解在碗里的热苹果汁中
3级中间制成品
加入剩余苹果汁的溶解吉利丁片
处理技术
在凝胶状混合物中加入苹果汁
—将剩余未加热的苹果汁加入溶解的吉利丁片
3级中间制成品
凝固的苹果冻
储存技术
冷却凝结的苹果汁
—将吉利丁片和苹果汁的混合物放入冰箱冷藏至少3小时，待其凝固

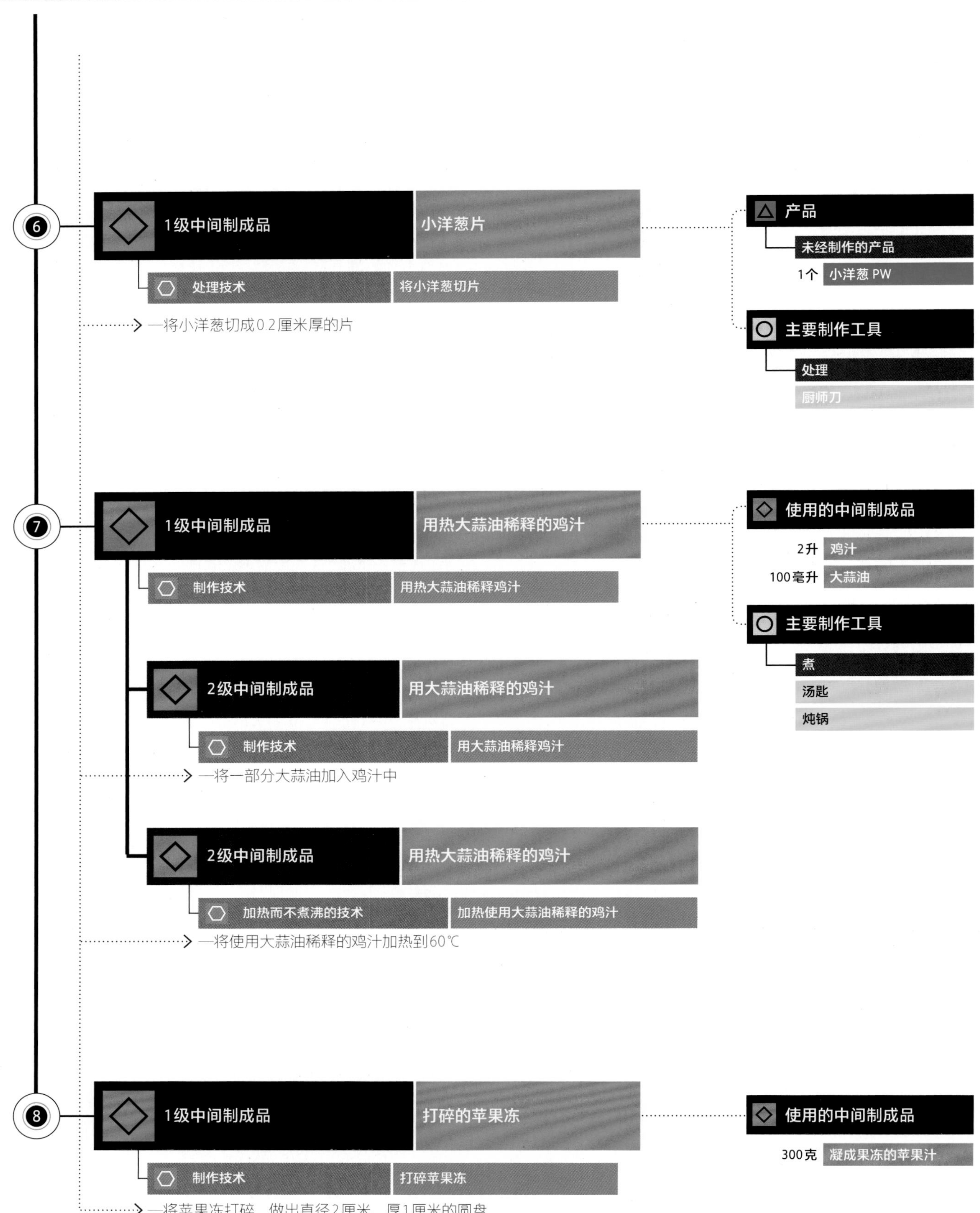
6
1级中间制成品
小洋葱片
处理技术
将小洋葱切片
—将小洋葱切成0.2厘米厚的片
产品
未经制作的产品
1个 小洋葱 PW
主要制作工具
处理
厨师刀
7
1级中间制成品
用热大蒜油稀释的鸡汁
制作技术
用热大蒜油稀释鸡汁
使用的中间制成品
2升 鸡汁
100毫升 大蒜油
主要制作工具
煮
汤匙
炖锅
2级中间制成品
用大蒜油稀释的鸡汁
制作技术
用大蒜油稀释鸡汁
—将一部分大蒜油加入鸡汁中
2级中间制成品
用热大蒜油稀释的鸡汁
加热而不煮沸的技术
加热使用大蒜油稀释的鸡汁
—将使用大蒜油稀释的鸡汁加热到60℃
8
1级中间制成品
打碎的苹果冻
制作技术
打碎苹果冻
使用的中间制成品
300克 凝成果冻的苹果汁
—将苹果冻打碎，做出直径2厘米、厚1厘米的圆盘

装盘时制作的中间制成品

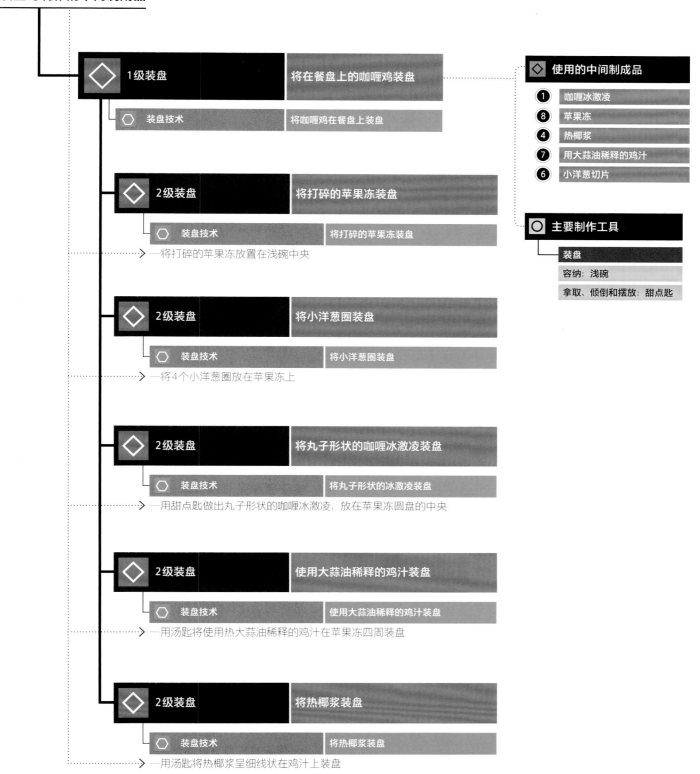

1级装盘	将在餐盘上的咖喱鸡装盘
装盘技术	将咖喱鸡在餐盘上装盘

2级装盘	将打碎的苹果冻装盘
装盘技术	将打碎的苹果冻装盘

—将打碎的苹果冻放置在浅碗中央

2级装盘	将小洋葱圈装盘
装盘技术	将小洋葱圈装盘

—将4个小洋葱圈放在苹果冻上

2级装盘	将丸子形状的咖喱冰激凌装盘
装盘技术	将丸子形状的冰激凌装盘

—用甜点匙做出丸子形状的咖喱冰激凌，放在苹果冻圆盘的中央

2级装盘	使用大蒜油稀释的鸡汁装盘
装盘技术	使用大蒜油稀释的鸡汁装盘

—用汤匙将使用热大蒜油稀释的鸡汁在苹果冻四周装盘

2级装盘	将热椰浆装盘
装盘技术	将热椰浆装盘

—用汤匙将热椰浆呈细线状在鸡汁上装盘

使用的中间制成品

1. 咖喱冰激凌
8. 苹果冻
4. 热椰浆
7. 用大蒜油稀释的鸡汁
6. 小洋葱切片

主要制作工具

- 装盘
- 容纳：浅碗
- 拿取、倾倒和摆放：甜点匙

再生产过程得到的制成品

供品尝的最终制成品	咖喱鸡

是否存在某种哲学支撑着厨师做出的决策？

所谓“哲学”，我们指的是每个人思考或看待事物的方式。在这里，这个人是厨师。我们想知道，他们理解世界的方式以及在世界中生活的方式是否有可能转化为他们的烹饪方式。如果我们将烹饪视为一种哲学，那么我们就必须始于这样一种理念，即一个人“以自己思考的方式烹饪”，换句话说，他们可以使自己的烹饪方式与指导自己生活的哲学相一致。

不必非得是职业厨师才能在烹饪时拥有哲学，因为有些业余厨师会把他们看待世界的方式转化为他们的烹饪方式，并表现出坚持某种理念、激情和兴趣的欲望。这种情况发生在他们根据自己的标准制作时，这些标准指导烹饪行为，并且是特定思维模式的证据。但是，在开始真正的制作过程之前，他们也在根据特定理念（有机、严格素食、本地）进行消费、购买和采购补给。即使在结果已被烹饪和品尝后，厨师的哲学也会延伸到指导他们如何处理产生的废物。

什么样的思考指导烹饪？哲学如何影响烹饪？在烹饪过程的各个阶段中，有很多因素会受到厨师的思维方式即他们的哲学的影响，这种哲学还会影响烹饪过程涉及的各种成分。这可能与下列事物相关：

- 产品（消费什么以及为什么消费）、可持续性、本地采购等。
- 使用的工具和技术（例如，如果一名厨师决定进行“生的”烹饪，因为除了其他原因，它被认为是更好或者更健康的选项）。
- 整个烹饪过程（烹饪在哪里发生以及为什么、使用什么类型的能量烹饪，以什么样的特定方式处理产品等）。
- 与餐厅员工的关系（如何管理人力资源，员工之间是什么关系，以及如何看待员工之间的关系）。
- 美食供应之外的其他方面的与创新相关的哲学，这样的方面有很多，侧重于客户体验以及组织和运营系统（除了烹饪以外发生的一切，但对于烹饪的发生以及顾客体验的实现必不可少）。
- 关于体验、情感和感受、知识、行为等如何被吸纳。

哲学还通过限制和要求应用于烹饪，例如那些源自宗教信仰或者与我们的消费类型有关的责任感的哲学，甚至包括出于健康考虑而烹饪时。

鉴于哲学是思维方式的表达，我们必须问自己：厨师是什么样的？他们对生活的思考方式有什么特点？他们是爱冒险的人，还是更谨慎的人？他们的态度更活跃，还是更静态？

这些例子让我们可以断定，厨师的哲学对于烹饪是重要的，甚至可能是决定性的。

- 活跃的哲学或思维方式产生打破静态的创造性烹饪。
- 传统或古典烹饪不追求打破成规，而是要熟练地进行再生产，其思想过程专注于通过坚守传统来完善再生产并创造价值。再生产可以哲学性地完成。哲学不只存在于开辟新领域或者极具创造性的厨师的烹饪中。
- 在任何情况下，都必须考虑厨师是否有思想上的自由来指导他们的烹饪，或者他们是否遵照某一位或更多其他厨师的观念和哲学，以其来指导自己的烹饪方式。

从“另一面”来看，即从品尝结果和提供体验的角度，用餐者或顾客也可以根据具体且特定的思维方式来做出决策。和厨师一样，这可能与他们消费的产品以及这些产品被制作（技术和工具）的过程，或者他们对烹饪的理解方式有关。关于顾客，一个特别之处在于，他们的哲学会影响他们在参与美食体验时做出的决策，导致他们决定探索某位或其他职业厨师的作品，或者选择某家特定的高档餐厅（或其他场所）。

宗教信仰在烹饪中也有一席之地

宗教信仰是宗教所基于的理念，而且宗教践行者认为这些理念是正确的。宗教的理论语料库建立在这些信仰之上。

所有宗教信仰，无论其教义如何，都会以某种影响信徒个人日常生活的方式付诸实践。在宗教所规定的限制和要求中，有一些会影响作为日常营养行为的烹饪，但也会影响烹饪的其他形式。纵观历史，宗教信仰已经并且将继续影响每个宗教信徒创造、再生产或品尝的制成品，以及制成品与某些产品（经过制作的和未经制作的）的关系。这些信仰还可以反映在烹饪者或饮食者的思维模式、行为、价值观等方面。

因此，在不同宗教信仰与烹饪的对话中，有许多参考可以让人了解前者对后者的影响程度。宗教信仰可以食用的和不可食用的东西，以及必须食用的和严禁食用的东西，一直是烹饪史上可识别的主要制约因素。由于宗教的规模（追随宗教的人数）及影响（宗教对全世界亿万人的日常生活产生的巨大影响），从来没有出现过任何能够以类似的程度调节消费方式和消费者习惯的非宗教原因。

超越宗教信仰的精神观念也形成烹饪的一部分。

一方面，我们发现遵循特定宗教规定和限制的信徒社群禁止或拒绝某些产品或制成品，将它们从消费中完全清除。例如，印度教徒和佛教徒倾向选择素食，并认为幸福与他们的食物形式有关。这些禁例的另一个方面是斋戒，即完全禁止在一段规定的时间内进食。尽管不同的宗教以多种方式论证它的正当性（可用于净化、自律等），但应当指出的是，禁食以一种或另一种形式存在于几乎所有宗教中。

另一方面，我们发现了宗教的要求，即关于消费的建议，这些建议在某些时候几乎是强制性的或者被视为一种义务。在这方面存在宗教庆典日历，在这些日子，拥有重大象征价值的某些产品或制成品会被消费。有些宗教不但规定了根据其信仰制作某些产品的方式，还规定了它们的预加工方式。保持犹太洁食的犹太人以及穆斯林都属于这种情况，他们的宗教信仰规定了他们消费的动物的具体屠宰方法，而他们必须遵守自己所信奉的宗教的特定规则。此外，某些产品和制成品在一些宗教中有很高的地位。例如，在基督教中，面包和葡萄酒拥有与耶稣的身体和鲜血相关联的精神层面，这意味着它们代表着一种观念或信仰，正如我们所见，这种观念或信仰已经转移到了一种食物或者一种饮料上。

与此同时，除了不同宗教所规定的限制和要求，我们相信烹饪和宗教之间存在某种关系，因为有些制成品是在宗教空间中创造、再生产和编纂的。例如，对于基督教，我们应该考虑女修道院、隐修院和大修道院在过去的重要性，当时许多旅行者都会在旅途中暂住于此。结果就是除了为住在那里的宗教团体成员进行的烹饪，在其中的一些地方，食物开始向公众提供。

鉴于我们的烹饪方式和我们的消费方式相同，我们可以成为可持续厨师吗？可持续性在烹饪中意味着什么？

制成品（无论是食物还是饮料）的任何烹饪和摄入形式，无论是为了休闲和娱乐，还是为了获取营养，都是一种消费形式。因为烹饪需要资源，所以我们每次烹饪都会消耗资源。因此，选择如何烹饪和烹饪什么也等同于决定如何消费和消费什么。近些年来，全球公众的强烈呼吁已经引起我们的关注，人们日益关心可持续地喂饱人类物种这一重要问题。

向烹饪供应资源的链条从生产者开始，即从土地耕种者与土地的接触方式开始，一直到我们品尝到制成品还没有结束，因为仍然存在管理废物（我们丢弃而不消费的东西）的问题。

至于未经制作的产品，人类凭借环境或者在环境中生产的所有一切都取决于环境。随着世界人口在过去的增长和目前的持续增长，生产方法发生了变化。在最近的几十年里，对各物种的过度开发以及这些开发的发生方式导致了一些运动的出现，这些运动主张回到“自然”的生产方式（被理解为资源的可持续利用），并要求“毒化”产品的解决方案应该减少或中断。这导致了“生态”（eco）、“生物”（bio）和“有机”（organic）等标签术语的出现，根据欧盟第834/2007条理事会条例，这些术语被用来描述获得欧盟质量认证的产品，以表明它们的生产方式对环境无害并且是可持续的。

在可持续性以及负责任消费的框架内，烹饪时尚和趋势起非常重要的作用（见第302页）。千百年来，产品一直从世界的某个地方旅行到另一个地方，然而，对部分产品的全球性需求从未达到过现在这样的规模。随着某些产品需求的增加，对策有时是优先考虑其生产，或者破坏自然景观或当地物种以满足市场突然增长的需求。鉴于我们这个物种一直从地球窃取土地，用生产出的东西喂饱自己，所以这也不是什么新状况了。但是我们从未达到过如今的规模，从而令该体系的可持续性相当可疑。

这种状况导致了国际社会的回应，这种回应将希望寄托在本地来源产品（即“零公里”食品）的消费中。这种替代方案强调了一种新的心态。消费本地来源产品也意味着消费季节性产品，因为需要不同气候条件的产品无法自然生长在厨师或消费者居住的地区，所以会被拒绝。在过去三十年里，这种信念已经出现并发展起来，并被“慢食协会”（Slow Food）之类的组织大力推动。虽然生态、生物、有机或零公里产品的价格往往较高，令消费限制在能够为同一产品支付更多金钱的中产、富裕或上层阶级，但是在大多数情况下，经济方面并不是人类继续按照传统方式消费的原因，而是对这个问题缺乏兴趣或责任感。

再者，与特定标签或者消费者与产品之间的距离无关，有些人出于某种原因选择改变自己的饮食习惯，去除那些他们认为在环境方面不可持续或者不利于可持续发展的产品。这些消费者拒绝特定产品，并坚定地将它们从自己的饮食中去除。换句话说，他们不烹饪也不消费这些产品。这种责任观念出现于素食、严格素食和生严格素食等烹饪种类中，其基本标准是拒绝消费动物来源产品和其他产品，并根据消费者对食品的限制程度分为不同的种类。

在烹饪（以及饮食）的个体中，由某种责任类型指导的所有与消费有关的决策可以与厨师秉持的哲学重合并由后者决定（见第374页）。厨师可以选择某种本地（零公里）并且有机的产品，用它再生产严格素食菜肴。此外，就环境可持续性而言，其他因素可能会让他们决定更负责任地烹饪，例如不使用或重复使用任何塑料制品，以及回收产生的废物。从职业烹饪的角度来看，除了已经提到的替代方法，有影响力的厨师还可以通过其特殊的烹饪方式和对烹饪的理解传达非常有力的信息。有影响力的厨师拥有巨大的平台，他们可以通过该平台提高公众对这种负责任消费的认识。

提高认识是一项重要任务，也肩负着重大责任。尽管职业厨师的最大影响力在于他们选择在餐厅里使用什么产品，但这在社会层面上具有重大影响。通过支持更可持续的消费，他们正在努力影响重复使用和回收利用等习惯的效率，这对消费形式产生直接影响。

慢食协会（SLOW FOOD）

生态学（ECOLOGY）

《韦氏词典》

1. 名词　关注生物与其环境的相互关系的科学分支。
2. 名词　生物与其环境之间关系的整体或模式。

作为专注于研究生物与它们所居住环境之间的相互作用的生物学分支，生态学产生关于动植物品种和物种的丰富、稀少或特定分布模式的知识和结论。

至于以负责任的良知进行烹饪的可能性，生态学认为某些未经制作的产品的再生产可能会影响特定环境（陆生或水生）或生态系统的生命平衡。这个问题与产品的消费方式以及令它们成为可能的其他活动有关，例如农业、畜牧业或渔业。

作为一门科学，生态学产生了形容词“生态的”（ecological或eco），它划分了一类未经制作的产品，并暗示其开发方式不损害为这些产品提供生长、繁殖及共生关系的环境。

很容易想象为了营养的健康烹饪方式，但是有没有可能创造一种同时为了健康和享乐主义的烹饪方式呢？

有一种烹饪类型是为了那些由于健康相关原因而限制自己对特定产品的摄入或对特定技术的使用的人群设计和实行的。然而，我们现在不是在谈论根据此类要求和限制进行烹饪的人或者得到烹饪服务的人，而是在谈论虽然健康状况良好，但是选择进行健康的烹饪，或者要求某种有利于其健康的烹饪类型的人。那么，我们所说的为了健康的或者专注于健康的烹饪方式是什么意思呢？有可能存在为了享乐主义的健康烹饪么，还是只以营养为目的的烹饪才能让人健康？

看上去似乎不太可信，但这并非不可能。有一种为了享乐主义的烹饪方式将健康考虑在内，甚至优先考虑。为了享乐主义的烹饪可以与健康生活方式相关的完美例子是米歇尔·盖拉德，他被认为是同时代最好的厨师之一，提倡“瘦身料理”(*cuisine minceur*)。作为法国新菜烹饪法的奠基人之一，这位三星米其林法国大厨开发了这种烹饪方法，通过制作卡路里含量低于常态的制成品，从营养的角度结合健康和营养学，同时又不放弃享受。虽然享乐主义的原因是过分奢侈，但这是一个例外，证实了可以在照顾好健康状况的同时享受自己所吃的东西。

“有机并不一定意味着健康，不过它始终是最佳选择。”

与健康相关的烹饪意味着所有烹饪都注重于在营养和卡路里含量方面对食物和饮料进行改良，令它们尽可能满足用餐者的身体需求。营养与我们的基因遗传一起，对于维护我们的健康至关重要，尤其是随着年龄的增长，因为人体开始需要更多的关注和照料。与为了享乐主义的烹饪相比，通常而言，为了营养的烹饪与健康联系得更密切，因为享乐主义通常是一种超出日常活动的例外情况，我们会摄入过量卡路里。此外，如果我们为了让用餐者感到愉悦而烹饪，那么意图就是提供满足味蕾的盛宴。营养平衡和健康产品之类的问题不会进入考虑范围。在搭配葡萄酒和甜点的一顿午餐或晚餐后，我们已经享受了品尝的乐趣(而且这是指引厨师和用餐者的共同标准)，任何人都不太可能做到热量平衡。真相是，我们作为用餐者最享受的东西并不总是健康的。

营养学(NUTRITION)

维基百科(WIKIPEDIA)

“营养学是解释食物中的营养成分与其他物质如何影响生物体的维持、生长、繁殖、健康和疾病等方面的科学。对于人类，健康的饮食包括食物的准备和储存方法，它们可以防止营养成分被氧化、受热或溢出，并降低食物传播疾病的风险。”

营养在人类生存中起着至关重要的作用。营养学一直与烹饪密切相关，特别是在当它确定被烹饪的内容时(根据某种确立的饮食)，因为它的目标是特定的营养摄入、体重控制、饮食改善等。

在我们进食和饮用时起作用的身体部位

系统	身体部位	作用
神经系统	大脑	处理感官刺激，实现感知
神经系统	视神经	将信息传递到大脑，感知景象
呼吸系统	鼻孔	感知诱发记忆和情感的气味
骨骼系统	骨骼	与肌肉一起实现运动
听觉系统	耳朵	辨别声音
皮肤系统	皮肤	接受体表感觉、触摸、质感和温度
肌肉系统	肌肉	实现面部表情
呼吸系统	气管	支撑颈部的关节，以便饮食
消化系统	舌头	通过味蕾感知味道
消化系统	上颚	感知制成品的身体部位
呼吸系统	咽	负责吞咽以及捕捉三叉神经感觉
消化系统	食道	将制成品送入胃中
消化系统	胃	消化制成品
心血管系统	心脏	令人兴奋的刺激会导致心跳加速
消化系统	小肠	吸收营养成分
消化系统	肝脏	通过它分泌的胆汁处理和溶解成分
消化系统	胰腺	分泌外分泌和内分泌物质
消化系统	大肠	吸收维生素，压实并移动废渣
排泄系统	肾脏	排除毒素并过滤血液中的液体
排泄系统	膀胱	含有废液（尿液）
边缘系统	大脑	开发情感

作为在烹饪中考虑的一项因素，健康与医学和药剂学相关

什么是医学？

医学（MEDICINE）

《牛津英语词典》

1. a. 名词　用于治疗疾病的物质或制剂；某种药物，尤其是口服药物。另：此类物质的通称。
4. a. 名词　诊断、治疗和预防疾病的科学或实践（在实际使用中常常排除外科学）。

维基百科

医学是建立疾病的诊断、预后、治疗和预防的科学和实践。医学涵盖了通过预防和治疗疾病来保持和恢复健康的多种卫生保健实践。

英语单词“medicine”来自拉丁语单词*medicus*，意为“内科医生”。

什么是药剂学？

药剂学（PHARMACY）

《牛津英语词典》

3. 名词　药物的配制和分配；药剂师或药物化学家的职业。

维基百科

药剂学是制备、分配和审查药物以及提供附加临床服务的科学和技术。它是一个卫生专业，将卫生科学与药物科学联系起来，旨在确保安全、有效和负担得起的药物使用。

医学，药剂学和烹饪

如果烹饪的目的是治疗病痛，我们可以说它是“疗愈”烹饪。在所有文化中（至少在欧洲），流感、感冒、喉咙酸痛等病症都存在与酒精饮料（威士忌、波旁威士忌、白兰地）相关的疗法，而且这些疗法几乎总是将酒精饮料与柠檬、蜂蜜和热水混合起来。根据烹饪地点，还可能加入其他产品，而且这种“药品”会被制作成热的。最终制成品并没有真正治愈疾病，而是令症状消退，从而减轻不适感。它可以帮助你感觉好些，但是如果病症加重，它无法将其治愈，也不能替代其他药物，例如抗病毒药。

在医学领域，我们发现了“自然医学”，亦称自然疗法或草药疗法，该学说坚持在生活的各个方面都使用自然资源，特别是在保持健康和治疗疾病方面。在常规医学不广泛（由于资源有限或者难以获得常规药物，或者是由于地理位置）的社会，这门医学分支的存在感更强，人们继续求助于“自然”疗法，即他们使用来自自然的产品并烹饪它们，以某种特定方式制备它们，正如我们将在药剂学中看到的那样。另外，在熟悉传统医学的社会中，正在涌现一些思潮，即希望复兴以食为药的理念，其依据是基于我们消费的产品以及烹饪方式“预防”或“治愈”特定疾病的可能性。

在常规医学还没有高度发达、不能被所有人使用常规医学的时代，鉴于烹饪和饮食形式都曾有助于治疗各种病症，所以作为一门以食物为疗法的学科，医学烹饪并非新鲜事物。当它开始出现时，我们如今用于美食的某些植物和不同动物的某些部位拥有医药用途。

我们在这里找到了药剂学，它在早期涉及制备和烹饪自然产品。换句话说，“烹饪”是为了疗愈。无论被摄入（进食或饮用）的是什么，只要由药剂师制备和分发，它就有医药用途。疗法的药剂制备这一概念伴随这样的理解，即它们负责缓解病症或症状。在过去，这些疗法是完全自然的，没有添加如今出现的人造物质。

药剂学和医学之间有着密切的联系，因为需要药剂学制备医学开出的药物才能治疗病人。通过将药剂学与烹饪相关联，我们正在谈论药剂学这门真实的科学，其任务是制备和分配药物，使之成为与药物平行但独立的实体。

关于我们已经谈论过的与健康相关的烹饪（见第382页），在这里我们谈论的不是瘦身烹饪或者令人保持健康的烹饪，而是这样的烹饪及其结果被理解为医学和药物的可能性，这意味着相信它们的某些特性可以治愈或减轻症状。在西方社会之外，这种类型的自然药物仍在世界其他地区使用，例如在中国文化中，传统中药将食物视为一种追求健康和保持健康的媒介。要消费的产品及其制作方式与个人的病症相对应。

动物医学

动物医学是对待非人类的动物健康的医学分支，涉及疾病、失调和受伤的预防、诊断和治疗。它涵盖了所有物种的健康，无论是驯化的（即人类饲养的）还是未驯化的野生物种。

在烹饪方面，我们的理解是动物医学负责确保进入市场的所有未经制作的动物源产品均符合食品安全和质量标准，并在动物被烹饪和消费之前提供最好的照料和认证。例如，对于野味，需要进行检测以证明其适合消费。

我们可以通过烹饪表达自己

我们已经从语言的角度谈论过烹饪，而语言是最常见和公认的表达形式。通过与语言的相似性，我们看到从最小的单元到完整的话语（见第344页），烹饪产生了自己的意义。本章节关注作为一种表达形式的烹饪，它将厨师做出的东西（某种感受、价值观、哲学）传达给品尝者。在这种情况下，不需要言语就能让厨师表达的内容存在并被传达。

表达（EXPRESSION）

《韦氏词典》

1. a. **名词**　在媒介（例如文字）中呈现的行为、过程或实例。
1. b. (1) **名词**　表现、体现或象征其他事物的事物。

表达（TO EXPRESS）

《韦氏词典》

1. a. **及物动词**　用文字呈现。
1. b. **及物动词**　公开（个人的）意见或感受。
1. c. **及物动词**　表达（个人的）艺术、创造性冲动或能力。

如果我们将烹饪理解为一种表达形式，那么我们就是在假设存在这样一条隐含的信息，就烹饪表达而言，该信息不是通过语言而是通过食物和饮料传播的，而且这些食物和饮料正是为此目的在美食供应或餐食的不同结构中被创造和再生产的。显然，对供品尝制成品的解释可能以文字形式出现在点菜菜单或品味套餐的菜单上，或者以口头形式出现在一线服务员工提供的信息里。然而，厨师想要表达的东西出现在盘子、玻璃杯以及包含供品尝制成品的工具中。在这种情况下，当我们将烹饪理解为一种表达形式时，可能会伴随一些词语，但它们并不是中心。

传达（CONVEY）

《韦氏词典》

1. a. **及物动词**　从一个地方运到另一个地方。
1. b. **及物动词**　通过陈述、建议、手势或外表来传达或交流。

“烹饪传达着信息；它在讲述故事，你自己的或者其他人的。”

厨师表达自身

供品尝制成品及其供应方式是厨师拥有的资源，他们可以利用这些资源传达他们想要表达的东西，令他们的信息能够抵达用餐者或顾客。制成品包含大量隐含的信息，这些信息不仅是我们品尝的结果，而且是达到这种表达形式的过程的结尾。

此外，关于美食供应结构的决定声明了一种意向，它表达了厨师希望或多或少控制决策过程，令顾客能够做出决策的愿望。根据制成品是列在点菜菜单上（顾客决定吃什么、以什么顺序吃及吃多少等），还是以品味套餐的形式呈现（厨师决定吃什么、以什么顺序吃、吃多少等），两者之间的对话是不同的，而且厨师拥有以不同方式进行表达的空间。品味套餐是一段非常清晰的话语，可以传达情感、感受、哲学、某种或某套理念。

通过将烹饪视为一种表达形式，当厨师不局限于不动脑筋的再生产，还可以包含反思、思想、哲学，并且当烹饪具有一定的创造性时，我们将厨师与艺术家、画家或音乐家并列，他们使用不同的资源并以不同的方式构建信息。他们的表达方式各有不同，因为每个厨师都有一套独特的工具，但是他们所有人——艺术家和厨师——都希望接触公众，他们想传达某种东西。我们在谈到将烹饪视为艺术时解释过，被表达的东西可以是观念、哲学、生活中的里程碑、过去或未来的时间，或者某种情感。这些当中的任何一个都可以体现在制成品或绘画中，也可以体现在音乐作品或者舞蹈编排中。

由艺术家本人决定如何表达他们想说的，是将其集中在作为传达信息动机的创造力上，还是将技能用于再生产（无论作品或制成品是什么），这是他们表达的关键所在。他们决定表达的东西可能并不总是被喜欢、相信或复制，因为有时候在传达信息时，最重要的事情是它的内容，而不是其形状、口味或外貌。通过厨师针对以上所有方面做出的一系列决策，他们的个人风格被铭刻下来，并通过所有这些方面阐明了他们的特色。

所有烹饪都是一种表达形式吗？

任何厨师，无论是业余厨师还是职业厨师，都可以将他们烹饪的制成品用作表达形式，并传达自己想要传达的信息。然而，他们能否成功地产生后果、影响或者令自己的表达成为关注焦点，就完全是另外一回事了。

事实是，从历史的角度来看，成功地令厨师能够专注于表达、构建和传达带有明确意义的信息和话语的烹饪类型，都是最高档和精致的烹饪，即高级料理。这些烹饪形式还有一些额外的东西，其意图不同于为了营养的烹饪。仅就这项特征而言，资源的管理方式就已经不同，从而厨师可以实现更自由的表达形式和明确的意愿。当烹饪以传统方式完成时，我们可以说用“其他人的话”表达了某种东西，但根据创造性水平的高低（见第96页），创造性烹饪则是或多或少个人化的表达形式。

烹饪的终极表达是爱！

厨师可能希望以另一种方式表达自己，这种方式不涉及对特别哲学的交流或者传达特定的信息，而是关于传达人类所知的最强烈的一种感受：爱。

当烹饪者的动机是使用自己提供的食物和饮料取悦自己的客人或顾客，以此照顾或宠爱他们时，就会发生这种情况。这种意图通常是由于烹饪者对接受烹饪服务的某个或多个人的特殊情感而产生的。在这些情况下，朋友或家人通常会一起坐在餐桌旁，而烹饪的结果（制成品）是由爱心引起的慷慨盛情的表达媒介。通常而言，表达爱意并表现出这种喜爱程度的烹饪方式的实践者是业余厨师，他们在私人家庭领域制作，制作出来的食物和饮料也在该领域提供。

在这里，至关重要的不是制成品的奢侈程度或者所用产品的品质（视每位厨师的负担能力而定），尽管它们可能存在。此类烹饪的价值始终在于以下事实：无论主要目的是营养（日常饮食的再生产）还是为了享乐（对愉悦感的明确追求，特别是与假日、庆典等相关），该过程都是在厨师的额外努力下进行的，这种努力根植于一种非常强烈的感受，将厨师与品尝其烹饪劳动成果的人结合起来。

这并不意味着职业厨师无法怀着爱意做自己的工作，无法将喜爱之情体现在他们的制成品中。然而，一般而言，对他人的爱是每个人的个人事务，并且与个人生活的私密一面密切相关。如果职业厨师带着爱意烹饪，他们的爱可能指向作为整体的自己的职业，表现在对自己开展的工作业务的尊重，并出于对自己希望取悦的顾客（作为整体而非个人）的欣赏。

爱是可以通过烹饪表达和引导的众多情感之一。爱证明了烹饪者对分享其烹饪结果的人的感情。它代表了烹饪的终极表达，通过烹饪，食物和饮料将爱的表达者和接受者连接起来。

“当我们为别人烹饪时，我们也在照顾他们。
这是烹饪的终极表达：由爱引导的烹饪。”

INESPERADOS

就餐时与其他人社交常常是我们烹饪的原因

社交意味着“为了享乐与其他人共享时光”，即与我们周围的人建立联系，并作为我们个人的社会关系的一部分。因此，社会化是构成社会与文化一部分的个人学习并吸收一系列规范、价值观和现实感知方法的过程。这与烹饪有什么关系？至少在很多方面有关系。

因为进食和饮用是日常活动，我们显然每天都要做这些事，因此我们要么提前烹饪（为自己或者为自己和他人），要么别人必须为我们烹饪，要么在私人领域（家庭成员、朋友、与我们共享居住空间的人及伴侣），要么在公共领域，因为我们会去接待业场所（一定数量的职业厨师在这里为我们烹饪）用餐。

在这里，我们分析烹饪作为一项活动的潜力，根据其个人环境和周围环境（这些环境会产生特定情境），它在历史上的每个时刻和每个地方都对个人的社会化过程产生巨大影响。正如我们在本书多次看到的那样，烹饪与每个历史时期、每个社会阶层、每种文化、每个地区等因素息息相关。所有这些因素共同决定了一个事实，即烹饪可以呈现出拥有不同特征的不同形式。

因此，我们可以将烹饪称为一种社交媒介，因为它让我们可以建立联系，并帮助我们感知周围的现实，这取决于我们如何烹饪（或者其他人如何为我们烹饪）。

在私人领域烹饪并在公共领域就餐并进行社交

我们可能会为自己烹饪，但目的是将烹饪结果转移到我们与其他人聚集就餐的场所，共享时光和空间，也就是进行社交。当我们在私人领域烹饪，以便在其他人的陪伴下（在工作或学习场所）就餐时，就会出现这种情况。在这种情况下，个人为自己烹饪，但意图是在为其他目的而前往的场所中与其他人一起就餐，但是在就餐时间，这样的场所也是社交场合。因为除了自己，厨师的制成品不面向其他公众，所以对于自己烹饪的东西，厨师“免除了”被品评的压力，因为只有他们自己来评估烹饪结果。他们的烹饪可能一丝不苟且非常精致，或者是完全简单而传统的……有很多方式可以定义他们的烹饪和他们制作的食物。他们不会“烹饪得更糟”，因为他们不为他人烹饪。

我们在私人领域为他人烹饪，并通过品尝制成品在该领域社交

为别人烹饪是数百万人的日常活动。有些人以此养活自己，有些人则乐在其中。不过，私人领域的统一特征是烹饪起源于此，这是烹饪发生的第一个领域。向定居生活的转变在很大程度上是这样一个事实决定的：我们学会了在火边烹饪食物，而且我们逐渐认识到，就像我们可以按照有序的方式喂饱自己一样，我们也可以建立一种共同的秩序，让我们能够作为定居社会行使功能。显然，这个过程花费了更长时间，但是在我们作为有组织的社会所书写的历史的第一章中，烹饪对于我们从游牧生活过渡到定居生活发挥了至关重要的作用。

因此，如果一个人在日常生活中为同伴烹饪，他们是业余厨师，并且出现在私人领域，很可能是他们自己的家，尽管他们也可能在朋友或者家庭成员的家中这样做。如果他们提出要执行这项任务，或者这项任务已经委托给他们，那么他们实施的行为的结果将是一场聚会。无论聚会是短暂还是漫长，日常活动还是庆祝活动，例行还是例外，它都涉及进行小规模社交的社会成员，这取决于导致他们共享品尝时间和空间的特定纽带。而且，在这种情况下，厨师也有可能在适当的时候成为用餐者，与家人、伴侣或朋友一起品尝自己为他们烹饪的东西。

在私人领域为我们烹饪的其他厨师，我们通过品尝制成品在该领域社交

随着时间的推移，职业烹饪（由职业厨师在私人住宅中进行）逐渐出现在私人领域。在这里，我们将烹饪视为社交中的一个因素，是因为它是一种学习和传递价值的就业选择，可以让厨师在获得报酬维持生计的同时融入社会并成为社会的一部分。私人领域的职业烹饪令新的社交方式成为可能。如果宴会不用来聚集和社交，不用来基于谈话和争论以及思想的表达等方式培养关系，那么上层阶级为什么要举办宴会呢？在这种情况下，我们必须说，休闲性的社交（相当于纯粹的快乐）一直是大部分历史阶段精英阶层的专属。稍后，我们将讨论烹饪转移到公共领域的职业化问题，它在那里成了社交聚会的焦点。

从家庭烹饪的任何版本中（业余烹饪、职业烹饪、大众烹饪、烹饪艺术、高档化烹饪），我们都可以得出同样的结论，为他人的烹饪之所以存在，是因为有一些人（任何未指定的人数）将以聚会的形式在一起就餐。作为一种制度，家庭也围绕餐桌构建，友谊也是如此，与个人关系最密切的两个圈子都以社会为基础。

在公共领域为我们烹饪的其他厨师，我们通过品尝制成品在该领域社交

当某人为顾客烹饪时，我们发现自己身处公共领域，并且正在谈论一种职业。社交的许多方面都可以围绕职业厨师在厨房中所做的工作进行。烹饪的目的可能是交流，将他们的工作作为一段话语教授或展示，正如我们稍后将看到的那样。然而，在大多数情况下，职业厨师在高档餐厅开展工作，这里在两个多世纪以来是私人领域之外社交活动最常见的领域，因为饮食已经早就不再是满足基本需求的问题，而是成为普通大众可以享受的流行休闲活动。人们的一部分生活（至少在西方社会中）已经在餐厅业经营的空间中共享，特别是在高档餐饮部门。

为顾客烹饪的职业厨师，无论其美食供应采取什么形式，都在推动并实现这种围绕餐桌的共享。通过这种方式，我们可以认为他们的工作创造了供个人进行社交的情境，不只是与他们陪伴的人社交，而且还是在公共场所的框架内社交，这里还有遵守一系列准则并按照一套价值观共同存在的其他人。

“围绕餐桌诞生、建立和巩固了多少与家庭、朋友或工作相关的关系？”

Bulli

taller P... errissa 7, pra... 08002 B... na (Spain) · t (34) 93 270 37 00 · f (34) 93 270 37 01 · e-mail taller@elbulli.com

restaurant Cala Mo... · Ap. ... 7480) R... Girona ... (34) 972 150 457 · f (34) 972 150 717 · e-mail bulli@elbulli.com · www.elbulli.com

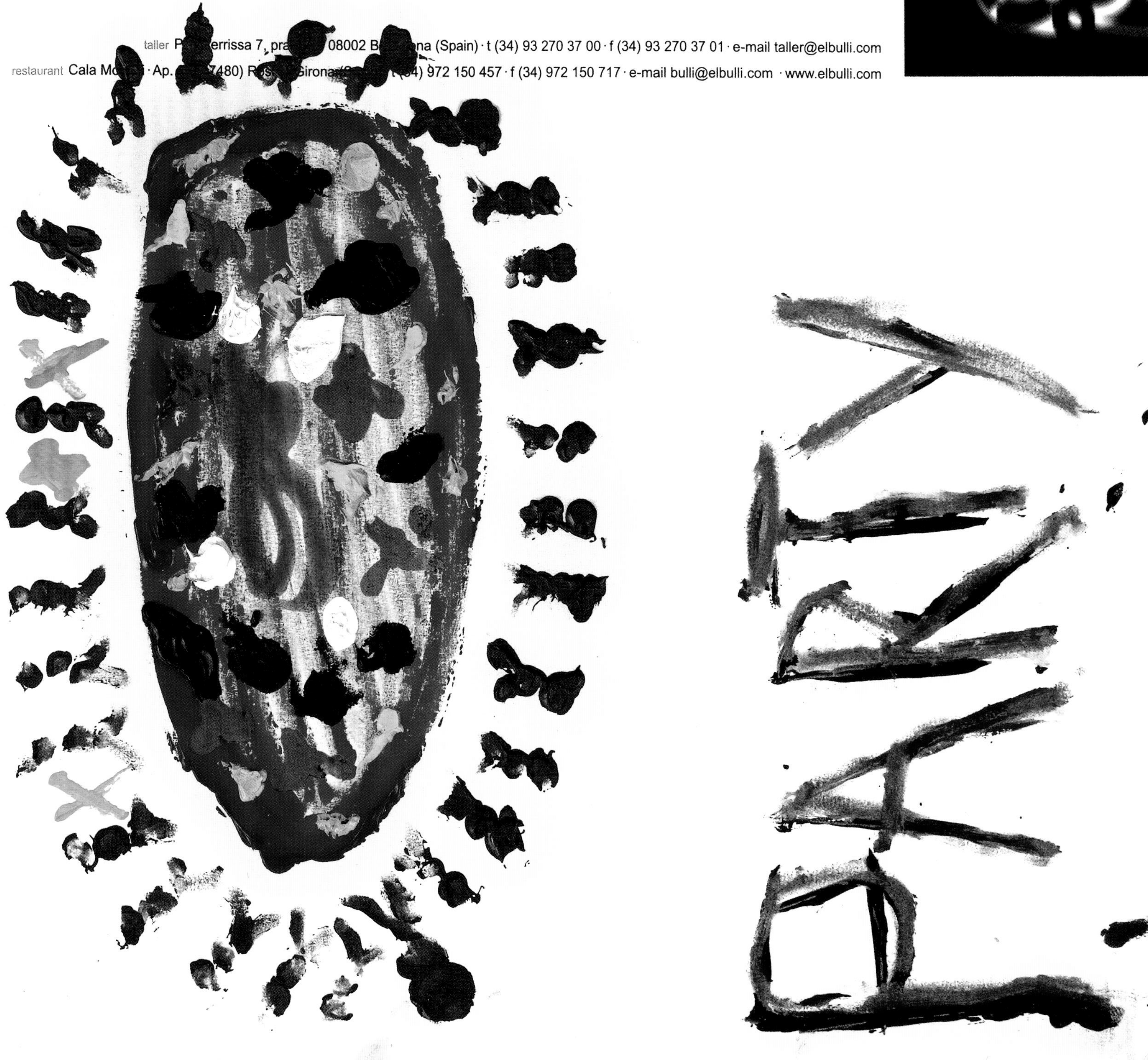

PARTY

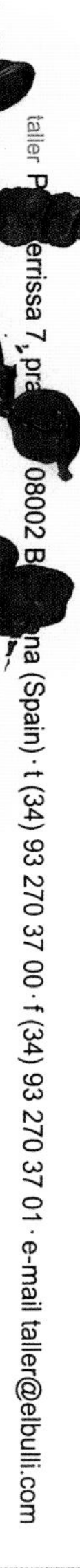

社会学和人类学帮助我们理解烹饪

社会学（SOCIOLOGY）

《韦氏词典》

1. 名词　研究社会、社会制度和社会关系的科学。

维基百科

社会学是对社会、社会关系模式、社会互动和日常生活文化的研究。它是一门社会科学，使用各种实证研究和批判分析方法来发展有关社会秩序、接受、变化或社会演变的知识体系。社会学还被定义为社会的通用科学。有些社会学家进行的研究可以直接应用于社会政策和福利，而另一些社会学家则主要侧重于完善对社会过程的理论理解……由于人类活动的所有领域都受到社会结构与个人行为之间相互作用的影响，因此社会学逐渐将其重点扩展到其他主题，例如卫生、医疗、经济、军事和刑事机构、互联网、教育、社会资本以及社会活动在科学知识发展中的作用。

人类学（ANTHROPOLOGY）

《牛津英语词典》

1. 名词　对人类或人类天性的研究或描述（泛指，而不是作为某个单独的研究领域；由特定人员或群体持有的理论或记述）。

维基百科

人类学是对过去和现在的人类、人类行为和社会的研究。社会人类学研究行为模式；文化人类学研究文化意义，包括规范和价值观；语言人类学研究语言如何影响社会生活；生物或体质人类学研究人类的生物学发展。

上一个章节将烹饪视为一种可能的社交媒介，因为它可以帮助我们和与我们互动的其他人建立联系。我们为其他人或者自己烹饪，目的是与陪伴我们的人共享品尝体验（见第390页）。我们现在专注于按照人类学和社会学这两门科学学科的角度观察作为一种人类社会现象的烹饪。

首先，烹饪是人类所固有的（见第71页），并将我们与其他动物物种区别开来。烹饪作为定义并体现我们特征的行为，它是人类学（在每个人类的个人层面）和社会学（在每个社会的群体层面）研究的基本对象之一。这两门科学都致力于观察人类以及该物种在社会组织中的不同形式。因此，它们提供的知识非常令人感兴趣，因为这些知识对烹饪行为以及由此产生的烹饪提供了更好的解释。烹饪的人类学和社会学的研究方法旨在广义地强调和解释这种将我们作为一个物种与别的物种区分开的行为（见第71页），因为除了能够随意转化产品，当我们摄取食物时，我们还可以拥有超越营养需求的目的。同样，这些科学让我们能够分析烹饪过程以及我们用来喂饱自己或者在个人和集体层面上为了享受而摄入的食物和饮料的性质。

正如我们在本书中多次重申的那样，我们在特定的时空情境下理解烹饪，并且可以从中列出反映在烹饪过程及其结果中的一系列特殊特征。在这种情况下，社会学或人类学是否作为对所有这些特征进行社会分析的适当学科，且专注于烹饪艺术和营养？这些科学能否同时研究烹饪这一主题以及创造和再生产制成品的社会？

研究领域属于其中一门科学的作者将工作重心放在了“食物社会学”和“食物人类学”上，这两种学科分析人类和社会及其功能行使方式，将烹饪及其结果作为参考。应用这些科学的一个好例子是人类学家和古生物学家欧达尔德·卡沃内尔（Eudald Carbonell），他提出了一种与烹饪行为相关的人类社会进化理论，他认为营养以及与其相关的一切是研究人类时需要考虑的最重要的方面。还有一位我们在前面提到过（见第125页）的人类学家克劳德·列维-斯特劳斯，他提出随着人类学会控制火来烹饪而出现了“经过烹饪”的概念，“生的”概念才作为其反面随之产生，从而为我们提供了重要线索，用于研究各种转化方式的演变以及烹饪在我们作为一个物种的发展中发挥的作用。

“作为专注于人类和社会研究的科学，人类学和社会学可以为人们对烹饪的理解提供很多启发。”

社会学和烹饪

作为一门科学，社会学分析人类活动产生的集体现象。当我们将其应用于烹饪领域时，如果烹饪不是一种在全球范围内产生（共同或单独）进食和饮用现象的活动，那它又是什么呢？无论年龄、性别、种族、信仰、社会背景等如何，所有人都进食和饮用。因此，无论是作为个体还是会和其他人社交时的集体，是为了营养目的还是为了在品尝体验中追求乐趣，从社会学角度分析烹饪都可以让我们更好地理解个人以及个人所属的社会。因为烹饪、进食和饮用是从一开始就伴随我们的行为，所以这门科学可以用来解释从开始定居的史前时代以来人类社会的起源和衍化，而定居生活的起点就是烹饪行为，它每天进行数次，并令生存成为可能。

这种转变在日常活动的行为中所发挥的作用对于研究集体生存的任何模型都至关重要，因为它提供了关于社会结构的宝贵信息，并使我们能够分析在团体或社会中围绕烹饪而产生的纽带（情感纽带、依赖相关的纽带等）。作为一项活动，烹饪可以为社会学研究提供关于烹饪者及其周围环境的大量信息。

烹饪是构成社会科学的学科之一，社会学研究趋势，其提供的知识完全适用于烹饪。我们在第303页见到，创新、趋势和时尚出现，其起源、消失或成功是对社会中消费者行为的反映，同时也影响了烹饪及其结果。

“社会学或人类学能否从新的角度分析从起源至今的烹饪？”

人类学和烹饪

由于人类学是研究人类及其行为和文化特征的科学，还因为人类是唯一超越生存目的而摄取营养的动物，因此烹饪是该领域科学知识的非常重要的来源。

从一项始于巧妙的生存技术的行为开始，人类围绕着烹饪、食物和饮料发展出了一种文化（以数千种不同的方式表达）。在历史的每个时期以及人类足迹所至的每个地方，这三个要素都发挥了至关重要的作用。要么是因为它在食物缺乏时令最基本的营养成为可能，要么是因为享乐主义（在资源丰富时更可行），烹饪一直与人类共存并使人类发展出一种特别的文化。在此基础上，为了简单地获取营养或者制造乐趣，每个人都以某种形式摄入制成品，这取决于许多因素，涉及我们在这本书里讨论过的某些目的和微妙之处。

以每个人作为最小单位的这种文化以及特定的烹饪和饮食方式可以外推到更高的层面，即社会和文明层面，也可以从地缘政治单位如城市、地区或国家的角度来分析。能够扩大或缩小研究对象的规模，意味着我们可以识别进行烹饪、进食和饮用的人类及社会的经济、政治、生产结构、消费形式、与环境的关系以及整体背景等各个方面。因此，参考我们正在讨论的科学，转变为日常人类活动的烹饪所发挥的作用提供了大量社会结构的相关信息。此外，自从人类定居生活以来，厨房就一直是家庭的中心，甚至在此之前的史前时代，自从我们学会控制用火以来，早期人类就聚集在火旁摄取烹饪过的食物。从人类学的观点来看，烹饪可以理解为一种构造各种类型的社会、家庭和群体的要素。

除了文化层面，还有身份认同问题，烹饪、进食和饮用这三种行为在定义我们作为个人、作为社会框架内的男人或女人的身份时，具有非同寻常的意义。在人类的烹饪方式中，也可以提取人类学的知识和经验。例如，当我们分析再生产和品尝过程使用的工具并观察到差异时，我们可以问问自己：为什么筷子对于21世纪的日本人而言是很自然的，而汤匙对于欧洲人是自然的？为什么世界上的某些地区的人直接用手进食，而不使用中间品尝工具？人类根据其地理位置以不同的方式烹饪、进食和饮用，开发不同的工具和技术，这让我们能够在不同的情境下分析该主题。

对于在食物和饮料的摄取中发现乐趣的人而言，饮食文化或者美食文化在个人身份认同中发挥更重要的作用，因为进食和饮用是维持生存所必需的行为，而烹饪是增强这种需求的行为。即便是在涉及非常明显的身份认同问题的国际冲突中，也总是会有一道菜肴被其中一方视为自己专属的。这对于捍卫这种“归属感”的人非常重要，因为这道菜肴象征着烹饪过它的历代先辈，它属于这些人，并从这些人手中传承下来，融入现在，延续了他们的身份遗产。食物和饮料自然在这些遗产中占有一席之地。

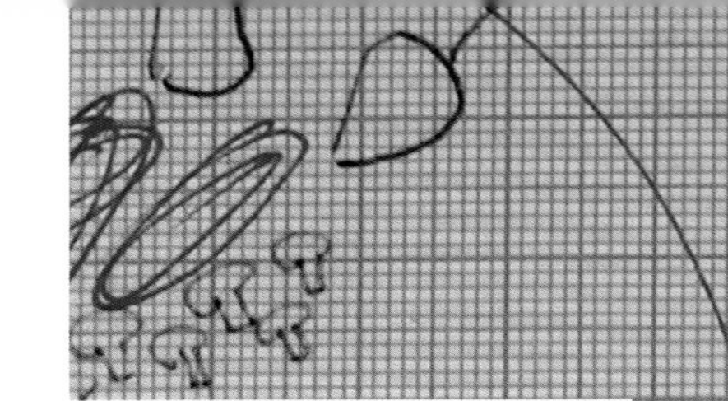

当我们烹饪时，我们用食物进行设计

烹饪的许多可能的定义之一是“用食物设计”。我们重新阐释了设计对象的概念，以理解烹饪设计的是制成品。而且制成品的设计不只发生在它们被烹饪和实现时，而且还发生在此前以它们为结果的创造性过程中。这个过程可能不使用任何产品、技术或工具，只涉及引导制成品的为烹饪设计过程的脑力劳动。

设计被定义为“旨在达到目的的心理计划和方案”（《韦氏词典》），作为实现这种设计的基础，厨师依靠产品（经过制作的和未经制作的），它们是厨师赖以构建烹饪的原材料。如果厨师对自己将要使用的任何产品都一无所知，他们就很难事先在心里设计选项。厨师还拥有工具、技术和科技，这些使厨师能够将产品转化为中间制成品（如果被厨师继续用于制作）或最终制成品（如果直接供品尝）。

制成品在形状、颜色、大小等方面的构成也有特定的设计，厨师可能会，也可能不会严格遵循。因此，除了将烹饪理解为使用食物进行设计，我们还将思考设计的真正定义是什么。是对象的形状，还是组织某种事物的计划，或是指由食物组成的制成品的构成。

动手设计是与烹饪同时开始的，当时首批岩石工具被塑形并用于烹饪。从那时起，作为学科、活动、行业和职业的设计和烹饪始终联系在一起，并在容器（工具）和内容物（食物和饮料）之间建立了一种关系。近些年来，还出现了代表它们之间共生关系的实例，这可以理解为两门学科的共同工作。这导致工具（容器）以及食物和饮料（内容器）的设计都得到了强化。

设计（DESIGN）

《韦氏词典》

2. 名词　旨在实现最终目的的心理计划或方案。
4. 名词　初步草图或轮廓，展示将被实施的某种事物的主要特征。

设计（DESIGN）

《韦氏词典》

2. 及物动词　绘制、布置或准备设计方案。

建筑学ARCHITECTURE

《韦氏词典》

1. 名词　建筑的技艺或科学。
2. 名词　建筑的方法或风格。

虽然建筑学是规划和设计建筑的技艺，但在职业烹饪中，有一位厨师因其对制成品的建筑构想脱颖而出。在18世纪，玛丽-安托万·卡雷姆将他掌握的建筑学知识（是他在作为厨师开始工作的同时学习的）转移到了自己的烹饪作品中。将这两门技艺结合起来的结果是，他的制成品被设计出了极具真实感的结构，包括桥梁、庙宇、瓮等，就像建筑师通过研究结构做出来的东西一样，这让人思考在烹饪中进行设计的可能性。

“烹饪：一种创造性活动，致力于设计既有用又美观的物品。”

“设计用于烹饪的餐具、刀叉等完全不同于设计用于品尝的制成品。”

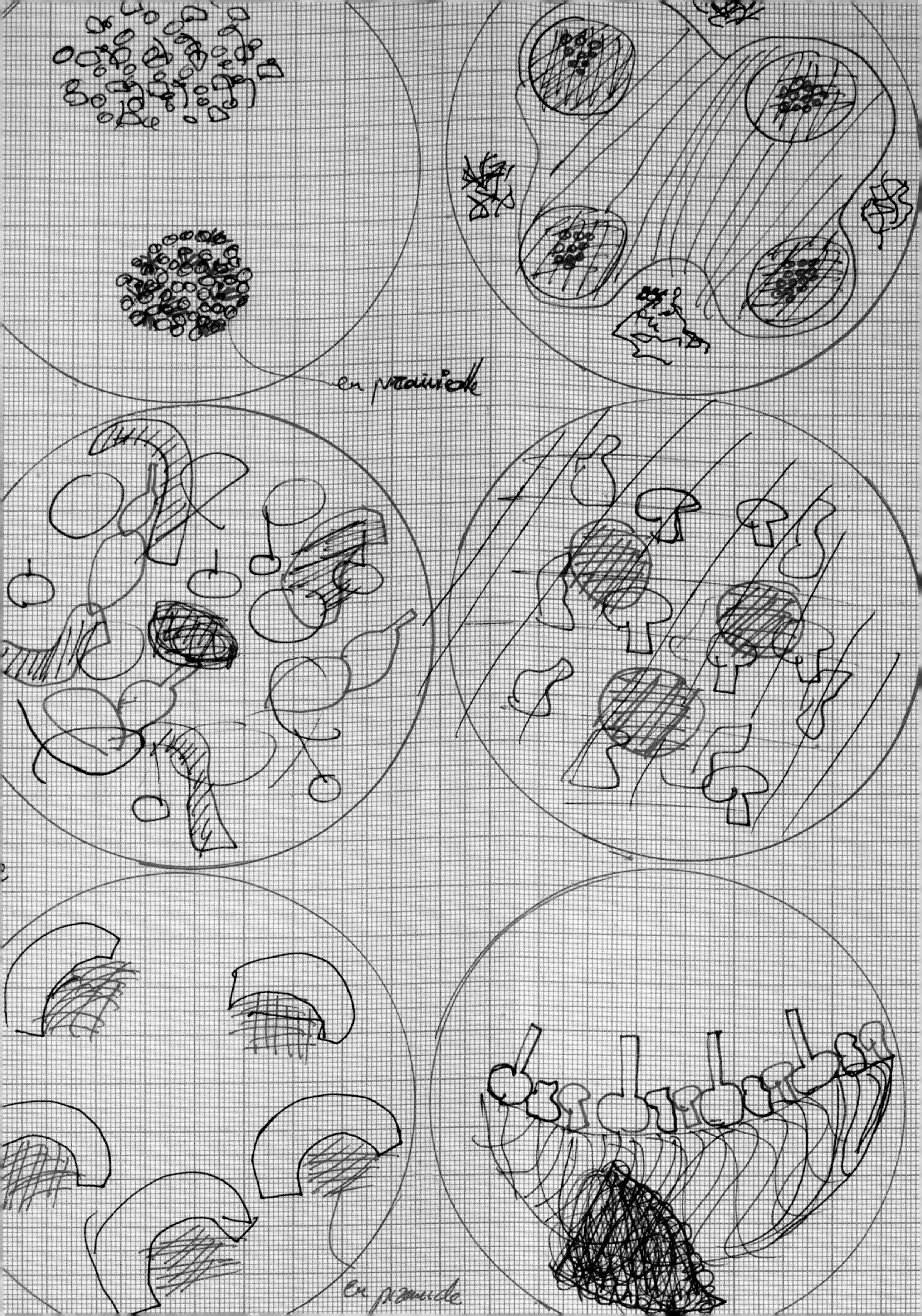
en pyramide
en pyramide

烹饪可以成为奇观的一部分

什么是奇观？

奇观（SPECTACLE）

《韦氏词典》

1.a. 名词　某种供展示观看的不同寻常、引人注目或娱乐性的东西；尤其是吸引眼球或戏剧性的公共展示。

《牛津英语词典》

I. 1. a. 名词　一场经过特别准备或安排，多多少少具有公共性质（尤其是大规模的）的展示，对于观看者而言形成令人印象深刻或者有趣的表演或娱乐项目。

烹饪作为一种奇观

将烹饪视为一种奇观意味着将它视为提供消遣和娱乐的东西，它通过制成品为眼睛和味蕾提供乐趣，但也可以体现在智力层面上，例如，当被品尝的东西引起思考时。作为一种奇观的烹饪被特定的观众喜欢，他们每次都以此为前提聚在一起同时体验品尝过程。

这种对烹饪行为以及所得制成品的看待方式在本书多次提到的宴会中得到了最终表达。由于这些活动旨在通过品尝提供乐趣，因此宴会烹饪的作用是唤起人们的期望，因为它能够将在场人员的注意力集中在餐桌上发生的事情上。

除了供进食和饮用的制成品，餐桌装饰和用于品尝的工具也具有特别的重要性：它们增强了宴会作为庆祝活动的气氛，而对于我们日常进行的品尝，这些元素可能不会有同样戏剧性的一面。在历史上的多个时期，能参加宴会的人都是少数，因为它们只在上层阶级住宅这一私人领域举办。只有上层阶级能够负担得起举办当时那种宴会所必需的职业厨师和服务人员，让他们听候差遣。

特别是在中世纪期间及以后直到1789年法国旧制度被推翻之前，除了人们聚集在一起品尝制成品，宴会还具有不仅仅体现在谈话（谈话在古典时代的希腊和罗马更重要）上的娱乐性。音乐、舞蹈、涉及训练有素的动物的奇观，朗诵会以及其他娱乐形式成为这些奢华活动的一部分。作为奇观，它们将在法国国王路易十六的宫廷中达到高潮，此时距离结束其统治的大革命已为时不远。

法国君主制垮台后，在18世纪末，作为一种奇观的烹饪出现在公共领域的多种多样的情境中。专门为了满足顾客娱乐需求而创建的一类场所被称为卡巴莱餐厅（cabaret）。在19世纪，巴黎到处都是卡巴莱餐厅，这种地方提供饮酒的机会，有时也可以吃东西，同时将舞蹈与音乐结合的演出在舞台上演，这种形式在当时大获成功。它一直被复制到今天，例如蒙马特的红磨坊（Moulin Rouge）和香榭丽舍大街上的丽都夜总会（Le Lido），它们运营至今，提供高档餐饮菜单并搭配现场音乐和舞蹈表演。

除了卡巴莱餐厅，高档餐饮领域如今在再次尝试结合表演和品尝的混合概念，使观众参与跨越许多不同领域的艺术体验。不过，这些新的表演形式与我们提到过的整个历史上的盛大宴会截然不同。

让我们展开一场辩论：我们能否将烹饪视为一种艺术形式，将厨师视为艺术家，将烹饪作品视为艺术作品？

一般而言，当我们谈论艺术时，我们指的是一系列艺术学科，它们拥有不同的方法并以不同的方式执行，但是它们都希望通过相关形式的作品交流创造出该作品的艺术家的价值观和思想。因此，将烹饪视为艺术是这样一种理解，即烹饪远不只是人类为了喂饱自己而开展的活动。这意味着我们理解通过这种汇聚产品、技术和工具的行为，人类成功地实现了创造性（并非总是在为了享乐主义烹饪时，常常也是在出于必要而这样做时），而且通过使用资源（该学科固有的资源，但常常与艺术共享，例如当我们使用画笔进行装饰时），人类生产出反映厨师工作的结果，而且可以从中识别出某些特征。

在过去的二十五年里，这一点已经得到广泛考虑，因为烹饪已经在社会上具有特别的意义，并将自己定位为一种可体验的媒介、研究的对象、待观察（以及待品尝）的作品，从而引发观看者的意见。烹饪是否是艺术的问题导致新闻记者和美食批评家在各个时代寻找有影响力的伟大厨师和著名艺术家之间的相似之处，并以艺术评论风格书写他们的工作结果以及努力找出他们的成功原因或者发现他们失败的预兆。随着我们在烹饪和艺术之间进行这种对比，我们认为有些界限定义了烹饪结果和每种艺术学科的结果，而且供品尝制成品和艺术表现之间存在明显的差异。然而，它们难道不都是某人参与其中，并会产生满足感或排斥感的体验吗？另外，艺术学科和艺术之间不是存在长期对话吗？

此外，作为一种表达形式，烹饪与艺术的一个共同之处在于，它是手艺人的作品。烹饪是由在烹饪过程中使用自己双手的人完成的，他们运用特定的知识转化原材料，并得到结果。如果这种结果是由厨师的创造性和艺术意图所驱动的，那么它在过去的数百年里被称为烹饪艺术，而当它没有享乐主义意图但仍是手工艺作品时，则被视为更传统的东西。从这个意义上说，烹饪和艺术都发生了衍化，现在二者都有不同于纯粹手工的形式。

不同的职业形象都拥有艺术思维并且想在作品中捕捉这一点，将其提升到一个特定水平，那么也许有必要区分一下。如果厨师的技术水平和执行技能绝对出色，他们可以将这种艺术思维转化为精湛的再生产形式，或者如果厨师的才能在于探索与烹饪过程及其结果（包括装盘和品尝工具，以及烹饪“作品”本身）相关的一切新鲜选择，他们就可以发挥创造性。同样的区别适用于舞蹈，例如古典芭蕾舞演员可以重现一段编舞，而他们的才能在于每次都以完全相同的方式完成这段舞蹈；或者适用于音乐家，他们的创造力让他们有能力创造优秀的音乐而不只是再生产音乐。

艺术家（厨师、音乐家、芭蕾舞演员）的才能集中于再生产和创造，而且有时可能会同时出现这两种才华，使他们成为其艺术领域中独特的存在。因此，我们可以看到，艺术家和厨师的才能都可以专注于创造，就像在先锋运动中那样，但是也可以专注于再生产，此时做某件事的价值在于它与现实或者其他艺术家或厨师的工作的相似性。该观察结果还强调了什么是艺术，什么是艺术性的，它有助于认识到艺术和烹饪中的审美和美随着时间变化，并且在不同的历史时期表现出很大的差异。

理解烹饪艺术成分的演变以及烹饪与艺术之间的关系，意味着回顾“艺术”一词首次用于职业厨师创造的制成品时。千百年来，职业领域的烹饪完全致力于满足品尝者，在富人或者上层阶级的味蕾上引起惊讶和喜悦，职业厨师（其中一些人的专门化程度很高）为这些人制作艺术成分极大的制成品，它们后来被称为“烹饪艺术”。

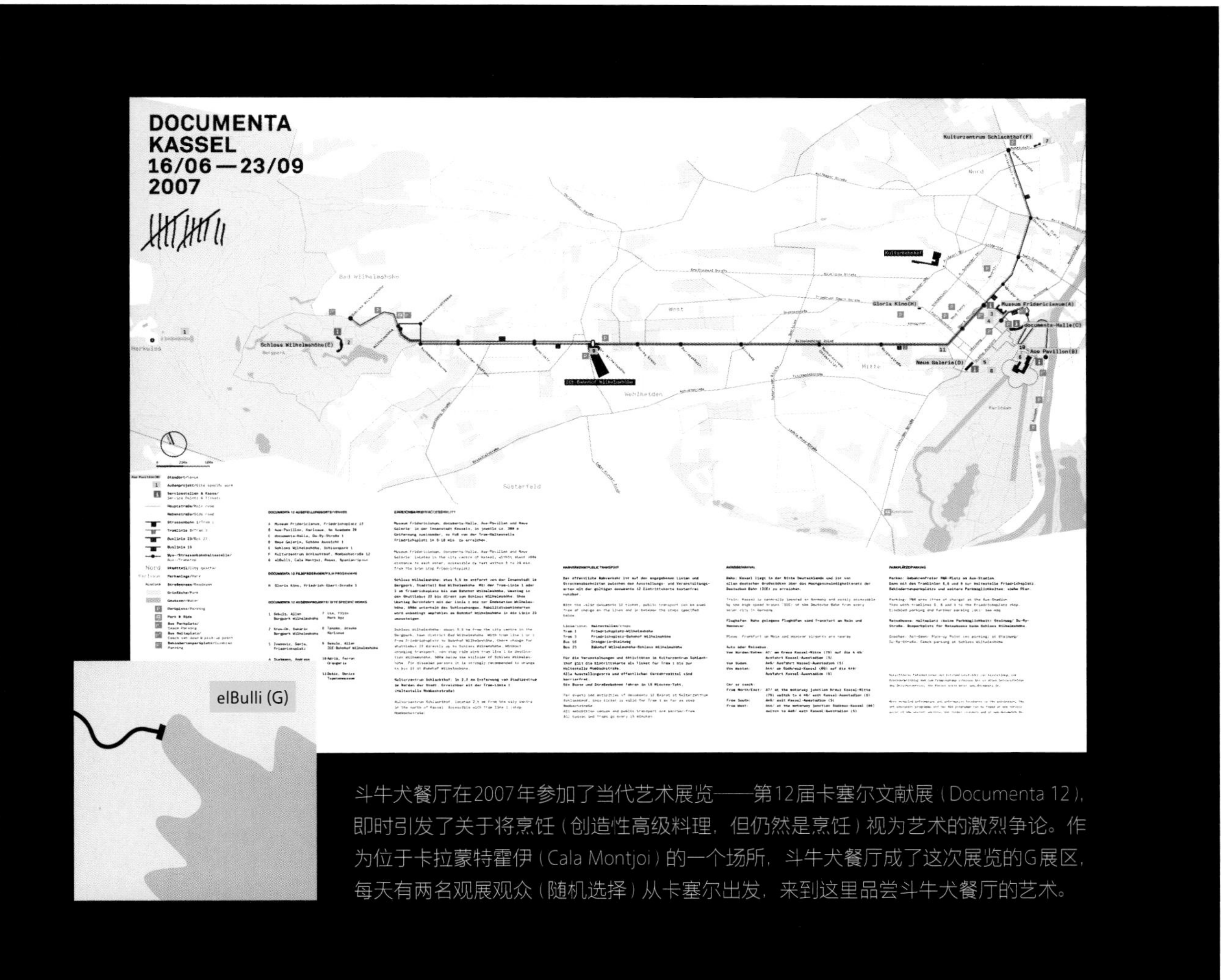

斗牛犬餐厅在2007年参加了当代艺术展览——第12届卡塞尔文献展（Documenta 12），即时引发了关于将烹饪（创造性高级料理，但仍然是烹饪）视为艺术的激烈争论。作为位于卡拉蒙特霍伊（Cala Montjoi）的一个场所，斗牛犬餐厅成了这次展览的G展区，每天有两名观展观众（随机选择）从卡塞尔出发，来到这里品尝斗牛犬餐厅的艺术。

与艺术相关的烹饪创造、再生产和体验

▶ 存在创造时作为艺术的烹饪

很显然，许多烹饪创造不是艺术思维的结果，但是拥有创造性思维让烹饪职业人士能够以某种隐含的哲学产生出超越传统障碍的结果。从这种意义上看，我们可以将烹饪艺术定义为这样一种烹饪风格，它表现出了创造性思维和艺术意志。富有创造力的厨师可以表达情感、产生思考甚至可以鼓动人心。在烹饪时进行创造的人可以产生一段话语，并且能够在他们的做事方式中反映出成千上万的特征，这些特征赋予他们自己的风格，这种风格可能会变得具有影响力。就这一点而言，就像并非所有画家都是毕加索一样，并非所有厨师都被认为具有影响力或者是艺术家。

当创造者（无论是厨师还是艺术家）想知道自己做的是什么的时候，就触及了在艺术和烹饪中关于创造的最重要的考虑因素之一：什么是艺术，什么是烹饪？而答案无非是对他们自己如何通过工作来理解并思考这个问题。为了做到这一点，重要的是厨师要开辟新的天地，以高效的方式利用自己的影响力并质疑范式。

显然，每个领域在其表达形式中都有各自的特点，一个人可以用绘画表达的东西不同于另一个人可以通过音乐以及再一个人通过烹饪表达的东西。每个创造者的艺术思维都根据他们的创造力形成的领域而有所区别并获得成果。

▶ 存在再生产时作为艺术的烹饪

千百年以来，厨师和艺术家一直为构成社会精英阶层的家庭服务，并为他们创造和再生产作品：食物和饮料、绘画、雕塑、舞蹈及音乐。正如我们在关于该主题的章节中解释过的那样，再生产涉及很多高超技艺，这让我们可以断言，作品的艺术价值并不只出现在创造性中。在极度擅长的复制工作中也可以找到艺术性。

再生产包括对已创造之物的重复。它是手工艺，但它代表的是烹饪中艺术性较低的领域，因此在技艺超凡的情况下可以出现例外。

▶ 被我们体验时作为艺术的烹饪

目前，我们可以在美食体验与参观博物馆或观看舞蹈表演之间进行比较。当一个人参加其中的任何一项，怀着对于将在那里发现的作品的期望，希望看见、了解和理解他们将要见证或品尝的东西时，他们便参与了一种体验。他们的所吃、所见或所闻可能会取悦或者打动他们，或者让他们失望甚至不安，但是这些将在他们心中引起一种情感和感受，因为当一个人能够接受自己所体验的内容产生的反思或特定印象时，烹饪和艺术都提供体验。这将由创造或再生产作品（一段舞蹈、一道菜肴、一幅画）的艺术家（舞蹈家、厨师或画家）与该作品面向的观众（观看者或顾客，他们接收并理解其中的信息）之间的对话证实。这是艺术界一直在争论的观点之一——观看者的观点，因为观看者以为是艺术的一切真的是艺术吗？

艺术与烹饪之间的一大区别在于，烹饪通常会引起反思，而且在特殊情况下，它寻求在用餐者或顾客中产生愉悦感以外的东西，但是当它具有艺术性时，它始终优先考虑产生愉悦，以提升食物和饮料的美感，创造惊喜或宜人的感觉。在艺术中，这个因素是相对的。在最高的层次上，它可能致力于产生观察者其实并不享受的感觉。实际上，艺术领域的一些重要运动致力于在它们的观众中产生和挑动愉悦感之外的东西，因为它们要传达某种不一样的信息。在烹饪中，我们可以发现这种渴望“唤起一种感受”（某种令人愉悦的感受或者某种不同的感受，但仍然是一种感受），这种感受超越了满足感，但是只有当它是打破常规的先锋性烹饪时才是这样。

艺术理论，烹饪理论？

从本质上说，艺术和烹饪及美食学拥有共同的起点。作为与社会紧密相连的领域，它们都根据自己出现的地点和时间改变了自身结果的特征，而这些特征反映在他们的作品或制成品中。虽然不是本质上的，但到目前为止发生的事情是，纵观历史，画家、音乐家、舞蹈家、雕塑家、演员和厨师在他们的作品中反映并表达了超越世俗的观念。所谓“世俗”，是在此之前做过的事情的基础。而且由于他们这种对跨越纯粹界限的渴望，而且敢于继续创造成果，一种牢不可破的纽带已在艺术学科和烹饪之间建立了。

通过关注烹饪与艺术的共同特征，我们观察到它包括与创造力、美学、技艺、仪式和直觉相关的艺术成分，而且它可以用作反思、刺激和鼓动人心的语言。烹饪就像艺术学科一样，可以传达信息。二者的主要区别在于，烹饪带有理性指导方针的强烈印记，这些指导方针设定了关于时间、地点和空间的目标。如我们所知，烹饪关注的是被消费的短暂结果，这意味着时间的管理方式不同于造型或雕塑艺术，在那里没有这种即时性，作品也不会一旦被品尝就消失。这不适用于戏剧、舞蹈和表演艺术，它们是短暂的。

这两者——烹饪和艺术——之间的巨大区别在于，艺术理论是研究这一现实的学术性学科，它负责对该领域的所有结果进行排序和分类，而正如我们在本书引言中解释过的那样，烹饪理论仍在建设中。有必要对所有烹饪结果进行分类，以便用这种方式研究它们，而且和艺术一样，应该按照历史时期对它们排序，以便识别风格、运动、趋势和时尚。如果我们以艺术理论为模型，我们甚至可能会识别出不同时期艺术家和厨师的作品中的共同特征。

“我们能否说所有艺术都是创造性的，所有艺术家都是创造性的？”

“一名极有成就但不具创造性的厨师可以拥有艺术思维。”

艺术模型

在这两页，我们探讨艺术如何随着时间的推移依次产生大量风格和运动，并强调那些起源与20世纪的风格和运动。它们当中的每一种都拥有特定的特征，其在当时被视为该领域的转折点，让我们能够鉴定相应的运动。虽然每位艺术家都按照个人风格将这些原则转移到他们的作品中，但是构成运动的一部分的所有艺术家都拥有共同的意图和意志。

在理想的世界中，我们会梦想着一种烹饪理论，它可以按照艺术理论的方式对特征排序并识别出某种现象。这种现象导致一群厨师在对烹饪的某种理解方式的指引下进行自己的烹饪工作，且力求脱离过去，并允许每个人从个人角度理解自己在厨房中的角色。

《达达晨报》(*Dada Matinée*)，特奥·凡·杜斯伯格（Theo van Doesburg，1923年）

1905年

1907年

1916年

达达主义

达达主义提倡释放幻想，回归更纯真和随意的创作形式。它依靠挑衅和诗意的行为，是极具激进和抗议性的艺术运动之一。

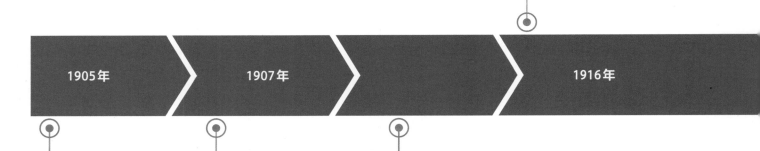

表现主义

作为对印象派的回应出现，这种艺术运动使用线条和颜色创造高度象征性和主观性的含义。

立体主义

其使用旨在以新方式再现现实复杂性的图像和美学语言。立体主义在观看者和图像之间提供了一种不同的关系，令前者在自己的脑海中重构并理解后者。

未来主义

诞生于1909年的一场艺术运动，旨在打破传统，且拥抱未来并庆祝创新，同时放弃了许多重要的艺术元素和惯例。

《呐喊》(*The Scream*)，爱德华·蒙克（Edvard Munch，1893年）

《毕加索肖像》(*Portrait of Pablo Picasso*)，胡安·格里斯（Juan Gris，1912年）

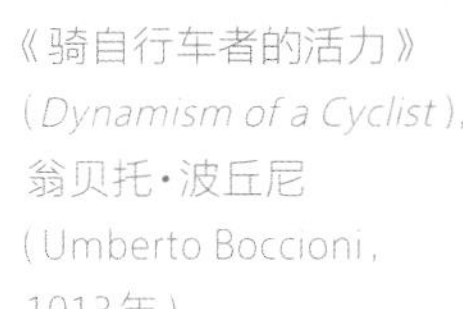

《骑自行车者的活力》(*Dynamism of a Cyclist*)，翁贝托·波丘尼（Umberto Boccioni，1913年）

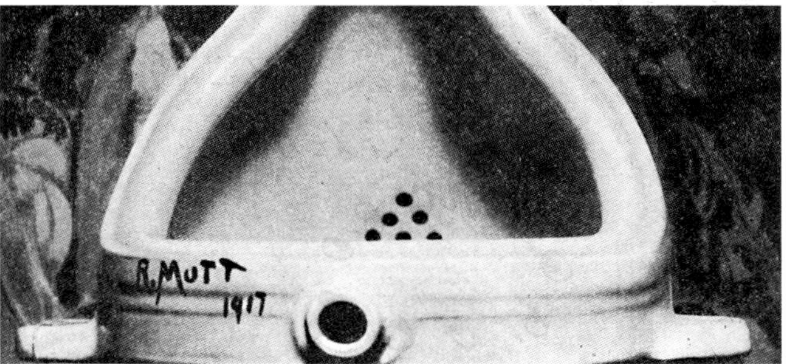

《泉》(*Fountain*),
马塞尔·杜尚(Marcel Duchamp,1917年)

《两种用法》(*Dos sentidos*),
乌戈·劳伦塞纳(Hugo Laurencena,2002年)

抽象表现主义(ABSTRACT EXPRESSIONISM)

抽象表现主义的特点是使用大尺度格式并通常消除形状,几乎无法辨别出形象。绘画表面被认为是一片开放领域,不同部分之间没有限制或层次结构。颜色使用受限制,主要使用三原色(洋红色,黄色和青色)以及黑色和白色。

概念艺术(CONCEPTUAL)ART

概念艺术将艺术作品视为智力刺激的对象,而不只是纯粹沉思的对象。

照相写实主义(HYPERREALISM)

照相写实主义出现于20世纪60年代末,它使用与照片相似的画面且尽可能真实、客观地再现现实。

1916年　1940年　1960年

超现实主义(SURREALISM)

由诗人安德烈·布雷顿(André Breton)领导的这场艺术和文学运动追求释放潜意识的创造潜能,从而产生常常如同梦境的非理性或出乎意料的图像。

极少主义(MINIMALISM)

极少主义旨在将一切都减少到基本程度,消除所有多余的东西,并将事情简化到最低限度。

波普艺术(POP ART)

波普艺术出现在英国和美国,它使用的图像展示来自媒体的流行文化元素,包括广告和漫画,并在这些元素的原始语境之外使用它们,以回应媒体文化日益占优的主导地位。

萨尔瓦多·达利(Salvador Dalí,1939年)

安迪·沃霍尔(Andy Warhol,1974年)

烹饪是一门具有学术性、大学水平和科学性的学科

学科是什么？

学科（DISCIPLINE）
《牛津英语词典》

7. a. 名词　学习或知识的分支；研究或专业领域；科目。

所谓“学科”，我们指的是具有观察和研究对象的人类知识的领域或部门。换句话说，学科专注于现实的一部分，以便人们理解和解释它。

作为学术性学科的烹饪

学术性学科（ACADEMIC DISCIPLINE）
维基百科

学术性学科或学科领域（academic field）是对在学院或大学水平教授和研究的知识的细分。学科（部分地）被发表研究的学术期刊、从业人员所属的学院和大学内部中有学识的社团以及学术部门或全体教员定义和认可。它包括科学性学科。

学术性学科传统上分为自然科学、形式科学、社会科学、人文科学和法律科学，每个学科由不同的门类构成。烹饪可被视为一种学术性学科，因为围绕着它已经发展出了一个知识领域（实践的，但也是理论的，如第135页所示），并且它需要研究和思考才能发展。然而，烹饪尚未被分类为科学。

与其他学科不同，它在学术层面的存在主要集中在学院和职业培训机构或者专门学校，而不在大学教授，尽管最近已经出现了“美食科学”的大学学位。一些世界上最负盛名的机构专门培训通用烹饪职业人员，但是也训练所有可能的专门化分支（侍酒师、酿酒学家、糕点师、面包师及调酒师），它们见证了对此类研究的兴趣呈指数级增长，很多人认为这些机构“在学术界之外”，因为它们提供的资格认证不被视为大学学位。

作为大学水平学科的烹饪

在学术性学科中，在大学领域发展的那一部分可被视为大学水平学科。直到最近，烹饪才作为学位课程进入该领域，而且目前还没有专门从事烹饪的师资队伍。然而，由于烹饪作为一门职业的吸引力（见第140页）正在全球范围内增加，有迹象表明正式的大学水平烹饪研究正在开始。

作为科学性学科的烹饪

科学的（SCIENTIFIC）

《韦氏词典》

1. 形容词　科学的，与科学相关，或者展示科学的方法或原则。
2. 形容词　以科学的方式或者根据科学的调查结果进行的：实践或使用彻底的或系统的方法。

科学（SCIENCE）

《韦氏词典》

1. 名词　知道的状态：区别于无知或误解的知识。
3. a. 名词　涵盖一般真理或一般规律运作方式的知识或知识体系，尤其是通过科学方法获得并测试的知识或知识体系。
3. b. 名词　与物质世界及其现象有关的此类知识或知识体系。

因为科学是通过观察和推理得到的知识的合集，并且可以从这些知识中推断出可验证的原则和规律，因此我们可以从这个定义进行推断，考虑烹饪是否进行观察和推理，是否使累积的知识结构化，是否提取某些可验证的真相（可以验证和再现的事实），这些真相与它使用的产品、应用的技术以及使用的工具是否有关。

我们不能将烹饪说成是一门科学性学科，但是我们可以认为，就像科学产生一旦验证就可以应用的知识一样，烹饪产生的知识让我们能够继续再现它，而且因为这一点，我们还可以继续进行创造，就像科学一样。所有组合的知识都需要此前的知识。食品技术人员将成为烹饪作为科学性学科的代表人物。

教育学（PEDAGOGY）

《韦氏词典》

1. n. 教学的艺术、科学或职业。

作为研究如何利用其他学科（社会学、历史和哲学等）的贡献教授和传播知识的学科，教育学致力于组织教育，以便在其体系、组织和程序中提供最好的教育。将教育学与烹饪相联系的思维过程与烹饪和美食教育的教授方法紧密相连。但是，鉴于这门科学特别强调儿童的教育，所以它在向儿童提供的烹饪和美食教育辅助工具的设计中起着重要作用。

我们理解烹饪是什么中所用到的学科和科学

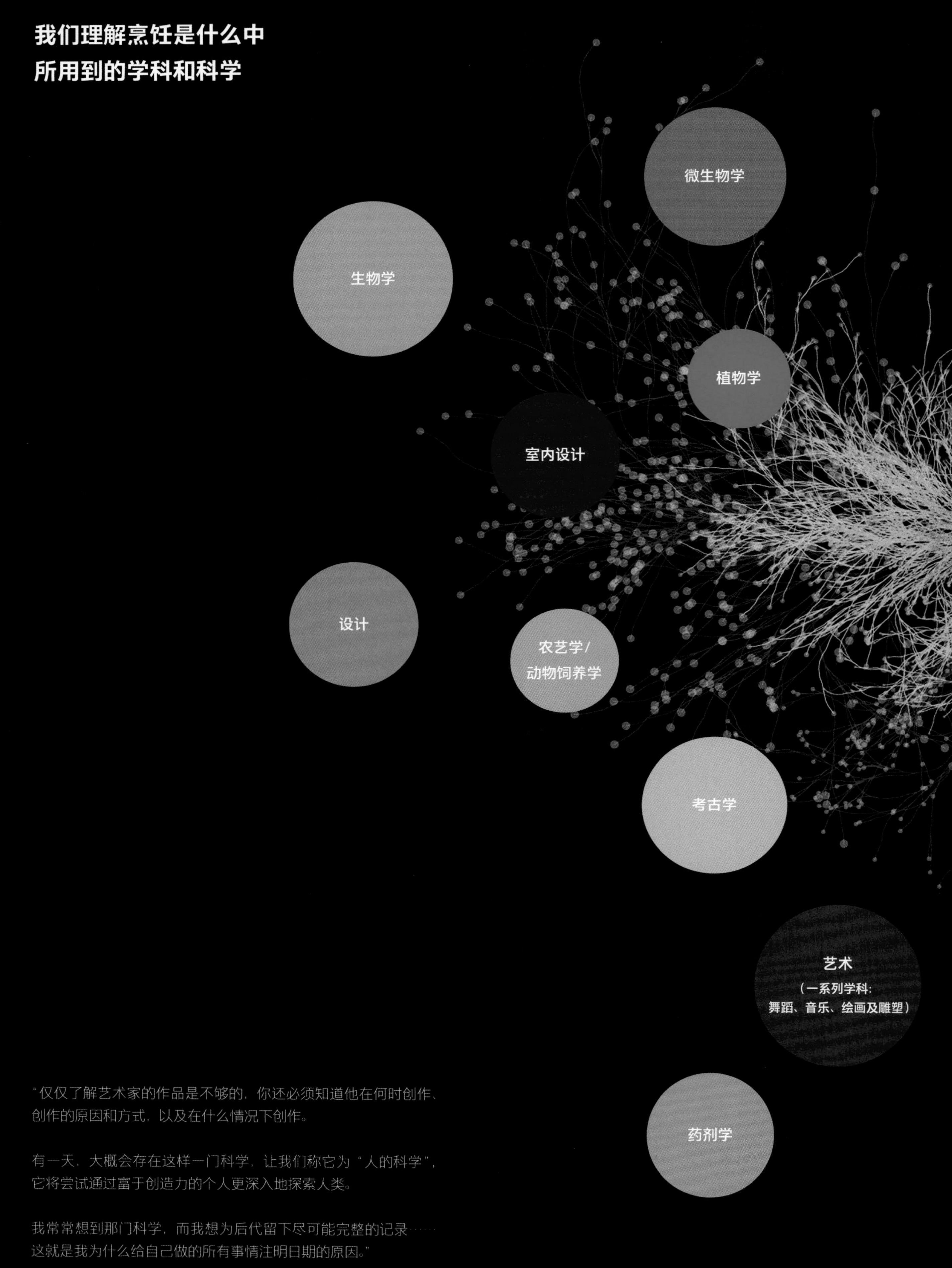

“仅仅了解艺术家的作品是不够的，你还必须知道他在何时创作、创作的原因和方式，以及在什么情况下创作。

有一天，大概会存在这样一门科学，让我们称它为“人的科学”，它将尝试通过富于创造力的个人更深入地探索人类。

我常常想到那门科学，而我想为后代留下尽可能完整的记录……这就是我为什么给自己做的所有事情注明日期的原因。”

巴勃罗·毕加索（Pablo Picasso）

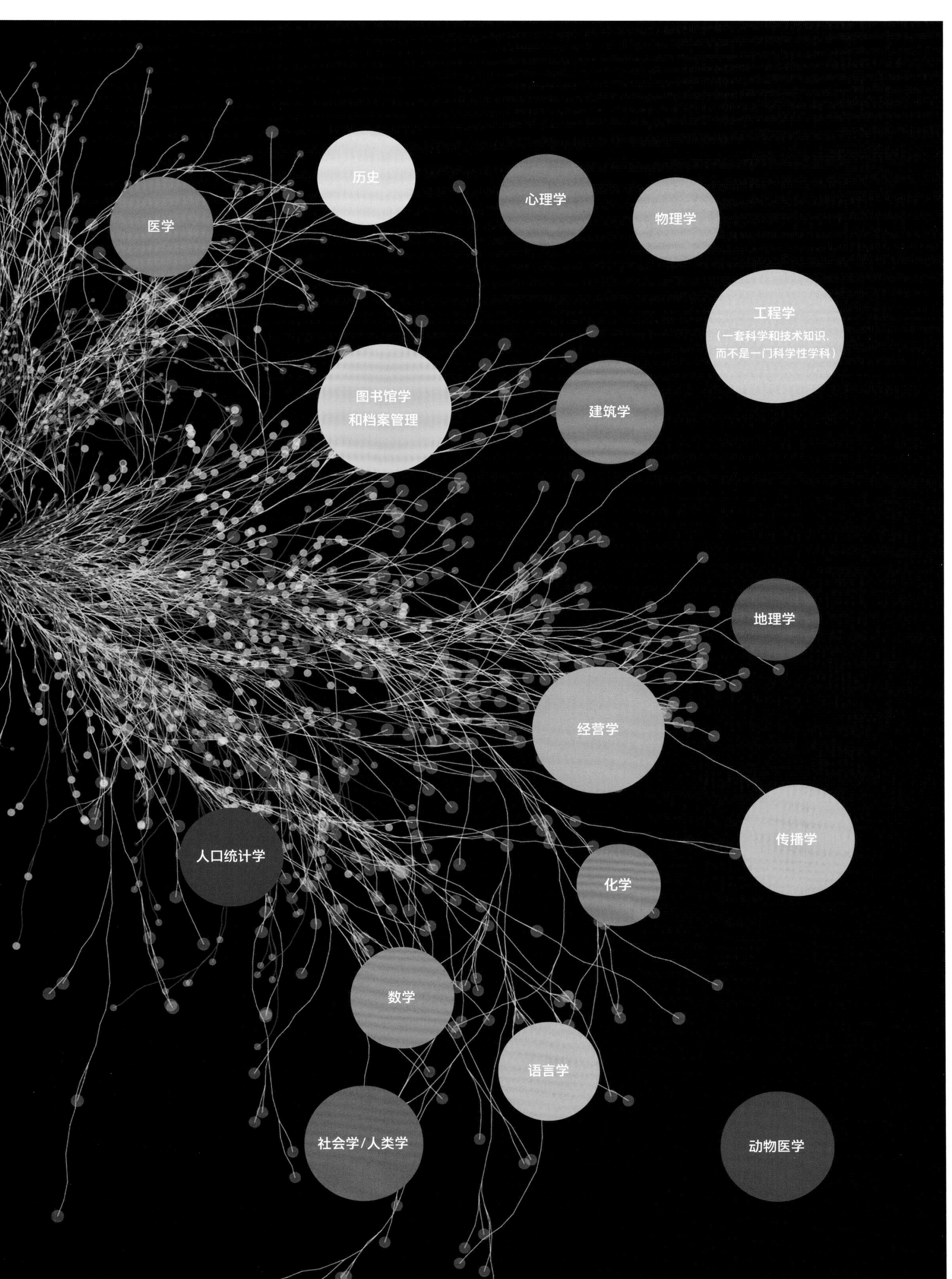
历史
心理学
物理学
医学
工程学
（一套科学和技术知识，
而不是一门科学性学科）
图书馆学
和档案管理
建筑学
地理学
经营学
传播学
人口统计学
化学
数学
语言学
社会学/人类学
动物医学

当我们烹饪以便与他人交流或分享知识时，烹饪还可以具有分享信息的目的

“传播和分享知识是职业厨师的责任吗？”

当我们提到进行烹饪以交流时，我们考虑的是本书其他部分都没有涉及的一种可能性，但它仍然是烹饪在业余和职业层面的用途之一，尽管这主要发生在职业烹饪中。

在这种情况下，我们的烹饪不是为了创造或再生产，因为目的不是吃烹饪出来的东西，而是赋予烹饪行为以交流或教学的任务。另外，在聚集了相关职业人士（他们的目的不是吃烹饪出来的东西）的行业会议和贸易活动中，当制成品在这一公共领域被制作出来时，我们谈论烹饪是为了交流。在这里，取决于在其中进行烹饪的活动，烹饪的目的是解释、分享、可视化等。对于烹饪或美食的贸易活动和会议，最基本的目的是传播，以便实现行业内的知识共享并产生新的协同效应。

烹饪在某种事件（无论是公共的还是私人的，只面向其他厨师的）中的目的也可能是促销。换句话说，这种烹饪向公众展示了使用特定工具对某种产品应用某种技术的优势。

在某些情况下，借助于适当的工具对产品应用技术是一种教学手段，因为烹饪只能通过理论研究和不可避免的实践操作来学习。这种实证方面传达的思想是，我们只有通过试错——不断尝试直到成功——才能在烹饪中取得进步，这可能是我们烹饪教学的目的之一。为了交流知识的烹饪属于烹饪和接待业学校、职业培训机构等场所，但它也出现在业余烹饪中，并且可以通过观察和获取此前累积的知识世代相传。

传播学

我们已经讨论了将烹饪直接用于交流的可能性，但是在这里，尽管已经接近这一点，我们还是专注于交流的科学即传播学。作为一门研究传播系统的学科，它包括新闻业和公共关系等。在21世纪，烹饪的一个重要组成部分是它的传播，这被认为是新闻学科（“美食新闻”）的专长，同时它导致美食学传播机构的设立。尽管从学术角度看缺乏烹饪文献（见第44页），但我们不能说近几十年来新闻和视听方面的记录和文献很少，因为这段时间出现了大量专注于烹饪和美食学的出版和视听材料（见第414页）。对于在公共领域进行的烹饪，公共关系也至关重要，特别是对于高档餐厅而言，在这些地方，赢得顾客然后照顾好他们是最基本的。实际上，有些公司专门致力于组织美食学领域的活动，并推广和宣传这些活动。

“当你在会议或活动中听某人谈论烹饪时……你在烹饪吗？
当你思考烹饪时……你在烹饪吗？
当你花时间阅读或撰写有关烹饪的内容时、
当你试图理解它时、当你谈论它时、
当你想象自己正在描述，甚至当你在听到
对某种美味制成品的描述或者想起来自童年的
某道菜肴而分泌唾液时……你在烹饪吗？”

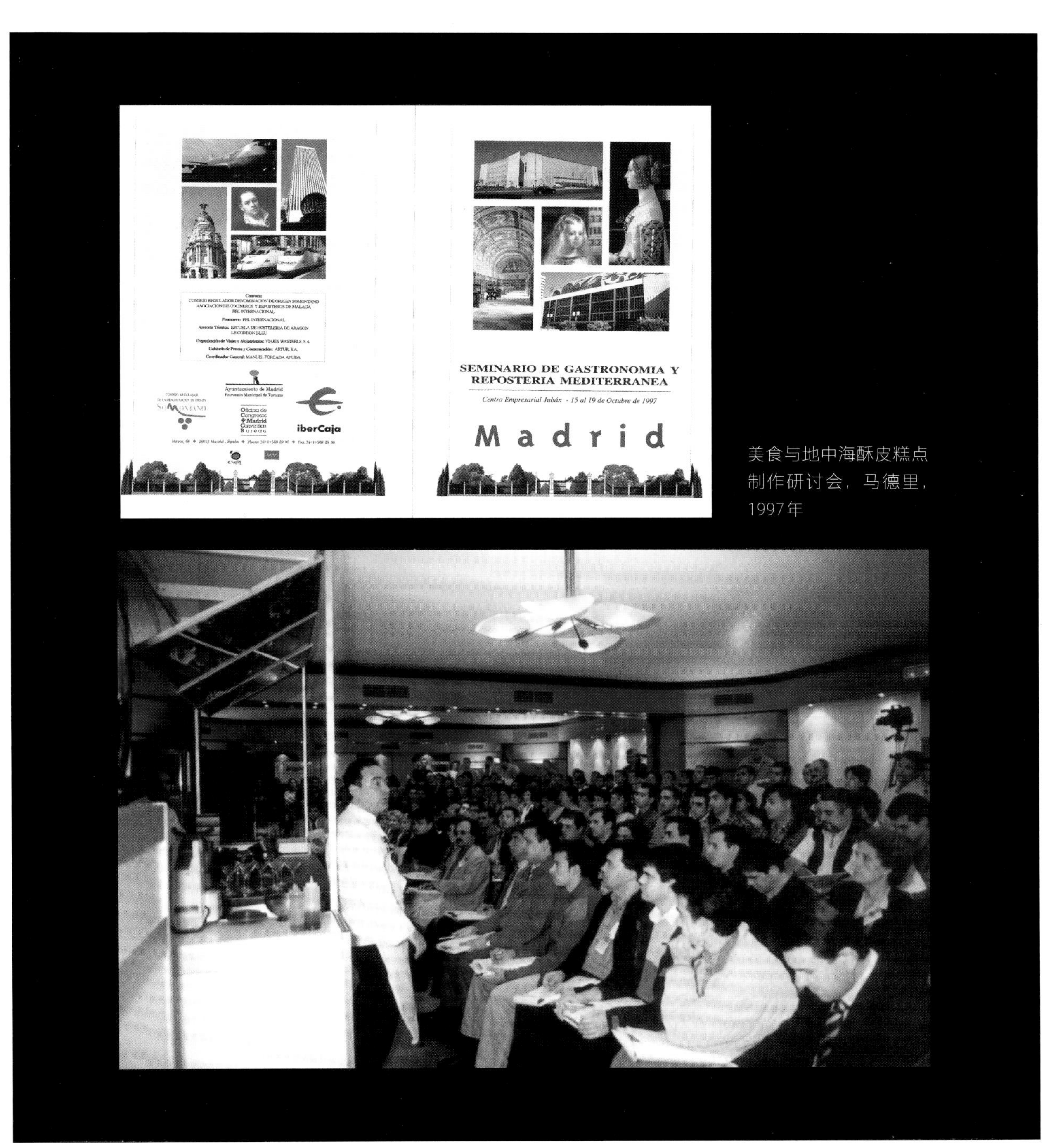

美食与地中海酥皮糕点制作研讨会，马德里，1997年

烹饪是生产各种格式的文字，是视听材料的驱动力

虽然在本书开头，我们提到缺乏支持烹饪学科的文献记录，这让我们能够对它进行验证、回顾和整理，但是上一个世纪的情况让我们无法否认烹饪已经成为以各种格式生产的出版和视听材料的驱动力之一。虽然我们仍然感到缺乏可对该学科进行严格学术研究的文献资料，以实现对它的更详尽的分析，但是很显然，在整个出版界，烹饪已经令印刷机投入工作，特别是在20世纪。

厨艺图书（Cookery books） 正如我们在本书其他部分提到的那样，大多数烹饪出版物都采取厨艺图书的形式。自从印刷机被发明出来，历史上的许多厨师就一直在编写和整理食谱。食谱大概是与烹饪有关的最多人参考的书面格式。厨艺图书可能以某位厨师的名字出版（如果由此人整理食谱的话），也可能没有具体的作者。

美食指南（Gastronomic guides） 显然，美食指南来自只关注料理的出版领域，它专注于评估质量标准，其内容是将公共领域中的餐厅和其他场所分门别类。第一批美食指南出版于大约120年前。

烹饪和美食认可 烹饪行为可能导致烹饪的厨师得到认可，同样可能得到认可的还包括高档餐厅使用的产品和提供的服务。通常而言，美食指南［米其林星，“雷普索尔太阳”（Repsol Suns）等］或其他类型的出版物会颁发这些奖项，有的奖项颁给特定个人，如主厨、侍酒师、酒保、调酒师等，有的奖项颁给作为整体的场所。不过最有影响力的美食作家以及在地区、国家和国际层面排列场所的榜单也会做这件事（最著名的榜单是“全球50最佳餐厅”）。

烹饪杂志（Culinary magazines） 有很多专业杂志（月刊、双月刊、季刊等）不仅包括食谱，还包括调研、餐厅评论以及对主厨和烹饪界其他人士的采访等。还有一些普通杂志定期刊登关于烹饪的专题或文章，将其作为新闻题材。

数字时代的美食新闻 除了在纸上印刷的所有新闻，互联网还实现了数字时代的新闻，这使得与烹饪相关的内容可以通过屏幕获取而不需要硬拷贝。于是，每天都能在世界各地找到以文章、专题和评论（大多数针对的是餐厅料理）、报道以及主厨访问等方式呈现的专业写作。与此同时，普通记者可以创造与烹饪相关的内容，不必将烹饪作为自己的职业专长。

美食百科全书（Gastronomic encyclopedias） 所谓的美食百科全书，是指以有序方式排列烹饪知识的专业百科全书。它们不包含食谱，而是涉及概念、从业人员等。

美食文学（Gastronomic literature） 叙事、散文、诗歌等各种体裁。一般而言，烹饪是文学创作的一种资源和灵感来源，有时当情节围绕烹饪发展时，它就会起主导作用。成千上万、各种类型的图书都曾提到烹饪以及食物和饮料。

其中包括拉斐尔·阿尔贝蒂（Rafael Alberti）和巴勃罗·聂鲁达（Pablo Neruda）在内，许多作家都特地对烹饪的结果做出了论述，前者说的是火腿配鸡蛋，而后者写了一篇对鳗鱼汤的颂歌。除了启发他们进行文学创作的制成品的新颖性和多样性，还应考虑文学的美学方面。从文学创作的视角来看，以诗歌表达时可以增强烹饪的美感。

漫画（Comics） 还存在漫画格式，这在亚洲有悠久的传统，始于某种与烹饪相关的概念或者烹饪本身。

专门研究技术和工具的图书 此类图书提供使用工具应用技术的指南，作为对厨师培训的补充。

随笔（Essays） 像在所有散文中一样，关于烹饪的随笔包括作者（可能是厨师、美食作家或者其他人）对烹饪或者烹饪问题的意见或想法的表达。

传记（Biographies） 关于厨师的传记有很多，他们的人生故事也不可避免地包括了他们的所有烹饪工作。

电影（Films） 涵盖所有类型（包括动画），烹饪题材的电影呈指数级增长，而且目前有适合所有观众的作品。它们可能讲述真实的故事（有时涉及历史上可验证的事件），但也有虚构作品。

电视节目，比赛和竞技节目 在如今的电视领域有很多烹饪节目让著名（和不那么著名）大厨在镜头面前烹饪，制作他们自己创造的菜肴或者再生产别人创造的菜肴，向观众逐步展示制作过程，直到获得最终结果。还有以厨师（分为职业型和业余型）之间的竞赛为特色的比赛和竞技节目，在一段时期内每周播出一次，最后选出获胜者。

报纸增刊和版面 除了杂志，常常还可以在报纸中找到烹饪版面或者食物相关增刊，将烹饪事项与时事以及此类期刊中的其他主题混在一起。

纪录片（Documentaries） 纪录片格式近些年被用来制作烹饪内容。它们作为专题论述被观众观看而非阅读，而且它们涉及与某个国家、某位特定厨师等相关的当前和过去的主题。

烹饪是文化的发生器，是反映身份的镜子

文化（CULTURE）
《韦氏词典》

1. a. 名词　种族、宗教或社会群体的习惯性信仰、社会形势和物质特征。
1. c. 名词　与特定领域、活动或社会特征相关的一套价值观、惯例或社会实践。
4. 名词（废）　宗教崇拜。

通过使用《韦氏词典》对“文化”一词的定义，我们避免了任何争论。我们可以断言烹饪无疑是一种永久且有生命的文化，并且随着时间的推移在世界上的每个角落都没有停止发展。

- 烹饪作为让人能够做出批判性判断的一整套知识。我们可以说烹饪知识赋予了作为一个物种的我们首个批判性的判断，即通过改善营养来保证生存，这是通过观察改变我们的食物来源以制作可食性更佳或者更好吃的食物后得到的结果。

- 烹饪被理解为一套生活方式和习俗。知识和发展程度代表了我们可能希望分析的每个历史时刻世界上每个地区的人类群体的清晰形象。因为我们作为一个物种所烹饪的所有东西都是我们所吃的东西，所以尽管食物是一种短暂的现实，烹饪却能解释一个人的生活方式、与环境的关系、烹饪传统（大多是口头的，较少是书面的）、信仰和社会结构。

而且，就像从人类开始存在以来就伴随着他们的其他文化表现形式一样，烹饪发生在世界各地。没有一个社会不以某种方式进行烹饪，这种烹饪既是为了营养也是为了享乐主义。也没有一个社会，烹饪反映并代表该社会的部分或全部现实。

大众文化（POPULAR CULTURE）
《牛津英语词典》

名词　特定社群的普通人的文化传统。

与之类似，我们可以将大众烹饪（人民自己创造、再生产和品尝的烹饪，自史前时代以来一直被实践的烹饪）视为大众文化的表达，它无疑包括识别传统生活的特征。

因此，联合国教科文组织（United Nations Educational, Scientific and Cultural Organization，简称UNESCO）将世界上的某些料理、许多烹饪仪式和习俗识别为文化遗产的非物质部分。它们不是纪念碑或图书，它们并不总是可被造访或咨询，但是它们代表最明显的文化形式，因为它们是曾经的社会和人民的遗产。它们增强了对过去、现在和未来身份的感受，并且像其他文化表现形式一样，它们巩固了群体的凝聚力，无论其目的是营养还是享乐主义。在保护这些料理方面，烹饪的短暂性是一个问题，因为一旦代表它们的制成品被吃掉或喝掉，一旦它们已经“消失”，记录它们就会变得很困难。因此，被联合国教科文组织认可的料理被归类为“非物质文化遗产”，因为其结果的持续时间必然是短暂的。

而在更高的层次上，当文化拥有改造社会的能力时，烹饪难道没有作用吗？例如，日本料理难道没有改变西方社会的消费习惯吗？世界上某个地区所固有的烹饪产品、技术或工具被转移到其他地区，难道没有创造出新的动力，产生新的协同作用并促进新的烹饪形式吗？所有这些难道不都是文化吗？

taller Portaferrissa 7, pral. 2a · 08002 Barcelona (Spain) · t (34) 93 270 37 00 · f (34) 93 270 37 01 · e-mail taller@elbulli.com
restaurant Cala Montjoi · Ap. 30 (17480) Roses · Girona (Spain) · t (34) 972 150 457 · f (34) 972 150 717 · e-mail bulli@elbulli.com · www.elbulli.com
elB lli
Restaurante El Bulli S.L. · NIF B17423831 · Inscrito en el Registro Mercantil de Girona Tomo 815 · Folio 193 · Hoja GI-15538

我们过去有多少人？现在有多少人？将来又会有多少人？从人口统计学角度看烹饪

什么是人口统计学？

人口统计学（DEMOGRAPHY）

《牛津英语词典》

1. a. 名词　对人口的研究，特别是对统计数据的研究，例如出生和死亡人数、疾病发生率或迁徙率，这些数据说明了随时间变化的人口规模或构成。

维基百科

人口统计学［“demography”一词的前缀“*demo*”来自古希腊语单词 δήμος（dēmos），意为“人”，而“*graphy*”来自“γραφω graphō”，意为“书写、描述或测量”］是对群体的统计研究，尤其是人类群体。人口统计学包括对这些群体的规模、结构和分布的研究，其研究对象还包括这些群体随着出生、迁徙、衰老和死亡而发生的时空变化。作为一门非常综合的科学，它可以分析任何类型的动态居住人口，即随着时间和空间变化的人口。

人口统计学和烹饪

任何烹饪者，任何进食和饮用烹饪结果的人，都是不同人类群体的组成部分。当我们掌握了关于他们的人口统计学信息，就可以从烹饪上更好地理解他们。

在这些人类群体的规模、结构和进化的框架内，他们的烹饪以及与食物相关的行为为人口统计学这一研究领域提供了关于其组织和动态的非常重要的信息。正如我们在整本书中看到的那样，不同空间中的不同社会阶层可以使用一种或另一种烹饪方法，还可以决定喂饱自己以维持生存，或者超越这种基于营养的限制，发现烹饪的其他用途。关于他们的结构和动态，我们可以断言，传统大众烹饪无非是在家庭层面一次次地复制世代相传的烹饪知识的汇编，这种动态传递的基本信息让家庭能够继续饱食。至于迁徙现象，我们发现除了某块土地的居民转移到世界上的其他地方，与他们相关的产品及其起源地的技术和工具也发生了转移，导致“移民”料理的诞生，它们抵达世界各地并不断被发现，同时创造出新的混搭和越来越多的制成品。

与人口统计学有关的一个重要方面是我们消费方式的可持续性，本书在关于自然烹饪的章节中特别提到了这一点（见第332页）。它还与一个谬论有关，该谬论认为我们只需使用还没有被栽培的东西，只需从地球那里拿来我们找到的东西而不加以任何改变，就能喂饱2019年居住在这颗星球上的70亿人。通过这门学科，考虑到它向我们提供的信息，就可以收集和公开许多关于食物和烹饪的统计信息。

实际上，通过人口统计学研究的现象之一是死亡率。在历史上的某些时期以及现在世界上的许多地方，死亡率仍然由于不断出现的饥荒居高不下。当不存在烹饪或食物，或者它们的数量不足以滋养身体，人口统计学可能会研究由以下原因引起的高死亡率：烹饪的消失或者几乎完全缺失。

“考虑到人口已经增长并将继续发展，它将如何影响我们的烹饪方式？”

地理位置的概念：如果我们改变自己在这颗星球上烹饪、进食和饮用的地点，会发生什么变化？

地理学（GEOGRAPHY）

《韦氏词典》

1. 名词　一门研究地球表面的各种物理、生物和文化特征的描述、分布和相互作用的科学。
2. 名词　一个地区的地理特征。

维基百科

地理学是一门致力于研究地球和行星的土地、特征、居民和现象的科学领域，是一门旨在了解地球及其人类和自然复杂性的全方位学科，它不仅仅是研究对象的位置，也包括它们如何变化成现在的样子。

烹饪发生在地球上人类涉足的所有地方，因此对地球表面及其土地特征的了解可对解释在地球土地上发展起来的每一种料理大有帮助。同样地，我们可以使用任何自然地理参考开始一段烹饪讨论。例如，生活在赤道附近或者远离赤道对烹饪有什么影响？或者，如果我们将烹饪过程从极地转移到沙漠，烹饪过程（产品、技术、工具）将如何变化？当我们在靠近地理水体的地方烹饪时，烹饪会有所不同吗？

地理学还研究人类与特定地理环境之间的关系，因此人类地理学（研究人类群体的空间位置和地理演化）是这门科学的一个分支。并不令人奇怪的是，我们能够说出与烹饪相关的食物的地理知识，因为作为人类，我们对自己所食之物进行转化。甚至在我们成为智人之前，让我们能够喂饱自己的原材料就来自我们周围的地理环境：从构成全球所有海洋、河流等的庞大水体，到我们赖以生存的土地，都是我们用作未经制作的产品的所有动植物物种生长和栖居的地方。通过研究给定区域如何得到描述和呈现，即它的地理特征，我们可以吸取随后可应用于烹饪行为的重要经验教训。其中最显而易见的是未经制作产品的可用性，因为动植物物种根据我们在地球上所处的位置变化。尽管随着国际贸易的发展，目前不同地理区域之间存在产品交换，但是生活在海洋或河流附近的人仍然比住在山区的人更容易获得鱼类。通过这种方式，我们讨论的是理解特定烹饪、进食和饮用方式的可能性，但这也在此指出这样一个事实，即地理学让我们能够分析它们在某个具体地区的演化，因为人类也改变了自身的环境。

从人类团体或群体与自身居住的特定地理区域的环境之间的关系出发，以地理和环境的角度看，我们也可以得出适用于烹饪的结论。例如，热带雨林正在遭到砍伐以供我们能够种植目前食品工业需要的植物物种的土地，这一事实让我们思考，我们对烹饪的理解方式（作为食物和饮料的提供方）在多大程度上导致我们改变了地理和环境。我们又将在多大程度上改造地球表面以满足当今食品工业的需求，而且考虑到改造地理会产生后果，这些改造的可持续性又如何。这一连串分析有引起争议的风险，因为在20世纪，人类对周围地理环境的改变比以往任何时候都多。关于当前饮食方式的可持续性可以引起许多争论（见第380页），这些饮食方式源自各种烹饪类型，而且根据分析所针对的地理位置的不同，它们仍然会存在巨大的差异。

地方性烹饪

地方性是什么意思?

地方性的(ENDEMIC)
《韦氏词典》

1. a. 形容词　属于或原产特定的民族或国家。

“地方性烹饪”这个术语是什么意思?

地方性的生物学定义是指某些物种在自然界中属于某个特定的地方，在任何其他地方都没有自然分布。如果它们出现在其他地方，那是因为人类把它们带到了那里，但我们不能认为它们属于那里。

因此，地方性烹饪的概念让我们考虑使用自然分布在当地(某个地方或地区)的产品进行制作，即这些产品起源于当地并且属于那里，而不是人类从别处将它们带来的。这将涵盖所有基于动植物的未经制作的产品，它们可以独立出现在特定地理位置的特定生态系统中。另外，我们还将另一种烹饪形式归类为地方性烹饪，这种烹饪使用的技术起源于当地(同样是某个地方或地区)，且是在当地被创造出来的。在使用地方性产品并应用这些地方性技术以创造新的制成品时，我们可以按照同样的方式对产生的制成品进行分类。

如果这些制成品继续构成其他制作过程的一部分，它们可以用作中间制成品，如果不需要进一步的转化，它们可以用作供品尝制成品。无论在哪种情况下，地方性制成品都是在特定地方被创造和再生产的制成品，它们使用的产品天然且属于此地，其烹饪过程使用的技术是在同样的地方被创造的，而不是从其他地区或地点引进的。如果产品、技术或工具以及得到的制成品在它们不属于的地方出现并且用于烹饪，那么作为纯粹主义者，我们不能将其描述为地方性烹饪，也不能按照这种方式对产品或技术进行归类。然而，这样就几乎不可能将任何烹饪行为及其结果归类为地方性的，因为尽管我们可能在某种产品(天然的或人造的)的起源地发现它，它不是被人类带去那里的，但是要想让制作技术保持孤立状态，那么它必须处于非常偏远的地理背景下。

因为人类在历史上发生迁徙，并将他们在特定纬度和特定半球、地区和地点获得的烹饪知识带到其他地方，因此找到一种可被完全归类为地方性的烹饪过程将会是很有趣的。对于这种烹饪，它使用的产品、应用的技术以及用来应用技术的工具都只属于某个特定人群。

与“地方性”烹饪所提供的角度互相补充的另一种角度来自“本土烹饪”。

本土的(INDIGENOUS)
《牛津英语词典》

1. a. 形容词　在某片土地或地区诞生或自然产生；原产或自然属于某土壤，地区等。

如果我们使用“本土”的含义描述那些仍然在出生地生活、没有经历过地理流动性的人类，那么我们能够谈论“本土烹饪”。本土烹饪还可以是在被创造的同一地点进行再生产，并且使用“本土”产品(出现在或者起源于产品被烹饪的地方)的烹饪。

东方烹饪、西方烹饪：两种伟大的美食文化

正如我们在整本书里多次提到的那样，智论方法学关注的是西方社会的高档餐饮部门，这意味着应当对形容词“西方”有更好的理解。西方是一个关于土地和边界的地缘政治概念，但并不只与它们相关。传统上，它被用来指一系列发展出西方文化的国家，而西方文化被认为基于三个原则：古典（希腊和罗马）思想的遗产、基督教教义在社会各阶层的明显存在以及建立在理性和理性科学思维相关的开明思想之上的对社会进步的信心。

对烹饪艺术的地缘政治定义或身份的考虑导致我们诉诸“东方”和“西方”两个复杂的概念，按照传统，这两个概念被用来“划分”世界，这种划分不仅是地理的，而且还是政治、经济和文化方面的。虽然这两个概念都被频繁使用，但是关于它们的含义目前并没有共识，而且它们都因为过于概括而深受质疑，因为它们没有考虑每个术语中包含的不同现实。尤其是它们的含义很明显具有超越地理的内涵，虽然地理是决定它们之间差异的起点。

“西方”（the West）和“东方”（the East）这两个术语源自更正式的“Occident”和“Orient”。这两个在古典时代出现的拉丁语单词指的是两个基本方位：太阳升起的方位是东方，即“Orient”；太阳落下的方位是西方，即“Occident”。在当时，“西方”指的是某特定点以西的事物，而“东方”指的是某特定点以东的事物。

这是最直白的解释，但是要想更深入地理解这两个术语，我们应该考虑这样一个事实，即欧洲作为一个曾经形成伟大帝国的不同政治单元组成的大陆，千百年来构建自己的历史时，欧洲一直在地图的中央。自视为中心的欧洲将越过大陆边界向东延伸的土地称为东方，并根据距离远近将它们划分为近东、中东和远东（仍然称为“东方”），而且一直到20世纪，欧洲的各个帝国在这里一直保持着影响力和势力范围。

在东方这一概念的背景下，我们发现了基督教之外的宗教，而且还有不同于欧洲的文化和身份认同。近东和中东与古代定居在地中海的文明的历史有关。从地理角度来看，这始于欧洲和亚洲的“分离”，当时“东方”基本上意味着阿拉伯世界（其内部也有各种差异），但是也包括比它更近（例如现代土耳其）和更远（例如现代印度和巴基斯坦）的土地。远东指的是距离欧洲最远的亚洲地区，其中包括现代中国和日本。如我们所见，被视为“东方”的大部分地区对应的是亚洲的不同国家。

冷战期间，历史上以“旧欧洲”——西欧——代表的西方概念正式在经济和政治方面延伸，并跨越了欧洲的边界。在20世纪的世界上存在的两极化局面导致了两大集团的形成：一个是西方的大西洋集团（“西方”，包括欧洲、美国及其盟友），另一个是苏联集团（由苏联和所有共产主义国家组成），后者包括更靠近亚洲的欧洲“东部”边缘国家（前苏联加盟共和国成员）。

从那时起，“西方”就超越了传统的欧洲概念，并将美国强调出来。自20世纪90年代以来，美国就一直在实行经济、政治、经济霸权和文化影响。加入西方的还有澳大利亚和南非这样的国家，尽管它们在地理上并不符合“西方”的概念，但它们是英国强大影响力的例子，直到20世纪之前它们一直是英国的殖民地。

尽管做了这种分析，但我们希望解释的是，这些概念的界限并不清晰，而且我们在这本书里使用它们，是为了从地缘政治的角度出发分析转移到高级料理和烹饪艺术的两种不同现实。然后，我们发现自己面对的现实符合这两个概念单元，并且以世界上伟大的烹饪艺术为代表。

- ▶ 先看西方，自文艺复兴以来，这里一直是致力于产生愉悦感的烹饪风格的摇篮，这种烹饪风格被创造出来的目的是令用餐者感到愉悦，而且其创造成果提升到了烹饪艺术的级别。我们没有其他选择，只能去欧洲的最西部，在那里我们发现了作为典范的法国，它作为主要参与者脱颖而出，是烹饪艺术的创造中影响力的主要历史来源，我们还将它与服务类型、品尝工具、仪式以及对餐桌礼仪的理解方式相关联。

- ▶ 如果我们对东方进行同样的操作，我们会发现自己面对着庞大的亚洲大陆，而我们将目光投入最东端的远东地区。在这里，我们找到了一个被联合国称为“东亚”的次级区域（包括如今的中国、日本、韩国、朝鲜和蒙古等国）。而且在这里，我们在中国和日本延续千年的料理中找到了可与法国相提并论的东西。虽然它们彼此不同，但它们都是烹饪艺术的创造者，并且与西方同行类似，它们都在该地区发挥引领作用。实际上，日本料理目前正日益受到人们的欢迎和国际认可，这已令该国的烹饪艺术可被世界各地的用餐者享用。

基于上述情况，并将其重要性纳入考虑，我们注意到，在世界各地的高档餐厅中再生产的“西方”烹饪艺术对应并体现在我们如今所说的法国高级料理中，而世界各地“东方”烹饪艺术的旗手是中餐和日本高级料理，其制成品在亚洲内外的高档餐厅部门进行再生产，目前正在全球范围内扩张。

如果我们考虑当前的国际态势（近几十年来烹饪发展的结果），我们可以看到，与政治和经济领导权的变化类似，随着新的参与者出现在国际舞台上，创造烹饪艺术的烹饪也在引人注目的程度上发生了变化。对一名厨师而言，当烹饪的其他方面都得到满足时，即当专注于享乐主义的必要资源可以获得时，他就可以创造烹饪艺术，而且这可能成为优先选项。

- 一方面，在西方，我们观察到由于20世纪末科技情感烹饪法在西班牙的出现，并且由于它作为一场烹饪运动得到巩固，法国已经不再是烹饪艺术的唯一创意中心和榜样。在上一个十年中，它的霸主地位随着邻国西班牙、意大利以及其他欧洲国家的崛起而受到削弱，美国也在高级料理的创造上走向前台。

- 另一方面，中国和日本的邻国如韩国、泰国和越南的料理大受欢迎，冲入亚洲美食界，并被打造成烹饪艺术创造的新枢纽。

- 此外，正如发展中国家在经济上取得进步，摆脱了勉强维生和贫困状态一样，其料理也达到了更高的创造性水平。我们观察到，在过去的十年里，因为有了崭新的视野和使用优质产品专注于享乐主义所需的资源，“东欧”（过去曾在苏联的势力范围之内）已经觉醒，拉丁美洲的高级烹饪也一样，随着墨西哥和秘鲁等国家的脱颖而出，它们在国际烹饪界被赋予了极大的期望。

东方料理和西方料理之间的差异

我们观察到，诸如面包和葡萄酒之类的制成品在西方被视为伴随品尝过程的制成品，并在其他制成品进行制作时被消费，而它们在亚洲和东方文化中的缺失是显而易见的。那里有不同类型的面包和其他酒精饮料，但是就算这些存在，它们也会以不同于西方的形式融入品尝过程。

西方料理和东方料理之间的一些本质区别不在于制成品本身，而是体现在不同品尝工具的使用中。例如，刀叉的使用在远东不常见，也不能代表亚洲文化。在东方，筷子占据主导地位，汤匙令人能够品尝制成品的液体成分（例如，日式拉面同时使用筷子和汤匙）。此外，用于饮用的陶瓷或木质工具比玻璃器皿常见得多，后者直到最近才被引入东方文化中。

然而，所有这些如今都在改变，两种料理的融合意味着这种思考变得越来越复杂。

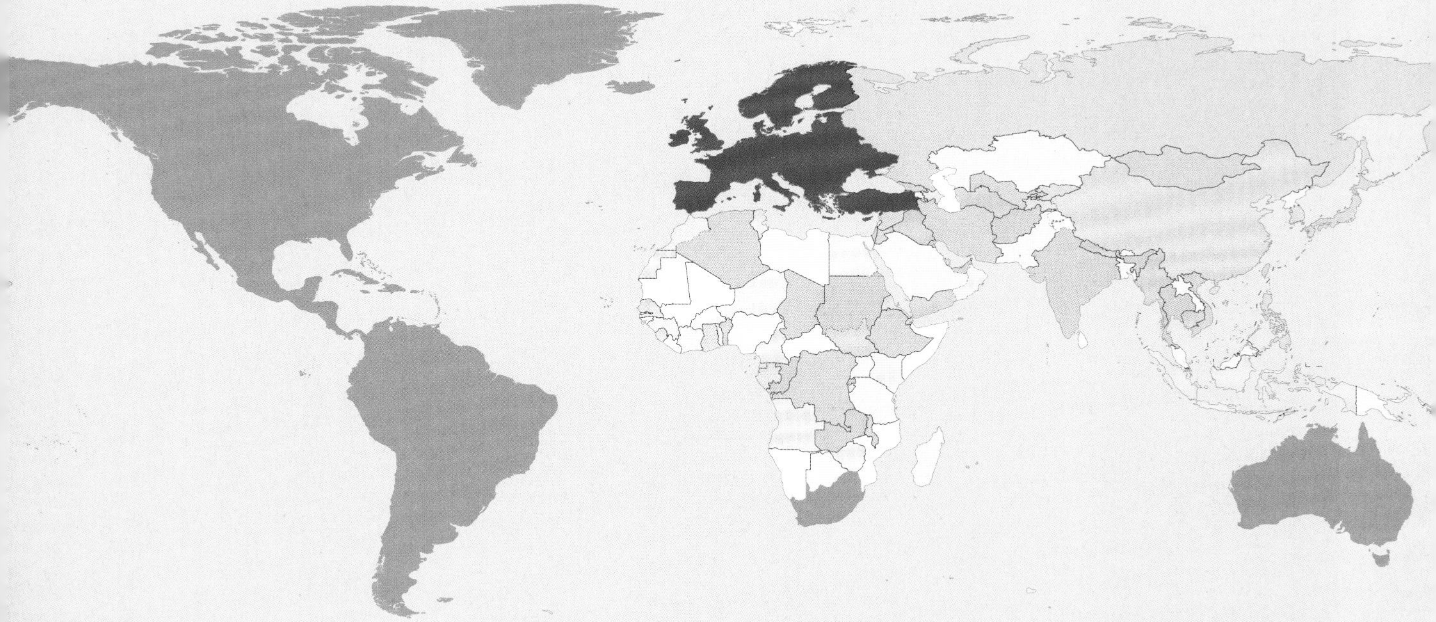

- “西方”一词在最广泛的意义上的地理扩展。
- 更严格的含义。

- 千百年来伟大的烹饪艺术枢纽：西方的法国以及东方的中国和日本。

政治学和烹饪：一个地区的政治制度如何能够对烹饪和品尝方式产生强烈影响

政治学（POLITICAL SCIENCE）

《牛津英语词典》

名词　对国家和政府系统的研究；对政治活动和行为的分析。

维基百科

政治学是一门社会科学，研究治理制度，并对政治活动、政治思想和政治行为进行分析。政治学（political science，有时称politicology）包含众多子领域，包括比较政治学、政治经济学、国际关系、政治理论、公共管理、公共政策和政治方法论。

政治

《韦氏词典》

1. a. 名词　治理的艺术或科学。
3. b. 名词　政治生活，尤指作为主要活动或职业的政治生活。
4. 名词　一个人在政治上的观点或同情。

对政治制度的研究似乎与公民烹饪、进食和饮用的食物没什么关系，不是吗？但是，当政治学确认特定社会中的政治制度和行为时，难道它不能同时分析其对烹饪的重要性和影响吗？因为政治做出的决策会影响生活在特定土地上的特定人群的生活，所以有趣的是观察他们的烹饪方式的哪些特征可能与他们所属的政治框架相关，有什么是在政治层面决定的，以及它以何种方式转化为现实。生活在民主社会中的人们的烹饪方式和那些独裁统治下的人们一样吗？例如，生活在共产主义体系下的人们能否获得与自由主义体系下的人们相同的资源？在这两种体系中，资源是否被理解为相同的事物？

政治舞台上存在冲突，当冲突发生时（取决于其性质和原因），可能会对烹饪产生重大影响。政治学解释了每种体制如何处理冲突。因为在武装冲突中，有人能够出于享乐主义烹饪吗？与生活在冲突地区人身安全无法保证的人们，或者生活在体制或政治单元边缘的人们相比，生活在和平地区的人会以同样的方式进食吗？政府总是会干预匮乏和饥荒吗？所有政治机构都保证食品安全吗？我们可以继续提问，在政治制度或秩序的框架内努力理解一盘食物和食物的整个链条之间的真正联系。

因为政治控制着公共事务，而政治学研究该主题，所以在一个社会的机构不能确保其公民获得基本产品的政治状况下，或者在烹饪所必需的资源长期缺乏的政治状况下，烹饪的对象和方式都将有很大的不同。实际上，保障人口粮食安全的倾向在很大程度上取决于政治制度及其优先考虑的事项。政治学阐明了每种体系及其组成机构的制约因素，从中可以分析它们对烹饪、进食和饮用方式的影响。

还有另一个需要考虑的要点，因为政治学这门许可的研究对象还以特定关系的管理为前提，既包括商业关系也包括权力关系，而在西方政府中，这种管理权落在公共机构的身上。它们与法律科学一起，负责制定以多种方式影响烹饪的法规和条例。例如，关税的征收、各个国家实行保护主义、通过和执行卫生和安全法律以及关于某些产品的补贴政策等。

法律（LAW）

《牛津英语词典》

3. 名词 b. (a) 普遍意义上的法律，被视为人类制度的一种层次。
(b) 以法律为主要对象的知识或研究部门；法理。

法律和烹饪之间可能有什么关系？与政治学发挥的作用相辅相成，关于产品的国家法规（食品安全，商标等）取决于法律。法规是一套原则和规则，它的应用依赖于作为一门科学的法律，并通过致力于此的机构和职业人员进行。此外，作为一门学科，法律在关于食谱烹饪专利的争论中占有重要地位，这场争论始于某些厨师，他们正在考虑将知识产权法应用于烹饪的可能性，该法规定并管理特许权使用费，这笔费用目前被支付给拍摄电影、撰写图书的人，那么创造制成品的人呢？

一个盘子或者一只玻璃杯中可以容纳多少个经济部门？我们对烹饪作为一种经济活动产生的影响进行了思考

烹饪在三个传统经济产业中都发挥着作用：包括农业、畜牧业和渔业在内的第一产业为烹饪供应未经制作的产品，同样为烹饪供应产品的还有包括食品工业的第二产业。第三产业或服务业包括旅游和接待业，烹饪是其中的一项业务，向提出要求的顾客提供服务，并且商品（食物和饮料）以固定价格供应。在以旅游业为主要经济活动的国家，据计算，烹饪的综合影响（所有可能的形式）可占国内生产总值的25%。

这些是烹饪与各个经济部门之间的直接关系。然而，要想让烹饪每天都在公共和私人领域发生，在全世界的家庭以及餐厅和接待业场所、酒店中进行，这需要其他日常活动的间接参与，例如运输和物流、广告和营销、能源基础设施、通信等。

换句话说，为自己或者为别人烹饪的个人所产生的经济影响不只影响公共领域的餐厅部门，也不只丰富他们采购产品的市场。由于整个链条上无数人的不懈努力，烹饪才成为可能，这些人在给定的时间供应、参与、交流、提供或充当中介，令日常烹饪行为得以发生。

在这里，我们谈论的是营养、享乐主义、稀缺和过剩、品牌概念或者宣传旅游业，或者最流行或最朴素的烹饪。我们可以考虑所有这些，所有如今已发展为多种类型和形式的烹饪。因为烹饪是核心，是起源，是区分我们与动物（我们按照自己的意愿转化产品，不只是为了生存）并总结我们作为一个社会的特征（我们定居生活或我们属于某个我们在其中生活的地方）的原则之一。因为我们每天都烹饪，还因为这样做所涉及的事物，烹饪对一座村庄或城市、一个地区或国家甚至一个大陆板块的经济活动产生直接影响。

“如果连续一个月没有人进行任何烹饪，会有多少经济部门崩溃？”

贸易（TRADE）

《韦氏词典》

1. a. (1) 名词　买卖或交换商品的业务。
2. a. 动词　从事商品的交换、购买或销售。

作为一项经济活动，贸易构成第三产业（服务业）的一部分，其中包括许多满足人口需求的活动。其中，贸易令商品和服务的交换在有供需的市场中发生，让它们可以被购买和出售。国内贸易是在一个国家内部进行的贸易的名称，而国际贸易发生在不同国家之间，这些国家进口和出口商品和服务。

贸易在烹饪中起着至关重要的作用，因为用于烹饪的产品是必不可少的资源，而它们的采购（自给自足的情况除外）取决于贸易活动。此外，自从第一条贸易路线诞生以来，随着产品种类的增加和品质的提高，地区间产品的交换带来了烹饪可能性的增长，越来越多制成品被创造出来。

经济学（ECONOMICS）

《韦氏词典》

1. a. 名词　一门社会学科，主要涉及对商品和服务的生产、分配和消费的描述和分析。

经济学与烹饪有着密切的关系，这体现在对直接和间接涉及烹饪行为的经济部门的分析中，但是也体现在下列事实中，即与科学一样，经济学承担的一个任务是，使用给定的一系列资源找出解决需求的最高效的方法。更具体地说，在维持生存的烹饪中，我们发现烹饪在“节约”，因为它通过最大限度地利用可用资源满足人类对营养的需求。

依赖烹饪的最重要的经济部门

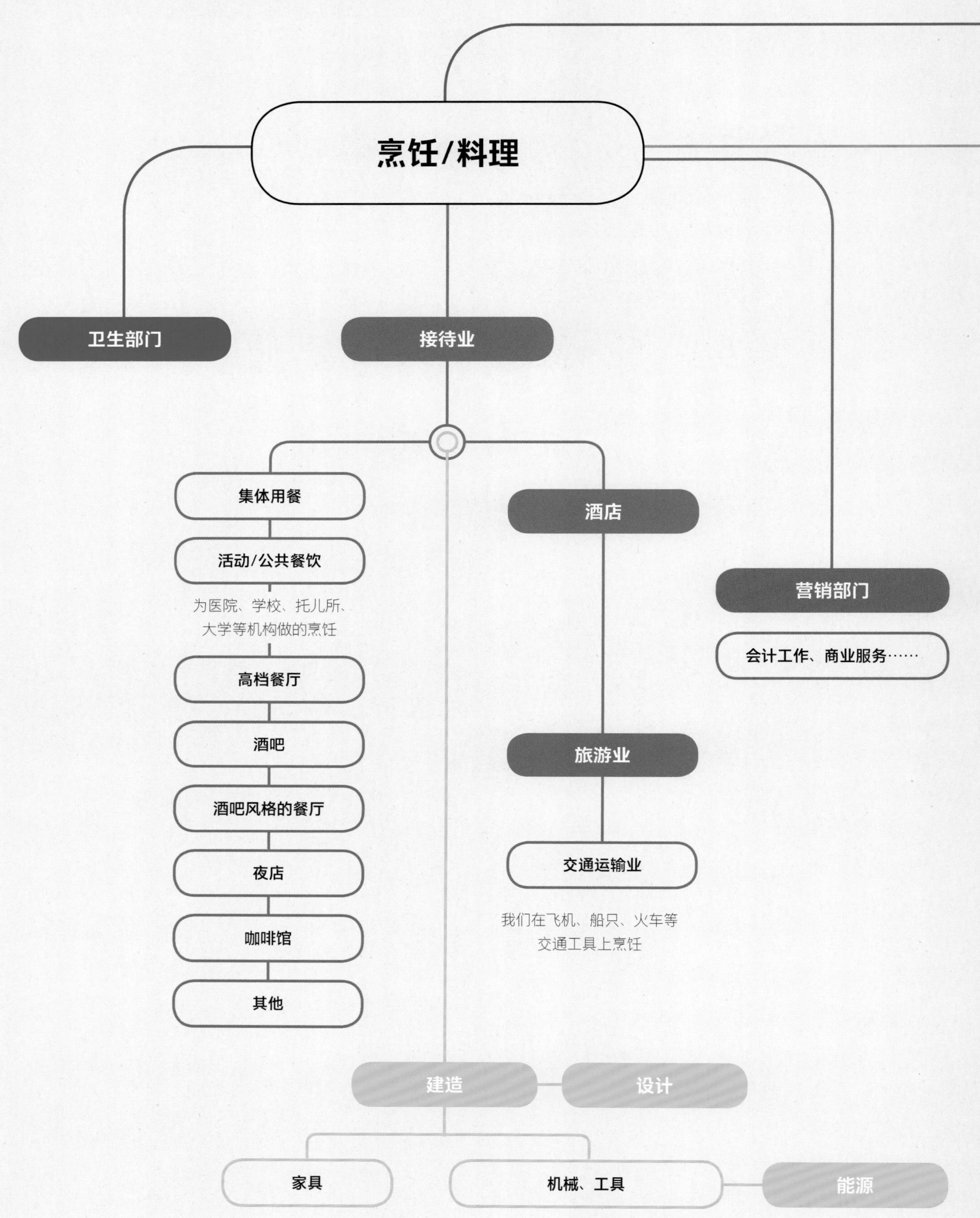

* 其他部门包括银行、保险等。

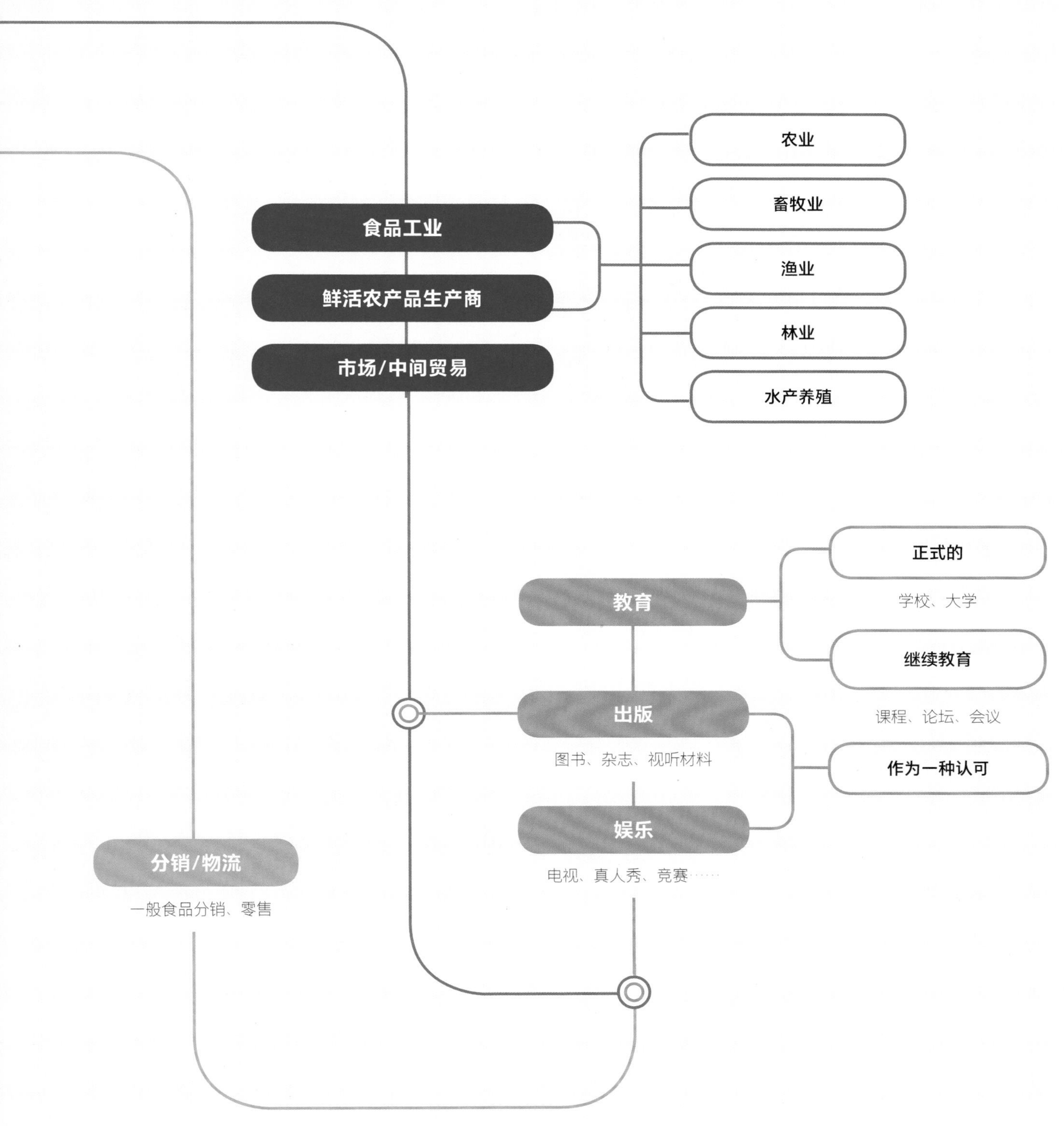

“在西班牙，所有经济部门中受烹饪影响（直接或间接）的比例占经济总值的33%。”

数据来自《西班牙经济中的美食》（*La gastronomía en la economía española*），毕马威会计事务所（2019年）

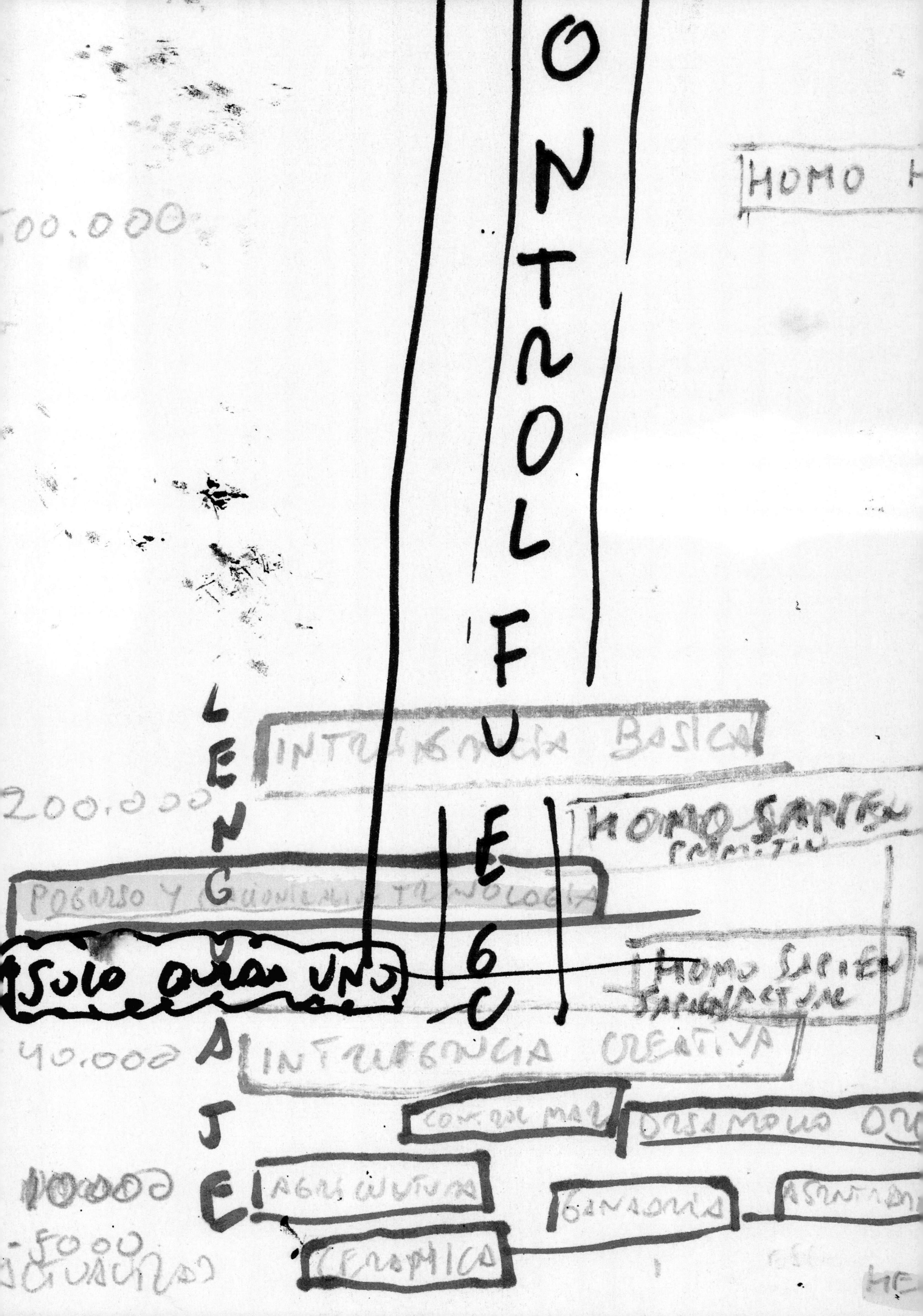
ONTROLFUEGO
HOMO H
500.000
LENGUAJE
INTELIGENCIA BASICA
200.000
HOMO SAPIENS
POBLADO Y CRECIMIENTO TECNOLOGIA
SOLO QUEDA UNO
HOMO SAPIENS SAPIENS
40.000
INTELIGENCIA CREATIVA
DESARROLLO
AGRICULTURA
GANADERIA
CERAMICA
-5000

第9章

作为一种随着时间重复进行的行为，烹饪举足轻重

除了作为一门学科，历史还包括随着时间的推移发生的一系列情况和重要事件。确定要观察的时期，如何划分时期，以及集中注意力观察哪些特定时刻，这些对于更好地理解烹饪至关重要。

理解烹饪的历史意味着理解人类的历史，并从烹饪的角度叙述人类进化的历程

历史是一个时间框架，在历史中发生“一切”。人类作为一个物种发展出了许多活动，但是在所有这些活动中，烹饪或许是最永恒的和最普世的。千年之后又过千年，每个世纪之中年复一年，创造和烹饪都在发生，而且只要是实际上有人居住，有人烹饪以便饮食的地方，烹饪天天都在继续发生。此外，正如我们解释过的那样（见第71页），烹饪让我们成为一个独特的物种。我们按照自己的意志转化产品，提高制成品的可食用性和美味程度（见第72页）的能力和思维将我们与其他动物区分开。开始烹饪是我们能够从古人类发展为人类的原因之一。从一开始，随着将我们与史前祖先隔开的每一个千年的流逝，我们逐渐完善烹饪和进食的方式，以及后来享受摄入食物这种行为的方式。从导致我们决定围绕餐桌聚集起来的第一步开始，我们的烹饪对象和方式决定了我们与周遭环境以及自史前时代以来就在其中生活的自然环境之间的关系。实际上，直至今日，我们的消费方式也决定了我们与自然的关系，以及我们对从自然中获取的资源的利用方式。

为了从历史的角度解释烹饪，我们首先必须追溯它的起源，这首先与史前时代以及当时的人属物种有关，然后与西方和地中海地区出现的第一批文明有关，这些文明属于新石器时代文化，并在烹饪方面不断发展。另外，我们可以将注意力集中在该学科认可的世界历史的年龄上，并在此基础上研究历史。以它们为参考，让我们能够谈论古代烹饪和新烹饪之间、传统或古典烹饪与当代烹饪之间的区别。而且从历史的角度出发，我们可以通过讨论智论方法学中的高档餐饮时期来结束这篇综述，它为我们提供了与我们的研究对象有关的特定的时间范围。

“我们可以将史前烹饪划分为智人前和智人后。”

“我们在不使用火的情况下烹饪了将近200万年。”

历史（HISTORY）

《牛津英语词典》

I. 1. a. 名词　一种书面叙述，构成对重要或公共事件（尤其是在特定地点）或者特定趋势、机构或个人生活的连续时间的顺序记录。

2. a. 名词　涉及过去事件的知识分支；对过去事件的正式记录或研究，尤其是人类事务。另：作为研究对象。

考古学（ARCHAEOLOGY）

《韦氏词典》

2. 名词　对过去人类生活和活动留下的物质遗迹（例如工具、陶器、珠宝、石墙和古迹）进行的科学研究。

古生物学（PALAEONTOLOGY）

《牛津英语词典》

名词　研究已经灭绝并变成化石的动植物的科学分支，或者更广泛地说，它研究的是有机生命在过去的地质时代留下的证据。

因为历史作为一门学科涉及对人类过去的事件进行描述，所以古生物学和考古学是它的两大盟友。这是因为作为科学，它们通过物质证据探索过去，这可以补充历史研究，从而强化可靠话语的构建。虽然其他一些科学可以合作并产生历史知识，但我们现在专注于以上三门学科，试图在地球历史的框架内理解人类的过去。

一方面，考古学和古生物学都可以提供关于烹饪系统历史的宝贵信息。前者向我们展示了工具（如果保存下来的物件曾被用于烹饪），后者向我们解释了过去使用的产品（如果出土化石提供了当时生活在地球上时可能被“制作”的动植物物种的相关信息）。这两种科学也都可以提供在距今遥远的时期曾经使用的烹饪技术的相关信息。然后，历史构建的话语解释了全部的世界史，或者按照时期、地区或国家整理的每一个历史子集。

图书馆学和档案管理

作为一门学科，档案管理与历史以及政府都密切相关，因为这些都经常使用档案。而图书馆学直接与图书馆相关，图书馆是一个存放和组织图书以及其他类型档案的空间。我们发现档案的存在早于图书馆，至少在烹饪方面。因为发现于美索不达米亚地区的第一份食谱铭刻在黏土板上，所以从那时起，档案保管员就能分析烹饪。这两门学科对于烹饪都是至关重要的，因为烹饪结果是短暂的现实。因此，这些结果的所有书面记录，它们的获得过程、使用的工具以及被品尝的地点等，都有助于填补我们现在掌握的过去知识中的重大空白，所以对档案的正确处理和保存都可以对烹饪提供帮助。

人属物种

当我们转向史前时代，观察哪些古人类物种进行过烹饪时，我们发现有可能根据定义逐渐构建烹饪开端的特征并辨别它们之间的差异。这是一种解释烹饪历史的方式，而且对于我们对和烹饪并行发展的人类起源和进化的理解也至关重要。

在分析不同的人属（*Homo*）物种烹饪什么和吃什么之前，我们必须弄清楚从它们首次出现到智人（*Homo sapiens*）出现的那一刻，该属的主要物种都是什么。这些物种的分类和生物学的发展会引发大量争论性且经常更新的话题，因为常常有新的发现。在我们编写本书的过程中，人们又发现了智人的两个祖先：在南非发现的纳莱迪人（*Homo naledi*）生活在大约335000~236000年前，而另一个物种是在埃塞俄比亚发现的。考虑到每个新的环节都可能修改当时已被接受的理论，下面列出了一些最著名的人属物种的描述，专家对它们的存在是最认可的。第一批进行烹饪的古人类，是首先能够对周围区域的石材进行改造，将石材转变成边缘锐利工具的古人类。

能人（*Homo habilis*）生活在大约250万年前至180万年前。直立人（*Homo erectus*）是人类进化链条中的关键环节之一，但也是令人费解的谜团之一，其出现在100万年前的某个时候。在能人和直立人之间的这段时期发生的变化意味着烹饪发展得非常缓慢。直立人是第一个学会了控制火的物种，这件事发生在大约100万年前至80万年前，这导致了加热烹饪，这是生物学进化的一个因素。加热烹饪会促进食物养分的吸收，改善食物的质量，增加可食用的食物的数量，加热烹饪还会破坏毒素、细菌和其他病原体。直立人是存续时间最长的古人类物种，从190万年前到大约11万年前居住在地球上，并占据着从非洲到东亚不同的土地。鉴于这种在空间和时间上的广泛分布以及解剖特征的变化，许多研究人员认为直立人实际上是一系列不同物种的总称，它们包括：

- **匠人（Homo ergaster）：**最古老的样本，可追溯到大约190万年前至140万年前的非洲。该物种是第一个离开非洲的。

- **直立人（Homo erectus）：**许多专家在使用直立人这个名字时，只指居住在亚洲并且生活方式在地理上和遗传上都相对隔绝（直到智人到来）的匠人种群。

- **先驱人（Homo antecessor）：**根据研究者在阿塔普埃尔卡山（Atapuerca Mountains，位于西班牙的布尔戈斯省）的说法，在格兰多利纳洞穴（Gran Dolina）里发现的遗骸对应的是一个名叫先驱人的新物种。

- **海德堡人（Homo heidelbergensis）：**欧洲直立人的最后一个成员称为海德堡人，生活在70万年前至20万年前。两名32岁个体的遗骸在阿塔普埃尔卡山的“骨坑”（Sima de los Huesos）中被发现。这个物种诞生了尼安德特人（Neanderthals），他们出现的时间只比先驱人晚一点。

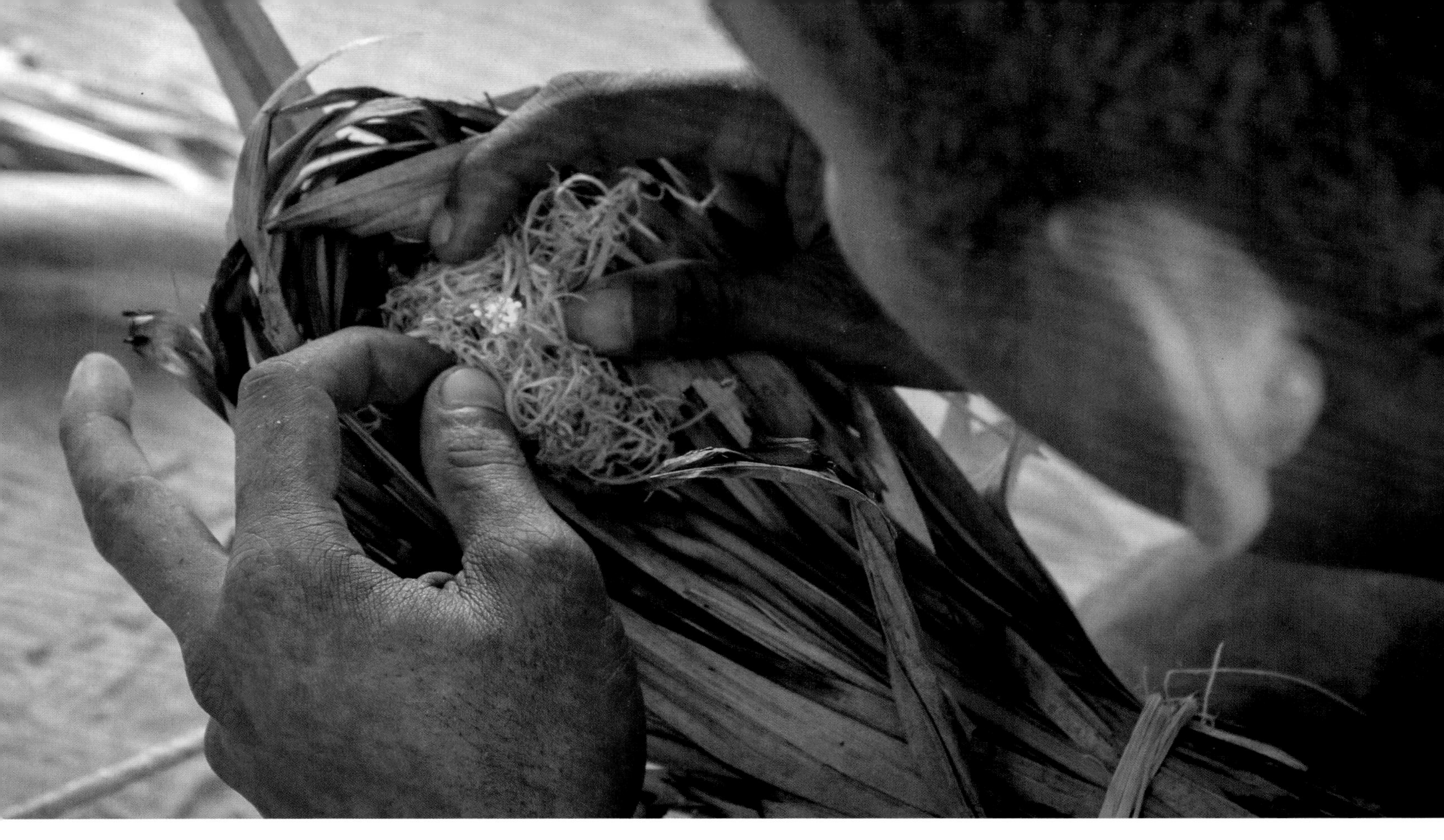

先驱人被认为是从匠人的成员进化而来的，他们在大约80万年前生活在非洲并第二次离开那里，这次去了欧洲。根据这种理论，先驱人后来在亚洲发展成了尼安德特人（*H. neanderthalensis*），在非洲发展成了智人。然而这种假设存在一个问题：先驱人的遗骸从未在非洲发现过。在这本书里，我们使用直立人这个术语描述所有这些物种。

第二个进行烹饪的人属物种是尼安德特人，他们生活在欧洲全境和中亚。这个物种适应寒冷，而且大脑的体积比智人还大，但这仍然不足以让它和智人竞争。尼安德特人不仅控制了火，他们还是第一个系统性地用火的物种。

最后，智人是人类所属的物种。它出现在非洲，并在大约4万年前从那里迁徙到欧洲，最终占据整个地球，他们将此前的其他人属物种取而代之。该物种带来的伟大进化创新是其独特的智能符号。由此引发的科技和文化创新使我们成为今天的样子。在烹饪方面，我们可以谈论旧石器时代之前和之后的智人，主要区别是其烹饪类型分布分为游牧的和定居的。所有古人类物种都是游牧式的，这意味着他们的烹饪形式也是游牧式的。在所有人属物种中，智人是首个定居生活的，而且随着他们拥有土地，他们开始驯化动植物物种。

大约一万年前的新石器时代的主要进步之一是，石头工具不仅被雕刻，而且还被抛光。陶制材料还被发现了数十种烹饪用途。农业和畜牧业出现，不过狩猎和采集仍然继续进行，以补充可用产品。正是在这个时候，人类首次经历了食物盈余，并开始计划收获和储存食物。随着第一批文明的诞生，美食学开始在历史中占有一席之地，但是我们可以说，随着一直到铁器时代开发出工具相继出现，最终达到了一个点，几乎任何我们今天烹饪出的东西都可以在这个时间点被烹饪出来。

西方和地中海的古代文明

对新石器时代末期在西方和地中海地区相继出现的不同古代文明的烹饪和美食行为的观察，为我们提供了大量关于以享乐为目的的烹饪的开端的信息。虽然同时期存在其他文明，例如在印度和中国，但我们将研究范围局限在对西方世界的烹饪艺术和为了营养的烹饪产生直接影响的文明。

因为它们基本上都是农业社会，所以它们的增长在很大程度上取决于他们发展农业和畜牧业的能力。大多数文明建立在金字塔形的社会等级制度上，上层阶级生活得相对舒适，而广大的下层阶级（包括奴隶）提供维持这套体制的劳动力。权力被集中起来，人们尊敬并维护这种权力。宗教和意识的重要性和分量在不同文明创造的烹饪艺术上留下了印记，而且这些常常是制约因素。

这种解释烹饪历史的方式让我们能够理解被使用的产品和技术，以及它们之间的影响、相似性和不同之处，还能让我们针对烹饪艺术的起源这一概念建立模型。此外，它证实了我们在本书坚持的假设，即烹饪艺术起源于古代的上流阶级。古代文明很可能是最早将烹饪和食物反复用于社会区分的第一批社会。在所有这些文明中，我们可以观察到少数人能够获得大量产品和制成品，而大多数人以他们能够获得或者负担得起的东西为食，没有任何奢侈可言。

这些社会的上层阶级是历史上第一批对美食和品尝的愉悦感产生兴趣的人。因为他们不惜花费资源（美食资源和非美食资源），所以他们的厨师能够使用食材、技术和工具创造菜肴，从而使这一时期的烹饪艺术取得重大进步。最后，每种文明与其所处的环境、占据的土地以及从环境得到的产品之间的关系，提供了关于这些地区的饮食文化的宝贵信息。

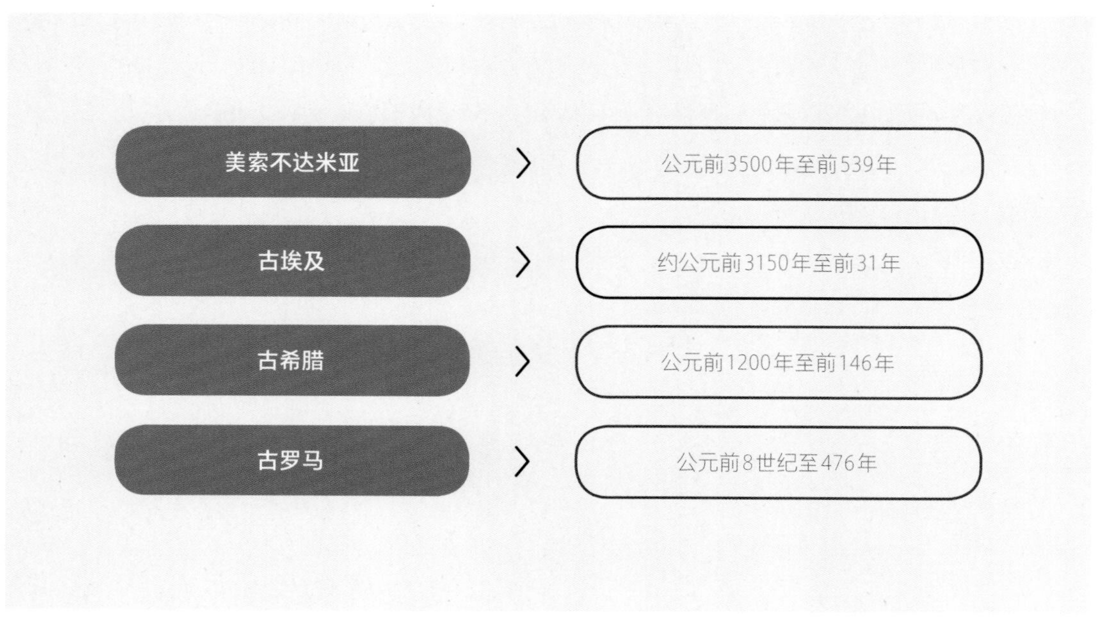

美索不达米亚
公元前3500年至前539年
古埃及
约公元前3150年至前31年
古希腊
公元前1200年至前146年
古罗马
公元前8世纪至476年

世界史的各个时代

现在，我们要从烹饪衍化的角度解释烹饪的历史，这种衍化由世界历史的各个时代决定，在我们这里采用西方的划分方式。就本书而言，这些时代是以下历史时期：

虽然按照时间段划分并不最能符合烹饪的进化，但它与历史学家建立并得到其他科学和学术性学科正式认可的方法相对应。这是一种基于时间的通用分类，每个学科随后都将这种分类纳入了自己的领域。

这种基于时间的视角让我们可以根据历史前提来限定某种烹饪形式。因此，有几个形容词多多少少指的是现在，而另一些形容词毫不含糊地指的是过去，还有一些则与未来相联系。这是谈论烹饪时的重要标准，也是历史学家的主要标准。这种标准是用来对烹饪进行分类的最常用的形容词（现代、古代、当代等）的来源，并向我们展示某种特定的烹饪类型在何时出现，无论它在后来的什么时候被复制。这种属于某一时期的烹饪风格命名方式可能采用绝对值（当使用的修饰语对应特定的具体时期时，例如“现代”）或相对值，后者取决于分类者的个人视角（例如“当前”）。

“通过观察最早人类文明的烹饪，我们可以理解烹饪艺术的开端。”

按照出现的年代顺序

有些特征的逐渐融合让我们能够根据历史上出现的时间描述烹饪方式，下面是我们认为最能解释这些融合的里程碑的概述。史前古人类通过使用第一批工具将技术应用于产品，创造出了烹饪。这是创造性烹饪的起源，尽管后来得到发展的是日常进行的再生产烹饪。

当我们分析其起源的其他方面时，我们发现人类种群在250万年前过着游牧式生活，因此人类种群是流动的，这让我们能够识别出第一批游牧形式的烹饪。它们是流动的、本地的和区域的烹饪方式，根据不同的可用产品，人类应用类似的技术和工具。然后，在旧石器时代，火被用作应用不同技术的工具，由此诞生了热烹饪。所有在此之前进行的烹饪都是冷的。

新石器时代见证了永久定居点的到来，而这种定居性带来了定居烹饪。结果，烹饪逐渐出现了专门化，不同的制成品产生了专门化烹饪。专门化烹饪除了是定居的，这种烹饪风格还起源于大众，这意味着它还是大众烹饪，而在经过五代人的传承之后，它变成了传统烹饪。

当不同群体开始举办庆典时，某种节日活动或庆典引发了另一种烹饪方式，从而产生了节日烹饪。这是公共烹饪的开始，烹饪第一次从私人领域转移，尽管没有人为此付款。相比之下，之前所有的烹饪形式都是私人的。

出现在新石器时代的社会阶层在古代得到工具，第一批上层阶级出现，从而产生了对为了奢侈和愉悦而设计的烹饪风格的需求。这种烹饪风格超越了营养，并以享乐主义为前提。这种烹饪有自己的语言和名字：烹饪艺术。因为历史年代是古代，所以我们将其视为古代烹饪。

随着小酒馆（而不是餐厅）等场所的出现（在这里可以用固定的价格进食或饮用），这种公共烹饪类型得到了巩固。在此之前，所有烹饪都是在家庭中进行和消费的，因此是家庭烹饪。职业厨师出现在私人领域，烹饪由此被视为一种职业活动，其从业者获得报酬。这些厨师为了上层阶级的享受，在他们的厨房里创造和再生产制成品。我们可以将其视为职业烹饪的开始。相反，在此之前，所有烹饪都是业余的，由没有报酬的非职业厨师进行，而且他们通常在家庭领域烹饪。这种职业和业余的界限至今仍是主要分野之一。

由奥古斯特·埃斯科菲耶收录于1903年出版的《烹饪指南》（*Le guide culinaire*）一书中，古典烹饪被视为一种典范，一系列菜肴被编纂为书面和归档食谱，成为当时和将来的参考。作为一种新颖事物而出现的现代烹饪打破了古典烹饪的教条，带来了范式的转变。由特定厨师撰写的第一批厨艺图书向我们展示了“签名”烹饪，因为其中的食谱反映了创造食谱的烹饪者。大众烹饪随着时间的推移发展，不断融入产品、技术、工具等，烹饪艺术的系统化也在变得越来越引人注目。

从18世纪末开始，跟着烹饪消费以及烹饪面向的公众发生变化，烹饪艺术开始分为贵族烹饪和布尔乔亚或中产阶级烹饪。

作为机构成立的第一家餐厅出现在约1782年。由此，烹饪艺术从贵族的家转移到供公众消费的空间，这不可逆转地在公共区域高档餐饮和私人家庭领域的烹饪之间划出一条界线。19世纪工业革命带来的食品进步导致了烹饪和饮食方式的彻底改变。工业烹饪被创造出来，开始了食品工业的历史。结果，此前所有的烹饪都被视为手工烹饪，因为在此之前的所有烹饪过程都是手工的。

20世纪中期，甜味烹饪这个名字诞生了，它被理解为所有用作甜点的酥皮糕点和糖果制成品的烹饪艺术。这并不意味着它以前不存在，而是从那时起，甜味和咸味世界在职业烹饪中分为两个不同的领域。因此，甜味烹饪的反面是咸味烹饪。

大众烹饪逐渐发展并进入餐厅，从而产生了高档化的大众烹饪。

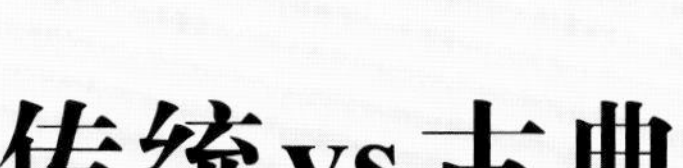

传统vs古典

正如我们在整本书中所看到的那样，传统和古典的概念（我们在第258页至第269页的不同地方都提到过）对于定义彼此不同的烹饪风格至关重要，这些风格呈现出与这两个用来进行烹饪分类的形容词相关的特定特征。我们现在回到历史背景下思考它们，因为这两个概念都拥有与时间流逝相关的含义，并由此标志着与过去特定时间点的不同，在这个时间点之后，它们就具有了意义并且能够解释某种特定的烹饪风格。

首先，我们着重强调"传统"烹饪和"古典"烹饪这两个概念之间的本质区别：

» 前者指的是起源于劳动阶级并被非职业厨师创造和再生产的烹饪，既是出于营养的目的，又具有美食思维。传统烹饪的菜肴通常在私人和公共领域都有制作，一开始是在小酒馆里，然后是大众餐厅，接着以高档化版本成为高档餐厅制成品供应的一部分。理论上，一份食谱必须传承和再生产至少五代，才能被视为传统食谱，尽管这个数字还有争议。

» 后者是一种职业烹饪形式，它是为了享乐主义和愉悦的目的而被创造和再生产的烹饪艺术。虽然仍然缺乏共识，但是在19世纪及20世纪初编纂的烹饪艺术食谱可以被认为是古典的，它们后来在世界各地的高级餐厅得到再生产。

» 在智论方法学中，这两个概念是不兼容的，不能结合起来描述一种单独的烹饪风格。换句话说，如果一道菜肴是传统的，它就不可能是古典的，因为这些术语指的是拥有不同起源和一整套特征的烹饪类型。传统指的是大众烹饪，它可能被高档化，而古典指的是在高级料理中创造出的烹饪艺术。

传统烹饪

传统（TRADITION）

《韦氏词典》

1. a. 名词　思想、行动或行为的某种被继承、建立或习惯性的模式（例如宗教实践和社会习俗）。

1. b. 名词　与过去有关的一种信念或故事，或者一套信念或故事，通常被认为是历史，尽管没有被验证过。

2. 名词　在没有书面指南的情况下，信息、信仰和风俗通过口口相传或示例代代相传。

3. 名词　社会态度、习俗和机构的文化连续性。

传统的（TRADITIONAL）

《韦氏词典》

1. 形容词　传统的或者与传统有关的；由传统组成或者衍生自传统。

2. 形容词　世代相传的。

3. 形容词　遵循或符合传统；遵守过去的实践或既定惯例。

调节传统：传统是固定的概念吗？

当我们关注传统的概念时，我们问自己，传统对于作为个人的我们和对于作为一群人的我们是否一样？我们发现的答案是，源自传统的一切都拥有意义，这恰恰是因为它以共同的方式出现在社会中，并且同时属于一群人。

令传统保持生命力的是由个人组成的链条：信条、习俗和被历史上的先辈们传承并累积下来的知识。

关于我们观察到的现实，烹饪是一种传播媒介，而且随着它渗入所有人类社会的日常生活，它不断地重复自己，它代表每种传统的一部分。但是，就像传统的许多其他方面一样，在烹饪方面被视为传统的东西，一代人眼中的一整套“传统”制成品，并不总是被下一代人视作传统。这种情况会在何时发生？

对于传统烹饪，有一个很有趣的问题与不同世代之间的变化有关。我们应该作为个体来思考这个问题，因为对于我们的祖母而言，“传统”的东西（来自她们之前的五代）在她们两代之后的我们看来不能称为“传统”。如果能够知道我们关于“传统”的概念有哪些保留下来，被如今的两个世代所共有，并继续形成传承至今的传统的一部分，那将会是很有趣的。换句话说，没有被丢失的是什么？什么食谱和制成品继续构成如今两个世代都在再生产和消费的烹饪的一部分？

» 当生产制成品所需的烹饪知识及其法典（食谱）的传播链条被打断时。

例如，当你没有从自己的父母或祖父母或其他亲戚那里获得他们拥有的烹饪知识时，就无法继续进行再生产。

» 还可能发生的事情是，随着新的制成品融入一代人再生产或消费的典型菜肴中，曾被认为是传统的东西受到调节。这些新的制成品越来越受欢迎，并取代了上一代人通常消费的东西。

例如，当来自一个国家（德国）传统烹饪的某种制成品（汉堡）来到另一个它不经常被吃的国家（美国）或者它不为人知的国家（出于几十种可能的原因，将在下文进一步讨论），然后它开始在新的地方被再生产和消费，而且在这里比原产国更受欢迎，更经常被消费。

典范食谱（CANONICAL RECIPES）

所谓“典范”（canonical），我们指的是所有在制成品创造之时编纂，并在成分、过程和结果方面都几乎保持不变的食谱。因此，每次进行再生产时，食谱中列出的规范都会被“遵守”。我们可以说，这些菜肴是以食谱最初编纂时制定的正统方式烹饪的，没有引入任何重大变化。

IN·OMNI·GENERE·DELITIARV·VERSATVR·LV·16

地方、进口、融合食谱

» “地方性的”（endemic）是指特定地点或地区所独有的东西。推及食谱，这个形容词指的是同样的食谱继续在某个特定的起源地进行再生产，并使用该特定地点固有的产品、技术和烹饪工具，并保持其烹饪方式。

例如，西班牙北部的蛾螺（whelks）和加泰罗尼亚地区的一种小洋葱（*calçots*）。

» “进口的”（Imported）表示某物是从一个国家（即国外）被引进另一个国家的。应用于食谱时，它是指某种从被创造的起源地来到不同国家的中间制成品、经过制作的产品或供品尝制成品。这意味着它的食谱（也就是获得所需结果需要遵循的步骤的编码）已经在其起源国之外的地方为人所知。

例如，在西班牙烹饪和消费的墨西哥鳄梨酱或秘鲁酸橘汁腌鱼，或者在1492年之后所有从美洲来到西班牙的产品，包括玉米、土豆和番茄。

» “融合”源自两种此前已存在的烹饪类型的结合，其涉及某特定地点的产品、技术和工具的食谱与进口自世界其他地方的食谱进行混合。这种烹饪上的联合产生了融合料理食谱，对于每个这样的食谱，当我们知道是哪些部分令它成为可能时，就会令它固定下来。

例如，在秘鲁日式料理中，日本（进口的）烹饪知识抵达（地方性的）秘鲁这一地理环境中，在这里，两种烹饪的产品、技术和工具发生融合，创造出新的食谱。任何被我们认为是西班牙式的但却使用原产美洲的产品进行制作的菜肴，也是同样的情况。

在任何情况下，融合食谱都在演变，从而产生新的食谱，或者导致现有制成品作为中间制成品被包括在其他创新食谱中，这涉及以新的方式使用融合食谱。

随着地区和国家之间消费和人口流动总体趋势的变化越来越有利于“进口”和“融合”制成品的存在，十年之后什么将会是“传统西班牙的”“传统英格兰的”或者“传统意大利的”？今天的年轻人在有了孩子之后会如何烹饪？他们将使用什么产品、技术和工具？

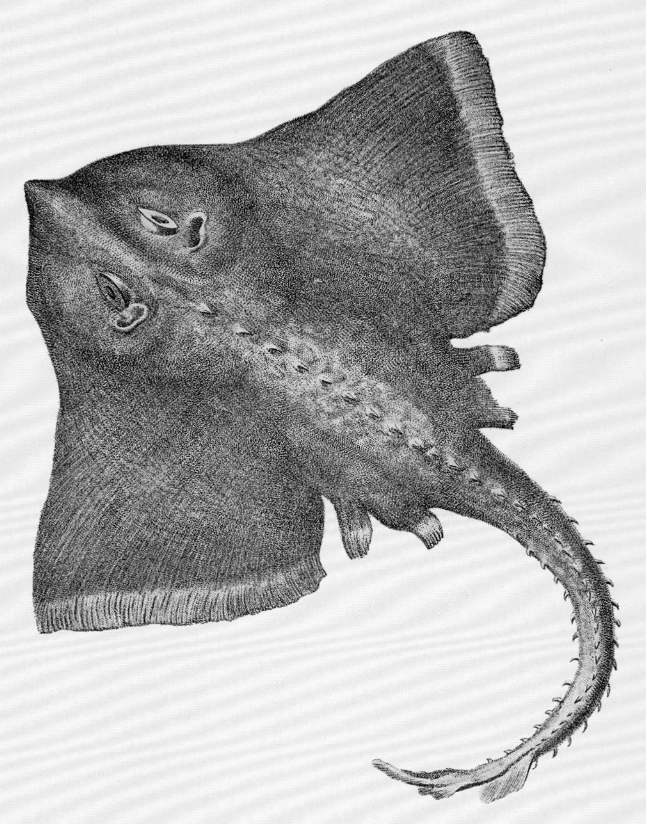

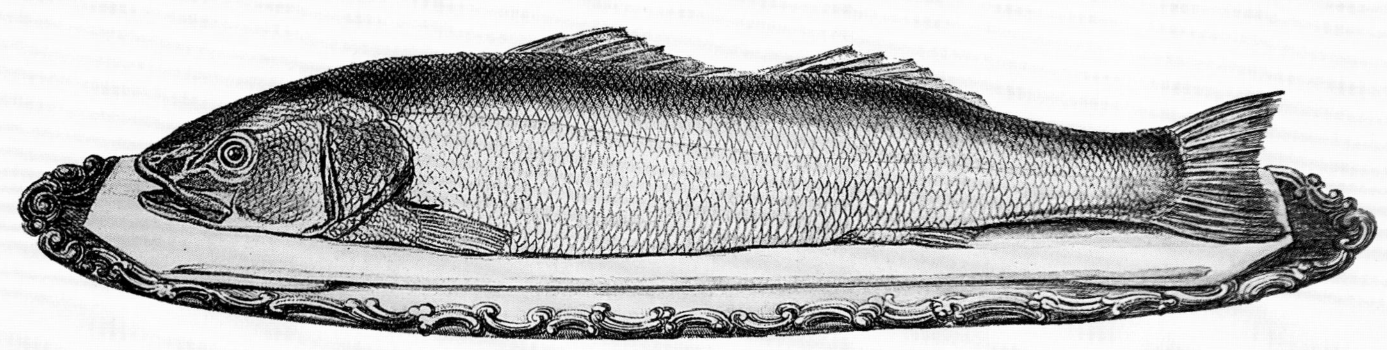

变化因素

什么改变了烹饪中被我们视为传统的东西?

- 知识：是否以一种或另一种方式传递，或者是否没有传递，是否世代之间没有交流等。

- 能力：如果新一代人因为有或没有受过家人的教授，所以有或没有制作传统食谱的能力。

- 经济资源：由于经济条件的改善，种类不同的产品（可能更昂贵或者更奢侈）被消费，或者相反，由于资源短缺而缺乏产品时，某些食谱无法进行再生产。

- 消费中的范式转换：最好的例子是通过外卖食品应用程序或网站将科技引入品尝的相关决策，令身在西班牙的消费者能够找到的来自世界任何其他地方的传统食品比来自西班牙的传统食品还多（或者至少一样多）。通过互联网或者应用程序进行的消费意味着不制作、不购买产品，而是转化产品。这从两大基本意义上对传统产生影响：第一，我们变得远离传统（我们倾向选择“非西班牙”传统制成品）；第二，传统食谱从其他文化中“进口”，这将为后代改变传统的概念。

- 全球化或“最后一次文化间大交流”：作为一种全球传播过程，全球化具有标准化的口味和习俗。当它应用于烹饪领域，特别是对传统的分析时，这意味着口味、习惯和习俗变得同质化，结果是交流大大减少，许多食谱以及与之相关的文化丢失了。国际上对商品和服务的获取以及资本主义模式令消费趋势变得相似，在很多情况下，这消除了“传统”，面对全球化带来的影响，这些传统只能退居二线。虽然我们可以谈论历史上世界不同地区之间产品和烹饪知识的交换，但是考虑到产品、信息和知识可以达到的传播速度，这种影响如今已经呈指数级增长。

- 就食谱或者我们对食谱的使用而言，制成品是容易变化的。考虑到烹饪是一个动态的实体而且其结果也是动态的，这意味着烹饪会在历史中经历修改和变化，因此我们发现有的制成品会发生演变。此外，还存在始终保持其“传统”格式的制成品，它们可能会被加入其他制成品中，实现某种中间功能，这是进化的另一种可能的形式（因为它们的使用方式发生了变化）。

古典烹饪

古典的（CLASSICAL）

《牛津英语词典》

A. 1. a. 形容词　属于或者关于古希腊或拉丁语作家的，其作品构成了公认的杰出典范；属于或关于这些作品本身的；总体上属于或关于古希腊或拉丁语文学的。

2. a. 形容词　构成公认的标准或模范。

2. b. 形容词　代表性的，典型的；原型的，传统的。

维基百科

乔治·奥古斯特·埃斯科菲耶（Georges Auguste Escoffier）是约1900年高级料理现代化的核心人物，他的烹饪风格后来被称为“古典烹饪”（*cuisine classique*）。古典烹饪是对卡雷姆（Carême）、朱尔·古费（Jules Gouffé）和于尔班·杜布瓦（Urbain Dubois）的早期作品的简化和高档化。在20世纪的大部分时间里，这种烹饪在欧洲和其他地区的大餐厅和酒店都得到了实践。主要的发展是用俄式服务（一道接一道地上菜）取代法式服务（一次上完所有菜肴），并基于埃斯科菲耶的《烹饪指南》发展出一套烹饪系统，这套系统规范了酱汁和菜肴的准备。在当时，它被认为是高级料理的巅峰，其风格不同于布尔乔亚料理（富裕的城市居民的料理）、小酒馆和家庭的劳动阶级料理，以及法国各省的料理。

因此，令新菜烹饪法（其影响力延续至今）成为古典烹饪的本质差异在于，它的目标不是编纂食谱以品尝其结果。在这里，我们讨论的是一系列将它定义为一场运动的特征，而且这些特征并不仅仅体现在供品尝制成品上，还体现在技术和工具中。装盘基于结构和构成、质感、复杂程度、厨师的哲学的理解方式以及参加这场运动的所有“门徒”所继承的意志。厨师在全世界范围内进行再生产，他们基于“古典”进行技术创造和构建烹饪过程，但他们并不总是致力于获得相同的结果，相反，他们从自己的前辈那里继承了不复制的愿望。

调节古典：
古典是固定的概念吗？

尽管对于古典烹饪的确切划分和定义尚未达成共识，但使用智论方法学，我们可以认为古典代表了一种模型，它可被当作参考并被复制，并且以在20世纪初创造和编纂，如今继续在餐厅中供应的烹饪艺术的所有制成品为代表。

在这种情况下，我们不是在谈论私人领域中将食谱世代相传的业余厨师（就像在传统烹饪中那样），因为当职业厨师决定再生产被编纂的制成品和技术时，他们将一种烹饪风格变成了古典烹饪。令某种烹饪成为古典烹饪的是厨师对职业领域的贡献，在特定时期，这种贡献带来方向的改变并影响了剩余的历史。

» 根据通用历史，当某种东西涉及“古典时代”时，我们可以将其描述为“古典的”。正如我们在第275页指出的那样，“古典的”这个形容词指的是历史上的一个特定时期，即与古希腊和古罗马文明相关的古典时代。然而，当我们在这本书里提到在这两种文明中进行的烹饪时，它其实处于对西方和地中海古代文明的分析这一语境下。换句话说，“古典”在这里指的是这段历史时期，而不是因为它的烹饪是古典的或者可以使用我们在本章节定义的这个术语来识别。

» 什么是高档餐饮部门中的古典烹饪？所谓“古典烹饪”，我们指的是在埃斯科菲耶撰写并在1903年出版的书《烹饪指南》中编纂的所有内容，这本书是对此前职业厨师创造和再生产的烹饪艺术的汇编。这些厨师的精湛技艺正是基于这些食谱的精确再生产。这种被编纂的古典主义就是古典烹饪，至今它仍然存在。它将法国认定为烹饪艺术的摇篮，但也纳入了源自其他国家并且在这些国家以最高水平进行再生产的制成品。在世界各地的许多餐厅，古典烹饪（基本上是法国菜）继续构成美食供应，其主要价值在于精确的再生产。因此，我们提出下列问题：

- 古典烹饪仅仅代表埃斯科菲耶在《烹饪指南》中编写的制成品（烹饪艺术）食谱吗？那本书是对职业烹饪知识的汇编，而这些知识源自法国在整个19世纪建立并且已经由玛丽-安托万·卡雷姆和于尔班·杜布瓦等厨师提出。1856年，后者与埃米尔·贝尔纳（Émile Bernard）一起出版了图书《古典烹饪》（*La cuisine classique*），这证明这个概念已经存在，它既不是第一次出现，也不是只表现在大约五十年后埃斯科菲耶写的书里。

- 那么，《烹饪指南》是可以查阅和复制的古典烹饪的实体代表吗？我们可以说这本书本质上代表了“编纂后的古典主义”，但是让我们继续问一个问题：是否存在某种无法全部以书面的形式编纂的更早的古典主义？

- 被遗忘的食谱不再是古典的。当我们查阅埃斯科菲耶的《烹饪指南》时，其中在这个时代继续得到再生产的食谱的总数有多少？我们做这种思考是要强调这样一个事实，那就是这本书包含的每种事物在未来都可以是古典的，只要它继续被再生产，而且人们对这些食谱、技术、中间制成品和供品尝制成品的兴趣不减退或消失。古典烹饪在不久的将来是什么？什么将成为古典烹饪？鉴于我们刚刚给出的解释，并且考虑到我们可以确定在过去的两个世纪里什么被认为是古典烹饪，我们提出这个问题：基于目前正在被创造和再生产的东西，以及近几十年来已经被创造和再生产的东西，什么将是古典的？什么将代表“新”古典？

» 当我们怀着寻找餐饮艺术的目的观察目前的高档餐饮界时，我们发现了两个重要的例子，它们打破了由埃斯科菲耶编纂的古典主义和20世纪下半叶对烹饪的重新发明。由于它们的遗产、贡献，以及对继续进行再生产的其他厨师提供的借鉴，20世纪的这两场美食先锋运动新菜烹饪法和科技情感烹饪法（见第301页）才得以发展。事后看来，我们可以思考是什么让新菜烹饪法（在较早的20世纪70年代得到巩固）成为古典烹饪，但是只有在未来，经历过更多世代之后，那时我们才能知道是什么令科技情感烹饪法成为古典烹饪（考虑到它直到21世纪初才得到巩固）。

因为二者都通过自己的创造性来识别自身，所以这在后面几代厨师（目前的厨师，其中一些人已经加入了这场烹饪运动）来看这二者是这种遗产的明显标志。目前的厨师欢迎这两批先锋厨师都拥有的对烹饪的理解方式所传达的信息，因为他们不想复制，也不想再生产与20世纪上半叶相比品尝起来毫无区别的制成品。他们想要创造，想要贡献。因此，尽管听上去有点矛盾，但是从这两批先锋厨师中“继承”“模仿”或“复制”的东西正是令他们与之前的“编纂后的古典主义”不同的地方，即他们对创造力的渴望以及他们理解烹饪的开创性方式。

理解了这一点之后，我们提出问题：一种烹饪风格要被视作古典的，必须经过多少年？必须有多少代厨师将它视为模范？考虑到我们周围一切（包括烹饪）的变化速度，我们是否仍然需要五代人才能将某种事物视作古典的？一直用来衡量何为古典的这段时间会被质疑吗？例如，对于米夏埃尔·布拉斯（Michael Bras）的巧克力翻糖蛋糕（*coulant*），它在被发明出来之后就一直被除创造者以外的其他人再生产，这又怎么说呢？这还不能让它被视为一种古典制成品吗？

如果古典指的是一种模范，那么新菜烹饪法正是当今许多职业厨师的模范。实际上，对于全世界的数代职业厨师都是这样。所以，新菜烹饪法已经是古典烹饪了吗？可以用这种方式看待它么？这个词汇可以描述起源于法国的这场运动，因为它开始得更早，但它却不能应用于三十年后开始于西班牙的另一场运动吗？如果我们认为如今可以将新菜烹饪法归类为古典烹饪，那么从这场法国烹饪运动中，什么被当作模范并被复制？让我们从与之相关的特征中思考两个非常重要的观点。

- 新菜烹饪法引入烹饪艺术中的单人装盘可以被认为是古典的，因为它从那时起就被职业厨师复制。它甚至导致了一种适合其制成品的服务类型（美式或装盘服务），这是如今西方高级餐厅中最常见的服务风格。这场运动的到来令已经使用了几个世纪的其他服务类型（俄式、法式、英式或银质服务）被美式或装盘服务取而代之。

- 新菜烹饪法为装盘制成品引入了一种新结构，打破了“主要产品、装饰、酱汁”的程式。这可以被认为是古典的，因为自20世纪末以来，装盘制成品的成分和复杂程度已经与此前存在的任何东西截然不同，其试图从以前的装盘制成品中脱颖而出。

典范食谱

下面的内容包含一些关于典范食谱的考虑事项：

» 埃斯科菲耶的《烹饪指南》（代表法国编纂后的古典主义）中汇编的所有食谱都可以被视为典范吗？

» 所有自从被新菜烹饪法创造以后成为典范的食谱（更重要的是，正如我们已经指出的那样，还有用于制作中间制成品的技术和工具）都被作为模范，

尽管供品尝制成品并不总是相同，而且目标可能是根据所使用的产品以数千种不同的方式制作。

» 在任何情况下，关键是要观察典范版本是否受到尊重或者得到解释。

地方、进口、融合食谱

» “地方性的”（endemic）是指特定地点或地区所独有的东西，推及食谱，它指的是创造和再生产烹饪艺术的烹饪风格，这种烹饪风格虽然不是不可能找到，但难度很大。通常而言，烹饪艺术在整个历史上的创造并不由本地采购的产品或者来自烹饪地的技术或工具的使用决定，尽管这一前提在近几十年来一直被强化，某些情况下它已经成为现实，尤其是在思维模式上。

“进口”表示某物是从另一个国家（即国外）被引入一个国家的。应用于烹饪艺术时，它是指从被创造时的起源国进入其他国家的某种中间制成品、经过制作的产品或供品尝制成品。这在很大程度上适用于混合使用来源各异的产品的食谱，甚至适用于与一个国家出口到其他国家的烹饪艺术相关的食谱。从特定地方进口的东西与此地已经存在的东西的相互结合中，我们在烹饪艺术中发现了融合的可能性。该选项是通过结合此前存在的两种食谱类型产生的。

换句话说，这些食谱包含了来自特定地方的产品、技术和工具，而它们又与来自世界其他地区的产品、技术和工具混合并结合起来。这种烹饪联合产生了融合料理食谱，当我们知道是哪些部分令每份食谱成为可能时，它就会被固定下来。

» 以埃斯科菲耶的《烹饪指南》为例，我们在其中发现了俄罗斯的烹饪艺术，它们被编纂食谱的法国厨师“以法国风格”编纂和再生产，从而得到一种融合版本。

变化因素

是什么改变了烹饪中被我们视为古典的东西?

- 知识：是否以一种或另一种方式传承。如果世代之间没有交流，如果职业厨师不传播其食谱或知识，如果没有可以共享的编纂……

- 能力：新一代人是否有能力制作更早的食谱，或者是否有能力执行所需的技术或使用所需的工具。

- 开辟新天地：大胆地创造或开辟新的途径（就像在20世纪下半叶真实发生的那样），这令烹饪摆脱“古典”的概念。这不是说烹饪与古典概念脱离（它将继续存在），而是意味着摆脱“古典”是烹饪“可以而且必须是”的唯一或主要方式的想法。

- 资源：经济资源、基础设施资源、人力资源……创造和再生产烹饪艺术的高档餐厅拥有的一切。如果资源发生变化，它们可能不足以或者不适合进行古典烹饪（法国编纂后的古典主义或者从先锋厨师那里继承的“新古典”）。

- 消费中的范式转换：供应古典美食的高档餐厅的顾客的需求发生转移，他们转向保留了新菜烹饪法和科技情感烹饪法的遗产的其他餐厅，并选择那些开创性的新选项。

- 全球化：古典和“法式”烹饪已经在国际层面上见证了一系列烹饪“声音”。就编纂后的古典主义而言，这些声音依赖于其他或多或少具有开创性的论述，并且在全世界的高档餐厅中发展了新颖的烹饪艺术，而不只是在西方。

- 和在传统烹饪中一样（见第447页），就配方或者我们对配方的使用而言，制成品容易发生变化。

资源有限的国家或地区的厨师或烹饪能够创造出烹饪艺术吗?

必须弄清这样一个事实，即烹饪艺术是在烹饪行为能够满足的其他需求被满足之后才会出现和被创造的。如果资源不足以令享乐主义被视为唯一目的，那么烹饪将确保人们被喂饱，甚至可能获得美食思维，但是无法产生可被视为烹饪艺术的制成品。这是当今国际上烹饪仍然存在巨大差异的原因，某些国家（有时是某些国家内部的特定地区）在资源方面更“紧张”，这种情况随即反映在它们的职业烹饪中。

这一点可以在那些来自“新兴”或发展中国家的职业厨师身上观察到，这些国家目前正在创造烹饪艺术，并逐渐弱化其他历史上重要的烹饪枢纽的地位。旅游业也可以导致一个国家、地区或特定城市财富的增长。在这种情况下，如果可用资源出现了增长，或者资源被优先用于创造烹饪艺术，那是因为存在一个有能力为了愉悦感进食和饮用的游客市场。

基于智论方法的高档餐厅的历史时期

智论方法学使用自己的标准来描述高档餐饮标准的历史时期，将其与世界历史的时代划分标准进行区分。换句话说，定义历史时期的时间变化是基于料理和食物历史中的重大事件。这种选择的正当性由“斗牛犬百科”（LA Bulligrafia）的历史学家背书，并且出现在《烹饪的起源》（*The Origins of Cuisine*）一书中，它是该系列丛书的一部分。我们从该学科内部建立我们自己的历史时期，这一事实并非偶然。一方面，高档餐饮的历史相对短暂，专门研究它的作品很少。另一方面，为了营养的食物和用于享乐的食物之间，即制作烹饪艺术的烹饪与被我们视为大众烹饪的烹饪之间，存在一个问题区域。

在我们建立的历史时期中，我们发现了烹饪历史上的一个重要转折点：高档餐厅的出现。并不是说在高档餐厅出现之前食物就没有享乐主义的用途，而是高档餐厅的出现意味着一种激进且不可逆转的变化，它使这种超越了营养的概念转移到公共领域，并且可以被所有人接触，烹饪艺术首次向公众开放。这一事件标志着巨大的历史分野，让我们能够谈论高档餐厅出现之前和之后的时期。

在没有特别提到高档餐厅的情况下，就不可能谈论智论方法学下的高档餐饮历史时期。我们用高档餐厅的起源（通常认为是1782年，尽管仍存在一些争议）来标记历史，认为它是在此之前的一切和在此之后的一切的转折点。

高档餐厅让人们对烹饪艺术的获取逐渐趋于民主化。直到18世纪末，它还只在私人领域中创造和再生产，只供上层阶级独享。它作为一家机构的出现带来了各个层面上的变化，例如，改变烹饪所处情境的不仅是特定的制成品，还有职业厨师和服务人员，他们将自己的所有知识和经验都转移到了高档餐厅，并在公共领域构建了新的现实。

尽管在烹饪中具有极为重要的意义，但我们不能忽视的事实是，与小酒馆和旅馆存在的漫长时间相比，这种类型的场所在历史上存在的时间相对较近，因为它的存在时间还不到250年。

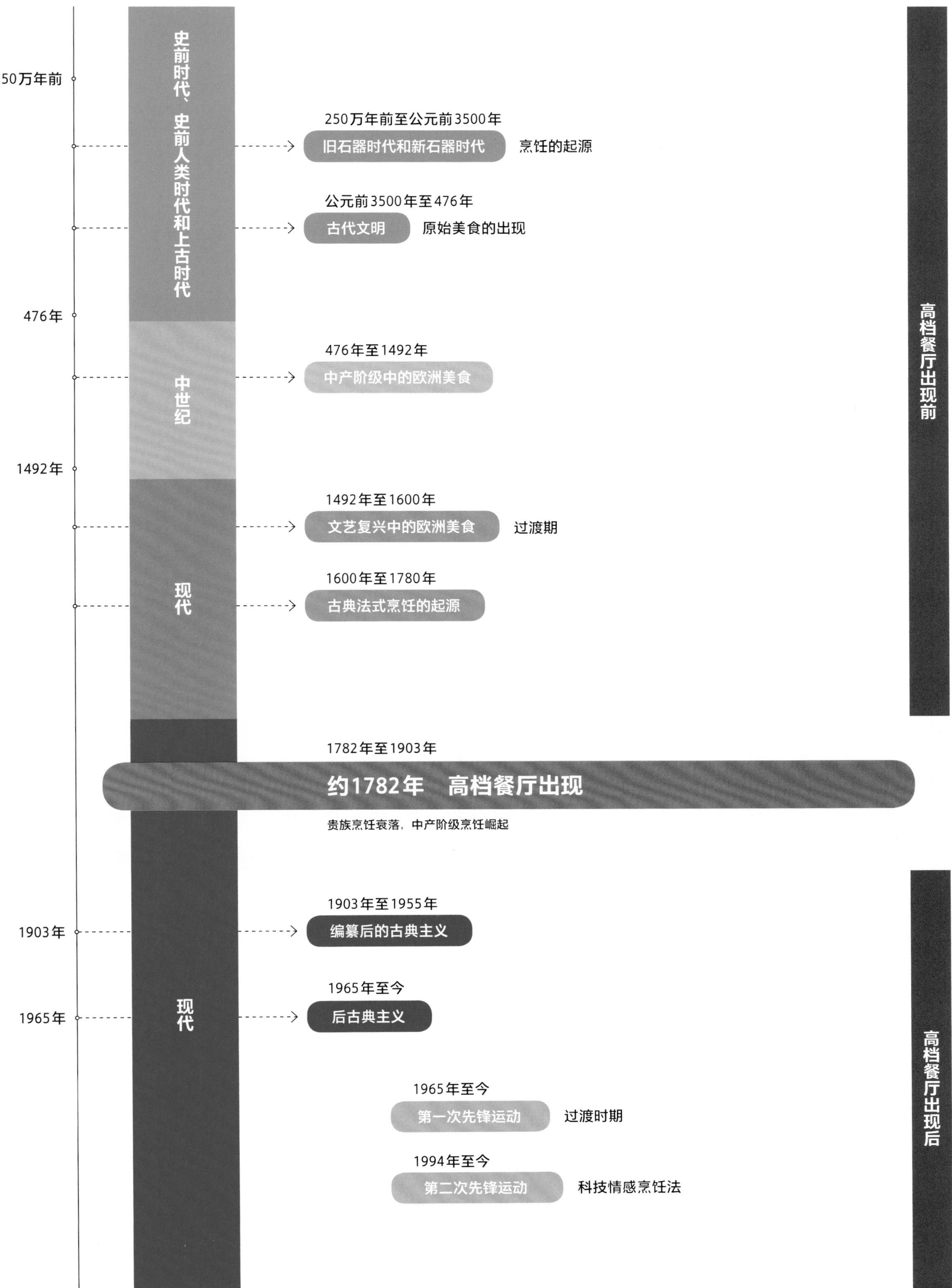

250万年前
476年
1492年
1903年
1965年
史前时代、史前人类时代和上古时代
中世纪
现代
现代
250万年前至公元前3500年
旧石器时代和新石器时代
烹饪的起源
公元前3500年至476年
古代文明
原始美食的出现
476年至1492年
中产阶级中的欧洲美食
1492年至1600年
文艺复兴中的欧洲美食
过渡期
1600年至1780年
古典法式烹饪的起源
1782年至1903年
约1782年　高档餐厅出现
贵族烹饪衰落，中产阶级烹饪崛起
1903年至1955年
编纂后的古典主义
1965年至今
后古典主义
1965年至今
第一次先锋运动
过渡时期
1994年至今
第二次先锋运动
科技情感烹饪法
高档餐厅出现前
高档餐厅出现后

结论

构成本书标题的词语本可以用几页篇幅解释。但是那样的话，我们就无法说出智者方法论的答案。用来构建本书核心论点的这套方法始于一系列对斗牛犬餐厅目前继承的观念的疑问。我们一开始几乎什么都不相信，于是我们始终可以学习更多或者提供新的视角，因为产生知识（包括烹饪知识）的可能性是无限的。本书包含许多问题，如果我们将我们的探索路径限制为普通的热门路线，我们就永远无法真正去思考。

指引我们的斗牛犬主义的前提强化了以下观念：只有通过了解事物的黑白两面以及开始和结束，我们才能理解两者之间存在的灰色区域。只有当我们了解了极端情况，我们才能提出有趣的方面，抛出新的观点和更多问题。这些问题理论上会在不必质疑普遍观念的情况下出现。这就是为什么探索中间地带如此有趣的原因，因为这是从看不见事物两极的知识所在的地方。

的确，我们需要固定的知识和确定的确定性才能继续理解。然而，考虑到烹饪的现实不是静态的，因此这种质疑让我们能够从批判性的角度扩展它，从而以更广阔的、更完整的角度来看待它。通过从不同角度和学科专注被观察的对象，以更多的方式理解、了解，尤其是通过不同的方式去发现，这些有助于知识的协同作用。

扩展我们所观察到的信息，可以让我们克服以黑白标识的“已知”的障碍，从而找到以大量中间灰色地带标识的“尚不为人知”的地带。这正是我们在这本书里对于烹饪和烹饪行为所试图做的，而且，实际上，这正是我们所获得的成就。通过提出问题以理解这一现实及其存在的状态，我们能够达到一种问题连接出现的情况，因为一旦来到灰色区域，关于我们以为自己知道的一切，就会出现无数不同的细微差别。

质疑普遍持有的观念是斗牛犬餐厅的开创性标志，在创造性和所应用知识的支持下，斗牛犬餐厅扩展了当时一直存在的高级美食的视野。就像斗牛犬餐厅对待用餐者一样，我们希望本书标题所揭示的灰色区域能够让读者对烹饪这种乍看上去如此显而易见的行为产生全新的认识，并以一种完全不同的方式将烹饪作为一个整体理解，并视作各种结果的结合。

“我们只是希望下一代人拥有比我们更好的学识。”

索引

本书使用了下列在线资源：

《韦氏词典在线版2015》（*Merriam-Webster Online Dictionary copyright 2015*），韦氏公司出品；《牛津英语词典在线版2020》（*OED online © 2020*），牛津大学出版社；《柯林斯词典在线版2020》（*collinsdictionary.com © 2020*），柯林斯出版社；
维基百科，自由的百科全书，en.wikipedia.org；《拉鲁斯词典在线版》（*Larousse Dictionary online*）：*larousse.fr/dictionnaires*；《西班牙皇家学院西班牙语词典》（RAE），第23版：dle.rae.es

图片版权

Cover © elBullifoundation; ; P. 4 (Whole page): Source: elBullifoundation; P. 6 (Double page): © elBullifoundation / Photographer: Carlos Glez de la Peña; P. 8 (First): © elBullifoundation; P. 8 (Second): © elBullifoundation; P. 8 (Third): © elBullifoundation; P. 8 (Fourth): Source: elBullifoundation; P. 8 (Fifth): © elBullifoundation; P. 8 (Sixth): © elBullifoundation; P. 8 (Seventh): © elBullifoundation; P. 8 (Eighth): © elBullifoundation; P. 8 (Ninth): © elBullifoundation; P. 10 (First): © elBullifoundation; P. 11 (First): © elBullifoundation; P. 11 (Second): © elBullifoundation; P. 12 (First): © F. Guillamet; P. 12 (Second): © elBullifoundation; P. 13 (First): © elBullifoundation; P. 14 (First): © elBullifoundation; P. 14 (Second): © elBullifoundation; P. 16 (First): © elBullifoundation; P. 17 (First): © elBullifoundation; P. 18 (First): © elBullifoundation; P. 18 (Second): © elBullifoundation; P. 19 (First): Source: Shutterstock.com / Photographer: Aripai Leangphet; P. 20 (Double page): © elBullifoundation; P. 22 (Whole page): © elBullifoundation; P. 24 (Whole page): © elBullifoundation; P. 26 (First): © elBullifoundation / Source: Placeit ; P. 26 (Second): © elBullifoundation; P. 26 (Third): © elBullifoundation / Source: Shutterstock.com / Photographer: Nikola Stanisic; P. 27 (First): © elBullifoundation / Source: Placeit; P. 27 (Second): © elBullifoundation / Photographer: Pepo Segura; P. 27 (Third): © elBullifoundation / Source: Shutterstock.com / Photographer: Pongsakorn chaina; P. 28 (First): © elBullifoundation; P. 28 (Second): © elBullifoundation / Photographer: Pepo Segura; P. 28 (Third): © elBullifoundation / Source: Shutterstock.com / Photographer: Ninell; P. 28 (Fourth): © elBullifoundation; P. 28 (Fifth): © elBullifoundation / Source: Shutterstock.com / Photographer: Krikkiat; P. 28 (Sixth): © elBullifoundation / Source: Semillas Fitó / Photographer: Laura Arias; P. 28 (Seventh): © elBullifoundation / Source: © F. Guillamet / Photographer: © F. Guillamet; P. 28 (Eighth): © elBullifoundation; P. 28 (Ninth): © elBullifoundation; P. 28 (Tenth): © elBullifoundation / Source: Lavazza / Photographer: Annie Leibovitz; P. 28 (Eleventh): © elBullifoundation / Source: 123RF / Photographer: Kubais; P. 28 (Twelfth): © elBullifoundation / Source: Süddeutsche Zeitung Archive / Photographer: Scherl; P. 28 (Thirteenth): © elBullifoundation / Source: Shutterstock.com / Photographer: rawf8, Mariyana M; P. 28 (Fourteenth): © elBullifoundation / Photographer: © F. Guillamet; P. 28 (Fifteenth): © elBullifoundation; P. 28 (Sixteenth): © elBullifoundation / Source: By Mau47 / Photographer: Temo Sukhitashvili; P. 29 (First): © elBullifoundation / Source: Flickr / Photographer: Red Snapper; P. 29 (Second): © elBullifoundation / Source: Wikimedia / Photographer: Ernst Haeckel; P. 29 (Third): © elBullifoundation / Source: Shutterstock.com / Photographer: ukmng; P. 29 (Fourth): © elBullifoundation / Source: Shutterstock.com / Photographer: dotshock; P. 29 (Fifth): © elBullifoundation / Source: Shutterstock.com / Photographer: Civil; P. 29 (Sixth): © elBullifoundation / Source: Shutterstock.com / Photographer: IR Stone; P. 29 (Seventh): © elBullifoundation / Source: Shutterstock.com / Photographer: Sigiuz; P. 29 (Eighth): © elBullifoundation / Source: wellcomecollection.org; P. 29 (Ninth): © elBullifoundation / Source: Dry Martini By Javier de las Muelas / Photographer:: Vicenç Giménez; P. 29 (Tenth): © elBullifoundation / Source: Shutterstock.com / Photographer: LiliGraphie; P. 29 (Eleventh): © elBullifoundation / Source: Shutterstock.com / Photographer: Photosiber; P. 29 (Twelfth): © elBullifoundation / Source: Biblioteca Nacional de España (Vivanco) / Photographer: Unknown; P. 29 (Thirteenth): © elBullifoundation / Source: Shutterstock.com / Photographer: Vlad Sokolovsky; P. 29 (Fourteenth): © elBullifoundation; P. 29 (Fifteenth): © elBullifoundation; P. 29 (Sixteenth): © elBullifoundation / Source: Shutterstock.com / Photographer: Georgios Tsichlis; P. 32 (Double page): © elBullifoundation / Source: elBullifoundation, Shutterstock.com / Photographer: Vadim Sadovski; P. 38 (First): Source: elBullifoundation / Illustrator: Cinta Montserrat Gasparin; P. 38 (Second): Source: elBullifoundation / Illustrator: Cinta Montserrat Gasparin; P. 38 (Third): Source: elBullifoundation / Illustrator: Cinta Montserrat Gasparin; P. 39 (First): Source: elBullifoundation / Illustrator: Cinta Montserrat Gasparin; P. 39 (Second): Source: elBullifoundation / Illustrator: Cinta Montserrat Gasparin; P. 39 (Third): Source: elBullifoundation / Illustrator: Cinta Montserrat Gasparin; P. 41 (Whole page): Source: elBullifoundation; P. 42 (First): © elBullifoundation / Photographer: Carlos Glez de la Peña; P. 42 (Second): © elBullifoundation / Photographer: Carlos Glez de la Peña; P. 42 (Third): © elBullifoundation / Photographer: Carlos Glez de la Peña; P. 42 (Fourth): © elBullifoundation / Photographer: Carlos Glez de la Peña; P. 42 (Fifth): © elBullifoundation / Photographer: Carlos Glez de la Peña; P. 42 (Sixth): © elBullifoundation / Photographer: Carlos Glez de la Peña; P. 43 (First): © elBullifoundation / Photographer: Carlos Glez de la Peña; P. 43 (Second): © elBullifoundation / Photographer: Carlos Glez de la Peña; P. 43 (Third): Source: elBullifoundation / photographer: Carlos Glez de la Peña; P. 43 (Fourth): Source: elBullifoundation / photographer: Carlos Glez de la Peña; P. 43 (Fifth): © elBullifoundation / Photographer: Carlos Glez de la Peña; P. 43 (Sixth): © elBullifoundation / Photographer: Carlos Glez de la Peña; P. 43 (Seventh): © elBullifoundation / Photographer: Carlos Glez de la Peña; P. 44 (First): © elBullifoundation / Photographer: Carlos Glez de la Peña; P. 45 (First):© elBullifoundation / Photographer: Carlos Glez de la Peña; P. 47 (Double page): © Pau Arenós; P. 49 (Double page): © elBullifoundation; P. 51 (First): © elBullifoundation / Photographer: Carlos Glez de la Peña; P. 53 (Background): © elBullifoundation / Photographer: Carlos Glez de la Peña; P. 55 (Whole page): Source: elBullifoundation; P. 58 (Whole page): Source: istockphoto.com / photographer: Tagstock1; P. 60 (First): Source: elBarri / Photographer: Moisés Torne; P. 61 (Background): Source: elBarri / Photographer: Moisés Torne; P. 63 (Double page): © elBullifoundation; P. 65 (First): Source: Shutterstock.com / Photographer: Rutsada wongraj; P. 65 (Second): © F. Guillamet; P. 66 (First): Source: Shutterstock.com / Photographer: Mejlik; P. 67 (Background): Source: Shutterstock.com / Photographer: Anton Gvozdikov; P. 68 (Background): Source: Shutterstock.com / Photographer: Oleg Golovnev; P. 70 (Whole page): Source: Shutterstock.com / Photographer: Gusev Mikhail Evgenievich; P. 73 (First): Source: Shutterstock.com / Photographer: Dmitry Sheremeta; P. 73 (Second): © elBullifoundation / Photographer: Carlos Glez de la Peña; P. 73 (Third): © elBullifoundation / Photographer: Carlos Glez de la Peña; P. 74 (Whole page): © elBullifoundation / Photographer: Pepo Segura; P. 76 (First): © elBullifoundation / Photographer: Carlos Glez de la Peña; P. 76 (Second): © elBullifoundation / Photographer: Carlos Glez de la Peña; P. 77 (First): © elBullifoundation / Photographer: Carlos Glez de la Peña; P. 77 (Second): © elBullifoundation / Photographer: Carlos Glez de la Peña; P. 77 (Third): © elBullifoundation / Photographer: Carlos Glez de la Peña; P. 81 (First): © elBullifoundation / Photographer: Carlos Glez de la Peña; P. 84 (First): © elBullifoundation / Photographer: Carlos Glez de la Peña; P. 84 (Second): Source: Wikimedia / Photographer: Pietro Longhi; P. 85 (Background): © elBullifoundation / Photographer: Carlos Glez de la Peña; P. 87 (Double page): Source: elBullifoundation; P. 92 (First): © elBullifoundation / Photographer: Carlos Glez de la Peña; P. 92 (Second): © elBullifoundation / Photographer: Carlos Glez de la Peña; P. 92 (Third): © elBullifoundation / Photographer: Carlos Glez de la Peña; P. 92 (Fourth): © elBullifoundation / Photographer: Carlos Glez de la Peña; P. 92 (Fifth): © elBullifoundation / Photographer: Carlos Glez de la Peña; P. 92 (Sixth): © elBullifoundation / Photographer: Carlos Glez de la Peña; P. 92 (Seventh): © elBullifoundation / Photographer: Carlos Glez de la Peña; P. 92 (Eighth): © elBullifoundation / Photographer: Carlos Glez de la Peña; P. 93 (First): © elBullifoundation / Photographer: Carlos Glez de la Peña; P. 93 (Second): © elBullifoundation / Photographer: Carlos Glez de la Peña; P. 93 (Third): © elBullifoundation / Photographer: Carlos Glez de la Peña; P. 93 (Fourth): © elBullifoundation / Photographer: Carlos Glez de la Peña; P. 93 (Fifth): © elBullifoundation / Photographer: Carlos Glez de la Peña; P. 93 (Sixth): © elBullifoundation / Photographer: Carlos Glez de la Peña; P. 93 (Seventh): © elBullifoundation / Photographer: Carlos Glez de la Peña; P. 93 (Eighth): © elBullifoundation / Photographer: Carlos Glez de la Peña; P. 95 (First): © F. Guillamet; P. 100 (Whole page): Source: Shutterstock.com / Photographer: Anna Jurkovska; P. 104 (First): © elBullifoundation / Photographer: Carlos Glez de la Peña; P. 104 (Second): © elBullifoundation / Photographer: Carlos Glez de la Peña; P. 104 (Third): © elBullifoundation / Photographer: Carlos Glez de la Peña; P. 104 (Fourth): © elBullifoundation / Photographer: Carlos Glez de la Peña; P. 104 (Fifth): © elBullifoundation / Photographer: Carlos Glez de la Peña; P. 104 (Sixth): © elBullifoundation / Photographer: Carlos Glez de la Peña; P. 105 (First): © elBullifoundation / Photographer: Carlos Glez de la Peña; P. 105 (Second): © elBullifoundation / Photographer: Carlos Glez de la Peña; P. 105 (Third): © elBullifoundation / Photographer: Carlos Glez de la Peña; P. 105 (Fourth): © elBullifoundation / Photographer: Carlos Glez de la Peña; P. 105 (Fifth): © elBullifoundation / Photographer: Carlos Glez de la Peña; P. 109 (First): © elBullifoundation / Photographer: Carlos Glez de la Peña; P. 111 (First): © F. Guillamet; P. 111 (Second): © F. Guillamet; P. 112 (First): © elBullifoundation / Photographer: Carlos Glez de la Peña; P. 112 (Second): © elBullifoundation / Photographer: Carlos Glez de la Peña; P. 112 (Third): © elBullifoundation / Photographer: Carlos Glez de la Peña; P. 112 (Fourth): Source: elBarri / photographer: Moisés Torne; P. 112 (Fifth): Source: elBarri / photographer: Moisés Torne; P. 112 (Sixth): © F. Guillamet; P. 112 (Seventh): Source: elBarri / photographer: Moisés Torne; P. 112 (Eighth): © F. Guillamet; P. 112 (Ninth): © F. Guillamet; P. 112 (Tenth): © F. Guillamet; P. 113 (First): © elBullifoundation / Photographer: Carlos Glez de la Peña; P. 113 (Second): Source: elBarri / photographer: Moisés Torne; P. 113 (Third): Source: Shutterstock.com / Photographer: HappyRichStudio; P. 113 (Fourth): Source: Shutterstock.com / Photographer: jultud; P. 113 (Fifth): © elBullifoundation / Photographer: Carlos Glez de la Peña; P. 113 (Sixth): Source: elBarri / photographer: Moisés Torne; P. 113 (Seventh): © F. Guillamet; P. 113 (Eighth): Source: elBarri / photographer: Moisés Torne; P. 113 (Ninth): Source: elBarri / photographer: Moisés Torne; P. 113 (Tenth): © F. Guillamet; P. 113 (Eleventh): © F. Guillamet; P. 113 (Twelfth): © F. Guillamet; P. 113 (Thirteenth): © F. Guillamet; P. 117 (First): © elBullifoundation / Photographer: Carlos Glez de la Peña; P. 117 (Second): Source: elBarri / photographer: Moisés Torne; P. 117 (Third): © elBullifoundation / Photographer: Carlos Glez de la Peña; P. 117 (Fourth): Source: elBarri / photographer: Moisés Torne; P. 117 (Fifth): © elBullifoundation / Photographer: Carlos Glez de la Peña; P. 117 (Sixth): Source: elBarri / photographer: Moisés Torne; P. 119 (First): © elBullifoundation; P. 119 (Second): Source: Shutterstock.com / Photographer: Olaf Speier; P. 119 (Third): © F. Guillamet ; P. 120 (First): © elBullifoundation / Photographer: Carlos Glez de la Peña; P. 120 (Second): © elBullifoundation / Photographer: Carlos Glez de la Peña; P. 120 (Third): © elBullifoundation / Photographer: Carlos Glez de la Peña; P. 120 (Fourth): © elBullifoundation / Photographer: Carlos Glez de la Peña; P. 120 (Fifth): © elBullifoundation / Photographer: Carlos Glez de la Peña; P. 120 (Sixth): © elBullifoundation / Photographer: Carlos Glez de la Peña; P. 120 (Seventh): © elBullifoundation / Photographer: Carlos Glez de la Peña; P. 120 (Eighth): © elBullifoundation / Photographer: Carlos Glez de la Peña; P. 121 (First): © elBullifoundation / Photographer: Carlos Glez de la Peña; P. 121 (Second): © elBullifoundation / Photographer: Carlos Glez de la Peña; P. 123 (First): © elBullifoundation / Photographer: Carlos Glez de la Peña; P. 128 (Double page): © elBullifoundation; P. 131 (Whole page): Source: istockphoto.com / photographer: Zu_09; P. 132 (Whole page): Source: istockphoto.com / photographer: Thepalmer; P. 134 (First): © elBullifoundation / Photographer: Carlos Glez de la Peña; P. 134 (Second): © elBullifoundation / Photographer: Carlos Glez de la Peña; P. 134 (Third): © elBullifoundation / Photographer: Carlos Glez de la Peña; P. 134 (Fourth): © elBullifoundation / Photographer: Carlos Glez de la Peña; P. 134 (Fifth): © elBullifoundation / Photographer: Carlos Glez de la Peña; P. 134 (Sixth): © elBullifoundation / Photographer: Carlos Glez de la Peña; P. 134 (Seventh): © elBullifoundation / Photographer: Carlos Glez de la Peña; P. 134 (Eighth): © elBullifoundation / Photographer: Carlos Glez de la Peña; P. 138 (First): Source: Shutterstock.com / Photographer: alfaori; P. 138 (Second): Source: Shutterstock.com / Photographer: Mitch Shark; P. 138 (Third): Source: Shutterstock.com / Photographer: Mitch Shark; P. 138 (Fourth): © elBullifoundation / Photographer: Carlos Glez de la Peña; P. 138 (Fifth): © elBullifoundation / Photographer: Carlos Glez de la Peña; P. 138 (Sixth): Source: Shutterstock.com / Photographer: Mad.vertise; P. 139 (First): © elBullifoundation / Photographer: Carlos Glez de la Peña; P. 139 (Second): © elBullifoundation / Photographer: Carlos Glez de la Peña; P. 139 (Third): © elBullifoundation / Photographer: Carlos Glez de la Peña; P. 139 (Fourth): © elBullifoundation / Photographer: Carlos Glez de la Peña; P. 139 (Fifth): © elBullifoundation / Photographer: Carlos Glez de la Peña; P. 139 (Sixth): © elBullifoundation / Photographer: Carlos Glez de la Peña; P. 139 (Seventh): © elBullifoundation / Photographer: Carlos Glez de la Peña; P. 139 (Eighth): © elBullifoundation / Photographer: Carlos Glez de la Peña; P. 143 (Whole page): © elBullifoundation / Photographer: Carlos Glez de la Peña; P. 146 (First): © elBullifoundation / Photographer: Carlos Glez de la Peña; P. 146 (Second): © elBullifoundation / Photographer: Carlos Glez de la Peña; P. 151 (First): © elBullifoundation / Photographer: Carlos Glez de la Peña; P. 154 (First): © F. Guillamet; P. 154 (Second): © F. Guillamet; P. 154 (Third): © F. Guillamet; P. 154 (Fourth): © F. Guillamet; P. 154 (Fifth): © F. Guillamet; P. 154 (Sixth): © F. Guillamet; P. 154 (Seventh): © F. Guillamet; P. 154 (Eighth): © F. Guillamet; P. 155 (First): © F. Guillamet; P. 155 (Second): © F. Guillamet; P. 155 (Third): © F. Guillamet; P. 155 (Fourth): © F. Guillamet; P. 155 (Fifth): © F. Guillamet; P. 155 (Sixth): © F. Guillamet; P. 155 (Seventh): © F. Guillamet; P. 155 (Eighth): © F. Guillamet; P. 156 (Double page): © elBullifoundation; P. 158 (Double page): © elBullifoundation / Photographer: Carlos Glez de la Peña; P. 161 (Double page): Source: Shutterstock.com / Photographer: Pictures for You; P. 166 (Background): Source: Shutterstock.com / Photographer: Nataly Petreno; P. 173 (Whole page): © elBullifoundation / Photographer: Carlos Glez de la Peña; P. 175 (Whole page): © elBullifoundation / Photographer: Carlos Glez de la Peña; P. 178 (Whole page): © elBullifoundation / Photographer: Carlos Glez de la Peña; P. 180 (First): © elBullifoundation / Photographer: Carlos Glez de la Peña; P. 180 (Second): © elBullifoundation / Photographer: Carlos Glez de la Peña; P. 180 (Third): © elBullifoundation / Photographer: Carlos Glez de la Peña; P. 181 (First): © elBullifoundation / Photographer: Carlos Glez de la Peña; P. 181 (Second): © elBullifoundation / Photographer: Carlos Glez de la Peña; P. 183 (Whole page): Source: elBarri / photographer: Moisés Torne; P. 187 (First): © elBullifoundation / Photographer: Carlos Glez de la Peña; P. 187 (Second): © elBullifoundation / Photographer: Carlos Glez de la Peña; P. 188 (First): © elBullifoundation / Photographer: Carlos Glez de la Peña; P. 188 (Second): © elBullifoundation / Photographer: Carlos Glez de la Peña; P. 188 (Third): © elBullifoundation / Photographer: Carlos Glez de la Peña; P. 188 (Fourth): © elBullifoundation / Photographer: Carlos Glez de la Peña; P. 188 (Fifth): © elBullifoundation / Photographer: Carlos Glez de la Peña; P. 188 (Sixth): © elBullifoundation / Photographer: Carlos Glez de la Peña; P. 189 (First): © elBullifoundation / Photographer: Carlos Glez de la Peña; P. 189 (Second): © elBullifoundation / Photographer: Carlos Glez de la Peña; P. 189 (Third): © elBullifoundation / Photographer: Carlos Glez de la Peña; P. 189 (Fourth): © elBullifoundation / Photographer: Carlos Glez de la Peña; P. 189 (Fifth): © elBullifoundation / Photographer: Carlos Glez de la Peña; P. 195 (Whole page): Source: elBullifoundation; P. 197 (First): © elBullifoundation / Photographer: Carlos Glez de la Peña; P. 201 (Whole page): © elBullifoundation; P. 203 (First): © elBullifoundation / Photographer: Carlos Glez de la Peña; P. 209 (First): © elBullifoundation / Photographer: Carlos Glez de la Peña; P. 209 (Second): Source: elBullifoundation; P. 209 (Third): © elBullifoundation / Photographer: Carlos Glez de la Peña; P. 209 (Fourth): © elBullifoundation / Photographer: Carlos Glez de la Peña; P. 209 (Fifth): Source: elBullifoundation; P. 210 (First): Source:

Shutterstock.com / Photographer: Lucia Romero; P. 212 (First): © elBullifoundation / Photographer: Carlos Glez de la Peña; P. 213 (First): © elBullifoundation / Photographer: Carlos Glez de la Peña; P. 214 (First): © elBullifoundation / Photographer: Carlos Glez de la Peña; P. 214 (Second): © elBullifoundation / Photographer: Carlos Glez de la Peña; P. 214 (Third): © elBullifoundation / Photographer: Carlos Glez de la Peña; P. 214 (Fourth): © elBullifoundation / Photographer: Carlos Glez de la Peña; P. 214 (Fifth): © elBullifoundation / Photographer: Carlos Glez de la Peña; P. 214 (Sixth): © elBullifoundation / Photographer: Carlos Glez de la Peña; P. 214 (Seventh): © elBullifoundation / Photographer: Carlos Glez de la Peña; P. 214 (Eighth): © elBullifoundation / Photographer: Carlos Glez de la Peña; P. 214 (Ninth): © elBullifoundation / Photographer: Carlos Glez de la Peña; P. 214 (Tenth): © elBullifoundation / Photographer: Carlos Glez de la Peña; P. 214 (Eleventh): © elBullifoundation / Photographer: Carlos Glez de la Peña; P. 214 (Twelfth): © elBullifoundation / Photographer: Carlos Glez de la Peña; P. 214 (Thirteenth): © elBullifoundation / Photographer: Carlos Glez de la Peña; P. 215 (First): © elBullifoundation / Photographer: Carlos Glez de la Peña; P. 215 (Second): © elBullifoundation / Photographer: Carlos Glez de la Peña; P. 215 (Third): © elBullifoundation / Photographer: Carlos Glez de la Peña; P. 215 (Fourth): © elBullifoundation / Photographer: Carlos Glez de la Peña; P. 215 (Fifth): © elBullifoundation / Photographer: Carlos Glez de la Peña; P. 215 (Sixth): © elBullifoundation / Photographer: Carlos Glez de la Peña; P. 215 (Seventh): © elBullifoundation / Photographer: Carlos Glez de la Peña; P. 215 (Eighth): © elBullifoundation / Photographer: Carlos Glez de la Peña; P. 215 (Ninth): © elBullifoundation / Photographer: Carlos Glez de la Peña; P. 215 (Tenth): © elBullifoundation / Photographer: Carlos Glez de la Peña; P. 215 (Eleventh): © elBullifoundation / Photographer: Carlos Glez de la Peña; P. 215 (Twelfth): © elBullifoundation / Photographer: Carlos Glez de la Peña; P. 215 (Thirteenth): © elBullifoundation / Photographer: Carlos Glez de la Peña; P. 215 (Fourteenth): © elBullifoundation / Photographer: Carlos Glez de la Peña; P. 215 (Fifteenth): © elBullifoundation / Photographer: Carlos Glez de la Peña; P. 218 (First): © elBullifoundation / Photographer: Carlos Glez de la Peña; P. 219 (First): © elBullifoundation / Photographer: Carlos Glez de la Peña; P. 224 (Whole page): © elBullifoundation / Photographer: Carlos Glez de la Peña; P. 226 (First): Source: Shutterstock.com / Photographer: inese.online; P. 226 (Second): Source: Shutterstock.com / Photographer: Chili Palmer; P. 227 (First): Source: Shutterstock.com / Photographer: Rubenbon10; P. 228 (Whole page): Source: Shutterstock.com / Photographer: Perfect Wave; P. 232 (Background): Source: elBarri / photographer: Moisés Torne; P. 234 (Background): Source: Shutterstock.com / Photographer: kckate16; P. 238 (First): Source: elBarri / photographer: Moisés Torne; P. 238 (Second): Source: elBarri / photographer: Moisés Torne; P. 238 (Third): Source: Shutterstock.com / Photographer: Romrodphoto; P. 238 (Fourth): Source: elBarri / photographer: Moisés Torne; P. 238 (Fifth): Source: Shutterstock.com / Photographer: hadkhanong; P. 238 (Sixth): Source: Shutterstock.com / Photographer: Matej Kastelic; P. 239 (First): Source: Shutterstock.com / Photographer: Halfpoint; P. 239 (Second): Source: Shutterstock.com / Photographer: Cgn089; P. 239 (Third): Source: Shutterstock.com / Photographer: goodluz; P. 239 (Fourth): Source: Shutterstock.com / Photographer: Hrecheniuk Oleksii; P. 239 (Fifth): Source: Shutterstock.com / Photographer: Goran Bogicevic; P. 239 (Sixth): © elBullifoundation / Photographer: Carlos Glez de la Peña; P. 239 (Seventh): © elBullifoundation / Photographer: Carlos Glez de la Peña; P. 239 (Eighth): Source: Shutterstock.com / Photographer: Wasant; P. 243 (First): Source: elBullifoundation; P. 243 (Second): © elBullifoundation / Photographer: Carlos Glez de la Peña; P. 243 (Third): © elBullifoundation / Photographer: Carlos Glez de la Peña; P. 244 (Double page): Source: elBullifoundation; P. 246 (First): © elBullifoundation / Photographer: Carlos Glez de la Peña; P. 246 (Second): © elBullifoundation / Photographer: Carlos Glez de la Peña; P. 247 (First): © elBullifoundation / Photographer: Carlos Glez de la Peña; P. 250 (First): © elBullifoundation / Photographer: Carlos Glez de la Peña; P. 252 (First): © elBullifoundation / Photographer: Carlos Glez de la Peña; P. 256 (Background): Source: elBarri / photographer: Moisés Torne; P. 258 (Background): Source: elBullifoundation; P. 259 (First): © F. Guillamet; P. 260 (First): Source: Shutterstock.com / Photographer: bonchan; P. 260 (Background): Source: Wikimedia; P. 261 (First): © elBullifoundation / Photographer: Carlos Glez de la Peña; P. 262 (First): Source: Heart / Photographer: Luana Failla; P. 262 (Background): Source: Wikimedia; P. 264 (First): Source: elBarri / photographer: Moisés Torne; P. 264 (Background): Source: Metropolitan Museum of Art ; P. 266 (First): © elBullifoundation / Photographer: Carlos Glez de la Peña; P. 266 (Background): Source: Wikimedia; P. 268 (First): © F. Guillamet; P. 268 (Background): Source: Wikimedia; P. 269 (First): © elBullifoundation / Photographer: Carlos Glez de la Peña; P. 276 (Double page): Source: elBullifoundation; P. 278 (Double page): elBarri/ Photographer: Moisés Torne; P. 280 (Double page): Source: Shutterstock.com / Photographer: bonchan; P. 282 (Double page): © F. Guillamet; P. 285 (First): Source: Wikimedia / Photographer: Robbie Sproule; P. 285 (Second): Source: Shutterstock.com / Photographer: etorres; P. 285 (Third): Source: Shutterstock.com / Photographer: jultud; P. 286 (First): Source: Shutterstock.com / Photographer: Aripai Leangphet; P. 286 (Second): Source: Shutterstock.com / Photographer: Presslab; P. 286 (Third): Source: Shutterstock.com / Photographer: Luuuusa; P. 286 (Fourth): © elBullifoundation / Photographer: Carlos Glez de la Peña; P. 287 (First): Source: Shutterstock.com / Photographer: Ari N; P. 287 (Second): Source: elBarri / photographer: Moisés Torne; P. 287 (Third): Source: elBarri / photographer: Moisés Torne; P. 287 (Fourth): Source: Wikimedia / Photographer: Robbie Sproule; P. 287 (Fifth): Source: elBarri / photographer: Moisés Torne; P. 287 (Sixth): Source: elBarri / photographer: Moisés Torne; P. 289 (First): Source: elBarri / photographer: Moisés Torne; P. 289 (Second): © elBullifoundation / Photographer: Carlos Glez de la Peña; P. 289 (Third): © elBullifoundation / Photographer: Carlos Glez de la Peña; P. 289 (Fourth): © elBullifoundation / Photographer: Carlos Glez de la Peña; P. 289 (Fifth): Source: elBarri / photographer: Moisés Torne; P. 289 (Sixth): © elBullifoundation / Photographer: Carlos Glez de la Peña; P. 289 (Seventh): © elBullifoundation / Photographer: Carlos Glez de la Peña; P. 289 (Eighth): © elBullifoundation / Photographer: Carlos Glez de la Peña; P. 292 (Whole page): Source: elBullifoundation; P. 293 (Whole page): © elBullifoundation; P. 295 (First): Source: elBullifoundation; P. 295 (Second): Source: elBullifoundation; P. 297 (First): © elBullifoundation / Photographer: Carlos Glez de la Peña; P. 297 (Second): Source: Shutterstock.com / Photographer: Lynne Neuman; P. 298 (First): Source: Tuyotu, S.L. / Photographer: Judit Prat Estapé; P. 298 (Second): Source: Tuyotu, S.L. / Photographer: Judit Prat Estapé; P. 298 (Third): Source: Tuyotu, S.L. / Photographer: Judit Prat Estapé; P. 298 (Fourth): Source: Tuyotu, S.L. / Photographer: Judit Prat Estapé; P. 299 (First): © elBullifoundation / Photographer: Carlos Glez de la Peña; P. 299 (Second): Source: elBarri / photographer: Moisés Torne; P. 299 (Third): Source: elBarri / photographer: Moisés Torne; P. 299 (Fourth): Source: elBarri / photographer: Moisés Torne; P. 306 (Whole page): © elBullifoundation / Photographer: Carlos Glez de la Peña; P. 308 (First): Source: pxhere.com; P. 308 (Second): Source: Shutterstock.com / Photographer: Africa Studio; P. 308 (Third): Source: Shutterstock.com / Photographer: Jacek Chabraszewski; P. 311 (First): © elBullifoundation / Photographer: Carlos Glez de la Peña; P. 314 (First): © elBullifoundation / Photographer: Carlos Glez de la Peña; P. 314 (Second): © elBullifoundation / Photographer: Carlos Glez de la Peña; P. 314 (Third): Source: elBarri / photographer: Moisés Torne; P. 314 (Fourth): Source: elBarri / photographer: Moisés Torne; P. 314 (Fifth): © F. Guillamet; P. 314 (Sixth): © F. Guillamet; P. 314 (Seventh): Source: elBarri / photographer: Moisés Torne; P. 314 (Eighth): Source: elBarri / photographer: Moisés Torne; P. 315 (First): © F. Guillamet; P. 315 (Second): © F. Guillamet; P. 315 (Third): Source: elBarri / photographer: Moisés Torne; P. 315 (Fourth): Source: elBarri / photographer: Moisés Torne; P. 315 (Fifth): © F. Guillamet; P. 315 (Sixth): Source: elBarri / photographer: Moisés Torne; P. 316 (Whole page): © elBullifoundation / Photographer: Carlos Glez de la Peña; P. 318 (First): © elBullifoundation; P. 320 (First): Source: elBarri / photographer: Moisés Torne; P. 320 (Second): Source: elBarri / photographer: Moisés Torne; P. 320 (Third): Source: elBarri / photographer: Moisés Torne; P. 320 (Fourth): © elBullifoundation / Photographer: Carlos Glez de la Peña; P. 320 (Fifth): Source: elBarri / photographer: Moisés Torne; P. 320 (Sixth): Source: elBarri / photographer: Moisés Torne; P. 320 (Seventh): Source: elBarri / photographer: Moisés Torne; P. 320 (Eighth): © elBullifoundation / Photographer: Carlos Glez de la Peña; P. 321 (First): Source: elBarri / photographer: Moisés Torne; P. 321 (Second): Source: elBarri / photographer: Moisés Torne; P. 321 (Third): Source: elBarri / photographer: Moisés Torne; P. 321 (Fourth): Source: elBarri / photographer: Moisés Torne; P. 321 (Fifth): Source: elBarri / photographer: Moisés Torne; P. 321 (Sixth): Source: elBarri / photographer: Moisés Torne; P. 321 (Seventh): © Francesc Guillamet / Source: Disfrutar / Photographer: Francesc Guillamet; P. 321 (Eighth): Source: elBarri / photographer: Moisés Torne; P. 324 (First): Source: elBullifoundation; P. 324 (Second): © elBullifoundation / Photographer: Carlos Glez de la Peña; P. 324 (Third): © elBullifoundation / Photographer: Carlos Glez de la Peña; P. 324 (Fourth): © elBullifoundation / Photographer: Carlos Glez de la Peña; P. 324 (Fifth): © elBullifoundation / Photographer: Carlos Glez de la Peña; P. 325 (First): © elBullifoundation / Photographer: Carlos Glez de la Peña; P. 325 (Second): Source: elBullifoundation; P. 325 (Third): © elBullifoundation / Photographer: Carlos Glez de la Peña; P. 325 (Fourth): Source: elBullifoundation; P. 325 (Fifth): © elBullifoundation / Photographer: Carlos Glez de la Peña; P. 327 (First): © F. Guillamet; P. 328 (First): Source: elBarri / photographer: Moisés Torne; P. 328 (Second): Source: elBarri / photographer: Moisés Torne; P. 328 (Third): Source: elBarri / photographer: Moisés Torne; P. 328 (Fourth): Source: elBarri / photographer: Moisés Torne; P. 328 (Fifth): Source: elBarri / photographer: Moisés Torne; P. 328 (Sixth): Source: elBarri / photographer: Moisés Torne; P. 328 (Seventh): Source: elBarri / photographer: Moisés Torne; P. 329 (First): Source: elBarri / photographer: Moisés Torne; P. 329 (Second): Source: elBarri / photographer: Moisés Torne; P. 329 (Third): Source: elBarri / photographer: Moisés Torne; P. 329 (Fourth): Source: elBarri / photographer: Moisés Torne; P. 329 (Fifth): Source: elBarri / photographer: Moisés Torne; P. 329 (Sixth): Source: elBarri / photographer: Moisés Torne; P. 329 (Seventh): Source: elBarri / photographer: Moisés Torne; P. 329 (Eighth): Source: elBarri / photographer: Moisés Torne; P. 330 (First): Source: elBarri / photographer: Moisés Torne; P. 330 (Second): © elBullifoundation / Photographer: Carlos Glez de la Peña; P. 330 (Third): Source: elBarri / photographer: Moisés Torne; P. 330 (Fourth): © elBullifoundation / Photographer: Carlos Glez de la Peña; P. 330 (Fifth): © elBullifoundation / Photographer: Carlos Glez de la Peña; P. 330 (Sixth): Source: elBarri / photographer: Moisés Torne; P. 331 (First): Source: elBarri / photographer: Moisés Torne; P. 331 (Second): © elBullifoundation / Photographer: Carlos Glez de la Peña; P. 331 (Third): Source: elBarri / photographer: Moisés Torne; P. 331 (Fourth): Source: elBarri / photographer: Moisés Torne; P. 331 (Fifth): Source: elBarri / photographer: Moisés Torne; P. 331 (Sixth): Source: elBarri / photographer: Moisés Torne; P. 334 (First): © elBullifoundation / Photographer: Carlos Glez de la Peña; P. 334 (Second): © elBullifoundation / Photographer: Carlos Glez de la Peña; P. 334 (Third): © elBullifoundation / Photographer: Carlos Glez de la Peña; P. 334 (Fourth): © elBullifoundation / Photographer: Carlos Glez de la Peña; P. 334 (Fifth): Source: Shutterstock.com / Photographer: igor kisselev; P. 335 (First): © elBullifoundation / Photographer: Carlos Glez de la Peña; P. 335 (Second): © elBullifoundation / Photographer: Carlos Glez de la Peña; P. 335 (Third): © elBullifoundation / Photographer: Carlos Glez de la Peña; P. 335 (Fourth): © elBullifoundation / Photographer: Carlos Glez de la Peña; P. 335 (Fifth): © elBullifoundation / Photographer: Carlos Glez de la Peña; P. 335 (Sixth): © elBullifoundation / Photographer: Carlos Glez de la Peña; P. 335 (Seventh): © elBullifoundation / Photographer: Carlos Glez de la Peña; P. 335 (Eighth): © elBullifoundation / Photographer: Carlos Glez de la Peña; P. 335 (Ninth): © elBullifoundation / Photographer: Carlos Glez de la Peña; P. 336 (Whole page): © elBullifoundation / Photographer: Carlos Glez de la Peña; P. 340 (First): Source: elBullifoundation; P. 341 (First): © elBullifoundation / Photographer: Carlos Glez de la Peña; P. 341 (Second): © elBullifoundation / Photographer: Carlos Glez de la Peña; P. 341 (Third): © elBullifoundation / Photographer: Carlos Glez de la Peña; P. 341 (Fourth): © elBullifoundation / Photographer: Carlos Glez de la Peña; P. 341 (Fifth): © elBullifoundation / Photographer: Carlos Glez de la Peña; P. 341 (Sixth): © elBullifoundation / Photographer: Carlos Glez de la Peña; P. 342 (Double page): © elBullifoundation; P. 346 (First): Source: Shutterstock.com / Photographer: Macrovector; P. 346 (Second): Source: Shutterstock.com / Photographer: Hein Nouwens; P. 346 (Third): Source: Shutterstock.com / Photographer: Solomandra; P. 347 (First): Source: Shutterstock.com / Photographer: Camek; P. 347 (Second): Source: Shutterstock.com / Photographer: Golden Shrimp; P. 347 (Third): Source: Shutterstock.com / Photographer: Camek, Golden Shrimp; P. 347 (Fourth): Source: Shutterstock.com / Photographer: Hein Nouwens; P. 349 (First): Source: Shutterstock.com / Photographer: EngravingFactory; P. 349 (Second): Source: Shutterstock.com / Photographer: Gideon7; P. 349 (Third): Source: Shutterstock.com / Photographer: EngravingFactory; P. 349 (Fourth): Source: Shutterstock.com / Photographer: oleskalashnik; P. 349 (Fifth): Source: Shutterstock.com / Photographer: EngravingFactory; P. 350 (First): © elBullifoundation / Photographer: Carlos Glez de la Peña; P. 350 (Second): © elBullifoundation / Photographer: Carlos Glez de la Peña; P. 350 (Third): © elBullifoundation / Photographer: Carlos Glez de la Peña; P. 350 (Fourth): © elBullifoundation / Photographer: Carlos Glez de la Peña; P. 350 (Fifth): © elBullifoundation / Photographer: Carlos Glez de la Peña; P. 351 (First): © elBullifoundation / Photographer: Carlos Glez de la Peña; P. 351 (Second): © elBullifoundation / Photographer: Carlos Glez de la Peña; P. 351 (Third): © elBullifoundation / Photographer: Carlos Glez de la Peña; P. 351 (Fourth): © elBullifoundation / Photographer: Carlos Glez de la Peña; P. 356 (Background): Source: Shutterstock.com / Photographer: Marina Sun; P. 358 (First): © F. Guillamet; P. 358 (Second): © F. Guillamet; P. 362 (First): © F. Guillamet; P. 363 (First): © F. Guillamet; P. 375 (Whole page): © elBullifoundation / Photographer: Pepo Segura; P. 378 (First): Source: Shutterstock.com / Photographer: 135pixels; P. 378 (Second): Source: Shutterstock.com / Photographer: Galiyah Assan; P. 378 (Third): Source: Shutterstock.com / Photographer: Lerner Vadim; P. 378 (Fourth): Source: Shutterstock.com / Photographer: ChameleonsEye; P. 378 (Fifth): Source: Shutterstock.com / Photographer: Foxys Forest Manufacture; P. 378 (Sixth): Source: Shutterstock.com / Photographer: shaifulzamri; P. 378 (Seventh): Source: Shutterstock.com / Photographer: Dusan Petkovic; P. 379 (First): Source: Shutterstock.com / Photographer: Happyrichstudio; P. 379 (Second): Source: Shutterstock.com / Photographer: Asa studio; P. 379 (Third): Source: Shutterstock.com / Photographer: robocip; P. 389 (First): © SílviaFdez; P. 389 (Second): © SílviaFdez; P. 389 (Third): © SílviaFdez; P. 389 (Fourth): © SílviaFdez; P. 389 (Background): Source: Shutterstock.com / Photographer: Reinhold Leitner; P. 390 (First): © elBullifoundation / Photographer: Carlos Glez de la Peña; P. 393 (Whole page): © elBullifoundation / Photographer: Pepo Segura; P. 396 (First): Source: Shutterstock.com / Photographer: Everett Collection; P. 396 (Second): Source: Shutterstock.com / Photographer: oneinchpunch; P. 398 (Whole page): © elBullifoundation / Photographer: Pepo Segura; P. 400 (First): Source: Heart / Photographer: Ana Ruiz de Villota; P. 400 (Second): Source: Heart / Photographer: Alex Saint; P. 401 (First): Source: Heart / Photographer: Alex Saint; P. 403 (First): Source: elBullifoundation; P. 406 (First): Source: Wikipedia; P. 406 (Second): Source: Wikipedia; P. 406 (Third): Source: Wikipedia; P. 406 (Fourth): Source: Wikipedia; P. 407 (First): Source: Wikipedia / Photographer: Piero~commonswiki; P. 407 (Second): Source: Wikipedia / Photographer: Hugo Laurencena; P. 407 (Third): Source: Wikipedia / Photographer: Van Vechten, Carl; P. 407 (Fourth): © Jack Mitchell; P. 410 (Whole page): Source: Colorpong.com; P. 413 (First): Source: elBullifoundation; P. 413 (Second): Source: elBullifoundation; P. 417 (Whole page): © elBullifoundation / Photographer: Pepo Segura; P. 419 (Whole page): © elBullifoundation; P. 425 (First): Source: elBullifoundation; P. 425 (Second): Source: elBullifoundation; P. 428 (Whole page): Source: Shutterstock.com / Photographer: Sorbis; P. 432 (Double page): © elBullifoundation; P. 434 (Whole page): Source: Shutterstock.com / Photographer: Aripai Leangphet; P. 437 (First): Source: Shutterstock.com / Photographer: jbcoleto; P. 441 (First): Source: elBullifoundation; P. 442 (Background): Source: Wikipedia; P. 442 (Whole page): © elBullifoundation / Photographer: Carlos Glez de la Peña; P. 444 (First): Source: elBullifoundation; P. 444 (Background): Source: Wikipedia; P. 445 (First): Source: elBullifoundation; P. 446 (First): Source: elBullifoundation; P. 446 (Background): Source: Wikipedia; P. 447 (First): Source: elBullifoundation; P. 448 (First): Source: elBullifoundation; P. 448 (Background): Source: Metropolitan Museum of Art ; P. 450 (Background): Source: Wikipedia; P. 451 (First): Source: elBullifoundation; P. 452 (Background): Source: elBullifoundation; P. 457 (Whole page): © SílviaFdez; P. 458 (Double page): © elBullifoundation

图书在版编目（CIP）数据

烹饪是什么：用现代科学揭示烹饪的真相/西班牙斗牛犬基金会，西班牙普里瓦达基金会著；王晨译．—武汉：华中科技大学出版社，2021.10

ISBN 978-7-5680-7123-9

Ⅰ.①烹… Ⅱ.①西… ②西… ③王… Ⅲ.①烹饪艺术 Ⅳ.①TS972.11

中国版本图书馆CIP数据核字（2021）第089644号

烹饪是什么：
用现代科学揭示烹饪的真相

Pengren Shi Shenme: Yong Xiandai Kexue Jieshi Pengren de Zhenxiang

［西］斗牛犬基金会（elBullifoundation）
［西］普里瓦达基金会（Fundació Privada） 著
王晨　译

出版发行：华中科技大学出版社（中国·武汉）　　电话：（027）81321913
北京有书至美文化传媒有限公司　　（010）67326910-6023
出 版 人：阮海洪

责任编辑：莽　昱　谭晰月
责任监印：赵　月　郑红红　　封面设计：邱　宏

制　　作：北京博逸文化传播有限公司
印　　刷：广东省博罗县园洲勤达印务有限公司
开　　本：700mm×1000mm　1/8
印　　张：58
字　　数：280千字
版　　次：2021年10月第1版第1次印刷
定　　价：398.00元